高等职业教育“十二五”规划教材

高等应用数学

（计算机、电子、通信类）

李伟平　要卫丽　廖　扬　主　编
李海银　张丽丽　陈　蒂　副主编

中国铁道出版社有限公司
CHINA RAILWAY PUBLISHING HOUSE CO., LTD.

内 容 简 介

针对市场上高等数学教材内容偏多、偏理论，本书突出如下特色：①突出实用目的，充分考虑学生今后学习过程中的实际需求；②例题由浅入深，使学生学习起来轻松自然。本书出版前作为讲义试用过多次，教学效果良好。全书共分为13章，第1～5章主要介绍一元微积分的基本内容；第6～9章主要介绍线性代数内容；第10～13章主要介绍离散数学的基本理论和知识。每章均配有一定数量的习题、自测题，书末附有习题答案。

本书适合作为软件学院各专业、合作办学的教材，也可以作为二本、三本高校各专业教材。

图书在版编目（CIP）数据

高等应用数学：计算机、电子、通信类／李伟平，要卫丽，廖扬主编．—北京：中国铁道出版社，2010.8（2019.7重印）

高等职业教育“十二五”规划教材

ISBN 978-7-113-11472-5

Ⅰ.①高…　Ⅱ.①李…②要…③廖…　Ⅲ.①应用数学-高等学校：技术学校-教材　Ⅳ.①O29

中国版本图书馆CIP数据核字（2010）第159116号

书　　名：高等应用数学（计算机、电子、通信类）

作　　者：李伟平　要卫丽　廖　扬　主编

策划编辑：李小军

责任编辑：李小军　　**热线电话：**（010）63550836

编辑助理：何　佳

责任印制：郭向伟　　**封面制作：**窦若仪

出版发行：中国铁道出版社有限公司（北京市西城区右安门西街8号　**邮政编码：**100054）

印　　刷：中国铁道出版社印刷厂

版　　次：2010年8月第1版　2019年7月第3次印刷

开　　本：787×960mm　1/16　**印张：**20.25　**字数：**407千

书　　号：ISBN 978-7-113-11472-5

定　　价：39.80元

前　言

微积分历来是大学基础数学课程最重要的组成部分，学生必须熟练地掌握。

线性代数是一门应用十分广泛的数学学科，是本、专科各专业的一门重要的基础理论课程。线性代数为研究和处理涉及许多变元的线性问题提供了有力的数学依据，且线性代数在工程技术、管理科学、经济科学中都有广泛的应用。

离散数学是计算机科学与技术各专业的重要数学基础课之一。通过本部分学习，读者将得到离散数学思维方法的训练。

近年来各高校软件学院和合作办学招生规模的扩大，而市场上多数高等数学教材内容偏多，偏理论，编者为克服这些弊端而编写了本教材，讲义已经过多次教学实践检验，效果良好。本教材力图突出以下特色：

(1) 突出实用目的，充分考虑学生今后学习过程中的实际需求；

(2) 例题由浅入深，使学生学习起来轻松自然；

(3) 教学所需的素材、电子课件一应俱全。

全书共分微积分、线性代数、离散数学三篇。

本书由李伟平、要卫丽、廖扬任主编，李海银、张丽丽、陈蒂任副主编。全书由高丽萍编写第1章，廖扬编写第2、5章，张丽丽编写第3、4章，李伟平编写第6、7章，陈蒂编写第8、9章，要卫丽编写第10、12章，李海银编写第11、13章。河南财经政法大学数学与信息科学系肖会敏教授在本书编写过程中提出了许多宝贵的建议，中国铁道出版社对本书的顺利出版给予了大力和支持。在此，向他们深表谢意。

书中难免有一些疏漏和不足之处，恳请广大读者和同行专家批评指正。

编　者

2010年8月

目　　录

上篇　微　积　分

中篇　线性代数

下篇 离散数学

上篇 微 积 分

第 1 章

函数的极限与连续

微积分的研究对象是变量，函数是变量之间的一种依赖关系，极限方法是研究变量的一种基本方法，连续是变量变化的一种常见形式. 本章将介绍这些基本概念，为高等数学的学习打下坚实的基础.

§1.1 函 数

1.1.1 常量与变量

在实际问题中，我们常遇到各种各样的量，如长度、重量、时间、距离等. 这些量一般可分为两种，一种在我们考察的过程中没有变化，即保持同一数值，这种量叫做**常量**；另一种在考察过程中有所变化，即可以取不同的数值，这种量叫做**变量**. 常量一般用字母 a、b、c 等表示，变量一般用 x、y、z 等表示.

常量与变量并不是绝对的，一种量在某一过程或在某一环境中是常量，而在另一过程中或在另一环境中可能就是变量. 常量也可看成是变量仅取一个值时的特例.

1.1.2 映射

集合是数学中的一个基本概念，不同的集合中有不同的元素. 而两个集合之间往往有某种联系.

【例 1】 某地所有机动车辆构成的集合 A 与其车牌号码构成的集合 B 之间有对应关系：每一辆车都有一个车牌号码，不同的车牌号码表示不同的车辆.

【例 2】 某班级有 50 名学生，他们构成集合 A，某次测验后各自都有自己的成绩，若定义集合 B 为一个闭区间$[0,100]$，那么集合 A 与 B 之间也有对应关系：每个学生都有自己的成绩.

这种对应关系在数学上我们称之为**映射**.

定义 1 设 X,Y 为两个集合,如果对 X 中的每一个元素 x,按照某种规则 f,集合 Y 中都有唯一确定的元素 y 与之对应,则称这种规则 f 为从 X 到 Y 的一个**映射**.

称与 x 对应的 y 为 x 的**像**,x 称为 y 的**原像**. 由定义可知,X 中的每一个元素有且只有一个像,但 Y 中的某一个元素 y,可能有原像,也可能没有原像,原像也不一定唯一.

如果对 Y 中的每一个元素 y,至少有一个原像,则称这种映射为**满射**. 如果对 X 中的任意两个不同元素 x_1,x_2,其像 y_1,y_2 也不相同,即有原像的元素 y 其原像唯一,则称这种映射为**单射**. 如果一个映射既为满射又为单射,则称这种映射为**一一对应**.

例 1 中 A 与 B 的对应关系可建立 A 到 B 的一个映射,而且这个映射是一一对应的.

例 2 中 A 与 B 的对应关系也可建立 A 到 B 的一个映射,但这个映射不是满射,也不一定是单射.

将一般集合转化为数集来考虑后,数集之间的关系就显得更为重要. 数集之间的关系实际上就是变量之间的关系,从数集到数集的映射就是函数.

1.1.3 函数的概念

我们经常会遇到彼此之间有依赖关系的变量,如圆的面积 y 与它的半径 r 之间有关系 $y=\pi r^2$.

下面给出两个变量之间的函数关系的严格定义 .

定义 2 设 D 是一个非空的实数集合,有两个变量 x 和 y,如果对每个数 $x\in D$,变量 y 按照某种确定的法则 f 有唯一确定的实数值与之对应,则称 y 是 x 的**函数**,称法则 f 为定义在 D 上的一个**函数关系**,记作 $y=f(x)$, $x\in D$,x 叫做**自变量**,y 叫做**因变量**,数集 D 称为这个函数的**定义域**.

对于 D 中的某一个值 x_0,因变量相应的值记为 y_0,即 $y_0=f(x_0)$,称 y_0 为函数 $y=f(x)$ 在 $x=x_0$ 时的**函数值**,全体函数值的集合称为这个函数的**值域**.

由定义可以看出,函数是从定义域到值域的一个满射.

函数符号也常用 g,φ,F 等. 如 $y=\varphi(x)$,$y=F(x)$.

在实际问题中,函数的定义域是根据实际意义确定的. 如圆面积 $y=\pi r^2$ 中,半径 r 为自变量,其取值范围即函数定义域为 $D=(0,+\infty)$.

在不考虑函数实际意义的情况下,定义域指的是能使数学式子有意义的一切实数值的集合. 如函数$=\sqrt{1-x^2}$的定义域为 $D=\{x|-1\leqslant x\leqslant 1\}$.

在函数定义中,强调对每一个 $x\in D$ 有唯一确定的 y 与之对应. 若不强调这点,仅要求有确定的 y 与之对应,则可能对某一 $x_0\in D$,有两个甚至两个以上的函数值. 在某些场合下,也把**这种对应关系叫做函数**. 此时,为区别起见,分别称之为**单值函数**和**多值函数**. 本书中,若无特别说明,函数都是指单值函数.

1.1.4　函数的表示法

1. 解析法(公式法)

自变量 x 和因变量 y 之间的函数关系直接用公式表示出来,如 $y=\sin x$.

有时函数关系用两个或两个以上的数学式子分段表示,这种函数称为**分段函数**.

【例 3】　$y=f(x)=\begin{cases}2\sqrt{x} & 当 0\leqslant x<1\\ 1-x & 当 x\geqslant 1\end{cases}$,求 $f\left(\frac{1}{2}\right)$,$f(1)$,$f(2)$.

解　$f\left(\frac{1}{2}\right)=2\sqrt{\frac{1}{2}}=\sqrt{2}$,$f(1)=1-1=0$,$f(2)=1-2=-1$.

【例 4】　$y=|x|=\begin{cases}x & 当 x\geqslant 0\\ -x & 当 x<0\end{cases}$

这类函数称为**绝对值函数**.

【例 5】　$y=[x]$,这一函数称为**取整函数**,它表示不超过 x 的最大整数,如 $[3.5]=3$,$[-3.5]=-4$.

还有一个特殊的函数,称为**最值函数**.

【例 6】　$y=\min\limits_{x\in D}\{x\}$ 表示取所有 x 中的最小者,即 x 的最小值.

$y=\max\limits_{x\in D}\{x\}$ 表示取所有 x 中的最大者,即 x 的最大值.

2. 列表法

将一系列自变量的值与对应的函数值列成表格,如某商店在一年内各月的销售额(单位:万元)如下:

月份 (t)	1	2	3	4	5	6	7	8	9	10	11	12
销售额(y)	825	740	521	495	625	531	435	462	508	675	585	760

它表示销售额 y 随着月份 t 的变化而改变的函数关系,可以看出,春节前后(12 月、1 月和 2 月)及 5 月和 10 月为旺季,其他月份为淡季.

3. 图示法

把自变量 x 和函数 y 分别作为坐标平面上点的横坐标和纵坐标,这些平面上的点 (x,y) 所描出的平面曲线(有的函数描出一些散点)就表示了 y 与 x 的函数关系.如某气站利用自动记录仪测出该地一昼夜气温的变化情况,如图 1-1.此图表示气温 T 随时间 t 变化的函数关系:$T=f(t)$.

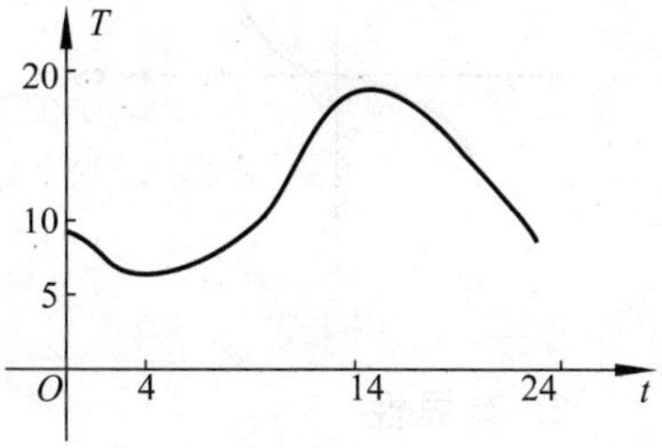

图 1-1

为了更直观地描述函数关系,通常对由解析法表示的函数,用图示法画出其图形,如本节例 3~例 5 的图形分别为图 1-2~图 1-4.

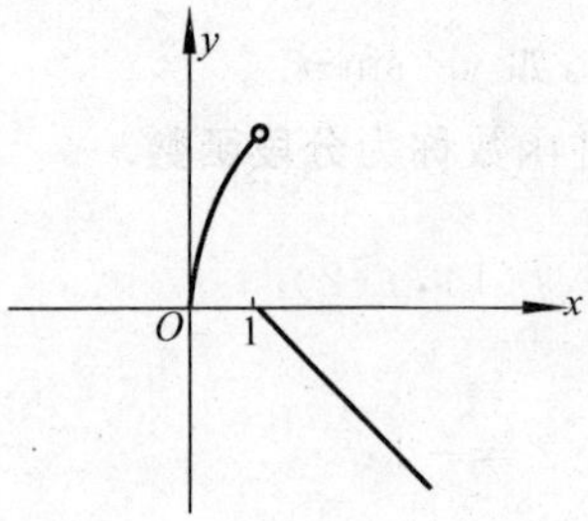

图 1-2

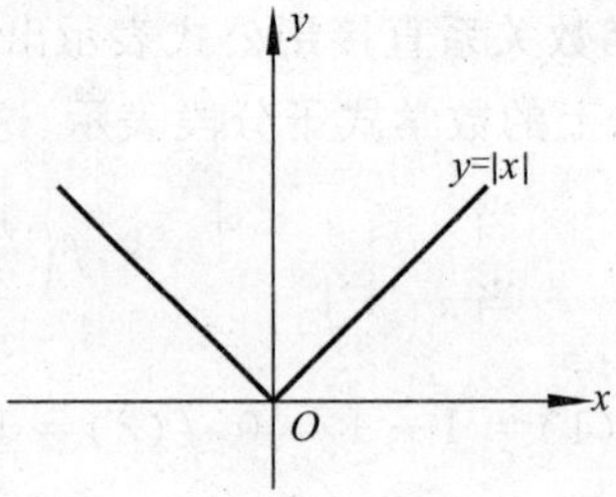

图 1-3

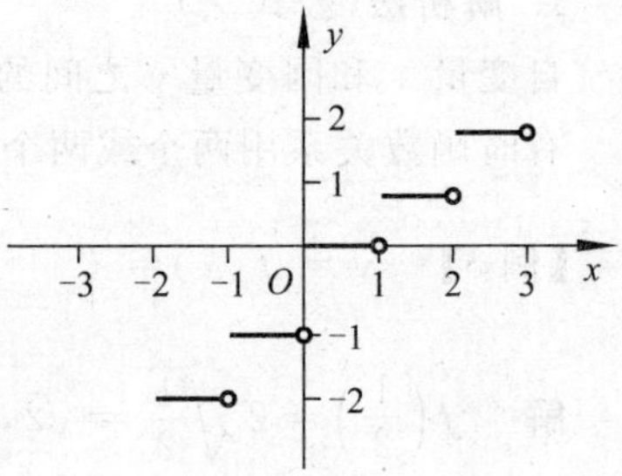

图 1-4

1.1.5 函数的几何特性

1. 单调性

设函数 $y=f(x)$ 在集合 D 上有定义,对任意的 $x_1, x_2 \in D$,当 $x_1 < x_2$ 时,若都有 $f(x_1) < f(x_2)$,则称 $f(x)$ 在 D 上**单调增加**;而若都有 $f(x_1) > f(x_2)$,则称 $f(x)$ 在 D 上**单调减少**. 在定义域集合 D 上具有单调性的函数,称为**单调函数**. 如 $y=x^3$ 在定义域 $(-\infty, +\infty)$ 内单调增加(如图 1-5),$y=1-x$ 在定义域 $(-\infty, +\infty)$ 内单调减少(如图 1-6),所以这两个函数是单调函数.

函数的单调性意味着随着自变量的增加,函数值增大或减小,从图形上看,曲线 $y=f(x)$ 是上升的或下降的.

有时函数在定义域的不同区间具有不同的单调性. 如 $y=x^2$(如图 1-7),在定义域 $(-\infty, +\infty)$ 内不具有单调性,即 $y=x^2$ 不是单调函数. 但在 $(0, +\infty)$ 内单调增加,在 $(-\infty, 0)$ 内单调减少. 我们把 $(-\infty, 0)$ 和 $(0, +\infty)$ 叫做 $y=x^2$ 的两个**单调区间**.

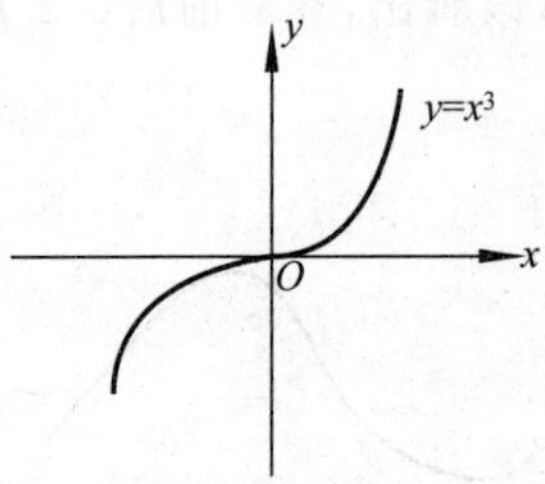

图 1-5

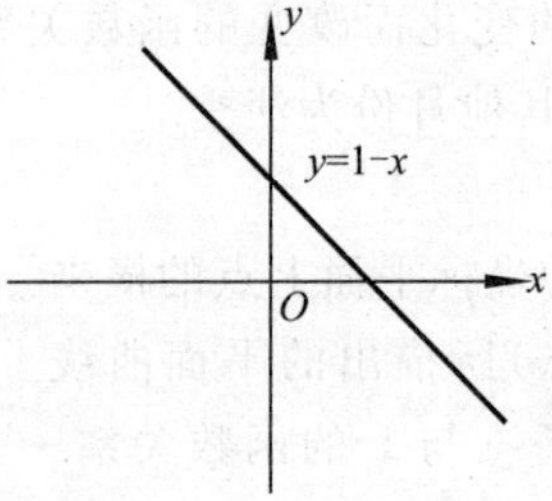

图 1-6

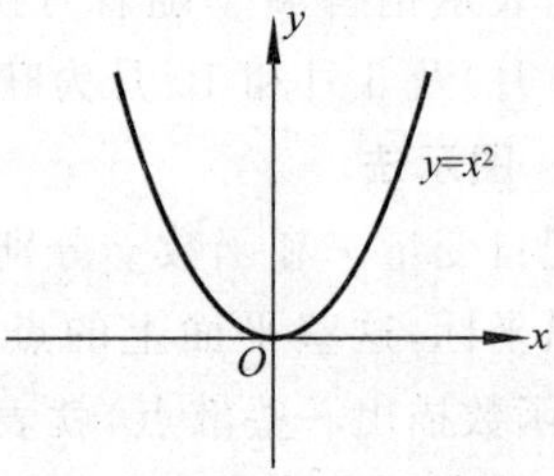

图 1-7

2. 有界性

设函数 $y=f(x)$ 在集合 D 上有定义,如果存在实数 k_1,对任意的 $x \in D$,都有 $f(x) \leqslant k_1$,则称 $f(x)$ 在 D **有上界**,并称 k_1 为 $f(x)$ 在 D 上的一个**上界**;如果存在实数 k_2,对任意的

$x \in D$，都有 $f(x) \geqslant k_2$，则称 $f(x)$ 在 D 上**有下界**，并称 k_2 为 $f(x)$ 在 D 上的一个**下界**. 如果存在正数 M，对任意 $x \in D$，都有 $|f(x)| \leqslant M$，则称函数 $f(x)$ 在 D 上**有界**，如果这样的 M 不存在，则称 $f(x)$ 在 D 上**无界**. 在定义域集合 D 上有界的函数称为**有界函数**. 如 $y=\sin x$ 对于 $x \in (-\infty,+\infty)$，有 $|\sin x| \leqslant 1$，故 $y=\sin x$ 是有界函数 .

显然有界函数一定有上界又有下界，而有上界又有下界的函数一定是有界的. 上界和下界只要存在就有无穷多个.

有的函数只有下界而无上界，有的函数只有上界而无下界，这样的函数是无界函数，如 $y=e^x$ 在 $(-\infty,+\infty)$ 内无界，但它有下界 0；$y=1-x^2$ 在 $(-\infty,+\infty)$ 内无界，但它有上界 1.

有的函数在定义域内无界（即本身是无界函数），但可以在定义域内的某个区间上有界，如 $y=\dfrac{1}{x}$ 在定义域 $(-\infty,0)\cup(0,+\infty)$ 内无界，但在 $(1,+\infty)$ 内有界，在 $(-\infty,-1)$ 内也有界，这样的有界区间可以有无穷多个.

函数的有界性意味着函数值在某一范围之内，从图形上看，有界函数 $y=f(x)$ 在 D 内的图形夹在两条直线 $y=M$ 和 $y=-M$ 之间（如图 1-8）.

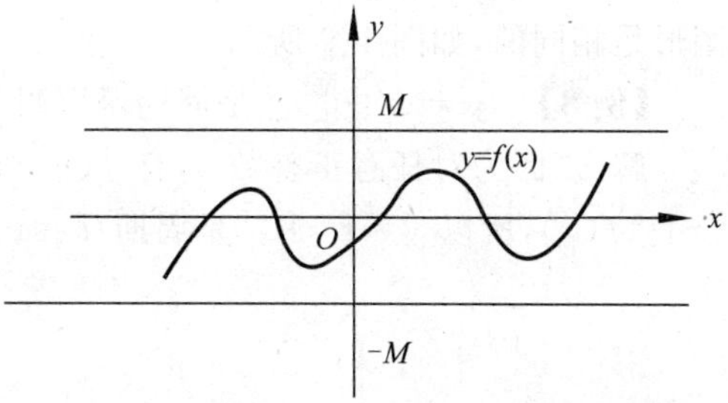

图 1-8

3. 奇偶性

设函数 $y=f(x)$ 在关于原点对称的集合 D 上有定义，如果对任意的 $x \in D$，都有 $f(-x)=-f(x)$ 成立，则称 $f(x)$ 为 D 上的**奇函数**；如果对任意的 $x \in D$，都有 $f(-x)=f(x)$，则 $f(x)$ 为 D 上的**偶函数**. 如 $y=x^3$ 是奇函数，$y=x^2$ 是偶函数 .

从图形上看，奇函数 $y=f(x)$ 的曲线关于坐标原点对称，偶函数 $y=f(x)$ 的曲线关于 y 轴对称 .

【例 7】 判断下列函数的奇偶性 .

(1) $y=\dfrac{e^x+e^{-x}}{2}$；　　(2) $y=\ln(x+\sqrt{x^2+1})$；　　(3) $y=\dfrac{\sin x}{x}+x$.

解　(1)因为 $D=(-\infty,+\infty)$，且 $f(-x)=\dfrac{e^{-x}+e^x}{2}=f(x)$，

所以 $y=\dfrac{e^x+e^{-x}}{2}$ 是偶函数 .

(2) 因为 $D=(-\infty,+\infty)$，且

$$f(-x)=\ln(-x+\sqrt{(-x)^2+1})$$

$$=\ln(-x+\sqrt{x^2+1})=\ln\frac{(-x+\sqrt{x^2+1})(x+\sqrt{x^2+1})}{x+\sqrt{x^2+1}}$$

$$=\ln\frac{1}{x+\sqrt{x^2+1}}=-\ln(x+\sqrt{x^2+1})=-f(x),$$

所以 $y=\ln(x+\sqrt{x^2+1})$ 是奇函数.

(3) 因为 $f(-x)=\dfrac{\sin(-x)}{-x}+(-x)=\dfrac{\sin x}{x}-x\neq f(x)$,而且 $f(-x)\neq -f(x)$,

所以 $y=\dfrac{\sin x}{x}+x$ 是非奇非偶函数.

4. 周期性

设函数 $y=f(x)$ 的定义域为 D,如果存在一个正数 T,使对任意的 $x\in D$(同时要求 $x+T\in D$),都有 $f(x)=f(x+T)$,则称 $f(x)$ 为**周期函数**,称满足上式的最小正数 T 为 $f(x)$ 的**周期**,如 $y=\sin x$ 为周期函数,周期为 2π.

周期函数在区间 $[x,x+T]$ 上的图形与在区间 $[x+kT,x+(k+1)T]$(k 为整数)上的图形是相同的,如图 1-9 所示.

【例 8】 $y=x-[x]$ 是周期函数吗?画出它的图形.

解 因为对任意正整数 n,有 $f(n+x)=(n+x)-[n+x]=n+x-(n+[x])=x-[x]=f(x)$,所以 $y=x-[x]$ 是周期 $T=1$ 的周期函数,如图 1-10 所示.

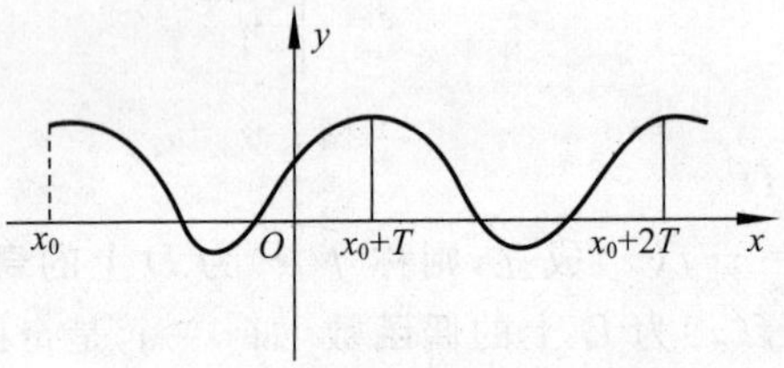

图 1-9

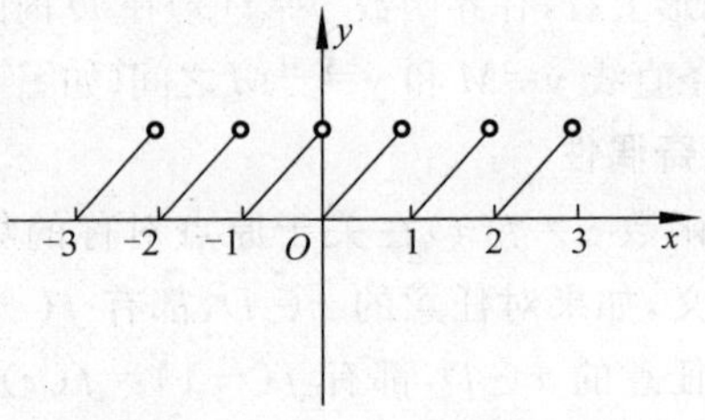

图 1-10

【例 9】 $y=A\sin(Bx+C)$ 的周期是 $\dfrac{2\pi}{|B|}$ $(B\neq 0)$.

1.1.6 反函数、复合函数和隐函数

1. 反函数

设函数 $y=f(x)$ 的定义域为 D,值域为 W,如果对 W 中的每一个数 y,在 D 中都有唯一确定的 x 与之对应,且满足 $y=f(x)$,则 x 与 y 之间有一个函数关系,记作 $x=f^{-1}(y)$,称之为函数 $y=f(x)$ 的**反函数**. 显然 $y=f(x)$ 与 $x=f^{-1}(y)$ 互为反函数.

函数 $x=f^{-1}(y)$ 的定义域为 $y=f(x)$ 的值域 W,$x=f^{-1}(y)$ 的值域为 $y=f(x)$ 的定义域 D.

因为习惯上用 x 表示自变量,用 y 表示因变量,所以我们把函数 $x=f^{-1}(y)$ 中的 x 改为 y,y 改为 x,得到函数 $y=f^{-1}(x)$,则称 $y=f^{-1}(x)$ 与 $y=(x)$ 互为反函数. 如 $y=2x$ 的反函数为 $x=\dfrac{y}{2}$,改写后成为 $y=\dfrac{x}{2}$,称 $y=2x$ 与 $y=\dfrac{x}{2}$ 互为反函数.

从图形上看，$y=f(x)$与 $y=f^{-1}(x)$关于直线 $y=x$ 对称，如图 1-11 所示．

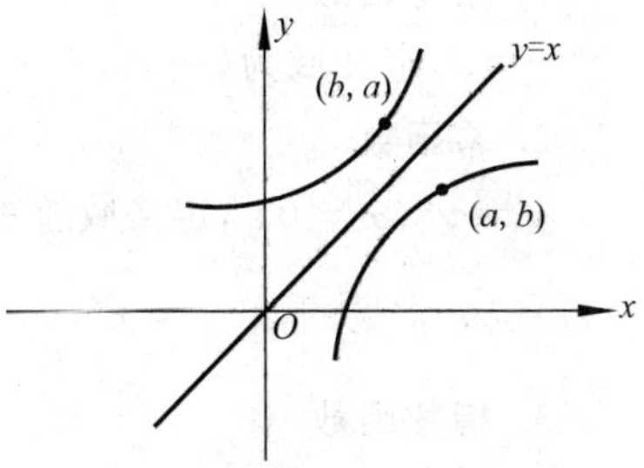

图 1-11

由于本章定义的函数是单值函数，所以一个函数有反函数的充分必要条件是 x 与 y 有一一对应的关系．

单调函数 $y=f(x)$中，x 与 y 是一一对应的，因此单调函数一定有反函数，且单调性一致．

有些函数本身无反函数，如 $y=x^2$，但在$(0,+\infty)$内，$x=\sqrt{y}$，即 $y=\sqrt{x}$ 可认为是 $y=x^2$ 在$(0,+\infty)$内的反函数，同样，$y=-\sqrt{x}$ 可认为是 $y=x^2$ 在$(-\infty,0)$内的反函数．

2. 复合函数

设函数 $y=f(u)$的定义域为 D_1，值域为 W_1，函数 $u=\varphi(x)$的定义域为 D_2，值域为 W_2，$W_2\cap D_1\neq\varnothing$，(如图 1-12)$D\subset D_2$. 若对任一 $x\in D$，通过函数 $u=\varphi(x)$，所对应的 $u\in W_2\cap D_1\subset D_1$，必有一个确定的 y 通过 $y=f(u)$而确定，则 x 与 y 之间有一个函数关系，称之为由 $y=f(u)$和 $u=\varphi(x)$复合而成的**复合函数**，记作 $y=f(\varphi(x))$，称 u 为**中间变量**．

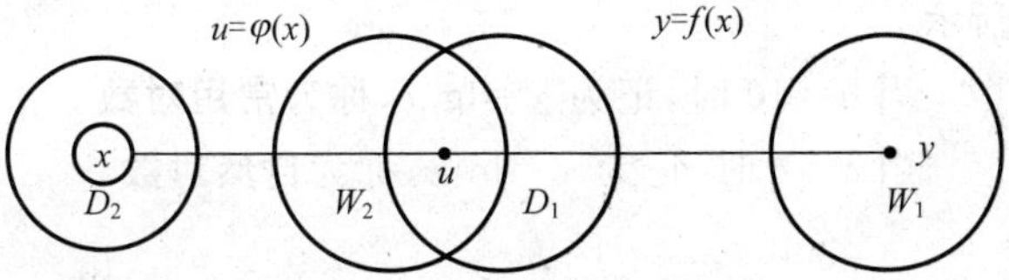

图 1-12

显然复合函数 $y=f[\varphi(x)]$的定义域 $D\subset D_2$，值域 $W\subset W_1$.

如 $y=\ln(1+x)$是由 $y=\ln u$，$u=1+x$ 复合而成的，定义域 $D=(-1,+\infty)$，值域 $W=(-\infty,+\infty)$. 不是任意两个函数都能构成复合函数．

复合函数也可以由两个以上的函数构成，如 $y=\sqrt{\cos\dfrac{x}{2}}$ 由 $y=\sqrt{u}$，$u=\cos v$，$v=\dfrac{x}{2}$ 三个函数复合而成，其中 u，v 都是中间变量．

3. 隐函数

函数通常由式子 $y=f(x)$表示，这样的函数也称为**显函数**，有时函数关系由一个方程来表示，如 $x+y^3-1=0$，实际上它可以表示为 $y=\sqrt[3]{1-x}$. 当函数关系用方程表示时，我们称它为**隐函数**．

并不是所有的隐函数都能改写成显函数的形式，如 $\dfrac{y}{x}=\ln y$．

1.1.7　初等函数

以下六类函数称为基本初等函数．

1. 常量函数

$y=C$,定义域为$(-\infty,+\infty)$

2. 幂函数

$y=x^{\alpha}\ (\alpha\neq 0)$,定义域随$\alpha$而定,但在$(0,+\infty)$内总有定义,且图形必经过$(1,1)$点. 常见的如$y=x^2$,$y=x^3$,$y=\dfrac{1}{x}$(如图 1-13).

3. 指数函数

$y=a^x\ (a>0,a\neq 1)$,定义域为$(-\infty,+\infty)$,对任意x,$a^x>0$,图形必经过$(0,1)$点.

$y=a^x$与$y=\left(\dfrac{1}{a}\right)^x$的图形关于$y$轴对称. 如图 1-14 所示.

常见的如$y=e^x$,其中 e 是无理数,$e\approx 2.718\ 28$.

4. 对数函数

$y=\log_a x\ (a>0,a\neq 1)$.

对数函数是指数函数的反函数,其定义域为$(0,+\infty)$,图形必经过$(1,0)$点,如图 1-15 所示.

当$a=10$时,记为$y=\lg x$,称为**常用对数**.

当$a=e$时,记为$y=\ln x$,称为**自然对数**.

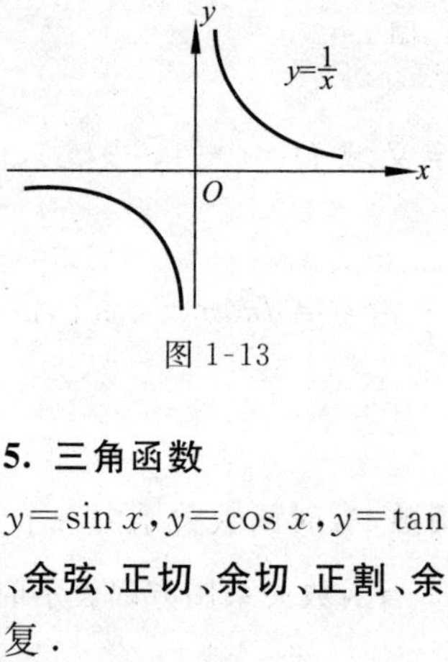

图 1-13

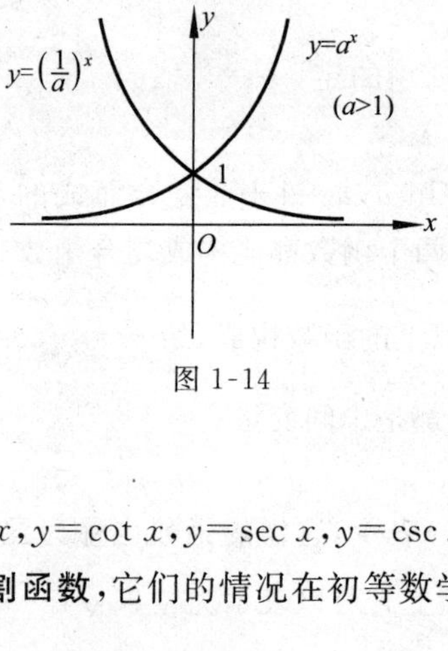

图 1-14

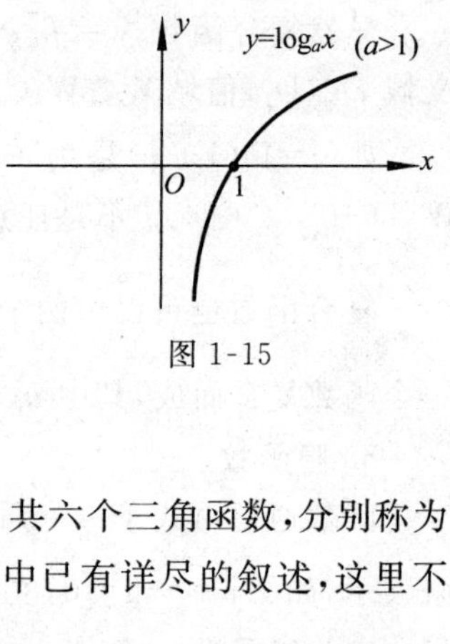

图 1-15

5. 三角函数

$y=\sin x$,$y=\cos x$,$y=\tan x$,$y=\cot x$,$y=\sec x$,$y=\csc x$共六个三角函数,分别称为**正弦**、**余弦**、**正切**、**余切**、**正割**、**余割函数**,它们的情况在初等数学中已有详尽的叙述,这里不再重复.

6. 反三角函数

反三角函数是三角函数的反函数,常用的有四个反三角函数.

(1)反正弦函数　正弦函数$y=\sin x$的定义域为$(-\infty,+\infty)$,值域为$[-1,1]$. 由于x与y不是一一对应的,若规定$y=\text{Arcsin}\ x$是$y=\sin x$的反函数,则$y=\text{Arcsin}\ x$是多值函数. 因此我们选取单调的一段,称为$y=\text{Arcsin}\ x$的单值支(或主值),记为$y=\arcsin x$,这

里 $-\frac{\pi}{2} \leqslant \arcsin x \leqslant \frac{\pi}{2}$，因此 $y=\arcsin x$ 的定义域为$[-1,1]$，值域为 $\left[-\frac{\pi}{2},\frac{\pi}{2}\right]$，如图 1-16所示．

常用的值如 $\arcsin 0=0$，$\arcsin 1=\frac{\pi}{2}$，$\arcsin(-1)=-\frac{\pi}{2}$.

(2)反余弦函数　类似地建立反余弦函数 $y=\arccos x$，其定义域为$[-1,1]$，值域为$[0,\pi]$，如图 1-17 所示．

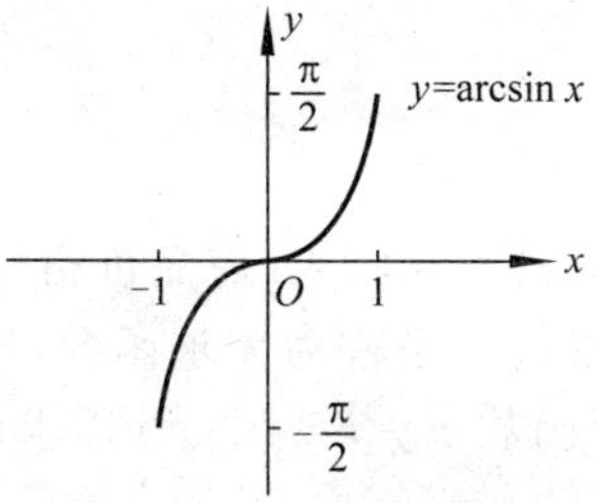

图 1-16

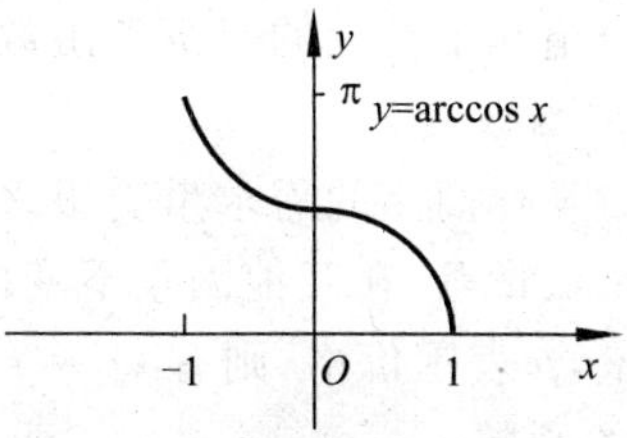

图 1-17

常用的值如 $\arccos 0=\frac{\pi}{2}$，$\arccos 1=0$，$\arccos(-1)=\pi$.

(3)反正切函数 $y=\arctan x$ 的定义域为$(-\infty,+\infty)$，值域为 $\left(-\frac{\pi}{2},\frac{\pi}{2}\right)$，如图 1-18 所示．

常用的值如 $\arctan 1=\frac{\pi}{4}$，$\arctan 0=0$.

(4)反余切函数 $y=\operatorname{arccot} x$ 的定义域为$(-\infty,+\infty)$，值域为$(0,\pi)$如图 1-19.

常用的值如 $\operatorname{arccot} 0=\frac{\pi}{2}$，$\operatorname{arccot} 1=\frac{\pi}{4}$.

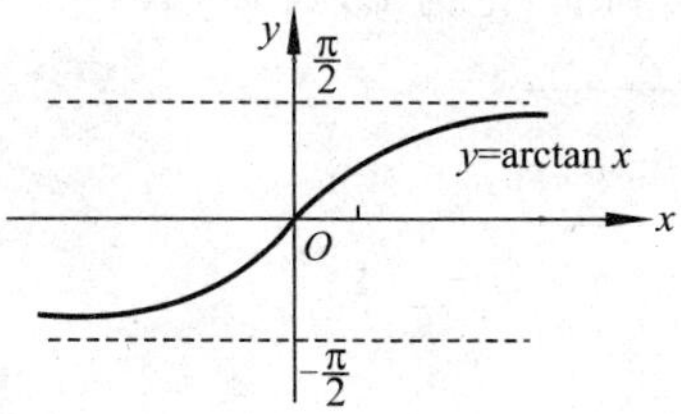

图 1-18

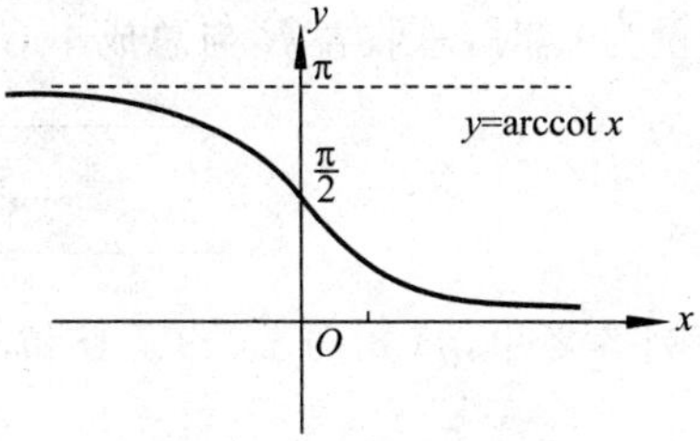

图 1-19

由基本初等函数经过有限次的四则运算和有限次的复合步骤所构成并且能用一个式子表达的函数，称为**初等函数**．

如 $y=\sqrt{\frac{x-1}{x+1}}+\ln(1+\sin x)$ 是初等函数．

分段函数一般不是初等函数,但 $y=|x|=\begin{cases}-x & \text{当 } x<0 \\ x & \text{当 } x\geqslant 0\end{cases}$ 又可表示为 $y=\sqrt{x^2}$,所以它是初等函数.

若 $f(x)$,$g(x)$均为初等函数,且 $f(x)>0$,我们称函数 $f(x)^{g(x)}$ 为**幂指函数**,由于

$$f(x)^{g(x)}=e^{g(x)\ln f(x)},$$

因此幂指函数是初等函数,如 $y=x^x$、$y=(1+x)^{\frac{1}{x}}$,均为幂指函数.

1.1.8 常用的经济函数

下面介绍几个常见的经济类函数.

1. 需求函数

顾客对某种商品的需求量受很多因素的影响,如人口、个人收入、商品价格、可替代商品的价格及数量等,在其他因素不变的情况下,它与价格的关系称为需求函数,通常用 Q_d 表示需求量,p 表示价格,则有 $Q_d=f(p)$,有时也称其反函数 $p=f^{-1}(Q_d)$为需求函数.

2. 供给函数

厂商向社会提供的商品,供应量也受很多因素的影响,在其他因素不变的情况下,它与价格的关系称为供给函数,通常用 Q_s表示供给量,p 表示价格,则有 $Q_s=f(p)$.

3. 成本函数

生产厂家生产一批数量为 Q 的产品时所需要的全部经济投入的价格或费用称为产品的总成本,一般地,总成本由固定成本(厂房、设备等)和可变成本(劳力、原料等)组成,若固定成本为 C_0,可变成本为 C_1,总成本为 C,则 $C=C_0+C_1$,其中 $C_1=C_1(Q)$.

4. 收益函数

厂家以价格 p 出售数量为 Q 的产品所获得的总收入用 R 表示,则 $R=pQ$,称此函数为收益函数.

5. 利润函数

销售量为 Q 时,总收益 R 与总成本 C 之差称为总利润,记为 L,则 $L=R-C=L(Q)$.

习题 1.1

1. 下列各题中,$f(x)$与 $g(x)$是否相同? 为什么?

(1) $f(x)=\dfrac{x^2}{x}$,$g(x)=x$;

(2) $f(x)=e^{-\frac{1}{2}\ln x}$,$g(x)=\dfrac{1}{\sqrt{x}}$;

(3) $f(x)=\sec^2 x-\tan^2 x$,$g(x)=1$;

(4) $f(x)=\ln(1+x)-\ln(1-x)$,$g(x)=\ln\dfrac{1+x}{1-x}$;

(5) $f(x)=\sqrt{1+\frac{1}{x^2}}, g(x)=\frac{\sqrt{1+x^2}}{x}$.

2. 计算下列各题：

(1) $f(x)=\frac{|x-2|}{x+1}$，求 $f(0), f\left(\frac{1}{x}\right)$；

(2) $f(x)=x^2+1$，求 $f(x^2), [f(x)]^2$；

(3) $f(x)=\begin{cases}\tan x & 当\ x>0 \\ 0 & 当\ x\leqslant 0\end{cases}$，求 $f\left(\frac{\pi}{4}\right)-f\left(-\frac{\pi}{4}\right)$.

3. 判断下列函数的奇偶性：

(1) $y=x^3+\sin x$；　　(2) $y=xe^x$；

(3) $y=e^{|\sin x|}$；　　(4) $y=\ln\frac{1-x}{1+x}$.

4. 证明：若 $f(x)$ 在 $(-1,1)$ 内有定义，则

(1) 当 $f(x)$ 是奇函数并在 $(0,1)$ 内单调增加时，它在 $(-1,0)$ 内也单调增加；

(2) 当 $f(x)$ 是偶函数并在 $(0,1)$ 内单调增加时，它在 $(-1,0)$ 内是单调减少的.

5. 下列函数哪些是周期函数？若是，指出其周期.

(1) $y=\cos(x-2)$；　　(2) $y=1+\sin \pi x$；

(3) $y=x\tan x$；　　(4) $y=\sin^2 x$.

6. 求下列函数的反函数：

(1) $y=\sqrt{1-x^2}\,(-1\leqslant x\leqslant 0)$；　　(2) $y=\frac{x-1}{x+1}$；

(3) $y=\frac{2^x}{2^x+1}$；　　(4) $y=1+\ln(x+2)$.

7. 求下列函数的定义域：

(1) $y=\frac{1}{\sqrt{9-x^2}}$；　　(2) $y=\arcsin\frac{x-1}{2}$；

(3) $y=\ln\frac{1}{1-x}$；　　(4) $y=\sqrt{\sin\sqrt{x}}$.

8. 设 $f(x)=\frac{x}{1-x}$，求 $f(f(x))$ 及其定义域.

9. 设 $f(x)=x^2, g(x)=2^x$，求 $f(g(x)), g(f(x))$.

10. 设 $f(x)=|x|, g(x)=\begin{cases}x^2+1 & 当\ x\geqslant 1 \\ x & 当\ x<1\end{cases}$，求 $f(x)+g(x)$.

11. 若已知某商品的需求函数为 $Q=75-3p$，成本函数为 $C=100+Q$，试写出利润函数.

12. 生产某种产品 1 000 件，前 800 件售价为 20 元/件，其余部分打九折出售，求收益函数.

§1.2 数列的极限

1.2.1 数列的概念

按照一定的规律排列着的一列数 $y_1, y_2, \cdots, y_n, \cdots$ 称为一个**数列**，若用严格的数学语言，可定义如下：

定义 1 设 $f(x)$ 是以正整数集合为定义域的函数，将其函数值 $f(x)$ 按 x 从小到大的顺序排列起来的一列数 $f(1), f(2), \cdots, f(n), \cdots$ 称为一个**无穷数列**，简称为**数列**，记作 $\{f(n)\}$，数列中的每一个数称为数列的**项**，而 $f(n)$ 称为数列的**一般项**或**通项**．此时这一函数也常表示为 $y_n = f(n)$，从而数列也可记作 $\{y_n\}$．

下面是几个数列的例子．

① $\left\{\dfrac{1}{2^n}\right\}: \dfrac{1}{2}, \dfrac{1}{4}, \dfrac{1}{8}, \cdots, \dfrac{1}{2^n}, \cdots$

② $\left\{\dfrac{n-1}{n}\right\}: 0, \dfrac{1}{2}, \dfrac{2}{3}, \cdots, \dfrac{n-1}{n}, \cdots$

③ $\{n^2\}: 1, 4, 9, \cdots, n^2, \cdots$

④ $\left\{\dfrac{1+(-1)^n}{2}\right\}: 0, 1, 0, 1, \cdots$

数列的图示法有两种，一种是用数轴上的点表示数列的项．如数列①的图示法如图 1-20所示．

另一种是在直角坐标系中，用平面上的点 $(n, f(n))$ 表示数列的项．如数列②的图示法如图 1-21 所示．

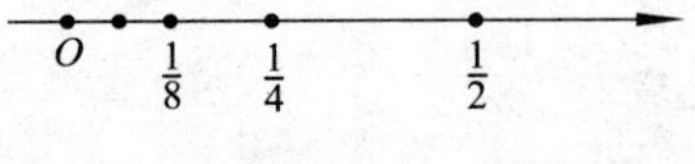

图 1-20

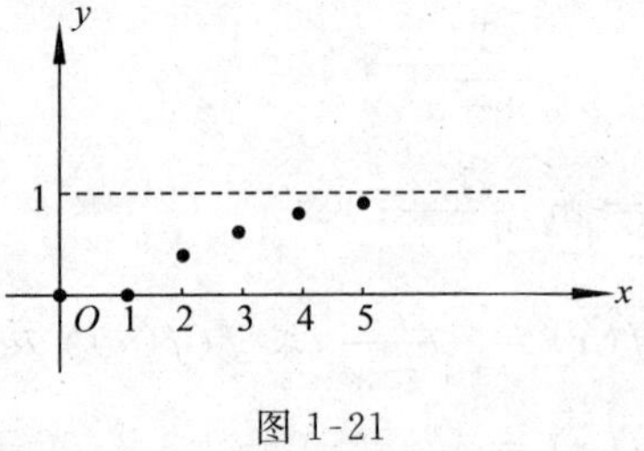

图 1-21

数列作为特殊的函数，也具有函数的一些特性，如单调性与有界性．

若 $y_1 \leqslant y_2 \leqslant \cdots \leqslant y_n \leqslant y_{n+1} \leqslant \cdots$，则称数列 $\{y_n\}$ **单调增加**；

若 $y_1 \geqslant y_2 \geqslant \cdots \geqslant y_n \geqslant y_{n+1} \geqslant \cdots$，则称数列 $\{y_n\}$ **单调减少**.

显然在前面的例子中，数列①单调减少，并且有下界 0 和上界 $\dfrac{1}{2}$；数列②单调增加，并且有下界 0 和上界 1；数列③单调增加，有下界 1 而无上界，因而无界；数列④不具有单调性，但有下界 0 和上界 1.

1.2.2 数列极限的定义

观察前面例子中的数列①，我们发现，随着 n 的不断增大，$f(n)$ 越来越小，并且与 0 的距离越来越近，或说它越来越接近于 0. 再看数列②，当 n 不断增大时，$f(n)$ 越来越大，并且与 1 的距离越来越小，或说越来越接近于 1. 对数列③，当 n 不断增大时，虽然 $f(n)$ 越来越大，但不与任何一个实数的距离越来越小，即找不到一个实数，使 $f(n)$ 越来越接近于它，对数列④，$f(n)$ 一直在 0 和 1 之间跳来跳去，也找不到一个实数，使当 n 不断增大时，$f(n)$ 与它越来越接近.

上述情况表明，对数列 $y_n = f(n)$，当 n 不断增大时，可能存在也可能不存在一个实数，使 $f(n)$ 越来越接近于它，这两种情况我们分别称为当 n 无限增大（记为 $n \to \infty$，读作 n 趋向于无穷大）时数列**有极限**和数列**无极限**.

在数列有极限的情况下，如数列②，因为 $f(n)$ 与 1 越来越接近，我们称 $f(n)$ 以 1 为极限，此时 $|f(n)-1|$ 可以任意地小，即小于任何事先给定的很小的正数. 事实上，因为

$$|f(n)-1| = \left|\frac{n-1}{n}-1\right| = \frac{1}{n}.$$

若取一个较小的正数 $\frac{1}{100}$，只要 $n>100$，就有 $\frac{1}{n}<\frac{1}{100}$.

若取一个更小的正数 $\frac{1}{1\,000}$，只要 $n>1\,000$，就有 $\frac{1}{n}<\frac{1}{1\,000}$.

……

如此推下去，一般地，不论事先给定的正数 ε 多么小，只要 $n>\frac{1}{\varepsilon}$，就有 $\frac{1}{n}<\varepsilon$，即存在一个正整数 N，使对一切 $n>N$ 时的 $f(n)$，恒有

$$|f(n)-1|<\varepsilon,$$

由以上的分析，可得出数列极限的严格定义.

定义 2　对数列 $\{f(n)\}$，如果存在一个常数 A，对任意给定的正数 ε（无论它多么小），总存在一个正整数 N，使当 $n>N$ 时，不等式

$$|f(n)-A|<\varepsilon$$

恒成立，则称常数 A 是数列 $\{f(n)\}$ 的**极限**，或称数列 $\{f(n)\}$ 收敛于 A，记作

$$\lim_{n\to\infty} f(n) = A,$$

或

$$f(n) \to A \quad (n\to\infty).$$

如果数列没有极限，则称数列是**发散**的.

由定义可知，$\lim\limits_{n\to\infty}\frac{n-1}{n}=1$.

此定义也称为 $\varepsilon-N$ 定义，定义中的 ε 必须任意给定，只有这样，$|f(n)-A|<\varepsilon$ 才能刻画出 $f(n)$ 与 A 越来越接近，而且是无限接近这种极限状态．定义中的正整数 N 是随 ε 而定的，一般地说，ε 越小，N 越大，但定义中重点强调的是 N 的存在性，实际上这样的 N 是不唯一的．

由于数列的图示法有两种，因而数列极限的几何解释也有两种，当用数轴上的点表示数列的项时，因为不等式

$$|f(n)-A|<\varepsilon,$$

等价于

$$A-\varepsilon<f(n)<A+\varepsilon,$$

故在开区域 $(A-\varepsilon,\ A+\varepsilon)$ 内应该聚集着当 $n>N$ 后的所有点 y_n，如图 1-22 所示．

当用直角坐标系中的点表示数列的项时，当 $n>N$ 后的所有点 $(n,f(n))$ 应该落在两条直线 $y=A-\varepsilon$ 和 $y=A+\varepsilon$ 之间的带形区域内，如图 1-23 所示．

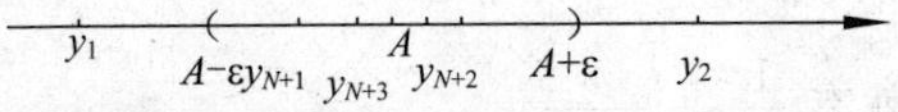

图 1-22

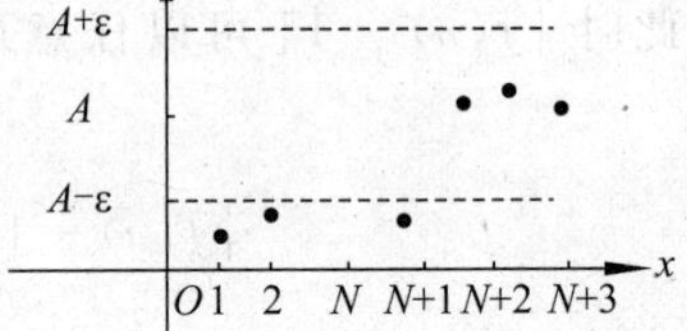

图 1-23

【例 1】 用极限定义证明下列极限：

(1) $\lim\limits_{n\to\infty}\frac{1}{2^n}=0$；

(2) $\lim\limits_{n\to\infty}\frac{2n}{n^3+1}=0$.

证 (1)对任给的 $\varepsilon>0$，欲 $\left|\frac{1}{2^n}-0\right|=\frac{1}{2^n}<\varepsilon$，只须 $2^n>\frac{1}{\varepsilon}$，$\log_2 2^n=n>\log_2\frac{1}{\varepsilon}$，故取 $N=\left[\log_2\frac{1}{\varepsilon}\right]$，则当 $n>N$ 时，恒有 $\left|\frac{1}{2^n}-0\right|<\varepsilon$ 成立，故 $\lim\limits_{n\to\infty}\frac{1}{2^n}=0$.

(2)对任何给的 $\varepsilon>0$，欲 $\left|\frac{2n}{n^3+1}-0\right|=\frac{2n}{n^3+1}<\varepsilon$，因为 $\frac{2n}{n^3+1}<\frac{2n}{n^3}=\frac{2}{n^2}$，故只须 $\frac{2}{n^2}<\varepsilon$，即 $n>\sqrt{\frac{2}{\varepsilon}}$，故 $N=\left[\sqrt{\frac{2}{\varepsilon}}\right]$，则当 $n>N$ 时，恒有 $\left|\frac{2n}{n^3+1}-0\right|<\varepsilon$ 成立，故 $\lim\limits_{n\to\infty}\frac{2n}{n^3+1}=0$.

1.2.3　数列极限的性质

定理 1　（**极限的唯一性**）数列的极限是唯一的．

证　反证法．

若 $\lim\limits_{n\to\infty} y_n = A$ 且 $\lim\limits_{n\to\infty} y_n = B$，$A \neq B$，不妨设 $A < B$.

对 $\varepsilon = \dfrac{B-A}{2} > 0$，存在 N_1，当 $n > N_1$ 时，$|y_n - A| < \varepsilon$，即 $\dfrac{3A-B}{2} < y_n < \dfrac{A+B}{2}$．又有 N_2，当 $n > N_2$ 时，$|y_n - B| < \varepsilon$，即 $\dfrac{A+B}{2} < y_n < \dfrac{3B-A}{2}$，取 $N = \max\{N_1, N_2\}$，当 $n > N$ 时，同时有 $y_n < \dfrac{A+B}{2}$ 与 $y_n > \dfrac{A+B}{2}$，这是不可能的，这说明极限是唯一的．

从本定理的证明读者能够发现，ε-N 语言的描述方式是十分有必要的，有关极限的各种性质的证明几乎都是使用这种语言．但是，由于这类证明偏重于理论，不是本书介绍的重点，所以，若非必要，以后此类定理的证明将略去，有兴趣的读者可以当做一种练习．

定理 2　（**收敛数列的有界性**）如果数列 $\{y_n\}$ 有极限，则数列 $\{y_n\}$ 一定有界．

此定理表明数列有界是收敛的必要条件，若数列无界则必然发散．但有界数列不一定是收敛数列，如 $\{(-1)^n\}$，有界但发散．

下面介绍子数列的概念．

在数列 $\{y_n\}$ 中，任意抽取无限多项并保持其在原数列 $\{y_n\}$ 中的先后顺序，这样得到的数列称为原数列 $\{y_n\}$ 的一个**子数列**（**子列**），一般表示为

$$y_{n_1}, y_{n_2}, \cdots, y_{n_k}, \cdots$$

其中 y_{n_k} 是第 k 项，但在原数列中是第 n_k 项，显然 $n_k \geqslant k$. 此子列可记为 $\{y_{n_k}\}$．

有两个特殊的子列

$$\{y_{2n-1}\}: y_1, y_3, y_5, \cdots; \quad \{y_{2n}\}: y_2, y_4, y_6, \cdots$$

分别称为 $\{y_n\}$ 的**奇数项数列**和**偶数项数列**．数列 $\{y_n\}$ 的子列可以有无穷多个．

定理 3　（**收敛数列与其子列的关系**）如果数列 $\{y_n\}$ 收敛，则其任一子列也收敛，且极限一致．（证明略）

关于奇数项数列和偶数项数列有一个简单的结论．数列 $\{y_n\}$ 收敛的充要条件是 $\lim\limits_{n\to\infty} y_{2n-1} = \lim\limits_{n\to\infty} y_{2n}$．

数列极限的其他性质将在以后几节中介绍．

习题 1.2

1. 写出下列数列的通项,观察其是否收敛,若收敛写出其极限.

(1) $1,\frac{2}{3},\frac{3}{5},\frac{4}{7},\cdots$;　　(2) $-\frac{1}{2},\frac{1}{4},-\frac{1}{8},\frac{1}{16},\cdots$;

(3) $0,\frac{1}{2},0,\frac{1}{4},0,\frac{1}{6},\cdots$;　　(4) $-1,2,-3,4,\cdots$.

2. 下列数列是否收敛,若收敛写出其极限:

(1) $y_n=\begin{cases}\dfrac{1}{\sqrt{n}+1} & 当\ n=2k-1\\ \dfrac{1}{\sqrt{n}-1} & 当\ n=2k\end{cases}\quad k=1,2,\cdots$;

(2) $y_n=\begin{cases}\dfrac{n}{1+n} & 当\ n=2k-1\\ \dfrac{n}{1-n} & 当\ n=2k\end{cases}\quad k=1,2,\cdots$.

3. 用 $\varepsilon-N$ 定义证明下列极限:

(1) $\lim\limits_{n\to\infty}\frac{1}{\sqrt{n}}\sin\frac{n\pi}{2}=0$;　　(2) $\lim\limits_{n\to\infty}\frac{3n}{2n+1}=\frac{3}{2}$.

4. 证明 $\lim\limits_{n\to\infty}y_n=A$ 的充分必要条件是 $\lim\limits_{n\to\infty}y_{2n-1}=\lim\limits_{n\to\infty}y_{2n}=A$.

5. 我国古代就有极限思想的萌芽,公元前 300 年,就有"一尺之棰,日取其半,万世不竭"之说.即把一尺长的木棍,每日取其一半,永世取不尽.试写出每日所取的木棍长度数列,并求其极限.

§1.3 函数的极限

数列是一种特殊的函数,数列的极限是函数的极限的一种特殊情况.对一般的函数 $y=f(x)$,如果我们研究在 x 的变化过程中 $f(x)$ 的变化趋势,就是研究函数的极限问题.由于 x 的变化过程有许多种不同情况,如 x 的绝对值无限地大(记作 $x\to\infty$)或 x 无限地接近某一个值 x_0(记作 $x\to x_0$)等,下面分别进行研究.

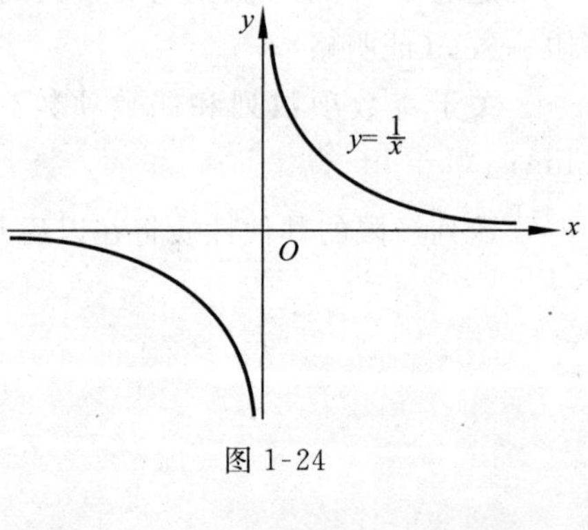

图 1-24

1.3.1　$x \to \infty$ 时 $f(x)$ 的极限

考察函数 $y=\dfrac{1}{x}$，如图1-24所示，当 $x \to \infty$，即 x 的绝对值任意地大的时候，函数值 y 的绝对值任意地小，可记作 $y \to 0$，类似于数列的极限，可给出这种函数极限的严格定义.

定义1　设函数 $y=f(x)$ 在 $(-\infty,b)\cup(a,+\infty)$ 内有定义，如果存在一个常数 A，对任意给定的正数 ε（无论它多么小），总存在一个正数 X，使当 $|x|>X$ 时，不等式

$$|f(x)-A|<\varepsilon$$

恒成立，则称常数 A 是函数 $y=f(x)$ 当 $x\to\infty$ 时的**极限**，记作

$$\lim_{x\to\infty} f(x)=A$$

或　$f(x)\to A(x\to\infty)$.

$\lim\limits_{x\to\infty} f(x)=A$ 的几何意义是：对事先给定的 $\varepsilon>0$，当 $|x|>X$ 时，函数 $y=f(x)$ 的图形介于直线 $y=A-\varepsilon$ 和 $y=A+\varepsilon$ 之间，如图1-25所示.

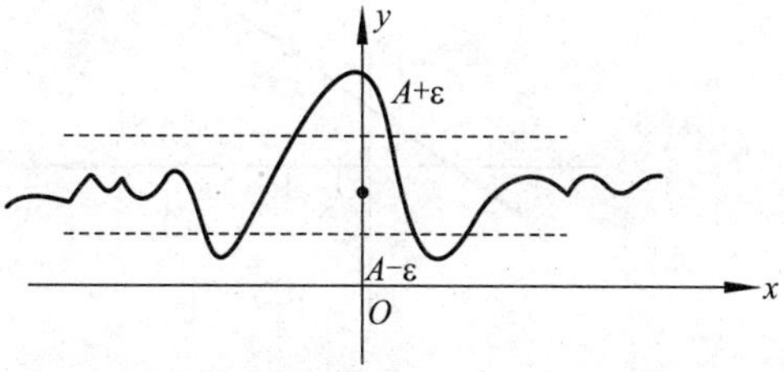

图 1-25

【例1】　用定义证明 $\lim\limits_{x\to\infty}\dfrac{x+\sin x}{x}=1$.

证　对任给的 $\varepsilon>0$，欲　$\left|\dfrac{x+\sin x}{x}-1\right|=\left|\dfrac{\sin x}{x}\right|<\varepsilon$.

因为 $\left|\dfrac{\sin x}{x}\right|\leqslant\dfrac{1}{|x|}$，故只须 $\dfrac{1}{|x|}<\varepsilon$，即 $|x|>\dfrac{1}{\varepsilon}$，取 $X=\dfrac{1}{\varepsilon}$，则当 $|x|>X$ 时，恒有 $\left|\dfrac{x+\sin x}{x}-1\right|<\varepsilon$ 成立，故 $\lim\limits_{x\to\infty}\dfrac{x+\sin x}{x}=1$.

若 $y=f(x)$ 在 $(a,+\infty)$ 内有定义 $(a\geqslant 0)$，可考察 x 无限增大（记作 $x\to+\infty$）时 $f(x)$ 的极限，只要把定义1中的 $|x|>X$ 改为 $x>X$ 就可得出 $\lim\limits_{x\to+\infty} f(x)=A$ 的定义.

若 $y=f(x)$ 在 $(-\infty,b)$ 内有定义 $(b\leqslant 0)$，可考察 x 无限变小（记作 $x\to-\infty$）时 $f(x)$ 的极限，只要把定义1中的 $|x|>X$ 改为 $x<-X$ 就可得出 $\lim\limits_{x\to-\infty} f(x)=A$ 的定义.

$x\to+\infty$ 时函数的极限定义与数列的极限定义非常相似，并且有如下结论：

定理1　设 $f(x)$ 在 $(a,+\infty)$ 内有定义 $(a\geqslant 0)$，若有 $\lim\limits_{x\to+\infty} f(x)=A$，则 $\lim\limits_{n\to\infty} f(n)=A$.

注意：此定理的逆不成立，如设 $f(x)=\begin{cases}\dfrac{1}{n} & 当\ x=n\\ 1 & 当\ x\neq n\end{cases}$，显然 $f(n)=\dfrac{1}{n}$，$\lim\limits_{n\to\infty} f(n)=0$，但 $\lim\limits_{x\to\infty} f(x)$ 不存在.

很容易得出下面结论.

定理 2 $\lim\limits_{x\to\infty} f(x) = A$ 的充分必要条件是 $\lim\limits_{x\to+\infty} f(x) = \lim\limits_{x\to-\infty} f(x) = A$.

1.3.2 $x \to x_0$ 时 $f(x)$ 的极限

考察 $y = x+1$,如图 1-28 所示,当 $x \to 1$ 时,函数值任意地接近于 2,可记作 $y \to 2$,称 $x \to 1$ 时, $y = x+1$ 以 2 为极限.

再考察 $y = \dfrac{x^2-1}{x-1}$,如图 1-27 所示,当 $x \to 1$ 时,函数值仍任意地接近于 2,也记作 y→2,称 $x \to 1$ 时, $y = \dfrac{x^2-1}{x-1}$ 以 2 为极限.

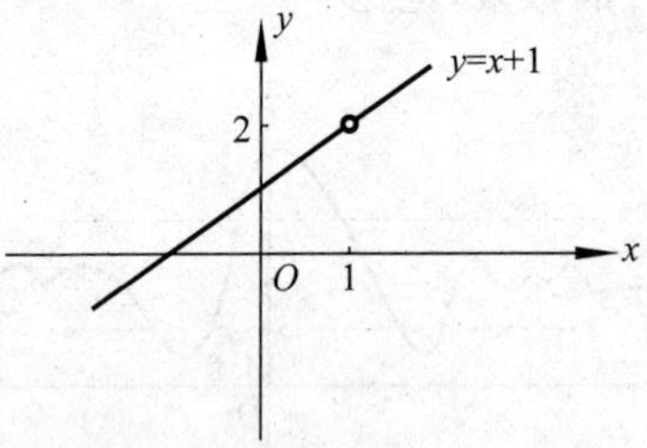

图 1-26

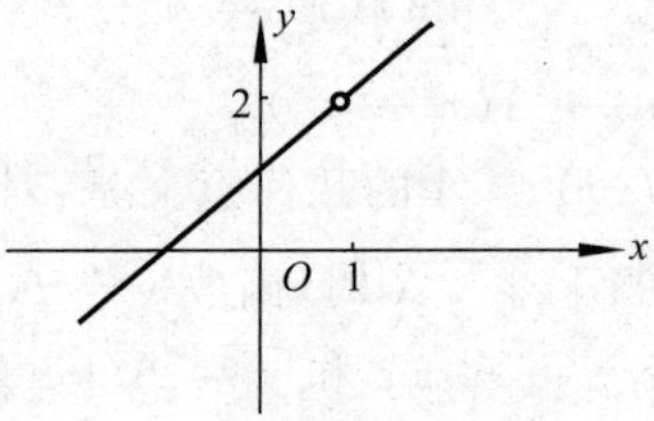

图 1-27

以上两个函数说明,在考察 $x \to x_0$ 的情况下函数 $y = f(x)$ 的极限时,只要 $f(x)$ 在 x_0 的除 x_0 以外的附近有定义,与在 x_0 这一点有无定义是没有关系的. 为了更好地描述 x 的这种情况,我们给出邻域及空心邻域的概念.

设 δ 为某一正数,则开区间($x_0-\delta, x_0+\delta$)称为点 x_0 的 δ **邻域**,记作 $U(x_0,\delta)$,即

$$U(x_0,\delta) = \{x \mid x_0-\delta < x < x_0+\delta\},$$

点 x_0 称为这个邻域的**中心**,δ 称为这个邻域的**半径**,如图 1-29.

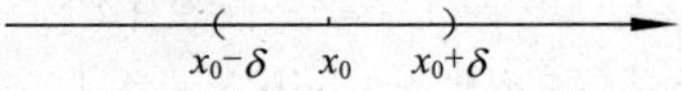

图 1-28

由于 $x_0-\delta < x < x_0+\delta$ 等价于 $|x-x_0| < \delta$,因此

$$U(x_0,\delta) = \{x \mid |x-x_0| < \delta\},$$

它表示与点 x_0 的距离小于 δ 的一切点 x 的全体.

若将此邻域的中心 x_0 去掉,则称为点 x_0 的**空心邻域**,记作 $\mathring{U}(x_0,\delta)$,即

$$\mathring{U}(x_0,\delta) = \{x \mid 0 < |x-x_0| < \delta\},$$

这里 $|x-x_0| > 0$ 表示 $x \neq x_0$.

若用区间表示,则 $\mathring{U}(x_0,\delta) = (x_0-\delta, x_0) \cup (x_0, x_0+\delta)$.

我们现在遇到的就是 $f(x)$ 在 x_0 的某空心邻域内有定义的情形. 函数 $y = x+1$ 和 $y = \dfrac{x^2-1}{x-1}$ 均在 1 的某空心邻域内有定义,且当 $x \to 1$ 时,都以 2 为极限.

在 $x \to x_0$ 的过程中，$f(x)$ 以 A 为极限，就意味着 $f(x)$ 与 A 任意接近，$|f(x)-A|$ 可任意地小，为了表示这个意思，只要让 $|f(x)-A|$ 小于任何事先给定的正数 ε（无论多么小），即 $|f(x)-A|<\varepsilon$ 成立，而这一结果是在 $x \to x_0$ 的过程中实现，就必须使 x 任意接近 x_0，即 $|x-x_0|$ 任意地小，为表示这一意思，只要让 $0<|x-x_0|<\delta$，这里 δ 是一个较小的正数，但它是由 ε 来确定的，如欲使

$$|(x+1)-2|<\varepsilon,$$

只要 $0<|x-1|<\varepsilon$，取 $\delta=\varepsilon$ 即可．

以下给出 $x \to x_0$ 时 $f(x)$ 的极限的严格定义．

定义 2　设函数 $f(x)$ 在 x_0 的某一空心邻域内有定义，若存在一个常数 A，使对任意给定的正数 ε（无论它多么小），总存在一个正数 δ，使当 $0<|x-x_0|<\delta$ 时，不等式 $|f(x)-A|<\varepsilon$ 恒成立，则称常数 A 是函数 $f(x)$ 当 $x \to x_0$ 时的**极限**，记作

$$\lim_{x \to x_0} f(x) = A,$$

或　$f(x) \to A(x \to x_0)$.

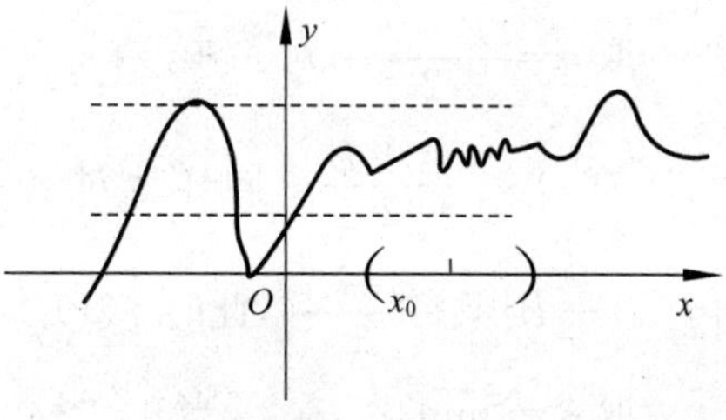

图 1-29

$\lim\limits_{x \to x_0} f(x) = A$ 的几何意义是：对事先给定的 $\varepsilon>0$，当 $x \in (x_0-\delta, x_0) \cup (x_0, x_0+\delta)$ 时，曲线 $y=f(x)$ 位于直线 $y=A-\varepsilon$ 和 $y=A+\varepsilon$ 之间，如图 1-29.

【例 2】　证明 $\lim\limits_{x \to 1}(x^2-2x+5)=4$.

证　对任给的 $\varepsilon>0$，欲 $|(x^2-2x+5)-4|=|x^2-2x+1|=(x-1)^2<\varepsilon$，只须 $|x-1|<\sqrt{\varepsilon}$，取 $\delta=\sqrt{\varepsilon}$，则当 $0<|x-1|<\delta$，恒有 $|(x^2-2x+5)-4|<\varepsilon$ 成立．故

$$\lim_{x \to 1}(x^2-2x+5)=4.$$

若 $y=f(x)$ 仅在 x_0 的左侧有定义，或只需要考察 x_0 左侧的情况，可考虑 x 从 x_0 的左侧趋向于 x_0（记作 $x \to x_0^-$），只要将定义 2 中的 $0<|x-x_0|<\delta$ 改为 $x_0-\delta<x<x_0$，就可得出 $\lim\limits_{x \to x_0^-} f(x)=A$ 的定义，此时 A 叫做 $f(x)$ 当 $x \to x_0$ 时的**左极限**，也记作 $f(x_0-0)=A$.

类似地，为考虑 x 从 x_0 的右侧趋向于 x_0（记作 $x \to x_0^+$），只要将定义 2 中的 $0<|x-x_0|<\delta$ 改为 $x_0<x<x_0+\delta$，就可得出 $\lim\limits_{x \to x_0^+} f(x)=A$ 的定义，此时称 A 为 $f(x)$ 当 $x \to x_0$ 时的**右极限**，也记作 $f(x_0+0)=A$.

很容易证明，当 $x \to x_0$ 时 $f(x)$ 的极限存在的充分必要条件是左极限与右极限都存在而且相等，即 $f(x_0-0)=f(x_0+0)$.

【例 3】　$f(x)=\begin{cases} x+1 & \text{当 } x \leqslant 1 \\ x^2-2x+5 & \text{当 } x>1 \end{cases}$，证明 $\lim\limits_{x \to 1} f(x)$ 不存在．

证 由观察法可知 $f(1-0)=2$,由前面例 2 可知 $\lim\limits_{x\to 1}(x^2-2x+5)=4$,故 $f(1+0)=4$,因为 $f(1-0)\neq f(1+0)$,故 $\lim\limits_{x\to 1}f(x)$ 不存在.

1.3.3 函数极限的基本性质

以上我们介绍了函数的六种极限过程($x\to\infty, x\to+\infty, x\to-\infty, x\to x_0, x\to x_0^+, x\to x_0^-$). 下面将给出关于函数极限的基本性质的五个定理. 为了叙述的方便,用符号 $\lim f(x)$ 表示各种不同极限过程中函数的极限.

定理 3 (**唯一性**)如果 $\lim f(x)$ 存在,则极限值唯一.

证 以 $\lim\limits_{x\to x_0}f(x)$ 为例,用反证法证明:

若 $\lim\limits_{x\to x_0}f(x)=A$ 又 $\lim\limits_{x\to x_0}f(x)=B$,且 $A\neq B$,不访设 $A<B$.

取 $\varepsilon=\dfrac{B-A}{2}$,对 $\varepsilon>0$,有 $\delta_1>0$,当 $0<|x-x_0|<\delta_1$ 时,恒有 $|f(x)-A|<\dfrac{B-A}{2}$,此时 $f(x)<\dfrac{A+B}{2}$. 同样地对 $\varepsilon=\dfrac{B-A}{2}$,有 $\delta_2>0$,当 $0<|x-x_0|<\delta_2$ 时,恒有 $|f(x)-B|<\dfrac{B-A}{2}$,此时 $f(x)>\dfrac{A+B}{2}$.

取 $\delta=\min\{\delta_1,\delta_2\}$,当 $0<|x-x_0|<\delta$ 时,由于 $\delta\leqslant\delta_1$ 且 $\delta\leqslant\delta_2$,故同时有 $f(x)<\dfrac{A+B}{2}$ 和 $f(x)>\dfrac{A+B}{2}$,这是不可能的. 此矛盾说明 $A=B$,即极限值是唯一的.

基于与上一节同样的原因,以下性质将不再证明.

定理 4 (**局部有界性**)如果 $\lim f(x)=A$,则在 x 的变化过程中,当 x 到一定程度后,函数 $f(x)$ 有界.

注 此定理的逆是不成立的,如 $y=\sin x$ 在 $(-\infty,+\infty)$ 内有界,但 $\lim\limits_{x\to\infty}\sin x$ 不存在.

函数 $y=\dfrac{1}{x}$ 在定义域 $(-\infty,0)\cup(0,+\infty)$ 内是无界的,即为无界函数,但由于 $\lim\limits_{x\to\infty}\dfrac{1}{x}=0$,故在 $|x|$ 较大之后,如在 $(-\infty,1)\cup(1,+\infty)$ 内是有界的,此时有 $\left|\dfrac{1}{x}\right|\leqslant 1$.

定理 5 (**局部保号性**)如果 $\lim f(x)=A$,并且 $A>0$(或 $A<0$),则在 x 的变化过程中,当 x 到一定程度后,有 $f(x)>0$(或 $f(x)<0$).

定理 6 如果 $\lim f(x)=A$,且在 x 的变化过程中,当 x 到一定程度后有 $f(x)\geqslant 0$(或 $f(x)\leqslant 0$),则 $A\geqslant 0$(或 $A\leqslant 0$).

定理 7 (**极限不等式**)在 x 的同一变化过程中,如果 $\lim f(x)=A$, $\lim g(x)=B$,且当 x 到一定程度后 $f(x)\leqslant g(x)$,则 $A\leqslant B$.

习题 1.3

1. 用定义证明下列极限：

(1) $\lim\limits_{x\to\infty}\dfrac{1+x^3}{2x^3}=\dfrac{1}{2}$；　　(2) $\lim\limits_{x\to-2}\dfrac{x^2-4}{x+2}=-4$．

2. 已知 $f(x)=\dfrac{|x|}{x}$，求 $x\to0$ 时的左极限和右极限，并判断 $x\to0$ 时 $f(x)$ 的极限是否存在．

3. 观察函数图形或函数值，判断下列函数的极限是否存在，若存在写出其极限．

(1) $\lim\limits_{x\to\infty}\cos x$；　　(2) $\lim\limits_{x\to\infty}\cos\dfrac{1}{x}$；

(3) $\lim\limits_{x\to-\infty}\ln(1-x)$；　　(4) $\lim\limits_{x\to0}\ln(1-x)$；

(5) $\lim\limits_{x\to1^+}\ln(x-1)$；　　(6) $\lim\limits_{x\to0^-}\mathrm{e}^{\frac{1}{x}}$；

(7) $f(x)=\begin{cases}1+x & 当\ x\geqslant0\\1-x & 当\ x<0\end{cases}$，$\lim\limits_{x\to0}f(x)$；

(8) $f(x)=\begin{cases}3x+2 & 当\ x\leqslant0\\x^2+1 & 当\ x>0\end{cases}$，$\lim\limits_{x\to0}f(x)$．

§1.4 无穷小量与无穷大量

1.4.1 无穷小量

定义1 如果在自变量的某一变化过程中，函数 y 以0为极限，就称函数 y 在自变量的这一变化过程中为**无穷小量**，简称为**无穷小**．

如 $\lim\limits_{x\to0}x^2=0$，称 $y=x^2$ 在 $x\to0$ 时为无穷小量，$\lim\limits_{n\to\infty}\dfrac{1}{2^n}=0$，称 $y=\dfrac{1}{2^n}$ 在 $n\to\infty$ 时为无穷小量，$\lim\limits_{x\to-\infty}\mathrm{e}^x=0$，称 $y=\mathrm{e}^x$ 在 $x\to-\infty$ 时为无穷小量．

注意，无穷小并不是一个很小的数，$f(x)=0$ 是一个特殊的常量函数，因为其极限总是为0，故在 x 的任何变化过程中它都是无穷小量．此外，一个变量是否无穷小量，与自变量的变化过程有密切的关系，如 $y=\dfrac{1}{x}$，当 $x\to\infty$ 时为无穷小，但 $x\to1$ 时，$y\to1$ 就不是无穷小了．

显然，无穷小量的严格定义与一个函数极限为零的严格定义应该是完全相同的．下面给出当 $x\to x_0$ 时 $f(x)$ 为无穷小量的严格定义．

定义 2 设函数 $f(x)$ 在 x_0 的某空心邻域内有定义,如果对于任意给定的正数 ε(无论它多么小),总存在一个正数 δ,使当 $0<|x-x_0|<\delta$ 时,恒有 $|f(x)|<\varepsilon$ 成立,则称 $x\to x_0$ 时,$f(x)$ 是无穷小量.

类似地可给出在自变量的不同变化过程中,函数为无穷小的严格定义.

变量及其极限与无穷小有密切的关系.

定理 1 在自变量 x 的变化过程中,$f(x)$ 以 A 为极限的充分必要条件是 $f(x)$ 表示为 A 与一个无穷小量之和.

证 以 $x\to x_0$ 的过程为例来证明.

(充分性) 若 $f(x)=A+\alpha$,其中 $\alpha\to 0(x\to x_0)$. 对任给的 $\varepsilon>0$,存在 $\delta>0$,当 $0<|x-x_0|<\delta$ 时有 $|\alpha|<\varepsilon$,故 $|f(x)-A|=|\alpha|<\varepsilon$,因此 $\lim\limits_{x\to x_0}f(x)=A$.

(必要性) 若
$$\lim_{x\to x_0}f(x)=A.$$
对任给的 $\varepsilon>0$,存在 $\delta>0$,当 $0<|x-x_0|<\delta$ 时有 $|f(x)-A|<\varepsilon$,故
$$\lim_{x\to x_0}[f(x)-A]=0.$$
记 $\alpha=f(x)-A$,则 $f(x)=A+\alpha$,其中 α 是当 $x\to x_0$ 时的无穷小量.

例如 $f(x)=100+x^2$,因为 $x\to 0$ 时,x^2 为无穷小量,所以 $x\to 0$ 时,$f(x)\to 100$.

无穷小量有如下性质:

定理 2 两个无穷小量之和仍为无穷小量.

推论 1 有限个无穷小量之和仍是无穷小量.

定理 3 有界函数与无穷小的乘积是无穷小量.

推论 2 常量与无穷小量之积是无穷小量.

推论 3 有限个无穷小量之积是无穷小量.

【例 1】 求 $\lim\limits_{x\to 0}x^2\sin\dfrac{1}{x}$.

解 因为 $\left|\sin\dfrac{1}{x}\right|\leqslant 1$,即 $\sin\dfrac{1}{x}$ 是有界变量. 又因为 $x\to 0$ 时,x^2 是无穷小,所以 $\lim\limits_{x\to 0}x^2\sin\dfrac{1}{x}=0$.

1.4.2 无穷大量

函数在自变量的某变化过程中,可能有极限也可能没有极限,但是有一种无极限的情况值得我们注意. 如函数 $y=\dfrac{1}{x}$,当 $x\to 0$ 时,$\dfrac{1}{x}$ 的值不与任何一个常数无限接近,即没有极限,可是它的值还是有一定的趋势的:即它的绝对值 $\left|\dfrac{1}{x}\right|$ 无限增大,而且可以任意地变大. 我们把这种绝对值无限增大的变量,称为**无穷大量**.

定义 3　如果在自变量的某一变化过程中，函数的绝对值无限增大，则称此函数在自变量的这一变化过程中为**无穷大量**，简称为**无穷大**．记作

$$\lim f(x)=\infty \text{ 或 } f(x)\to\infty.$$

如 $n\to\infty$ 时，$(-1)^n n^2$ 为无穷大量，记作 $\lim\limits_{n\to\infty}(-1)^n n^2=\infty$．

又如 $x\to 0$ 时，$\frac{1}{x^3}$ 为无穷大量，记作 $\lim\limits_{x\to 0}\frac{1}{x^3}=\infty$．

注意：不要把无穷大量与一个很大的数混为一谈．同时，一个变量是否无穷大量，与自变量的变化过程有密切的关系．如 $y=\frac{1}{x}$，当 $x\to 0$ 时为无穷大，但 $x\to 1$ 时，$y\to 1$ 就不是无穷大了．

下面给出当 $x\to x_0$ 时 $f(x)$ 为无穷大量的严格定义．

定义 4′　设函数 $f(x)$ 在 x_0 的某一空心领域内有定义，如果对于任意给定的正数 M（无论它多么大），总存在一个正数 δ，使当 $0<|x-x_0|<\delta$ 时，不等式

$$|f(x)|>M$$

恒成立，则称当 $x\to x_0$ 时，$f(x)$ 为**无穷大量**，记作 $\lim\limits_{x\to x_0}f(x)=\infty$，或 $f(x)\to\infty(x\to x_0)$．

类似地可给出在自变量的不同变化过程中函数为正无穷大的严格定义．

如果在自变量的某变化过程中，函数值无限增大，我们称此函数在自变量的这一变化过程中为正无穷大量，记作 $f(x)\to+\infty$，此时只要把定义中的 $|f(x)|>M$ 换成 $f(x)>M$ 即可．

如果在自变量的某变化过程中，函数值无限减小，我们称此函数在自变量的这一变化过程中为负无穷大量，记作 $f(x)\to-\infty$，此时只要把定义中的 $|f(x)|>M$ 换成 $f(x)<-M$ 即可．

1.4.3　无穷小量与无穷大量的关系

定理 4　在自变量的同一变化过程中，如果 $f(x)$ 是无穷大量，则 $\frac{1}{f(x)}$ 是无穷小量，如果 $f(x)$ 是无穷小量且 $f(x)\neq 0$，则 $\frac{1}{f(x)}$ 是无穷大量．（证明略）

习题 1.4

1. 判断下列变量在什么变化过程中为无穷小量．

(1) $2x^2$；　(2) x^2-5x+6；　(3) $\frac{1}{x}\cos\frac{1}{x}$；

(4) $\ln(1+x)$；　(5) $e^{\frac{1}{1-x}}$；　(6) $\frac{1}{\ln(2-x)}$．

2. 判断下列变量在什么变化过程中为无穷大量.

(1) $\frac{x+2}{x^2-1}$；(2) $\ln(1+x)$；

(3) $e^{\frac{1}{x}}$；(4) $\frac{x}{\sqrt{x+1}}$.

3. $y=a^x(a>1)$在什么过程中是无穷小量？在什么过程中是无穷大量？

4. 函数$y=x\cos x$在$(-\infty,+\infty)$内是否有界？当$x\to\infty$时是否是无穷大量？为什么？

5. 求极限：

(1) $\lim\limits_{x\to\infty}\frac{\sin x}{x}$；(2) $\lim\limits_{x\to\infty}(x-1)\sin\frac{1}{x^2-1}$.

§1.5 极限的运算法则

从前面几节中给出的极限定义里，不能得出极限的求法. 虽然有些较简单的函数可用观察法(观察函数值或函数图形)找出极限，但对大多数函数来说，如何求极限仍是很需要研究的问题. 下面给出与极限运算法则有关的一些重要定理，有利于解决这一问题. 下述定理中，本书仅对定理1给出证明。

定理1 如果在自变量x的同一变化过程中，$\lim f(x)=A$，$\lim g(x)=B$，则$\lim[f(x)\pm g(x)]$存在，且

$$\lim[f(x)\pm g(x)]=A\pm B=\lim f(x)\pm\lim g(x).$$

证 因为$\lim f(x)=A$，$\lim g(x)=B$，由§1.4定理1，有$f(x)=A+\alpha$，$g(x)=B+\beta$，其中α,β均为无穷小量，所以

$$f(x)\pm g(x)=(A+\alpha)\pm(B+\beta)=(A\pm B)+(\alpha\pm\beta).$$

由无穷小的性质，$\alpha\pm\beta$为无穷小量.

再由§1.4定理1，有

$$\lim[f(x)\pm g(x)]=A\pm B=\lim f(x)\pm\lim g(x).$$

推论 如果在x的同一变化过程中，$\lim f_i(x)=A_i$，$i=1,2,\cdots,n$，则$\lim[\sum\limits_{i=1}^{n}f_i(x)]$存在，且

$$\lim\left[\sum_{i=1}^{n}f_i(x)\right]=\sum_{i=1}^{n}A_i=\sum_{i=1}^{n}\lim f_i(x).$$

定理2 如果在x的同一变化过程中，$\lim f(x)=A$，$\lim g(x)=B$，则$\lim[f(x)\cdot g(x)]$存在，且

$$\lim[f(x)\cdot g(x)]=AB=[\lim f(x)]\cdot[\lim g(x)].$$

推论 1　如果 $\lim f(x)$ 存在，c 为常数，则

$$\lim cf(x) = c\lim f(x).$$

此推论说明求极限时常数因子可以提到极限符号外面．

推论 2　如果在 x 的同一变化过程中，$\lim f_i(x) = A_i$，$i = 1, 2, \cdots, n$，则 $\lim\left[\prod_{i=1}^{n} f_i(x)\right]$ 存在，且

$$\lim\left[\prod_{i=1}^{n} f_i(x)\right] = \prod_{i=1}^{n} A_i = \prod_{i=1}^{n} \lim f_i(x).$$

推论 3　如果 $\lim f(x)$ 存在，n 为正整数，则

$$\lim[f(x)]^n = [\lim f(x)]^n.$$

定理 3　如果在 x 的同一变化过程中，$\lim f(x) = A$，$\lim g(x) = B$，且 $B \neq 0$，则 $\lim \dfrac{f(x)}{g(x)}$ 存在，且

$$\lim \frac{f(x)}{g(x)} = \frac{A}{B} = \frac{\lim f(x)}{\lim g(x)}.$$

推论　如果 $\lim f(x)$ 存在且不为零，n 为正整数，则有

$$\lim[f(x)]^{-n} = [\lim f(x)]^{-n}.$$

以上给出的是函数极限的四则运算法则，对数列极限也有类似的四则运算法则．

【例 1】　求 $\lim\limits_{x\to 1}(3x^2 + 5x - 2)$．

解　$$\lim_{x\to 1}(3x^2 + 5x - 2) = \lim_{x\to 1} 3x^2 + \lim_{x\to 1} 5x - \lim_{x\to 1} 2$$
$$= 3\lim_{x\to 1} x^2 + 5\lim_{x\to 1} x - 2 = 3 + 5 - 2 = 6.$$

可见多项式函数求 $x \to x_0$ 的极限时可用代入法．

【例 2】　求 $\lim\limits_{x\to 2} \dfrac{x^2 - 3x + 3}{x - 4}$．

解　因为 $\lim\limits_{x\to 2}(x - 4) = -2 \neq 0$，所以

$$\lim_{x\to 2} \frac{x^2 - 3x + 3}{x - 4} = \frac{\lim\limits_{x\to 2}(x^2 - 3x + 3)}{\lim\limits_{x\to 2}(x - 4)} = \frac{1}{-2} = -\frac{1}{2}.$$

对有理分式函数求 $x \to x_0$ 的极限时，只要分母的函数值不为零就可用代入法．

【例 3】　求 $\lim\limits_{x\to 2} \dfrac{x^2 - 4}{x^2 + x - 6}$．

解　因为 $x=2$ 时，$x^2 + x - 6 = 0$，所以不能用代入法．但 $x \neq 2$ 时，有

$$\lim_{x\to 2} \frac{x^2 - 4}{x^2 + x - 6} = \lim_{x\to 2} \frac{(x - 2)(x + 2)}{(x - 2)(x + 3)} = \lim_{x\to 2} \frac{x + 2}{x + 3} = \frac{4}{5}.$$

称 $x-2$ 为零因子，此题用了约去零因子的方法．

【例 4】　求 $\lim\limits_{x\to 5} \dfrac{4x + 3}{x - 5}$．

解 因为 $\lim\limits_{x\to 5}(x-5)=0$，所以不能用代入法，此时考虑 $\lim\limits_{x\to 5}\dfrac{x-5}{4x+3}$，因为 $\lim\limits_{x\to 5}(4x+3)=23\neq 0$，所以 $\lim\limits_{x\to 5}\dfrac{x-5}{4x+3}=0$，再利用无穷小与无穷大的关系，有

$$\lim_{x\to 5}\frac{4x+3}{x-5}=\infty.$$

【例 5】 求 $\lim\limits_{x\to\infty}\dfrac{x^3+1}{2x^3+x-2}$.

解 分子分母同除以 x^3，

$$\lim_{x\to\infty}\frac{x^3+1}{2x^3+x-2}=\lim_{x\to\infty}\frac{1+\frac{1}{x^3}}{2+\frac{1}{x^2}-\frac{2}{x^3}}=\frac{1}{2}.$$

【例 6】 求 $\lim\limits_{x\to\infty}\dfrac{x+5}{3x^2-4x+1}$.

解 分子分母同除以 x^2，

$$\lim_{x\to\infty}\frac{x+5}{3x^2-4x+1}=\lim_{x\to\infty}\frac{\frac{1}{x}+\frac{5}{x^2}}{3-\frac{4}{x}+\frac{1}{x^2}}=0.$$

【例 7】 求 $\lim\limits_{x\to\infty}\dfrac{3x^4+4x-2}{5x^3-x}$.

解 分子分母同除以 x^4，

$$\lim_{x\to\infty}\frac{3x^4+4x-2}{5x^3-x}=\lim_{x\to\infty}\frac{3+\frac{4}{x^3}-\frac{2}{x^4}}{\frac{5}{x}-\frac{1}{x^3}}=\infty.$$

一般地有下面式子

$$\lim_{x\to\infty}\frac{a_0x^n+a_1x^{n-1}+\cdots+a_n}{b_0x^m+b_1x^{m-1}+\cdots b_m}=\begin{cases}\dfrac{a_0}{b_0} & 当\ n=m\\ 0 & 当\ n<m\\ \infty & 当\ n>m\end{cases}$$

式中 $a_0,a_1,\cdots,a_n,b_0,b_1,\cdots,b_m$ 均为常数，且 $a_0\neq 0,b_0\neq 0,m,n$ 为正整数.

数列极限有类似的结果，如 $\lim\limits_{n\to\infty}\dfrac{2n^2+n-3}{n^2-2n}=2$.

下面给出复合函数的极限运算法则.

定理 4 设函数 $u=\varphi(x)$，当 $x\to x_0$ 时的极限存在且等于 A，即 $\lim\limits_{x\to x_0}\varphi(x)=A$. 又设函数 $y=f(u)$ 当 $u\to A$ 时的极限为 B，即 $\lim\limits_{u\to A}f(u)=B$，则复合函数 $f(\varphi(x))$ 当 $x\to x_0$ 时

极限存在且等于 B，即 $\lim\limits_{x\to x_0} f(\varphi(x)) = \lim\limits_{u\to A} f(u) = B$.

【例 8】 求 $\lim\limits_{x\to 3}\sqrt{\dfrac{x-3}{x^2-9}}$.

解　令 $y=\sqrt{u}, u=\dfrac{x-3}{x^2-9}, x\neq 3$ 时，$u=\dfrac{1}{x+3}$.

当 $x\to 3$ 时，$u\to\dfrac{1}{6}$，且只要 $x\neq 3$，就有 $u\neq\dfrac{1}{6}$，由观察法，当 $u\to\dfrac{1}{6}$ 时，$\sqrt{u}\to\sqrt{\dfrac{1}{6}}=\dfrac{\sqrt{6}}{6}$，故 $\lim\limits_{x\to 3}\sqrt{\dfrac{x-3}{x^2-9}}=\lim\limits_{u\to\frac{1}{6}}\sqrt{u}=\dfrac{\sqrt{6}}{6}$.

习题 1.5

1. 求下列极限：

(1) $\lim\limits_{x\to 1}\dfrac{x^2-3}{x+1}$；　(2) $\lim\limits_{x\to 0}\left(1+\dfrac{2}{1-x}\right)$；

(3) $\lim\limits_{x\to\sqrt{2}}\dfrac{x^2-2}{x^4+x^2+1}$；　(4) $\lim\limits_{x\to 2}\dfrac{x^3+2x}{(x-2)^2}$；

(5) $\lim\limits_{x\to 0}\dfrac{x^3-2x^2+3x}{4x^2+5x}$；　(6) $\lim\limits_{x\to 1}\dfrac{x^2+2x-3}{x^2-1}$；

(7) $\lim\limits_{h\to 0}\dfrac{(x+h)^3-x^3}{h}$；　(8) $\lim\limits_{x\to 1}\dfrac{x^n-1}{x-1}$；

(9) $\lim\limits_{x\to 0}\dfrac{\sqrt{x+1}-1}{x}$；　(10) $\lim\limits_{x\to 4}\dfrac{x-4}{\sqrt{x-3}-1}$；

(11) $\lim\limits_{x\to\infty}\left(1+\dfrac{1}{x}\right)\left(2-\dfrac{1}{x^2}\right)$；　(12) $\lim\limits_{x\to\infty}\dfrac{x^2+2x-3}{x^2-1}$；

(13) $\lim\limits_{x\to\infty}\dfrac{200x}{1+x^2}$；　(14) $\lim\limits_{x\to\infty}\dfrac{(4x+1)^{10}(6x^2-1)^5}{(2x-1)^{20}}$；

(15) $\lim\limits_{n\to\infty}\dfrac{n^2+n}{n-3}$；　(16) $\lim\limits_{n\to\infty}\dfrac{(n+1)(n+2)(n+3)}{5n^3}$.

2. 求下列极限：

(1) $\lim\limits_{x\to 1}\left(\dfrac{3}{1-x^3}-\dfrac{1}{1-x}\right)$；　(2) $\lim\limits_{x\to+\infty}\left(\sqrt{x^2+x+1}-\sqrt{x^2-x+1}\right)$；

(3) $\lim\limits_{x\to+\infty}x\left(\sqrt{9x^2+1}-3x\right)$；　(4) $\lim\limits_{n\to\infty}\dfrac{n\arctan n}{\sqrt{n^2+1}}$；

(5) $\lim\limits_{n\to\infty}\left(1+\dfrac{1}{2}+\dfrac{1}{4}+\cdots+\dfrac{1}{2^n}\right)$；　(6) $\lim\limits_{n\to\infty}\left(\dfrac{n}{2}-\dfrac{1+2+\cdots+n}{n+3}\right)$；

(7) $\lim\limits_{n\to\infty}\left[\dfrac{1}{1\cdot 2}+\dfrac{1}{2\cdot 3}+\cdots+\dfrac{1}{n(n+1)}\right]$.

3. 求下列极限：

(1) $\lim\limits_{x\to\frac{\pi}{2}}\dfrac{2\sin^2 x-\sin x-1}{\sin^2 x+\sin x-2}$；　　(2) $\lim\limits_{x\to 0}\dfrac{1-\cos x\cos 2x}{1-\cos x}$.

4. $f(x)=\begin{cases} e^x-1 & 当\ x\leqslant 0 \\ \dfrac{x^2-x+1}{1-x^2} & 当\ x>0 \end{cases}$，求 $\lim\limits_{x\to 0}f(x)$，$\lim\limits_{x\to+\infty}f(x)$.

§1.6 极限存在准则和两个重要极限

本节介绍极限存在的两个准则,并推出两个重要极限.

1.6.1 极限存在准则

1. 准则Ⅰ

定理 1 如果在自变量 x 的某一变化过程中，$f(x)$，$g(x)$ 和 $h(x)$ 满足：

(1) 当 x 变化到某一程度后有 $f(x)\leqslant g(x)\leqslant h(x)$；

(2) $\lim f(x)=\lim h(x)=A$. 则 $\lim g(x)=A$.

此定理也称为**夹逼定理**,利用极限的严格定义可以方便地证明此定理. 显然,对数列极限的情况,此定理也成立.

【例 1】 求 $\lim\limits_{n\to\infty}\left(\dfrac{1}{\sqrt{n^2+1}}+\dfrac{1}{\sqrt{n^2+2}}+\cdots+\dfrac{1}{\sqrt{n^2+n}}\right)$.

解 因为 $\dfrac{n}{\sqrt{n^2+n}}\leqslant\dfrac{1}{\sqrt{n^2+1}}+\dfrac{1}{\sqrt{n^2+2}}+\cdots+\dfrac{1}{\sqrt{n^2+n}}\leqslant\dfrac{n}{\sqrt{n^2+1}}$,

$\lim\limits_{n\to\infty}\dfrac{1}{\sqrt{n^2+n}}=1$，　$\lim\limits_{n\to\infty}\dfrac{n}{\sqrt{n^2+1}}=1$.

所以
$$\lim_{n\to\infty}\left(\frac{1}{\sqrt{n^2+1}}+\frac{1}{\sqrt{n^2+2}}+\cdots+\frac{1}{\sqrt{n^2+n}}\right)=1.$$

2. 准则Ⅱ

定理 2 单调有界数列必有极限.

此定理的证明超出本书范围. 这里仅给出几何解释:用数轴上的点表示数列的项时,作为单调数列的点 y_n 沿着数轴移向无穷远或点 y_n 无限趋近于某一个定点 A. 又因为数列是有界的,即所有点 y_n 均落入 $[-M,M]$ 之内,则 y_n 只可能是上述情况中的第二种情况,即 $y_n\to A$,如图 1-30 所示.

【例 2】 证明数列 $\sqrt{3}$，$\sqrt{3\sqrt{3}}$，$\sqrt{3\sqrt{3\sqrt{3}}}$，… 有极限值.

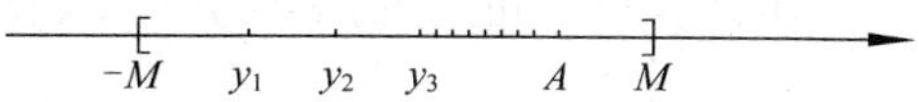

图 1-30

证　设 $y_1=\sqrt{3}, y_2=\sqrt{3\sqrt{3}}, \cdots$

数列 $\{y_n\}$ 满足 $y_n=\sqrt{3y_{n-1}}$，且 $y_n>0, n=2,3,\cdots$

当 $n=1$ 时，$y_1<y_2$，假设 $n=k$ 时，$y_k<y_{k+1}$，则

当 $n=k+1$ 时，$y_{k+1}=\sqrt{3y_k}<\sqrt{3y_{k+1}}=y_{k+2}$.

由数学归纳法可知，数列 $\{y_n\}$ 单调增加．

当 $n=1$ 时，$y_1=\sqrt{3}<3$．

假设 $n=k$ 时，$y_k<3$.

则当 $n=k+1$ 时，$y_{k+1}=\sqrt{3y_k}<\sqrt{3\times3}=3$.

由数学归纳法可知，数列 $\{y_n\}$ 有上界 3.

综上所述，数列 $\{y_n\}$ 单调有界，故有极限．

设 $\lim\limits_{n\to\infty}y_n=A$，因为 $y_{n+1}=\sqrt{3y_n}$，所以 $\lim\limits_{n\to\infty}y_{n+1}=\sqrt{3}\cdot\sqrt{\lim\limits_{n\to\infty}y_n}$，

即 $A=\sqrt{3A}$，所以 $A=3$.

1.6.2　两个重要极限

利用以上极限存在准则可以证明以下两个重要极限．

1. $\lim\limits_{x\to0}\dfrac{\sin x}{x}=1$

证　由观察法可知 $\lim\limits_{x\to0}x=0$，所以不能用商的极限法．考虑到 $f(x)=\dfrac{\sin x}{x}$ 在定义域 $(-\infty,0)\cup(0,+\infty)$ 中，满足 $f(-x)=f(x)$，即 $f(x)$ 是偶数，不妨先考虑 $x>0$，又因为 $x\to0$，不妨假定 $x<\dfrac{\pi}{4}$，即在 $\left(0,\dfrac{\pi}{4}\right)$ 内考察 $f(x)$ 的变化情况．

如图 1-31 所示，在平面直角坐标系中做一个单位圆 $x^2+y^2=1$，作 $\angle AOB=x$，过 B 作 OA 的垂线交 x 轴于 C，过 A 作圆的切线交 OB 的延长线于 D，则 $\overset{\frown}{AB}=x, |AD|=\tan x, |BC|=\sin x$.

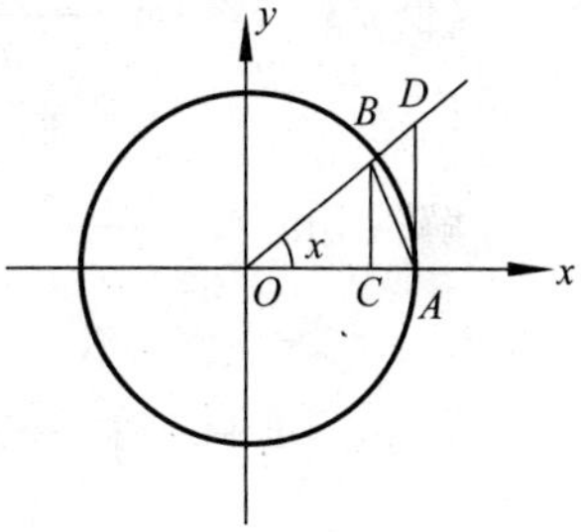

图 1-31

比较 $\triangle AOB$ 的面积 S_1，扇形 AOB 的面积 S_2 和 $\triangle AOD$ 的面积 S_3. 显然有 $S_1<S_2<S_3$，

即 $\dfrac{1}{2}|OA|\cdot|BC|<\dfrac{1}{2}|OA|\cdot\overset{\frown}{AB}<\dfrac{1}{2}|OA|\cdot|AD|$，

即 $\sin x<x<\tan x$．

又因为 $\sin x>0$，故有 $1<\dfrac{x}{\sin x}<\dfrac{1}{\cos x}$，

即 $\cos x<\dfrac{\sin x}{x}<1$.

用观察法可知 $\lim\limits_{x\to 0^+}\cos x=1$，显然 $\lim\limits_{x\to 0^+}1=1$.

由夹逼定理知 $\lim\limits_{x\to 0^+}\dfrac{\sin x}{x}=1$，再由偶函数的对称性，有 $\lim\limits_{x\to 0}\dfrac{\sin x}{x}=1$. 原题得证.

此重要极限有很广泛的应用.

【例 3】 求 $\lim\limits_{x\to 0}\dfrac{\tan x}{x}$.

解 $\lim\limits_{x\to 0}\dfrac{\tan x}{x}=\lim\limits_{x\to 0}\left(\dfrac{\sin x}{x}\cdot\dfrac{1}{\cos x}\right)=\left(\lim\limits_{x\to 0}\dfrac{\sin x}{x}\right)\cdot\left(\dfrac{1}{\lim\limits_{x\to 0}\cos x}\right)=1$.

【例 4】 求 $\lim\limits_{x\to 0}\dfrac{\arcsin x}{x}$.

解 令 $u=\arcsin x$，显然，$x\to 0$ 时，$u\to 0$；且 $x\neq 0$ 时，$u\neq 0$. 故

$$\lim_{x\to 0}\frac{\arcsin x}{x}=\lim_{u\to 0}\frac{u}{\sin u}=1.$$

利用重要极限和变量替换，可得出一个一般的结论：

若 $x\to x_0$ 时，$u=\alpha(x)\to 0$，则有

$$\lim_{x\to x_0}\frac{\sin\alpha(x)}{\alpha(x)}=\lim_{u\to 0}\frac{\sin u}{u}=1.$$

【例 5】 求 $\lim\limits_{x\to 0}\dfrac{\sin mx}{\sin nx}$，$m$、$n$ 为常数，$m\neq 0$，$n\neq 0$.

解 $\lim\limits_{x\to 0}\dfrac{\sin mx}{\sin nx}=\lim\limits_{x\to 0}\left(\dfrac{\sin mx}{mx}\cdot\dfrac{nx}{\sin nx}\cdot\dfrac{m}{n}\right)=\dfrac{m}{n}\cdot\left(\lim\limits_{u\to 0}\dfrac{\sin u}{u}\right)\left(\lim\limits_{v\to 0}\dfrac{v}{\sin v}\right)=\dfrac{m}{n}$.

【例 6】 求 $\lim\limits_{x\to 1}\dfrac{\sin(x^2-1)}{x-1}$.

解 $\lim\limits_{x\to 1}\dfrac{\sin(x^2-1)}{x-1}=\lim\limits_{x\to 1}\left[\dfrac{\sin(x^2-1)}{x^2-1}\cdot(x+1)\right]=\left[\lim\limits_{x\to 1}(x+1)\right]\cdot\left[\lim\limits_{x\to 1}\dfrac{\sin(x^2-1)}{x^2-1}\right]=2$.

【例 7】 求 $\lim\limits_{x\to 0}\dfrac{1-\cos x}{x^2}$.

解 $\lim\limits_{x\to 0}\dfrac{1-\cos x}{x^2}=\lim\limits_{x\to 0}\dfrac{2\sin^2\dfrac{x}{2}}{x^2}=\lim\limits_{x\to 0}\dfrac{2\left(\sin\dfrac{x}{2}\right)^2}{4\left(\dfrac{x}{2}\right)^2}=\dfrac{1}{2}\left[\lim\limits_{x\to 0}\dfrac{\sin\dfrac{x}{2}}{\dfrac{x}{2}}\right]^2=\dfrac{1}{2}$.

2. $\lim\limits_{x\to\infty}\left(1+\dfrac{1}{x}\right)^x=\mathrm{e}$

利用两个准则同样可以证明此重要极限.

【例 8】 求 $\lim\limits_{x\to\infty}\left(1+\dfrac{4}{x}\right)^x$.

解 令 $\dfrac{4}{x}=t$，$x\to\infty$ 时，$t\to 0$. 则

$$\lim_{x\to\infty}\left(1+\frac{4}{x}\right)^{x}=\lim_{t\to 0}[(1+t)^{\frac{4}{t}}]=[\lim_{t\to 0}(1+t)^{\frac{1}{t}}]^{4}=e^{4}.$$

【例 9】 求 $\lim\limits_{x\to\infty}\left(1-\frac{1}{x}\right)^{x}$.

解　令 $t=-x$，$x\to\infty$ 时 $t\to\infty$. 则

$$\lim_{x\to\infty}\left(1-\frac{1}{x}\right)^{x}=\lim_{t\to\infty}\left(1+\frac{1}{t}\right)^{-t}=\left[\lim_{t\to\infty}\left(1+\frac{1}{t}\right)^{t}\right]^{-1}=e^{-1}.$$

【例 10】 求 $\lim\limits_{x\to\infty}\left(\frac{x-1}{x+1}\right)^{x}$.

解　$$\lim_{x\to\infty}\left(\frac{x-1}{x+1}\right)^{x}=\lim_{x\to\infty}\frac{\left(1-\frac{1}{x}\right)^{x}}{\left(1+\frac{1}{x}\right)^{x}}=\frac{\lim\limits_{x\to\infty}\left(1-\frac{1}{x}\right)^{x}}{\lim\limits_{x\to\infty}\left(1+\frac{1}{x}\right)^{x}}=\frac{e^{-1}}{e}=e^{-2}.$$

利用变量替换，可得出一个一般的结论：

$$\lim_{\alpha(x)\to 0}(1+\alpha(x))^{\frac{1}{\alpha(x)}}=\lim_{u\to 0}(1+u)^{\frac{1}{u}}=e.$$

【例 11】 求 $\lim\limits_{x\to 0}(1+\tan x)^{2\cot x}$.

解　$$\lim_{x\to 0}(1+\tan x)^{2\cot x}=\lim_{x\to 0}[(1+\tan x)^{\frac{1}{\tan x}}]^{2}=e^{2}.$$

习题 1.6

1. 利用极限存在准则证明：

(1) 数列 $\sqrt{2}$，$\sqrt{2+\sqrt{2}}$，$\sqrt{2+\sqrt{2+\sqrt{2}}}$，…极限存在，且极限为 2；

(2) $\lim\limits_{n\to\infty}\left[\frac{1}{n^{2}}+\frac{1}{(n+1)^{2}}+\cdots+\frac{1}{(2n)^{2}}\right]=0$.

2. 求下列极限：

(1) $\lim\limits_{x\to 0}\frac{\sin 2x}{\sin 3x}$；　(2) $\lim\limits_{x\to 0}x\cot x$；

(3) $\lim\limits_{x\to 0}\frac{1-\cot 2x}{x\sin x}$；　(4) $\lim\limits_{n\to\infty}2^{n}\sin\frac{x}{2^{n}}(x\neq 0)$；

(5) $\lim\limits_{x\to 0}\frac{x-\sin x}{x+\sin x}$；　(6) $\lim\limits_{x\to 0}\frac{\tan x-\sin x}{x^{3}}$.

3. 求下列极限：

(1) $\lim\limits_{x\to\infty}\left(1+\frac{3}{x}\right)^{2x}$；　(2) $\lim\limits_{x\to 0}(1+2x)^{\frac{1}{x}+1}$；

(3) $\lim\limits_{x\to 0}\left(\frac{n-x}{n}\right)^{\frac{1}{x}}$；　(4) $\lim\limits_{x\to\infty}\left(\frac{x}{1+x}\right)^{x}$；

(5) $\lim\limits_{x\to 0}(1+\sin x)^{\frac{1}{2}\csc x}$；　　(6) $\lim\limits_{x\to \frac{\pi}{2}}(1+\cos x)^{\sec x}$．

§1.7　无穷小量的比较

无穷小量的和、差、积仍是无穷小量，那么无穷小量的商是什么结果？如 $x\to 0$ 时，x^2，$\sin x$ 均为无穷小量，但有

$$\lim_{x\to 0}\frac{x^2}{\sin x}=0,\quad \lim_{x\to 0}\frac{\sin x}{x}=1,\quad \lim_{x\to 0}\frac{x}{x^2}=\infty.$$

可见，无穷小量的商没有一般的结论．观察下面的表以比较三个无穷小量 x，x^2，x^3 的值：

x	1	0.1	0.01	…
x^2	1	0.01	0.000 1	…
x^3	1	0.001	0.000 001	…

可以看出，当 $x\to 0$ 时，x^3 趋向于零的速度最快，x^2 趋向于零的速度快于 x 而慢于 x^3．我们用阶的概念来表示这种现象，称之为**无穷小量的阶的比较**．

定义 1　设在同一极限过程中，α，β 都是无穷小量，且 $\alpha\neq 0$.

(1)如果 $\lim\dfrac{\beta}{\alpha}=0$，就称 β 是比 α **高阶的无穷小量**(此时称 α 是比 β **低阶的无穷小量**)，记作 $\beta=o(\alpha)$.

(2)如果 $\lim\dfrac{\beta}{\alpha}=c\neq 0$，就称 β 是与 α **同阶的无穷小量**，当 $C=1$ 时，称 β 是与 α **等价的无穷小量**，记作 $\alpha\sim\beta$.

(3)如果 $\lim\dfrac{\beta}{\alpha^k}=c\neq 0$，就称 β 是关于 α 的 k **阶无穷小量**．

(4)如果 $\lim\dfrac{\beta}{\alpha}$ 不存在(不包括∞)，就称 β 与 α 是**不可比的无穷小量**．

【例 1】　当 $x\to 0$ 时，分别将无穷小量 $\sin x$，$\tan x$，$\ln(1+x)$，$1-\cos x$ 与 x 进行比较.

解　因为 $\lim\limits_{x\to 0}\dfrac{\sin x}{x}=1$，所以 $\sin x$ 是与 x 等价的无穷小量，即 $\sin x\sim x$．

因为 $\lim\limits_{x\to 0}\dfrac{\tan x}{x}=1$ (也可做为重要极限直接应用)，所以 $\tan x\sim x$．

因为 $\lim\limits_{x\to 0}\dfrac{\ln(1+x)}{x}=\lim\limits_{x\to 0}\ln(1+x)^{\frac{1}{x}}\xrightarrow[x\to 0\text{时}u\to e]{\text{令}u=(1+x)^{\frac{1}{x}}}\lim\limits_{u\to e}\ln u=1$，
所以 $\ln(1+x)\sim x$．

因为 $\lim\limits_{x\to 0}\dfrac{1-\cos x}{x}=\lim\limits_{x\to 0}\dfrac{2\left(\sin\dfrac{x}{2}\right)^2}{\left(\dfrac{x}{2}\right)^2}\cdot\dfrac{x}{4}=0$，所以 $1-\cos x$ 是比 x 高阶的无穷小量，即 $1-\cos x=o(x)$. 又因为 $\lim\limits_{x\to 0}\dfrac{1-\cos x}{x^2}=\dfrac{1}{2}$，所以 $1-\cos x$ 是关于 x 的二阶无穷小量.很容易看出，$1-\cos x\sim\dfrac{x^2}{2}$.

关于等价无穷小量有以下两个定理：

定理1 β 与 α 是等价无穷小量的充分必要条件是 $\beta=\alpha+o(\alpha)$.

证 (必要性)设 β 与 α 等价，即 $\alpha\sim\beta$，则 $\lim\dfrac{\beta}{\alpha}=1$. 由于

$$\lim\frac{\beta-\alpha}{\alpha}=\lim\left(\frac{\beta}{\alpha}-1\right)=0,$$

所以 $\beta-\alpha=o(\alpha)$，即 $\beta=\alpha+o(\alpha)$.

(充分性)设 $\beta=\alpha+o(\alpha)$，则 $\lim\dfrac{\beta}{\alpha}=\lim\dfrac{\alpha+o(\alpha)}{\alpha}=\lim(1+\alpha)=1$，

上式中($\lim\dfrac{o(\alpha)}{\alpha}=0$)，所以 $\beta\sim\alpha$.

如 $x\to 0$ 时，因为 $x+x^2=x+o(x)$，所以 $x+x^2\sim x$.

又如 $x\to 0$ 时，因为 $\sin x\sim x$，$\tan x\sim x$，所以 $\sin x=x+o(x)$，$\tan x=x+o(x)$.

定理2 设 $\alpha\sim\alpha'$，$\beta\sim\beta'$，且 $\lim\dfrac{\beta'}{\alpha'}$ 存在，则 $\lim\dfrac{\beta}{\alpha}=\lim\dfrac{\beta'}{\alpha'}$.

证 因为 $\alpha\sim\alpha'$，$\beta\sim\beta'$，所以 $\lim\dfrac{\alpha'}{\alpha}=1$，$\lim\dfrac{\beta}{\beta'}=1$.

$$\lim\frac{\beta}{\alpha}=\lim\left(\frac{\beta}{\beta'}\cdot\frac{\alpha'}{\alpha}\cdot\frac{\beta'}{\alpha'}\right)=\left(\lim\frac{\beta}{\beta'}\right)\left(\lim\frac{\alpha'}{\alpha}\right)\left(\lim\frac{\beta'}{\alpha'}\right)=\lim\frac{\beta'}{\alpha'}.$$

此定理表示：当求两个无穷小量之比的极限时，分子及分母都可用等价无穷小来代替，这样常常可以简化计算.

【例2】 求 $\lim\limits_{x\to 0}\dfrac{\tan 2x}{\sin 3x}$.

解 因为 $x\to 0$ 时，因为 $\tan 2x\sim 2x$，$\sin 3x\sim 3x$，所以

$$\lim_{x\to 0}\frac{\tan 2x}{\sin 3x}=\lim_{x\to 0}\frac{2x}{3x}=\frac{2}{3}.$$

【例3】 求 $\lim\limits_{x\to 0}\dfrac{\sin 5x\cdot\ln(1+2x)}{1-\cos x}$.

解 因为 $x\to 0$ 时，$\sin 5x\sim 5x$，$\ln(1+2x)\sim 2x$，$1-\cos x\sim\dfrac{x^2}{2}$，所以

$$\lim_{x\to 0}\frac{\sin 5x\cdot\ln(1+2x)}{1-\cos x}=\lim_{x\to 0}\frac{5x\cdot 2x}{\frac{x^2}{2}}=20.$$

类似地,有无穷大量的阶的比较.

定义 2 设在同一极限过程中,$f(x)$,$g(x)$ 都是无穷大量,且 $g(x)\neq 0$.

(1)如果 $\lim\frac{f(x)}{g(x)}=0$,则称 $f(x)$ 是比 $g(x)$ **低价的无穷大量**(此时称 $g(x)$ 是比 $f(x)$ 高阶的无穷大量).

(2)如果 $\lim\frac{f(x)}{g(x)}=C\neq 0$,则称 $f(x)$ 是与 $g(x)$ **同阶的无穷大量**,当 $C=1$ 时,称 $f(x)$ 是与 $g(x)$ 等价的无穷大量.

(3)如果 $\lim\frac{f(x)}{g^k(x)}=C\neq 0$,则称 $f(x)$ 是关于 $g(x)$ 的 k **阶无穷大量**.

(4)如果 $\lim\frac{f(x)}{g(x)}$ 不存在(不包括∞),则称 $f(x)$ 与 $g(x)$ 是**不可比的无穷大量**.

如 $n\to\infty$时,n^2+n^3是比 n 高阶的无穷大量,也是比 n^2 高阶的无穷大量,它是关于 n 的三阶无穷大量.

习题 1.7

1. 当 $x\to 0$ 时,将下列无穷小量与 x 比较.

(1)$x^2+1000x$; (2) $\sqrt{1+x}-\sqrt{1-x}$.

2. 当 $x\to 1$ 时,将下列无穷小量与 $x-1$ 比较.

(1) $1-x^3$; (2) $\sin^2(x^2-1)$.

3. 证明:当 $x\to 0$ 时,有

(1) $\arctan x\sim x$. (2) $e^x-1\sim x$;

(3) $\sqrt[3]{x^3+\sqrt[3]{x}}\sim\sqrt[9]{x}$; (4) $\sec x-1\sim\frac{x^2}{2}$.

4. 利用等价无穷小,求下列极限.

(1) $\lim\limits_{x\to 0}\frac{\sin(x^n)}{(\sin x)^m}$ (m,n 为正整数); (2) $\lim\limits_{x\to 0}\frac{\tan x-\sin x}{(e^x-1)\sin^2 x}$.

§1.8 函数的连续性

每晚7:30,我们在电视机前会看到天气预报,如"明日最高气温为30℃".从当时到第二天达到最高气温,温度是逐渐变化或说是连续变化的,即当时间变动微小时,气温变动也

较微小．类似地自然界中有许多现象如河水的流动、植物的生长等，都是连续变化的例子．这种连续变化的现象反映在函数关系时，就是所谓的函数连续性.

1.8.1 变量的增量

设变量 u 从一个初值 u_1 变至终值 u_2，称 u_2 与 u_1 的差 u_2-u_1 为**变量的增量**，记作 Δu，即 $\Delta u=u_2-u_1$．

增量 Δu 可以是正的，也可以是负的．当 $\Delta u>0$ 时，变量从 u_1 变到 $u_2=u_1+\Delta u$ 是增大的，当 $\Delta u<0$ 时，变量从 u_1 变到 $u_2=u_1+\Delta u$ 是减小的．

设函数 $y=f(x)$ 在点 x_0 的某个邻域内有定义，当自变量 x 在此邻域内由 x_0 变到 $x_0+\Delta x$ 时（即初值为 x_0 而终值为 $x_0+\Delta x$），函数相应地由 $f(x_0)$ 变到 $f(x_0+\Delta x)$，因此变量 y 的初值为 $f(x_0)$，终值为 $f(x_0+\Delta x)$，即变量 y 有相应的增量为

$$\Delta y=f(x_0+\Delta x)-f(x_0).$$

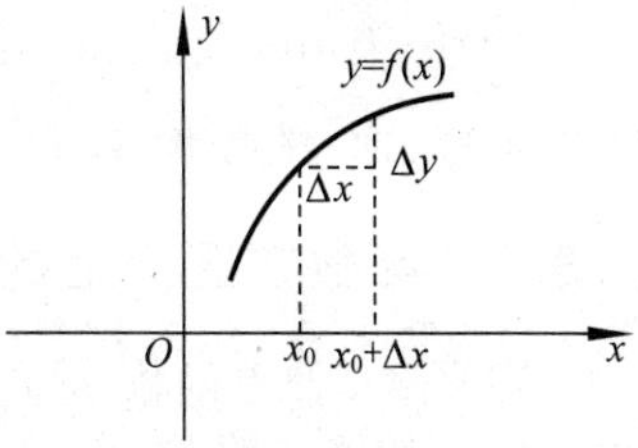

图 1-32

这个关系式的几何解释如图 1-32. 显然当 x_0 为固定值时，Δy 的值随 Δx 的变化而变化．

1.8.2 函数在点 x_0 处的连续性

定义 1 设函数 $f(x)$ 在点 x_0 的某个邻域内有定义，如果当自变量 x 趋于 0 时，因变量 y 的增量 Δy 也趋向于零，即

$$\lim_{\Delta x\to 0}\Delta y=\lim_{\Delta x\to 0}[f(x_0+\Delta x)-f(x_0)]=0,$$

就称函数 $f(x)$ 在点 x_0 处**连续**.

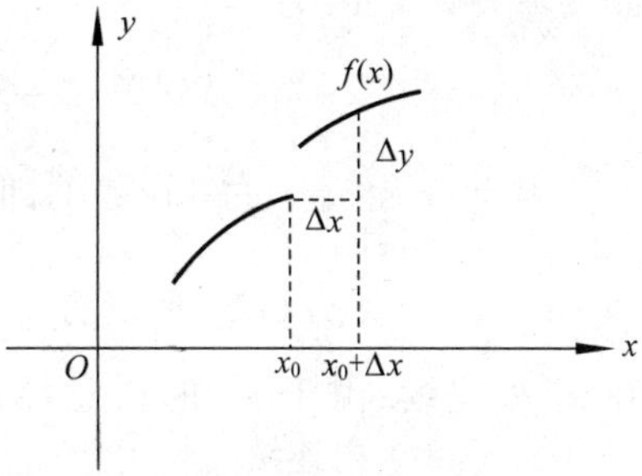

图 1-33

在图 1-33 中可以看出，当 $\Delta x\to 0$ 时，Δy 不趋向于零．按照定义，$f(x)$ 在 x_0 处不连续．图中函数 $f(x)$ 的曲线在 x_0 是断开的，因此，函数 $f(x)$ 在点 x_0 处连续的几何意义是曲线 $f(x)$ 在 x_0 处是连上的，不断开．

在式子 $\Delta y=f(x_0+\Delta x)-f(x_0)$ 中，若令 $x=x_0+\Delta x$，则 $\Delta x=x-x_0$，$\Delta y=f(x)-f(x_0)$，且 $\Delta x\to 0$ 时，$x\to x_0$，因此定义 1 中 $\lim\limits_{\Delta x\to 0}\Delta y=0$ 可改写为 $\lim\limits_{x\to x_0}[f(x)-f(x_0)]=0$，即 $\lim\limits_{x\to x_0}f(x)=f(x_0)$．

因此，函数 $f(x)$ 在点 x_0 处连续的定义又可叙述为：

定义 2′ 设函数 $f(x)$ 在点 x_0 的某个邻域内有定义，如果当 $x\to x_0$ 时，$f(x)$ 的极限存在，且等于它在 x_0 处的函数值，即 $\lim\limits_{x\to x_0}f(x)=f(x_0)$，则称 $f(x)$ 在点 x_0 处**连续**．

如果仅考虑 x_0 的某个左邻域 $(x_0-\delta,x_0)$，我们可以得出函数 $f(x)$ 在点 x_0 处左连续的概念：当 $\lim\limits_{x\to x_0^-}f(x)=f(x_0)$ 时，称 $f(x)$ 在点 x_0 处**左连续**．

如果仅考虑 x_0 的某个右邻域 $(x_0, x_0+\delta)$，我们可以得出函数 $f(x)$ 在点 x_0 处右连续的概念：当 $\lim\limits_{x \to x_0^+} f(x) = f(x_0)$ 时，称 $f(x)$ 在点 x_0 处**右连续**.

显然，$f(x)$ 在点 x_0 处连续的充分必要条件是 $f(x)$ 在点 x_0 处左连续同时右连续.

【例 1】 判断下列函数在 $x=0$ 处是否连续：

(1) $f(x)=|x|$； (2) $f(x)=\begin{cases}1 & 当 x \geqslant 0 \\ -1 & 当 x<0\end{cases}$.

解 (1)因为 $\lim\limits_{x \to 0}|x|=0=f(0)$，所以 $f(x)=|x|$ 在 $x=0$ 处连续.

(2)因为 $\lim\limits_{x \to 0^+} f(x)=\lim\limits_{x \to 0^+} 1=1$，$\lim\limits_{x \to 0^-} f(x)=\lim\limits_{x \to 0^-}(-1)=-1$，$f(0)=1$，函数右连续而不左连续，即 $f(x)$ 在 $x=0$ 处不连续.

1.8.3 函数在区间上的连续性

定义 3 如果函数 $f(x)$ 在开区间 (a,b) 内每一点都连续，则称 $f(x)$ **在开区间 (a,b) 内连续**. 如果函数在 (a,b) 内连续，而且在左端点 a 处右连续，在右端点 b 处左连续，则称 $f(x)$ **在闭区间 $[a,b]$ 上连续**.

【例 2】 证明 $y=\sin x$ 在 $(-\infty,+\infty)$ 内连续.

证 在 $(-\infty,+\infty)$ 内任取一点 x_0，当自变量 x 在 x_0 处有一改变量 Δx 时，函数 y 相应地有改变量 Δy，且

$$\Delta y=\sin(x_0+\Delta x)-\sin x_0=2\sin\frac{\Delta x}{2}\cos\left(x_0+\frac{\Delta x}{2}\right).$$

因为 $\left|\cos\left(x_0+\frac{\Delta x}{2}\right)\right| \leqslant 1$，即 $\cos\left(x_0+\frac{\Delta x}{2}\right)$ 是有界变量，当 $\Delta x \to 0$ 时，有 $\sin\frac{\Delta x}{2} \to 0$，即 $\sin\frac{\Delta x}{2}$ 是无穷小量，所以有 $\lim\limits_{\Delta x \to 0}\Delta y=\lim\limits_{\Delta x \to 0} 2\sin\frac{\Delta x}{2}\cos\left(x_0+\frac{\Delta x}{2}\right)=0$，因此 $y=\sin x$ 在 x_0 处连续. 由于 x_0 的任意性，所以 $y=\sin x$ 在 $(-\infty,+\infty)$ 内任一点连续，即在 $(-\infty,+\infty)$ 内连续.

类似地，可以证明 $y=\cos x$ 在 $(-\infty,+\infty)$ 内连续.

函数 $f(x)$ 在某区间上连续时，它的图形在该区间上是一条连续而不间断的曲线.

1.8.4 函数的间断点

若 $f(x)$ 在点 x_0 处连续，就称 x_0 为 $f(x)$ 的**连续点**，否则称为**不连续点**，也叫**间断点**.

当 $f(x)$ 在点 x_0 的某空心邻域内有定义时，由连续的定义可知，若有下列三种情况之一：

(1) 在 $x=x_0$ 没有定义；

(2) 虽在 $x=x_0$ 有定义，但 $\lim\limits_{x \to x_0} f(x)$ 不存在；

(3) 虽在 $x=x_0$ 有定义，且 $\lim\limits_{x \to x_0} f(x)$ 存在，但 $\lim\limits_{x \to x_0} f(x) \neq f(x_0)$，则 x_0 为函数 $f(x)$ 的间断点.

【例 3】 $y=\frac{1}{x}$ 在 $x=0$ 处是否间断？

解 因为 $y=\frac{1}{x}$ 在 $x=0$ 处没有定义，所以 $x=0$ 是 $y=\frac{1}{x}$ 的间断点.

注意到 $\lim\limits_{x\to 0}\dfrac{1}{x}=\infty$，我们称 $x=0$ 是 $y=\dfrac{1}{x}$ 的**无穷间断点**.

【例 4】　$y=\sin\dfrac{1}{x}$ 在 $x=0$ 是否间断?

解　因为 $y=\sin\dfrac{1}{x}$ 在 $x=0$ 处没有定义，所以 $x=0$ 是 $y=\sin\dfrac{1}{x}$ 的间断点.

注意到 $\lim\limits_{x\to 0}\sin\dfrac{1}{x}$ 不存在(如图 1-34)，而且 $x\to 0$ 时，$\sin\dfrac{1}{x}$ 的值在 -1 和 1 之间变动无限多次，我们称 $x=0$ 是 $y=\sin\dfrac{1}{x}$ 的振荡间断点.

【例 5】　$y=\dfrac{x^2-1}{x-1}$ 在 $x=1$ 是否间断?

解　因为 $y=\dfrac{x^2-1}{x-1}$ 在 $x=1$ 处没有定义，所以 $x=1$ 是 $y=\dfrac{x^2-1}{x-1}$ 的间断点，如图 1-35所示.

注意到 $\lim\limits_{x\to 1}\dfrac{x^2-1}{x-1}=\lim\limits_{x\to 1}(x+1)=2$，如果补充定义，即规定当 $x=1$ 时，$y=2$，将函数改造成 $y=\begin{cases}\dfrac{x^2-1}{x-1} & \text{当 } x\neq 1\\ 2 & \text{当 } x=1\end{cases}=\begin{cases}x+1 & \text{当 } x\neq 1\\ 2 & \text{当 } x=1\end{cases}$，则 $x=1$ 就成为连续点，我们称 $x=1$ 为 $y=\dfrac{x^2-1}{x-1}$ 的**可去间断点**.

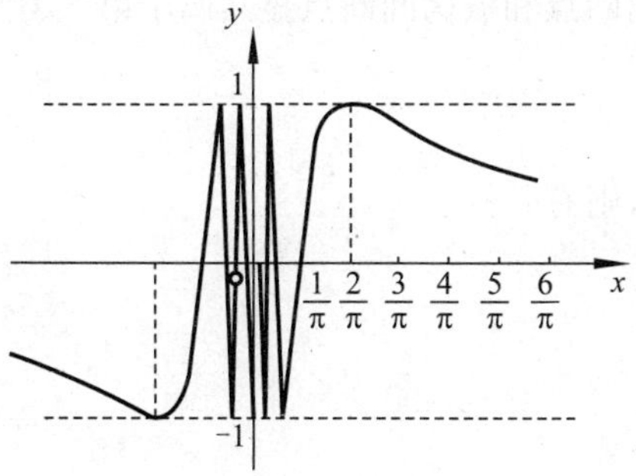

图 1-34

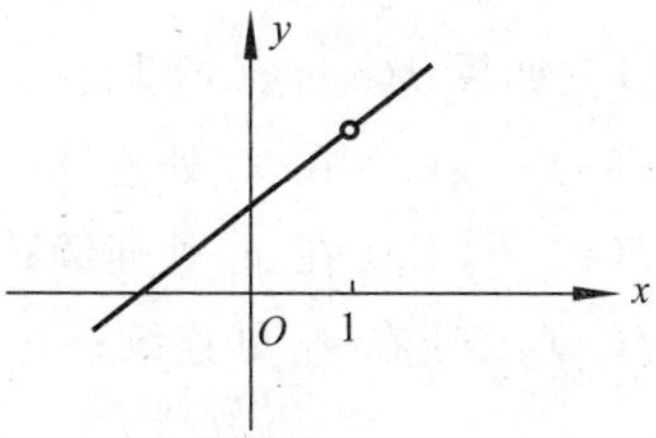

图 1-35

【例 6】　$f(x)=\begin{cases}\dfrac{\sin x}{x} & \text{当 } x\neq 0\\ 2 & \text{当 } x=0\end{cases}$ 在 $x=0$ 是否间断?

解　因为 $f(x)$ 在 $x=0$ 处有定义 $f(0)=2$，且有极限 $\lim\limits_{x\to 0}f(x)=\lim\limits_{x\to 0}\dfrac{\sin x}{x}=1$，但 $\lim\limits_{x\to 0}f(x)\neq f(0)$，所以 $x=0$ 是 $f(x)$ 的间断点.

注意到如果改变 $f(x)$ 在 $x=0$ 处的定义，即规定 $f(0)=1$，将函数改造成 $f(x)=$

$\begin{cases} \dfrac{\sin x}{x} & 当 x \neq 0 \\ 1 & 当 x = 0 \end{cases}$,则 $x = 0$ 就成为连续点．因此 $x = 0$ 为 $f(x)$ 的可去间断点．

【例 7】 $f(x) = \begin{cases} 1 - x & 当 x < 1 \\ \dfrac{1}{2} & 当 x = 1 \\ 2 - x & 当 x > 1 \end{cases}$

在 $x = 1$ 是否间断?

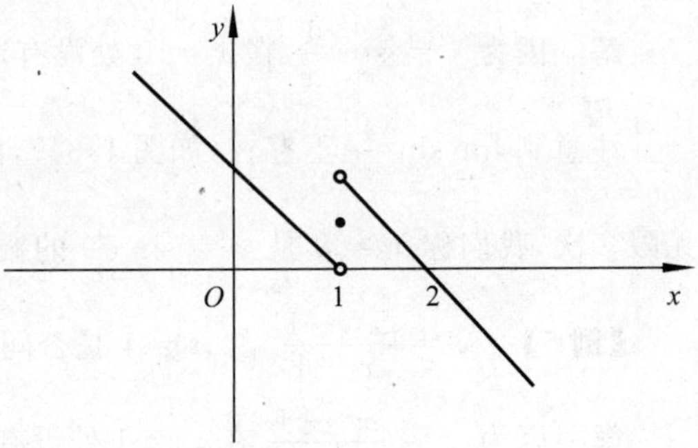

图 1-36

解　因为 $f(x)$ 在 $x = 1$ 处的定义 $f(1) = \dfrac{1}{2}$,但在 $x = 1$ 处的左极限 $f(1-0) = 0$,右极限 $f(1+0) = 1$,即在 $x = 1$ 处没有极限(左、右极限不相等),所以 $x = 1$ 是 $f(x)$ 的间断点．如图 1-36.

注意到 $f(x)$ 的图形在 $x = 1$ 处产生了跳跃现象,我们称 $x = 1$ 为 $f(x)$ 的**跳跃间断点**．

以上各例举出不同类型的间断点,通常把间断点分成两大类:如果 x_0 是函数 $f(x)$ 的间断点,但左极限 $f(x_0 - 0)$ 和右极限 $f(x_0 + 0)$ 都存在,就称 x_0 为函数 $f(x)$ 的**第一类间断点**,不是第一类间断点的其他任何间断点,称为**第二类间断点**．在第一类间断点中,左、右极限相等者称为可去间断点,如上面的例 5 和例 6,可以通过补充或改变定义使之改造成连续点;左、右极限不相等者即为跳跃间断点,如例 7,无穷间断点和振荡间断点显然属于第二类间断点．

1.8.5　连续函数的四则运算法则

定理 1　如果 $f(x), g(x)$ 均在 x_0 处连续,则有:

(1) $f(x) + g(x)$ 在 x_0 处连续;

(2) $f(x) - g(x)$ 在 x_0 处连续;

(3) $f(x)g(x)$ 在 x_0 处连续;

(4)当 $g(x_0) \neq 0$ 时,$\dfrac{f(x)}{g(x)}$ 在 x_0 处连续．

证　仅证(1),其余证明留给读者．

设 $F(x) = f(x) + g(x)$,因为 $f(x), g(x)$ 均在 x_0 处连续,故 $\lim\limits_{x \to x_0} f(x) = f(x_0)$,$\lim\limits_{x \to x_0} g(x) = g(x_0)$. 由极限的运算法则,有

$$\lim_{x \to x_0} F(x) = \lim_{x \to x_0} [f(x) + g(x)] = \lim_{x \to x_0} f(x) + \lim_{x \to x_0} g(x) = f(x_0) + g(x_0) = F(x_0),$$

所以 $F(x) = f(x) + g(x)$ 在 x_0 处连续．

推论　如果 $f_i(x) (i = 1, 2, \cdots, n)$ 均在 x_0 处连续,则有

(1) $\sum_{i=1}^{n} f_i(x)$ 在 x_0 处连续；　　(2) $\prod_{i=1}^{n} f_i(x)$ 在 x_0 处连续．

1.8.6　反函数和复合函数的连续性法则

定理 2　如果函数 $y = f(x)$ 在区间 I_x 上单调增加(或单调减少)且连续,则它的反函数 $x = f^{-1}(y)$ 在对应区间 $I_y = \{y \mid y = f(x), x \in I_x\}$ 单调增加(或单调减少)且连续．

证　不妨设 $y = f(x)$ 在 I_x 上单调增加,则当 $\Delta x > 0$ 时,$\Delta y > 0$,反之亦然．因此,$x = f^{-1}(y)$ 也是单调增加的．

在 I_x 中任取一点 x_0,因为 $y = f(x)$ 在 x_0 处连续,故当 $\Delta x \to 0$ 时,有 $\Delta y \to 0$. 反之亦然. 因此,对相应于 x_0 的 $y_0 = f(x_0)$,函数 $x = f^{-1}(y)$ 在 y_0 处连续．

由 x_0 的任意性,$x = f^{-1}(y)$ 在 I_y 上连续．

定理 3　设函数 $u = \varphi(x)$ 在点 $x = x_0$ 处连续,且 $u_0 = \varphi(x_0)$,而函数 $y = f(u)$ 在点 $u = u_0$ 处连续,则复合函数 $y = f(\varphi(x))$ 在点 $x = x_0$ 处连续．

同时有 $\lim\limits_{x \to x_0} f(\varphi(x)) = f(\varphi(x_0)) = f(\lim\limits_{x \to x_0} \varphi(x))$．

可见对连续的复合函数求极限时,极限符号与函数符号可交换顺序．

1.8.7　初等函数的连续性

由以上知识,我们得到结论:基本初等函数在其定义域内是连续的.

根据初等函数的定义,由上面的结论定理 1 和定理 3 可得出:一切初等函数在其定义区间内都是连续的(这里所谓的定义区间是指属于定义域的区间).

需要注意的是,分段函数一般不是初等函数,如果分段函数在各个子区间段上的表达式是初等函数形式,则分段函数在各子区间上连续,但分段点处的连续性需认真讨论.

【例 8】　讨论函数 $f(x) = \begin{cases} 1 - \dfrac{1}{e^{x-2}} & 当\ x < 2 \\ \sin \dfrac{\pi}{x} & 当\ x \geqslant 2 \end{cases}$ 的连续性.

解　在 $(-\infty, 2)$ 内,$f(x) = 1 - \dfrac{1}{e^{x-2}}$ 是初等函数,故 $f(x)$ 在 $(-\infty, 2)$ 内连续.

在 $(2, +\infty)$ 内,$f(x) = \sin \dfrac{\pi}{x}$ 是初等函数,故 $f(x)$ 在 $(2, +\infty)$ 内连续.

在 $x = 2$ 处,因为 $\lim\limits_{x \to 2^-} f(x) = \lim\limits_{x \to 2^-}(1 - e^{\frac{1}{x-2}}) = 1 - \lim\limits_{x \to 2^-} e^{\frac{1}{x-2}} = 1$,$\lim\limits_{x \to 2^+} f(x) = \lim\limits_{x \to 2^+} \sin \dfrac{\pi}{x} = 1$,故 $f(2-0) = f(2+0) = 1$．

又因为 $\lim\limits_{x \to 2} f(x) = 1 = f(2)$,所以 $f(x)$ 在 $x = 2$ 处连续.

综上所述,$f(x)$ 在 $(-\infty, +\infty)$ 内连续.

1.8.8 利用函数连续性求极限

利用初等函数的连续性求极限,将大大简化求极限的过程,因为对连续函数 $f(x)$,有 $\lim\limits_{x\to x_0} f(x) = f(x_0)$,故求初等函数 $f(x)$ 在 x_0 处的极限,只要 x_0 在定义区间内,只须直接求出函数值(即代入法)即可.

【例 9】 求 $\lim\limits_{x\to 0}\dfrac{\ln(\sin x+\cos x+\arctan x)}{e^x\cdot\sqrt{x^2+1}}$.

解 $\lim\limits_{x\to 0}\dfrac{\ln(\sin x+\cos x+\arctan x)}{e^x\cdot\sqrt{x^2+1}}=\dfrac{\ln(\sin 0+\cos 0+\arctan 0)}{e^0\cdot\sqrt{0+1}}=0$.

对复合函数 $y=f(\varphi(x))$,若 $u=\varphi(x)$ 满足 $\lim\varphi(x)=a$.

而 $y=f(u)$ 在 a 连续,则有

$$\lim f(\varphi(x))\xlongequal{u=\varphi(x)}\lim_{u\to a}f(u)=f(a)=f(\lim\varphi(x)).$$

此结论表明,当复合函数的外层函数为连续函数且内层函数的极限存在时,此时极限符号可进入到函数符号内部,即极限符号与函数符号可交换位置.

【例 10】 求 $\lim\limits_{x\to 0}\dfrac{\ln(1+x)}{x}$.

解 $\lim\limits_{x\to 0}\dfrac{\ln(1+x)}{x}=\lim\limits_{x\to 0}\ln(1+x)^{\frac{1}{x}}=\ln\lim\limits_{x\to 0}(1+x)^{\frac{1}{x}}=\ln e=1$.

(注意此例的解法与§1.7例1中的解法所用依据不同)

【例 11】 证明:若 $\lim f(x)=A$,α 为任意实数,则

$$\lim f(x)^{\alpha}=A^{\alpha}=[\lim f(x)]^{\alpha}.$$

证 设 $u=f(x)$,则 $y=f(x)^{\alpha}=u^{\alpha}$ 是复合函数,且 $y=u^{\alpha}$ 是连续函数.则有

$$\lim f(x)^{\alpha}=[\lim f(x)]^{\alpha}=A^{\alpha}.$$

习题 1.8

1. 下列函数在给定点处是否连续?若间断,指出其属于什么类型的间断点.

(1) $y=\dfrac{x^2-4}{x^2-5x+6}$ 在 $x=2, x=3$;

(2) $y=\dfrac{x}{\tan x}$ 在 $x=k\pi, x=k\pi+\dfrac{\pi}{2}, k=0,\pm1,\pm2,\cdots$;

(3) $y=\cos^2\dfrac{1}{x}$ 在 $x=0$;

(4) $y=\begin{cases}x-1 & 当\ x\leqslant 1\\ 3-x & 当\ 1<x<3\\ x-3 & 当\ x\geqslant 3\end{cases}$ 在 $x=1, x=3$.

2. 给 $f(0)$ 补充一个什么数值,可以使得 $f(x)$ 在 $x=0$ 处连续?

(1) $f(x)=\sin x\cos\dfrac{1}{x}$;　　(2) $f(x)=\ln(1+\alpha x)^{\frac{\beta}{x}}$($\alpha,\beta$ 为常数).

3. 讨论下列函数的连续性:

(1) $f(x)=\begin{cases}x+2 & \text{当 } x\geqslant 0\\ \dfrac{x}{1-\sqrt{1-x}} & \text{当 } x<0\end{cases}$;　　(2) $f(x)=\begin{cases}\dfrac{\ln(1+2x)}{x} & \text{当 } x>0\\ 1+x\cos x & \text{当 } x\leqslant 0\end{cases}$.

4. 求 a,b 使函数 $f(x)$ 在其定义域内连续:

(1) $f(x)=\begin{cases}\dfrac{\sin x}{x} & \text{当 } x<0\\ a & \text{当 } x=0\\ x\sin\dfrac{1}{x}-b & \text{当 } x>0\end{cases}$;　　(2) $f(x)=\begin{cases}ax+1 & \text{当 } |x|\leqslant 1\\ x^2+x+b & \text{当 } |x|\geqslant 1\end{cases}$.

5. 利用函数的连续性,求下列极限:

(1) $\lim\limits_{x\to 0}\dfrac{e^{x^2}\cos x}{\arcsin(x+1)}$;　　(2) $\lim\limits_{x\to 0}\dfrac{\ln(1+x^2)}{\tan(1+x^2)}$;

(3) $\lim\limits_{x\to 0}\dfrac{\sqrt[3]{x+1}-1}{x}$;　　(3) $\lim\limits_{x\to\frac{\pi}{4}}\ln\dfrac{\arctan\left(x-\dfrac{\pi}{4}\right)}{x-\dfrac{\pi}{4}}$.

§1.9　闭区间上连续函数的性质

定理 1　在闭区间上连续的函数在该区间上一定有最大值和最小值.

定理中所称的最大(最小值)是指:对在区间 I 上有定义的函数 $f(x)$,若有 $x_0\in I$,使对任一 $x\in I$,都有 $f(x)\leqslant f(x_0)$($f(x)\geqslant f(x_0)$),则称 $f(x_0)$ 是函数 $f(x)$ 在区间 I 上的**最大值**(**最小值**),称 x_0 为**最大值点**(**最小值点**).

由定理 1 可知,若 $f(x)$ 在 $[a,b]$ 上连续,则至少有一点 $\xi_1\in[a,b]$,使 $f(\xi_1)$ 是 $f(x)$ 在 $[a,b]$ 上的最大值,同时又至少有一点 $\xi_2\in[a,b]$,使 $f(\xi_2)$ 是 $f(x)$ 在 $[a,b]$ 上的最小值.

例如,$f(x)=x+2$ 在 $[1,2]$ 上连续,它有最大值 $f(2)=4$ 和最小值 $f(1)=3$;$f(x)=1+\sin x$ 在 $[0,3\pi]$ 上连续,它有最大值 $f\left(\dfrac{x}{2}\right)=f\left(\dfrac{5\pi}{2}\right)=2$ 和最小值 $f\left(\dfrac{3\pi}{2}\right)=0$,它的最大值点有两个;$f(x)=\sin^2x+\cos^2x$ 在 $[0,2\pi]$ 上连续,它的最大值和最小值都是 1,且有无穷多个最大值点和最小值点.

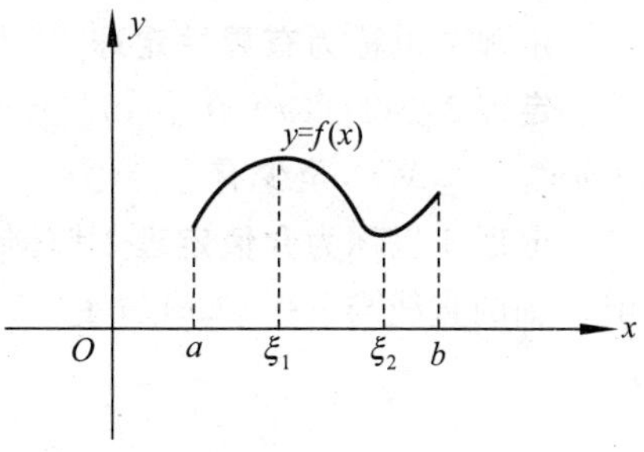

图 1-37

最大值常记为 M,最小值常记为 m.

定理 1 也称为**最大值和最小值定理**,其几何意义非常明显,如图 1-37 所示.

开区间上连续的函数不一定有最大值和最小值,如 $f(x)=x+2$ 在(1,2)上既无最大值,又无最小值,而 $f(x)=1+\sin x$ 在($0,3\pi$)上既有最大值又有最小值.

闭区间上有定义,但有间断点的函数在该区间上也不一定有最大值和最小值.如 $f(x)=\begin{cases}-\dfrac{1}{x} & 当 -1\leqslant x<0\\ 2 & 当 0\leqslant x\leqslant 1\end{cases}$ 的定义域为 $[-1,1]$,其中 $x=0$ 为间断点(如图 1-38),它在 $[-1,1]$ 上没有最大值,只有最小值 $f(-1)=1$;又如 $g(x)=\begin{cases}1-x & 当 0\leqslant x<1\\ 1 & 当 x=1\\ 3-x & 当 1<x\leqslant 2\end{cases}$ 的定义域为 $[0,2]$,其中 $x=1$ 为间断点(如图 1-39),它在 $[0,2]$ 上既无最大值也无最小值.

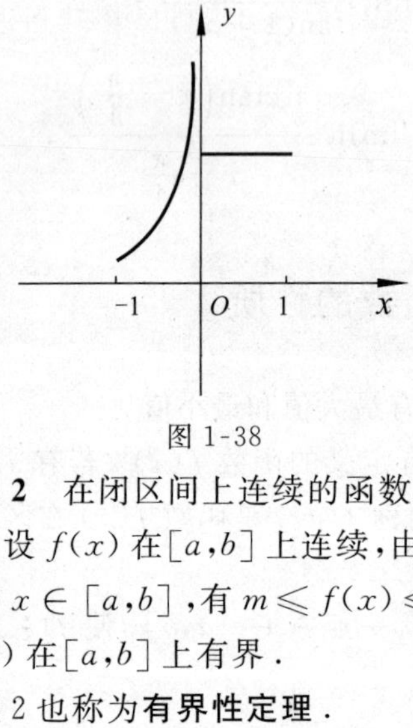

图 1-38

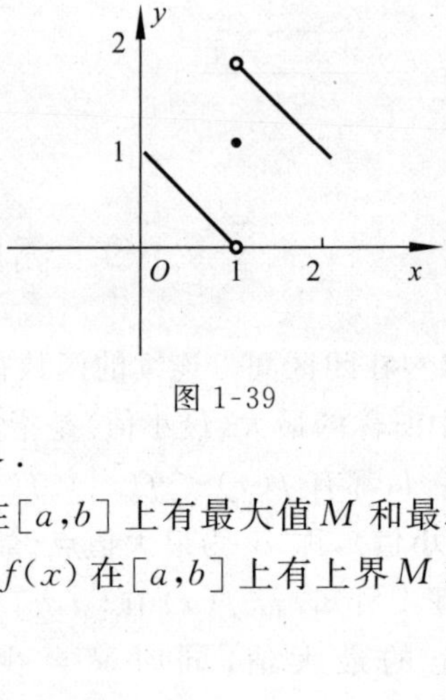

图 1-39

定理 2 在闭区间上连续的函数在该区间上有界.

证 设 $f(x)$ 在 $[a,b]$ 上连续,由定理 1,$f(x)$ 在 $[a,b]$ 上有最大值 M 和最小值 m,即对任意的 $x\in[a,b]$,有 $m\leqslant f(x)\leqslant M$,此式表示 $f(x)$ 在 $[a,b]$ 上有上界 M 和下界 m,因此 $f(x)$ 在 $[a,b]$ 上有界.

定理 2 也称为**有界性定理**.

定理 3 设 $f(x)$ 在 $[a,b]$ 上连续,则对介于最大值 M 和最小值 m 之间的任一实数 $c(m\leqslant c\leqslant M)$,至少有一点 $\xi\in[a,b]$ 使 $f(\xi)=c$.

定理 3 也称为**介值定理**,其几何意义是:在直线 $y=m$ 和 $y=M$ 之间作任何一条平行于 x 轴的直线与 $y=f(x)$($x\in[a,b]$)至少有一个交点,如图 1-40 所示.

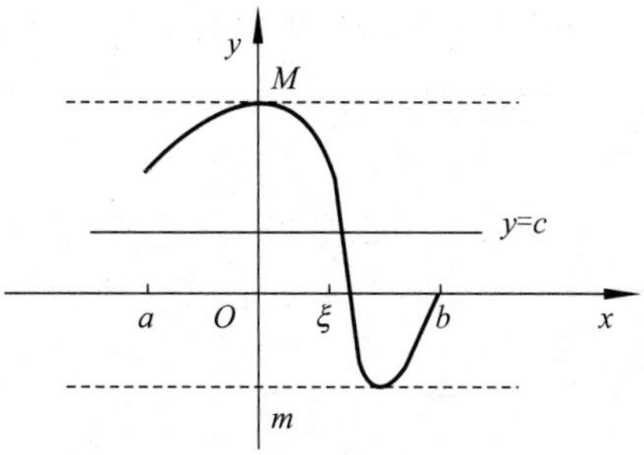

图 1-40

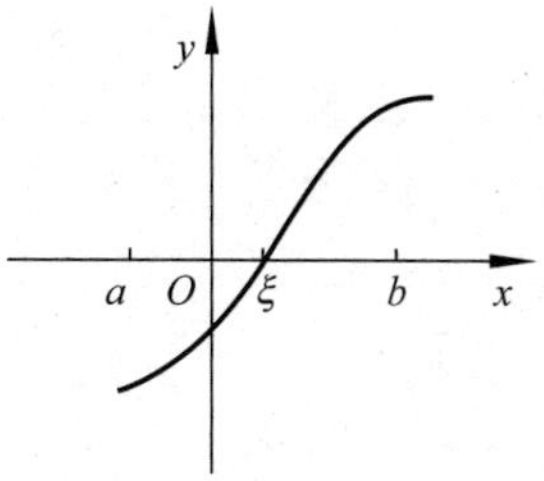

图 1-41

推论 1　设 $f(x)$ 在 $[a,b]$ 上连续，$f(a)$ 与 $f(b)$ 异号(即 $f(a)f(b)<0$),则至少有一点 $\xi\in(a,b)$,使 $f(\xi)=0$.

证　不妨设 $f(a)<0,f(b)>0$,因为 $f(x)$ 在 $[a,b]$ 上连续,由定理 1,存在最大值 M 和最小值 m,则有 $m\leqslant f(a)<0<f(b)\leqslant M$,取 $c=0$,由定理 3,至少有一点 $\xi\in[a,b]$,使 $f(\xi)=0$.

对于使 $f(x_0)=0$ 的点 x_0 ,我们称其为 $f(x)$ 的**零点**,因此推论 1 又称为**零点定理**,其几何意义是:如果闭区间上的连续曲线 $y=f(x)$ 的两个端点位于 x 轴的不同侧,则这段曲线与 x 轴至少有一个交点(如图 1-41).

推论 2　设函数 $y=f(x)$ 在 $[a,b]$ 上连续,且 $f(a)\neq f(b)$,则对于介于 $f(a)$ 与 $f(b)$ 之间的任一实数 c,至少有一点 $\xi\in[a,b]$,使 $f(\xi)=c$.

【例 1】　证明方程 $x=e^{\sin x}$ 在 $(0,\pi)$ 内至少有一个实根 .

证　令 $f(x)=x-e^{\sin x}$,则 $f(x)$ 在 $[0,\pi]$ 上连续 .

因为 $f(0)=-1<0,f(\pi)=\pi-1>0$.

由零点定理,至少有一点 $\xi\in(0,\pi)$,使 $f(\xi)=0$,即 $\xi-e^{\sin\xi}=0,\xi=e^{\sin\xi}$.
因此 ξ 是方程 $x=e^{\sin x}$ 的根,即方程 $x=e^{\sin x}$ 在 $(0,\pi)$ 内至少有一个实根 .

【例 2】　设 $f(x)$ 在 $[0,1]$ 上连续,且满足 $0<f(x)<1$,证明存在 $x_0\in(0,1)$,使 $f(x_0)=x_0$.

证　设 $f(x)=f(x)-x$,因为 $f(x)$ 在 $[0,1]$ 上连续,所以 $F(x)$ 也在 $[0,1]$ 上连续 .

因为 $0<f(x)<1$,所以 $F(0)=f(0)>0,F(1)=f(1)-1<0$,由零点定理,至少有一点 $x_0\in(0,1)$,使 $F(x_0)=0$,即 $f(x_0)-x_0=0,f(x_0)=x_0$.

习题 1.9

1. 证明方程 $2^x=x^2$ 在 $(-1,1)$ 内必有实根 .

2. 证明方程 $x=a\sin x+b(a>0,b>0)$ 至少有一个正根,而且它不超过 $a+b$.

3. 设函数 $f(x)$ 在 $[a,b]$ 上连续,且 $f(a)<a,f(b)>b$,证明在 (a,b) 内至少有一点 ξ,使 $f(\xi)=\xi$.

4. 设 $f(x)$ 在 $[a,b]$ 上连续，$a < x_1 < x_2 < \cdots < x_n < b$，则在 (a,b) 内必有 ξ，使

$$f(\xi) = \frac{f(x_1) + f(x_2) + \cdots + f(x_n)}{n}.$$

自　测　题

1. 判断下列说法是对还是错.

(1)若 $f(x)$ 为单调增加函数，则 $y = -f(x)$ 为单调减少函数；

(2)如果 $f(x)$ 有反函数，则 $f(x)$ 一定是单调函数；

(3)若 $f(x) = \begin{cases} 1 & 当\ x > 0 \\ -1 & 当\ x \leqslant 0 \end{cases}$，则 $f(f(x)) = f(x)$；

(4)无界数列必然发散；

(5)如果数列 $\{a_n\}$ 与 $\{b_n\}$ 均发散，则数列 $\{a_n + b_n\}$ 一定发散；

(6)两个无穷大量的和、差仍是无穷大量；

(7)无界变量一定是无穷大量；

(8)若 $\lim\limits_{x \to x_0} f(x)$ 及 $\lim\limits_{x \to x_0} f(x) \cdot g(x)$ 均存在，则 $\lim\limits_{x \to x_0} f(x)$ 一定存在；

(9)若数列 $\{y_n\}$ 无界，则存在子数列为 $n \to \infty$ 时的无穷大量；

(10)若数列 $\{x_n\}$ 收敛，数列 $\{y_n\}$ 发散，则数列 $\{x_n y_n\}$ 一定发散.

2. 填空：

(1)若 $f(x)$ 的定义域是 $[0,1]$，则 $f(x^2)$ 的定义域是________；

(2)若 $f\left(x - \dfrac{1}{x}\right) = x^2 + \dfrac{1}{x^2}$，则 $f(x) =$________；

(3) $\lim\limits_{x \to -\infty} \dfrac{\sin e^x}{e^x} =$________，$\lim\limits_{x \to +\infty} \dfrac{\sin e^x}{e^x} =$________；

(4) $\lim\limits_{x \to 0}\left(\dfrac{\sin x}{x} + x\sin\dfrac{1}{x}\right) =$________，$\lim\limits_{x \to \infty}\left(\dfrac{\sin x}{x} + x\sin\dfrac{1}{x}\right) =$________；

(5) $\lim\limits_{x \to \pi} \dfrac{\sin x}{x - \pi} =$________；

(6) 若 $f(x)$ 有界，$\lim\limits_{x \to x_0} g(x) = \infty$，则 $\lim\limits_{x \to x_0}[f(x) + g(x)] =$________；

(7) $\lim\limits_{x \to \infty} \dfrac{\ln\left(1 + \dfrac{1}{x}\right)}{\arctan x} =$________；

(8) $\lim\limits_{n \to \infty} \dfrac{(-2)^n + 3^n}{(-2)^{n+1} + 3^{n+1}} =$________；

(9) $\lim\limits_{n\to\infty}\dfrac{\sqrt[3]{n^2}\sin n!}{(n+1)}=$ ________.

3. 求下列极限:

(1) $\lim\limits_{n\to\infty}\left[\dfrac{3}{1^2\cdot 2^2}+\dfrac{5}{2^2\cdot 3^2}+\cdots+\dfrac{2n+1}{n^2\cdot(n+1)^2}\right]$;

(2) $\lim\limits_{n\to\infty}\left(\sqrt{n+\sqrt{n+\sqrt{n}}}-\sqrt{n}\right)$;

(3) $\lim\limits_{x\to\frac{\pi}{4}}\tan 2x\cdot\tan\left(\dfrac{\pi}{4}-x\right)$;

(4) $\lim\limits_{x\to 1}\dfrac{\sqrt[3]{x}-1}{\sqrt{x}-1}$;

(5) $\lim\limits_{x\to+\infty}\left[\sqrt{(x+p)(x+q)}-x\right]$ (p,q 为常数);

(6) $\lim\limits_{x\to\infty}\dfrac{(x+1)(x^2+1)\cdots(x^n+1)}{[(nx)^n+1]^{\frac{n+1}{2}}}$;

(7) $\lim\limits_{x\to 0}\dfrac{(1+x)^{\frac{1}{n}}-1}{x}$;

(8) $\lim\limits_{x\to 0}(x+e^x)^{\frac{1}{x}}$;

(9) $\lim\limits_{x\to 0}\dfrac{1}{\sin x}\ln(1+x+x^2+x^3)$;

(10) $\lim\limits_{x\to 0}(x+e^x)^{\frac{1}{x}}$.

4. 设 $f(x)=\dfrac{px^2-2}{x^2+1}+3qx+5, x\to\infty$, p、q 取何值时, $f(x)$ 为无穷小量? p、q 取何值时 $f(x)$ 为无穷大量?

5. 已知 $\lim\limits_{x\to\infty}\left(\dfrac{x^2+1}{x+1}-ax-b\right)=1$, 求 a,b.

6. 已知 $\lim\limits_{x\to 2}\dfrac{x^2+ax+b}{x-2}=5$, 求 a,b.

7. 已知 $\lim\limits_{x\to 0}\left[\dfrac{f(x)-1}{x}-\dfrac{\sin x}{x^2}\right]=2$, 求 $\lim\limits_{x\to 0}f(x)$.

8. 证明 $\lim\limits_{x\to+\infty}(a_1^x+a_2^x+\cdots+a_n^x)^{\frac{1}{x}}=a_1$, 其中 $a_1>a_2>\cdots>a_n\geqslant 1$, n 为正整数.

9. 若 $f(x)=\left(\dfrac{1+x}{2+x}\right)^{\frac{1-\sqrt{x}}{1-x}}$, 求 $\lim\limits_{x\to 0^+}f(x)$; $\lim\limits_{x\to 1}f(x)$; $\lim\limits_{x\to+\infty}f(x)$.

10. 数列 $y_n=\begin{cases}\dfrac{n^2+\sqrt{n}}{n} & \text{当 } n \text{ 为奇数}\\[2mm] \dfrac{1}{n} & \text{当 } n \text{ 为偶数}\end{cases}$ 无界吗? $n\to\infty$ 时收敛吗? 是无穷大量吗?

11. $x\to 0$ 时,下列无穷小量中哪一个比其他三个更高阶?

(1) x^2 ;　　(2) $1-\cos x$;

(3) $\sqrt{1-x}-1$;　　(4) $\sin x-\tan x$.

12. $f(x)=\begin{cases}\dfrac{\cos ax-1}{x^2} & 当\ x>0\\ -2 & 当\ x=0\\ ax+b & 当\ x>0,\end{cases}$ a,b 为何值时,$f(x)$ 在 $(-\infty,+\infty)$ 内连续?

13. 求 $f(x)=\begin{cases}x & 当\ x\leqslant -1\\ \ln(1+x) & 当\ -1<x\leqslant 0\\ \dfrac{1}{e^{x-1}} & 当\ 0<x<1\end{cases}$ 的间断点,并指出其类型.

14. 设 $f(x)=\lim\limits_{t\to+\infty}\dfrac{e^{tx}-1}{e^{tx}+1}$,求 $f(x)$ 的间断点.

15. 设 $f(x)$ 在 $[0,1]$ 上连续,且 $f(0)=f(1)$,证明:一定存在 $x_0\in\left[1,\dfrac{1}{2}\right]$,使 $f(x_0)=f\left(x_0+\dfrac{1}{2}\right)$.

第 2 章

导数与微分

函数建立了变量之间的依存关系,从数量关系上反映了事物的运动与变化.为了更进一步地研究函数的变化规律,我们常常需要讨论由自变量的变化所引起的函数变化的相对快慢程度以及自变量的微小变化所引起的函数的微小变化,这两个问题就是本章我们所要研究的主要对象——导数与微分,统称为微分学.

§2.1 导数的概念

2.1.1 引例

为了便于理解,我们从两不同的实例引出导数的概念.

1. 变速直线运动的瞬时速度

设一物体作变速直线运动,其运动方程为 $s = s(t)$,其中 s 是物体从运动开始(设为时刻 0)到时刻 t 时所通过的路程,求物体在任一时刻 t_0 时的瞬时速度 $v(t_0)$.

设 Δt 是时间 t 从时刻 t_0 到时刻 $t_0+\Delta t$ 的时间增量,Δs 是相应的物体路程 s 的增量,即 $\Delta s = s(t_0+\Delta t) - s(t_0)$,比值 $\frac{\Delta s}{\Delta t}$ 表示 Δt 这个时间间隔内的平均速度 $\bar{v}$,即

$$\bar{v} = \frac{\Delta s}{\Delta t} = \frac{s(t_0+\Delta t) - s(t_0)}{\Delta t}.$$

当时间间隔 Δt 很小时,物体的运动来不及有太大的变化,可以认为物体在这个时间间隔内近似地匀速运动,于是可用 $\bar{v}$ 作为 $v(t_0)$ 的近似值,而且 Δt 越小,其近似程度越好.因此,我们规定,当 $\Delta t \to 0$ 时,平均速度 $\bar{v}$ 的极限(如果存在的话),称为物体在时刻 t_0 时的瞬时速度,即

$$v(t_0) = \lim_{\Delta t\to 0}\frac{\Delta s}{\Delta t} = \lim_{\Delta t\to 0}\frac{s(t_0+\Delta t) - s(t_0)}{\Delta t},$$

因此,物体在时刻 t_0 时的瞬时速度 $v(t_0)$ 是路程函数 $s = s(t)$ 的增量 Δs 与自变量 t 的增量 Δt 的比值 $\frac{\Delta s}{\Delta t}$ 当 $\Delta t \to 0$ 时的极限.

2. 曲线的切线斜率

设曲线 c 是函数 $y=f(x)$ 的图形，$p_0(x_0,y_0)$ 为曲线 c 上的一点，求曲线 c 在点 P_0 处的切线斜率.

什么是曲线的切线?

在曲线 c 上点 P_0 附近任取一点 P，通过 P_0、P 的直线称为曲线 c 的割线. 当点 P 沿着曲线趋于点 P_0 时，如果割线 P_0P 绕点 P_0 旋转而趋于极限位置 P_0T，则直线 P_0T，就称为曲线 c 在点 P_0 处的**切线**(如图 2-1).

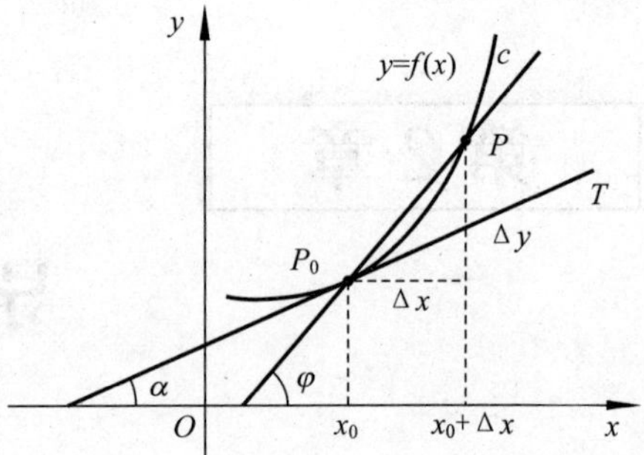

图 2-1

设 Δx 是自变量 x 在 x_0 处的增量，Δx 可正可负，Δy 是相应的函数值 y 的增量，即 $\Delta y=f(x_0+\Delta x)-f(x_0)$，割线 P_0P 的斜率为

$$\tan\varphi=\frac{\Delta y}{\Delta x}=\frac{f(x_0+\Delta x)-f(x_0)}{\Delta x}.$$

其中 φ 为割线 P_0P 的倾角. 当点 P 沿着曲线 C 无限地接近于点 P_0 时，割线 P_0P 将无限地接近于切线 P_0T，割线 P_0P 的斜率将无限地接近于切线 P_0T 的斜率. 因此，我们认为，当 $\Delta x\to 0$ 时，割线 P_0P 的斜率的极限(如果存在的话)就是曲线 c 在点 P_0 处的切线斜率，即

$$\tan\alpha=\lim_{\varphi\to\alpha}\tan\varphi=\lim_{\Delta x\to 0}\frac{\Delta y}{\Delta x}=\lim_{\Delta x\to 0}\frac{f(x_0+\Delta x)-f(x_0)}{\Delta x}.$$

因此曲线 $y=f(x)$ 在点 $P_0(x_0,y_0)$ 处的切线斜率 $\tan\alpha$ 是函数 $y=f(x)$ 的增量 Δy 与自变量 x 的增量 Δx 的比值 $\frac{\Delta y}{\Delta x}$ 当 $\Delta x\to 0$ 时的极限.

从这两个实例可以看出，虽然它们所表示的实际意义不同，但都可以归纳为同一个数学模型. 即都是计算函数的增量 Δy 与其自变量的增量 Δx 之比值 $\frac{\Delta y}{\Delta x}$ 当 $\Delta x\to 0$ 时的极限，即

$$\lim_{\Delta x\to 0}\frac{\Delta y}{\Delta x}=\lim_{\Delta x\to 0}\frac{f(x_0+\Delta x)-f(x_0)}{\Delta x}.$$

这个比值的极限反映了因变量在某一点处随自变量变化的快慢程度. 撇开它们的实际意义，将它们在数量关系方面的共性抽象出来，就得到函数的变化率——导数的概念.

2.1.2 导数的定义

定义 1 设函数 $y=f(x)$ 在点 x_0 的某个邻域内有定义，当自变量 x 在 x_0 处的增量为 Δx($x_0+\Delta x$ 仍在该邻域内)时，函数 $y=f(x)$ 取得相应的增量

$$\Delta y=f(x_0+\Delta x)-f(x_0).$$

如果当 $\Delta x\to 0$ 时，$\frac{\Delta y}{\Delta x}$ 的极限存在，则称函数 $y=f(x)$ 在点 x_0 处**可导**，并称此极限

值为函数 $y=f(x)$ 在点 x_0 处的**导数**,记作 $f'(x_0)$. 即

$$f'(x_0)=\lim_{\Delta x\to 0}\frac{\Delta y}{\Delta x}=\lim_{\Delta x\to 0}\frac{f(x_0+\Delta x)-f(x_0)}{\Delta x},$$

也可记作 $y'\Big|_{x=x_0}$, $\dfrac{\mathrm{d}f}{\mathrm{d}x}\Big|_{x=x_0}$, $\dfrac{\mathrm{d}y}{\mathrm{d}x}\Big|_{x=x_0}$.

若上述极限值不存在,则称函数 $y=f(x)$ 在点 x_0 处不可导. 假如不可导的原因是当 $\Delta x\to 0$ 时, $\dfrac{\Delta y}{\Delta x}\to\infty$,为了方便起见,也可以说函数 $y=f(x)$ 在点 x_0 处的导数为无穷大.

$\dfrac{\Delta y}{\Delta x}=\dfrac{f(x_0+\Delta x)-f(x_0)}{\Delta x}$ 反映的是自变量 x 从 x_0 变到 $x_0+\Delta x$ 时,函数 $y=f(x)$ 平均变化速度,称为函数的平均变化率;

导数 $f'(x_0)=\lim\limits_{\Delta x\to 0}\dfrac{\Delta y}{\Delta x}=\lim\limits_{\Delta x\to 0}\dfrac{f(x_0+\Delta x)-f(x_0)}{\Delta x}$ 反映的是函数 $y=f(x)$ 在点 x_0 处的变化速度,称为函数在点 x_0 处的变化率.

若令 $x=x_0+\Delta x$,则 $\Delta x=x-x_0$, $\Delta y=f(x)-f(x_0)$,于是导数 $f'(x_0)$ 也可记作

$$f'(x_0)=\lim_{x\to x_0}\frac{f(x)-f(x_0)}{x-x_0}.$$

定义 2 如果函数 $y=f(x)$ 在区间 (a,b) 内每一点 x 处都可导,则称函数 $y=f(x)$ 在区间 (a,b) 内可导. 此时对于区间 (a,b) 内每点 x,都有一个导数值 $f'(x)$ 与它对应,这样就定义了一个新函数,称为函数 $y=f(x)$ 在区间 (a,b) 内对 x 的**导函数**,简称为**导数**,记作 $f'(x_0)$ 或 y', $\dfrac{\mathrm{d}f}{\mathrm{d}x}$, $\dfrac{\mathrm{d}y}{\mathrm{d}x}$. 即

$$f'(x)=\lim_{\Delta x\to 0}\frac{\Delta y}{\Delta x}=\lim_{\Delta x\to 0}\frac{f(x+\Delta x)-f(x)}{\Delta x}.$$

显然,函数 $y=f(x)$ 在点 x_0 处的导数 $f'(x_0)$ 就是导函数 $f'(x)$ 在点 x_0 处的函数值,即 $f'(x_0)=f'(x)\big|_{x=x_0}$.

根据导数的定义,前面两个例子可以叙述为:

(1)变速直线运动的物体的瞬时速度是路程 s 对时间 t 的导数. 即 $v(t)=s'(t)=\dfrac{\mathrm{d}s}{\mathrm{d}t}$.

(2)曲线 $y=f(x)$ 在点 x 处的切线斜率是函数 y 对自变量 x 的导数,即 $\tan\alpha=f'(x)=\dfrac{\mathrm{d}y}{\mathrm{d}x}$,这也是导数的几何意义.

【例 1】 求函数 $y=f(x)=C$ 的导数(C 为常数).

解 对自变量 x 的增量 Δx. $\Delta y=f(x+\Delta x)-f(x)=C-C=0$,

则 $\dfrac{\Delta y}{\Delta x}=\dfrac{0}{\Delta x}=0$,所以 $C'=\lim\limits_{\Delta x\to 0}\dfrac{\Delta y}{\Delta x}=0$. 即常数的导数为 0.

【例 2】 求函数 $y=f(x)=x^n(n\in\mathbf{Z}^*)$ 的导数.

解 对自变量 x 的增量 Δx.

$$\Delta y=f(x+\Delta x)-f(x)=(x+\Delta x)^n-x^n=nx^{n-1}\Delta x+\frac{n(n-1)}{2!}x^{n-2}(\Delta x)^2+\cdots+(\Delta x)^n,$$

则 $\dfrac{\Delta y}{\Delta x}=nx^{n-1}+\dfrac{n(n-1)}{2}x^{n-2}\Delta x+\cdots+(\Delta x)^{n-1}$,

所以 $(x^n)'=\lim\limits_{\Delta x\to 0}\dfrac{\Delta y}{\Delta x}=nx^{n-1}$.

特别地 $(x)'=1$.

更一般地,对于幂函数 $y=x^\alpha$(α 为实数),有公式 $(x^\alpha)'=ax^{\alpha-1}$.

这就是幂函数的导数公式.此公式的证明可利用后面的复合函数求导法则给出,它能很方便地求出幂函数的导数.例如:

当 $\alpha=\dfrac{1}{2}$ 时,$(\sqrt{x})'=(x^{\frac{1}{2}})'=\dfrac{1}{2}x^{-\frac{1}{2}}=\dfrac{1}{2\sqrt{x}}$;

当 $\alpha=1$ 时,$\left(\dfrac{1}{x}\right)'=(x^{-1})'=(-1)x^{-2}=-\dfrac{1}{x^2}$.

类似地,使用定义可求得 $(\sin x)'=\cos x$,$(\cos x)'=-\sin x$,$(a^x)'=a^x\ln a$,$(\log_a x)'=\dfrac{1}{x\ln a}$,$(\mathrm{e}^x)'=\mathrm{e}^x$,$(\ln x)'=\dfrac{1}{x}$.

【例 3】 在等边双曲线 $y=\dfrac{1}{x}$ 上求一点,使得曲线在该点的切线平行于直线 $4x+y-1=0$,并写出该点处的切线方程与法线方程.

解 已知直线的斜率为 $k=-4$,双曲线 $y=\dfrac{1}{x}$ 上任一点(x,y)处的切线斜率为 $y'=-\dfrac{1}{x^2}$.令 $-\dfrac{1}{x^2}=-4$,得 $x=\dfrac{1}{2}$,$y=2$ 或 $x=-\dfrac{1}{2}$,$y=-2$,于是所求的点为 $\left(\dfrac{1}{2},2\right)$或 $\left(-\dfrac{1}{2},-2\right)$.过点 $\left(\dfrac{1}{2},2\right)$ 的切线方程为 $y-2=-4\left(x-\dfrac{1}{2}\right)$,即 $4x+y-4=0$.

法线方程为 $y-2=\dfrac{1}{4}\left(x-\dfrac{1}{2}\right)$,即 $2x-8y+15=0$.

过点 $\left(-\dfrac{1}{2},-2\right)$ 的切线方程为 $y+2=-4\left(x+\dfrac{1}{2}\right)$,即 $4x+y+4=0$.

法线方程为 $y+2=\dfrac{1}{4}\left(x+\dfrac{1}{2}\right)$,即 $2x-8y-15=0$.

2.1.3 单侧导数

有时需要考虑函数在一点的左侧或右侧的变化率,例如研究函数在闭区间的左端点右侧的变化率或右端点左侧的变化率.

定义 3　设函数 $y=f(x)$ 在点 x_0 及左邻域($x_0-\delta<x<x_0$)内有定义,若比值 $\dfrac{\Delta y}{\Delta x}$ 当 $\Delta x\to 0^-$ 时的极限存在,则称此极限值为函数 $y=f(x)$ 在点 x_0 处的**左导数**.记作 $f'_-(x_0)$.即

$$f'_-(x_0)=\lim_{\Delta x\to x_0^-}\frac{\Delta y}{\Delta x}=\lim_{\Delta x\to 0^-}\frac{f(x_0+\Delta x)-f(x_0)}{\Delta x}=\lim_{x\to x_0^-}\frac{f(x)-f(x_0)}{x-x_0}.$$

类似地,函数 $y=f(x)$ 在点 x_0 处的**右导数** $f'_+(x_0)$ 定义为

$$f'_+(x_0)=\lim_{\Delta x\to 0^+}\frac{\Delta y}{\Delta x}=\lim_{\Delta x\to 0^+}\frac{f(x_0+\Delta x)-f(x_0)}{\Delta x}=\lim_{x\to x_0^+}\frac{f(x)-f(x_0)}{x-x_0}.$$

左导数与右导数统称为**单侧导数**.

显然,函数 $y=f(x)$ 在点 x_0 处可导的充分必要条件是左导数 $f'_-(x_0)$ 与右导数 $f'_+(x_0)$ 都存在且相等.

如果函数 $y=f(x)$ 在开区间 (a,b) 内可导,且 $f'_+(a)$ 及 $f'_-(b)$ 都存在,则称 $y=f(x)$ 在闭区间 $[a,b]$ 上可导.

左、右导数的概念对研究分段函数在分段点处的导数是十分重要的.

【例 4】　求函数 $f(x)=\begin{cases}x^2 & 当\ x\leqslant 1\\ 2x-1 & 当\ x>1\end{cases}$ 在点 $x=1$ 处的导数.

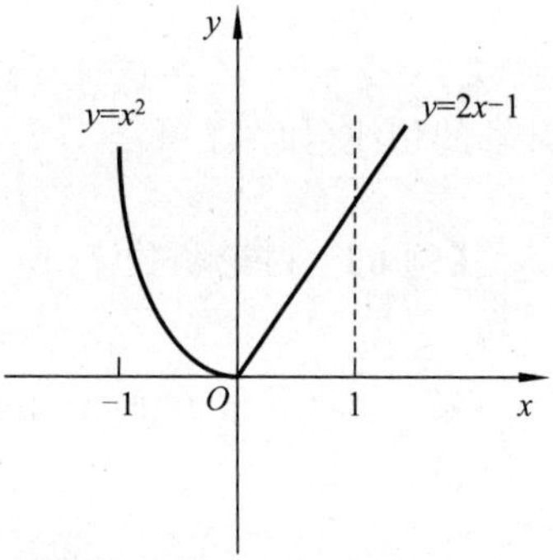

图 2-2

解　$f'_-(1)=\lim\limits_{\Delta x\to 0^-}\dfrac{f(1+\Delta x)-f(1)}{\Delta x}$

$$=\lim_{\Delta x\to 0^-}\frac{(1+\Delta x)^2-1}{\Delta x}=\lim_{\Delta x\to 0^-}(2+\Delta x)=2.$$

$f'_+(1)=\lim\limits_{\Delta x\to 0^+}\dfrac{f(1+\Delta x)-f(1)}{\Delta x}$

$$=\lim_{\Delta x\to 0^+}\frac{[2(1+\Delta x)-1]-1}{\Delta x}=\lim_{\Delta x\to 0^+}2=2,$$

因为 $f'_-(1)=f'_+(1)=2$,故 $f(x)$ 在 $x=1$ 处可导,且 $f'(1)=2$.

2.1.4　函数可导与连续的关系

定理 1　设函数 $y=f(x)$ 在点 x_0 处可导,则它在点 x_0 处必连续.

证　因为函数 $y=f(x)$ 在点 x_0 处可导,所以有 $\lim\limits_{\Delta x\to 0}\dfrac{\Delta y}{\Delta x}=f'(x_0)$,

于是　$\lim\limits_{\Delta x\to 0}\Delta y=\lim\limits_{\Delta x\to 0}\dfrac{\Delta y}{\Delta x}\cdot\Delta x=\lim\limits_{\Delta x\to 0}\dfrac{\Delta y}{\Delta x}\lim\limits_{\Delta x\to 0}\Delta x=f'(x_0)\cdot 0=0$,

即函数 $y=f(x)$ 在点 x_0 处连续.

这个定理的逆定理不成立.即函数 $y=f(x)$ 在点 x_0 处连续,但在点 x_0 处不一定可导.

如函数 $y=f(x)=|x|=\begin{cases}x & 当\ x\geqslant 0\\ -x & 当\ x<0\end{cases}$ 在点 $x=0$ 处是连续的,因为

$$\lim_{\Delta x\to 0}\Delta y=\lim_{\Delta x\to 0}[f(0+\Delta x)-f(0)]=\lim_{\Delta x\to 0}|\Delta x|=0,$$

但是在点 $x=0$ 处不可导,因为

$$\lim_{\Delta x\to 0^-}\frac{\Delta y}{\Delta x}=\lim_{\Delta x\to 0^-}\frac{|\Delta x|}{\Delta x}=\lim_{\Delta x\to 0^-}\frac{-\Delta x}{\Delta x}=-1,$$

$$\lim_{\Delta x\to 0^+}\frac{\Delta y}{\Delta x}=\lim_{\Delta x\to 0^+}\frac{|\Delta x|}{\Delta x}=\lim_{\Delta x\to 0^+}\frac{\Delta x}{\Delta x}=1,$$

所以极限 $\lim\limits_{\Delta x\to 0}\dfrac{\Delta y}{\Delta x}$ 不存在.

因此 $y=f(x)=|x|$ 在 $x=0$ 处不可导. 如图 2-3 所示.

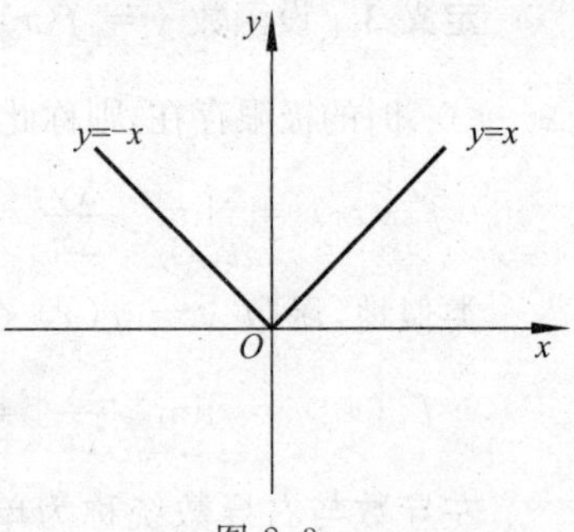

图 2-3

也就是说,函数在某点连续是函数在该点可导的必要条件而不是充分条件.

【例 5】 讨论函数 $f(x)=\sqrt[3]{x^2}$ 在 $x=0$ 处的连续性与可导性.

解 因为 $\lim\limits_{x\to 0}f(x)=\lim\limits_{x\to 0}\sqrt[3]{x^2}=0=f(0)$,所以 $f(x)=\sqrt[3]{x^2}$ 在 $x=0$ 处连续.

而 $\lim\limits_{x\to 0}\dfrac{f(x)-f(0)}{x-0}=\lim\limits_{x\to 0}\dfrac{\sqrt[3]{x^2}-0}{x}=\lim\limits_{x\to 0}\dfrac{1}{\sqrt[3]{x}}=\infty$,

所以 $f(x)=\sqrt[3]{x^2}$ 在点 $x=0$ 处不可导. 在图形上表现为曲线 $y=\sqrt[3]{x^2}$ 在原点具有垂直于 x 轴的切线(如图 2-4).

【例 6】 讨论函数 $f(x)=\begin{cases}x\sin\dfrac{1}{x} & 当\ x\neq 0\\ 0 & 当\ x\neq 0\end{cases}$ 在 $x=0$ 处的连续性与可导性.

解 因为 $\lim\limits_{x\to 0}f(x)=\lim\limits_{x\to 0}x\sin\dfrac{1}{x}=0=f(0)$,所以 $f(x)$ 在 $x=0$ 处连续. 而

$$\lim_{x\to 0}\frac{f(x)-f(0)}{x-0}=\lim_{x\to 0}\frac{x\sin\dfrac{1}{x}-0}{x-0}=\lim_{x\to 0}\sin\frac{1}{x}$$

不存在. 所以 $f(x)$ 在 $x=0$ 处不可导(如图 2-5).

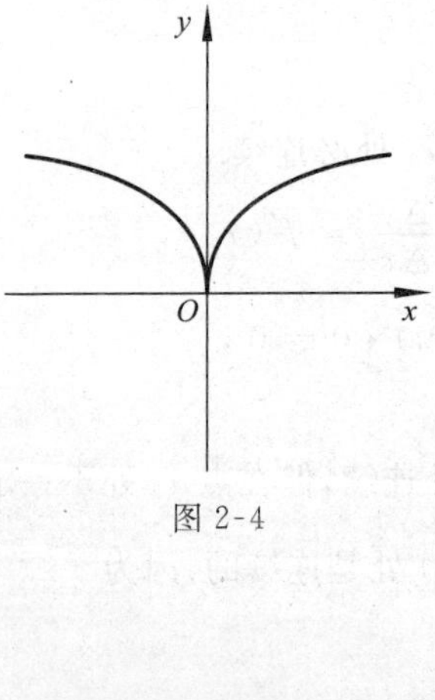

图 2-4

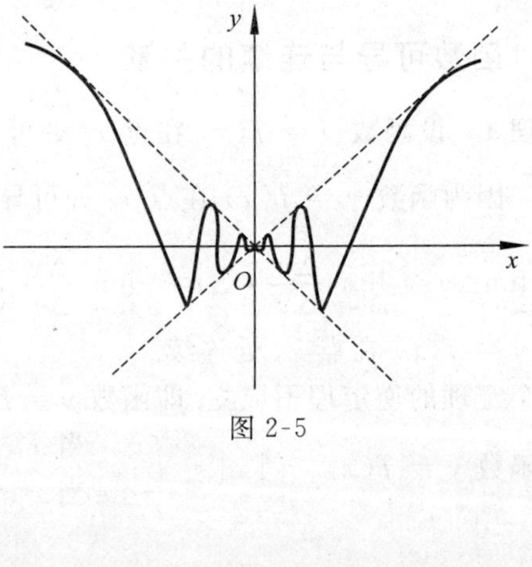

图 2-5

【例7】 设函数 $f(x)=\begin{cases} x^2 & 当\ x<1 \\ ax+b & 当\ x\geqslant 1 \end{cases}$，试确定 a、b 的值，使得 $f(x)$ 在 $x=1$ 处可导.

解 $f(x)$ 在 $x=1$ 处可导必连续，从而有 $\lim\limits_{x\to 1^-}f(x)=\lim\limits_{x\to 1^+}f(x)=f(1)$，即 $a+b=1$.

而 $f'_-(1)=\lim\limits_{x\to 1^-}\dfrac{f(x)-f(1)}{x-1}=\lim\limits_{x\to 1^-}\dfrac{x^2-1}{x-1}=2$，

$f'_+(1)=\lim\limits_{x\to 1^+}\dfrac{f(x)-f(1)}{x-1}=\lim\limits_{x\to 1^+}\dfrac{(ax+b)-(a+b)}{x-1}=a$.

由 $f'_-(1)=f'_+(1)$ 得 $a=2,b=-1$.

故当 $a=2,b=-1$ 时，$f(x)$ 在 $x=1$ 处可导.

习题 2.1

1. 设 $f'(x_0)$ 存在，按导数定义，求下列极限：

(1) $\lim\limits_{\Delta x\to 0}\dfrac{f(x_0-\Delta x)-f(x_0)}{\Delta x}$；

(2) $\lim\limits_{\Delta x\to 0}\dfrac{f(x_0+\Delta x)-f(x_0-\Delta x)}{\Delta x}$；

(3) $\lim\limits_{h\to 0}\dfrac{f(x_0+ah)-f(x_0-ah)}{h}$.

2. 求下列函数的导数：

(1) $y=x^6$；　(2) $y=\sqrt[3]{x^2}$；

(3) $y=x^{-0.8}$；　(4) $y=x^5\sqrt[3]{x}$；

(5) $y=\dfrac{x^2\sqrt[5]{x^2}}{\sqrt[3]{x}}$；　(6) $y=\sqrt{x\sqrt{x\sqrt{x}}}$.

3. 求下列函数在指定点处的导数：

(1) $f(x)=\dfrac{1}{x}, x_0=2$；　(2) $f(x)=\sin x, x_0=\dfrac{\pi}{4}$；

(3) $f(x)=3^x, x_0=1$；　(4) $f(x)=\log_2 x, x_0=\dfrac{1}{2}$.

4. 设 $f(x)=5x^2$，按定义求 $f'(-1)$.

5. 已知物体的运动规律为 $s=t^3$，求这物体在 $t=4\ s$ 时的瞬时速度.

6. 若 $f(x)$ 是偶数，且 $f'(0)$ 存在，证明：$f'(0)=0$.

7. 求曲线 $y=\cos x$ 在点 $\left(\dfrac{\pi}{6},\dfrac{\sqrt{3}}{2}\right)$ 处的切线方程和法线方程.

8. 求过点(0,1)与曲线 $y = e^x$ 相切的直线方程.

9. 在抛物线 $y = 1 - x^2$ 上求两点,使得过这两点的切线与 x 轴形成一个等边三角形.

10. 当 x 取何值时,曲线 $y = x^2$ 与 $y = x^3$ 的切线平行.

11. 讨论下列函数在指定点处的连续性与可导性.

(1) $f(x) = |\sin x|$ 在 $x=0$ 处;

(2) $f(x) = \begin{cases} x^2 \sin \dfrac{1}{x} & \text{当 } x \neq 0 \\ 0 & \text{当 } x = 0 \end{cases}$ 在 $x=0$ 处;

(3) $f(x) = \begin{cases} \dfrac{\sqrt{1-x}-1}{\sqrt{x}} & \text{当 } x > 0 \\ 0 & \text{当 } x \leqslant 0 \end{cases}$ 在 $x=0$ 处;

(4) $f(x) = \begin{cases} x^2 + 1 & \text{当 } 0 \leqslant x < 1 \\ 3x - 1 & \text{当 } 1 \leqslant x \end{cases}$ 在 $x=1$ 处.

12. 设函数 $f(x) = \begin{cases} \sqrt{x} & \text{当 } x > 4 \\ ax + b & \text{当 } x \leqslant 4 \end{cases}$,试确定 a、b 的值,使得函数 $f(x)$ 在 $x=4$ 处可导.

13. x 为何值时,曲线 $y = \ln x$ 与曲线 $y = ax^2$ 相切($a > 0$).

14. 证明:双曲线 $xy = a^2$ 上任一点处的切线与两坐标轴构成的三角形的面积等于 $2a^2$.

15. 若函数 $f(x)$ 对任意实数 x_1、x_2 有 $f(x_1 + x_2) = f(x_1)f(x_2)$,且 $f'(0) = 1$,证明:$f'(x) = f(x)$.

§2.2 函数的求导法则

在§2.1,我们由定义求出了几个基本初等函数的导数,但是对于较复杂的函数,如果仍按定义求导数,不仅繁琐,有时甚至是不可能的.本节我们给出导数的四则运算法则以及反函数、复合函数的求导方法.借助于这些法则和基本初等函数的导数公式,就能比较方便地求出常见的初等函数的导数.

2.2.1 导数四则运算法则

定理 1 设函数 $u(x)$、$v(x)$ 都在点 x 处可导,则它们的和、差、积、商(假设分母在点 x 处不为零)也在点 x 处可导,且有

(1) $[u(x) \pm v(x)]' = u'(x) \pm v'(x)$;

(2) $[u(x) \cdot v(x)]' = u'(x)v(x) + u(x)v'(x)$;

(3) $\left[\dfrac{u(x)}{v(x)}\right]' = \dfrac{u'(x)v(x) - u(x)v'(x)}{v^2(x)} \quad (v(x) \neq 0)$.

下面,给出(1)式的证明

证　对自变量 x 的增量 Δx，$u(x)$，$v(x)$ 依次取得增量 Δu，Δv，于是

$$\Delta y = [u(x+\Delta x) \pm v(x+\Delta x)] - [u(x) \pm v(x)]$$
$$= [u(x+\Delta x) - u(x)] \pm [v(x+\Delta x) - v(x)] = \Delta u \pm \Delta v,$$

从而　$\lim\limits_{\Delta x\to 0} \dfrac{\Delta y}{\Delta x} = \lim\limits_{\Delta x\to 0} \dfrac{\Delta u + \Delta v}{\Delta x} = \lim\limits_{\Delta x\to 0} \dfrac{\Delta u}{\Delta x} \pm \lim\limits_{\Delta x\to 0} \dfrac{\Delta v}{\Delta x} = u'(x) \pm v'(x)$，

即　$[u(x) \pm v(x)]' = u'(x) \pm v'(x)$.

(1)式可推广到有限多个函数的代数和的情形，即

$$[u_1(x) \pm u_2(x) \pm \cdots \pm u_n(x)]' = u'_1(x) \pm u'_2(x) \pm \cdots \pm u'_n(x).$$

(2)式也可推广到有限多个函数乘积的情形.即

$$[u_1(x)u_2(x)\cdots u_n(x)]' =$$
$$u'(x)u_2(x)\cdots u_n(x) + u_1(x)u'_2(x)\cdots u_n(x) + \cdots + u_1(x)u_2(x)\cdots u'_n(x).$$

特别地，当 $u(x) = C$ 时(C 为常数)，常数因子可提到导数符号外.

例 1　$y=3x^2+4\ln x-5\cos x+7$，求 y'.

解　$y' = (3x^2)' + (4\ln x)' - (5\cos x)' + 7' = 6x + \dfrac{4}{x} + 5\sin x$.

【例 2】　$y = e^x(\sin x - \cos x)$，求 y'.

解　$y' = (e^x)'(\sin x - \cos x) + e^x(\sin x - \cos x)'$

$= e^x(\sin x - \cos x) + e^x(\cos x + \sin x)$

$= 2e^x \sin x$.

【例 3】　$y = \tan x$，求 y'.

解　$y' = \left(\dfrac{\sin x}{\cos x}\right)' = \dfrac{(\sin x)'\cos x - \sin x(\cos x)'}{\cos^2 x}$

$= \dfrac{\cos^2 x + \sin^2 x}{\cos^2 x} = \dfrac{1}{\cos^2 x} = \sec^2 x$，

即　$$(\tan x)' = \sec^2 x.$$

这就是正切函数的导数公式.

同理可得余切函数的导数公式为　$(\cot x)' = -\csc^2 x$.

【例 4】　$y = \sec x$，求 y'.

解　$y' = \left(\dfrac{1}{\cos x}\right)' = \dfrac{-(\cos x)'}{\cos^2 x} = \dfrac{\sin x}{\cos^2 x}$，即 $(\sec x)' = \sec x\tan x$.

这就是正割函数的导数公式.

同理可得余割的导数公式

$$(\csc x)' = -\csc x\cot x.$$

注意上述四则运算的前提是 $u(x)$ 与 $v(x)$ 都在点 x 处可导(商的求导法则还要求分母在 x 处不为零)，否则结论不成立.

2.2.2 反函数的求导法则

定理 2 设函数 $x = f(y)$ 在某区间 D_y 内单调、可导，且 $f(y) \neq 0$，则它的反函数 $y = f^{-1}(x)$ 在对应区间 $D_x = \{x \mid x = f(y), y \in D_y\}$ 内也可导，且

$$[f^{-1}(x)]' = \frac{1}{f'(y)}.$$

【例 5】 设 $y = \arcsin x$，求 y'.

解 $y = \arcsin x$ 的反函数为 $x = \sin y$，且 $x = \sin y$ 在 $\left(-\frac{\pi}{2}, \frac{\pi}{2}\right)$ 内单调、可导，于是在对应的区间$(-1,1)$内有

$$(\arcsin x)' = \frac{1}{(\sin y)'} = \frac{1}{\cos y} = \frac{1}{\sqrt{1-\sin^2 y}} = \frac{1}{\sqrt{1-x^2}},$$

即 $(\arcsin x)' = \dfrac{1}{\sqrt{1-x^2}}$.

同理可得 $(\arccos x)' = -\dfrac{1}{\sqrt{1-x^2}}$.

【例 6】 设 $y = \arctan x$，求 y'.

解 $y = \arctan x$ 的反函数为 $x = \tan y$，且 $x = \tan y$ 在 $\left(-\frac{\pi}{2}, \frac{\pi}{2}\right)$ 内单调、可导，于是在对应的区间$(-\infty, \infty)$内有

$$(\arctan x)' = \frac{1}{(\tan y)'} = \frac{1}{\sec^2 y} = \frac{1}{1+\tan^2 y} = \frac{1}{1+x^2},$$

即 $(\arctan x)' = \dfrac{1}{1+x^2}$.

同理可得 $(\operatorname{arccot} x)' = -\dfrac{1}{1+x^2}$.

2.2.3 复合函数的求导法则

定理 3 设函数 $u = \varphi(x)$ 在点 x 处可导，函数 $y = f(u)$ 在对应点 u 处可导，则复合函数 $y = f(\varphi(x))$ 在点 x 处也可导，且 $\dfrac{dy}{dx} = \dfrac{dy}{du} \cdot \dfrac{du}{dx}$ 或 $\dfrac{dy}{dx} = f'(u)\varphi'(x)$.

证 给出自变量 x 在点 x 处的增量 Δx，相应地中间变量 $u = \varphi(x+\Delta x) - \varphi(x)$，因变量 $y = f(u)$ 有增量 $\Delta y = f(u+\Delta u) - f(u)$.

若 $\Delta u \neq 0$，则 $\dfrac{\Delta y}{\Delta x} = \dfrac{\Delta y}{\Delta u} \cdot \dfrac{\Delta u}{\Delta x}$.

由于 $u = \varphi(x)$ 在点 x 处可导，于是必定连续，故当 $\Delta x \to 0$ 时，$\Delta u \to 0$，于是

$$\lim_{\Delta x\to 0}\frac{\Delta y}{\Delta x}=\lim_{\Delta x\to 0}\frac{\Delta y}{\Delta u}\cdot\lim_{\Delta x\to 0}\frac{\Delta u}{\Delta x}=\lim_{\Delta u\to 0}\frac{\Delta y}{\Delta u}\cdot\lim_{\Delta x\to 0}\frac{\Delta u}{\Delta x}=f'(u)\varphi'(x),$$

即 $\dfrac{\mathrm{d}y}{\mathrm{d}x}=f'(u)\varphi'(x)$.

若 $\Delta u=0$,则 $\Delta y=0$,于是 $\lim\limits_{\Delta x\to 0}\dfrac{\Delta y}{\Delta x}=0$, $\lim\limits_{\Delta x\to 0}\dfrac{\Delta u}{\Delta x}=0$,即上述结论仍成立.

复合函数的求导法则又称为**链式法则**,该法则可以推广到中间变量不只一个情形.如 $y=f(u),u=\varphi(v),v=\phi(x)$.只要每个函数在相应的点都可导,则复合函数 $y=f(\varphi(\phi(x))$ 对 x 的导数是 $\dfrac{\mathrm{d}y}{\mathrm{d}x}=\dfrac{\mathrm{d}y}{\mathrm{d}u}\cdot\dfrac{\mathrm{d}u}{\mathrm{d}v}\cdot\dfrac{\mathrm{d}v}{\mathrm{d}x}$,或 $y'_x=y'_u\cdot u'_v\cdot v'_x$.

【例 7】 设 $y=(1+2x)^{30}$,求 $\dfrac{\mathrm{d}y}{\mathrm{d}x}$.

解 设 $y=u^{30},u=1+2x$,则 $\dfrac{\mathrm{d}y}{\mathrm{d}x}=\dfrac{\mathrm{d}y}{\mathrm{d}u}\cdot\dfrac{\mathrm{d}u}{\mathrm{d}x}=30u^{29}\cdot 2=60(1+2x)^{29}$.

在求导熟练以后,可以不引入中间变量,只需将复合关系记清楚,直接用链式法则就行了.

【例 8】 设 $y=\left(\dfrac{x}{2x+1}\right)^{\frac{1}{3}}$,求 $\dfrac{\mathrm{d}y}{\mathrm{d}x}$.

解 $\dfrac{\mathrm{d}y}{\mathrm{d}x}=\dfrac{1}{3}\left(\dfrac{x}{2x+1}\right)^{-\frac{2}{3}}\left(\dfrac{x}{2x+1}\right)'$

$$=\frac{1}{3}\left(\frac{x}{2x+1}\right)^{-\frac{2}{3}}\frac{2x+1-2x}{(2x+1)^2}=\frac{1}{3}\left(\frac{x}{2x+1}\right)^{-\frac{2}{3}}\frac{1}{(2x+1)^2}.$$

【例 9】 设 $y=\cos \mathrm{e}^{x^3+2x^2+1}$,求 $\dfrac{\mathrm{d}y}{\mathrm{d}x}$.

解 $\dfrac{\mathrm{d}y}{\mathrm{d}x}=-\sin \mathrm{e}^{x^3+2x^2+1}\mathrm{e}^{x^3+2x^2+1}(3x^2+4x)$.

【例 10】 已知 $f(u)$ 可导,求 $[f(\ln x)]'$,$[f(\cos\sqrt{x})]'$.

解 $[f(\ln x)]'=f'(\ln x)\dfrac{1}{x}$,$[f(\cos\sqrt{x})]'=f'(\cos\sqrt{x})\dfrac{-\sin\sqrt{x}}{2\sqrt{x}}$.

【例 11】 证明幂函数的导数公式 $(x^a)'=ax^{a-1}$.

证 $(x^a)'=(\mathrm{e}^{a\ln x})'=\mathrm{e}^{a\ln x}(a\ln x)'=\dfrac{a}{x}\mathrm{e}^{a\ln x}=\dfrac{a}{x}x^a=ax^{a-1}$.

2.2.4 基本求导法则与导数公式

基本初等函数的导数公式与本节中所讨论的求导法则,在初等函数的求导运算中起着重要作用.为了便于记忆和使用,我们把这些导数公式和求导法则归纳如下:

1. 基本初等函数的导数公式

(1) $C'=0$；　　(2) $(x^a)'=ax^{a-1}$；

(3) $(a^x)'=a^x\ln a$；　　(4) $(e^x)'=e^x$；

(5) $(\log_a^x)'=\dfrac{1}{x\ln a}$；　　(6) $(\ln x)'=\dfrac{1}{x}$；

(7) $(\sin x)'=\cos x$；　　(8) $(\cos x)'=-\sin x$；

(9) $(\tan x)'=\sec^2 x$；　　(10) $(\cot x)'=-\csc^2 x$；

(11) $(\sec x)'=\sec x\tan x$；　　(12) $(\csc x)'=-\csc x\cot x$；

(13) $(\arcsin x)'=\dfrac{1}{\sqrt{1-x^2}}$；　　(14) $(\arccos x)'=-\dfrac{1}{\sqrt{1-x^2}}$；

(15) $(\arctan x)'=\dfrac{1}{1+x^2}$；　　(16) $(\text{arccot}\, x)'=-\dfrac{1}{1+x^2}$.

2. 导数的四则运算法则

设 $u=u(x)$，$v=v(x)$ 都可导，则

(1) $(u\pm v)'=u'\pm v'$；　(2) $(uv)'=u'v+uv'$；　(3) $\left(\dfrac{u}{v}\right)=\dfrac{u'v-uv'}{v^2}$.

3. 反函数的求导法则

设函数 $x=f(y)$ 在区间 D_y 单调、可导，且 $f'(y)\neq 0$，则它的反函数 $y=f^{-1}(x)$ 在 $D_x=f(D_y)$ 内也可导，且 $[f^{-1}(x)]'=\dfrac{1}{f'(y)}$.

4. 复合函数的求导法则

设函数 $y=f(u)$ 及 $u=\varphi(x)$ 都可导，则复合函数 $y=f(\varphi(x))$ 也可导，且 $\dfrac{dy}{dx}=\dfrac{dy}{du}\dfrac{du}{dx}$.

【例 12】 设 $f(x)=\begin{cases}2 & \text{当 } x\leqslant 0\\ 3x+1 & \text{当 } 0<x\leqslant 1\\ x^3+3 & \text{当 } 1>x\end{cases}$，求 $f'(x)$.

解 求分段函数的导数方法是：在各区间段上的导数用法则和公式计算，在分段点处的导数用定义计算.

当 $x<0$ 时，$f'(x)=0$；

当 $0<x\leqslant 1$ 时，$f'(x)=3$；

当 $x>1$ 时，$f'(x)=3x^2$.

当 $x=0$ 时，$f'_-(0)=\lim\limits_{x\to 0^-}\dfrac{f(x)-f(0)}{x-0}=\lim\limits_{x\to 0^-}\dfrac{2-2}{x}=0$；

$$f'_+(0)=\lim_{x\to 0^+}\frac{f(x)-f(0)}{x-0}=\lim_{x\to 0^+}\frac{3x+1-2}{x}=-\infty.$$

所以 $f'(0)$ 不存在.

当 $x=1$ 时，$f'_-(1)=\lim\limits_{x\to1^-}\dfrac{f(x)-f(1)}{x-1}=\lim\limits_{x\to1^-}\dfrac{3x+1-4}{x-1}=\lim\limits_{x\to1^-}\dfrac{3(x-1)}{x-1}=3$；

$f'_+(1)=\lim\limits_{x\to1^+}\dfrac{f(x)-f(1)}{x-1}=\lim\limits_{x\to1^+}\dfrac{x^3+3-4}{x-1}=\lim\limits_{x\to1^+}\dfrac{x^3-1}{x-1}=\lim\limits_{x\to1^+}(x^2+x+1)=3.$

所以 $f'(1)=3$. 于是 $f'(x)=\begin{cases}0 & 当\ x<0\\ 3 & 当\ 0<x\leqslant1\\ 3x^2 & 当\ x>1\end{cases}$.

习题 2.2

1. 若函数 $y=f(x)$ 在点 x_0 处可导，函数 $y=g(x)$ 在点 x_0 处不可导. 证明：

(1) 函数 $F(x)=f(x)+g(x)$ 在点 x_0 处不可导；

(2) 函数 $G(x)=f(x)g(x)$ 在点 x_0 处不可导. $(f(x_0)\neq0)$

2. 若函数 $y=f(x)$ 与 $y=g(x)$ 在点 x_0 处都不可导，举例说明：函数 $F(x)=f(x)+g(x)$ 与 $G(x)=f(x)g(x)$ 在点 x_0 处可能可导，也可能不可导.

3. 若函数 $u=\varphi(x)$ 在点 x_0 处可导，$y=f(u)$ 在对应点 $u_0=\varphi(x_0)$ 处不可导，讨论 $y=f(\varphi(x))$ 在点 x_0 处是否可导.

4. 设 $f(x)=|x-a|\varphi(x)$，$\varphi(x)$ 点 $x=a$ 处连续，判断 $f(x)$ 在点 $x=a$ 处的可导性.

5. 求下列函数的导数：

(1) $y=x^3+2\sqrt[3]{x^2}-2x^2+3e^x+4\sqrt{3}$；　(2) $y=\dfrac{x^2-5x-1}{x^3}$；

(3) $y=(\sqrt{x}+1)\left(\dfrac{1}{\sqrt{x}}-1\right)$；　(4) $y=(x^2-1)\sin x+x\cos x$；

(5) $y=x^2\tan x\ln x$；　(6) $y=\dfrac{2x-1}{1-x^2}$；

(7) $y=\dfrac{1+\ln x}{1-\ln x}$；　(8) $y=\dfrac{1}{1+\sqrt{x}}-\dfrac{1}{1-\sqrt{x}}$；

(9) $y=\dfrac{\sin x-x\cos x}{\cos x+x\sin x}$；　(10) $\rho=e^{\varphi}\sin\varphi$.

6. 求下列函数在给定点的导数：

(1) $f(x)=(x-1)(x-2)^2(x-3)^3$，求 $f'(1)$，$f'(2)$，$f'(3)$；

(2) $f(x)=\dfrac{1-\sqrt{x}}{1+\sqrt{x}}$，$f'(4)$；

(3) $\rho=\varphi\sin\varphi+\dfrac{1}{2}\cos\varphi$，求 $\rho'\left(\dfrac{\pi}{4}\right)$.

7.求下列各函数的反函数的导数:

(1) $y=x+\ln x$; (2) $y=x+e^x$.

8.求下列函数的导数.

(1) $y=(3x+5)^3(5x+4)^5$; (2) $y=\dfrac{x}{\sqrt{1-x^2}}$;

(3) $y=\left(\dfrac{x}{1+x}\right)^{100}$; (4) $y=e^{-\frac{1}{x}}$;

(5) $y=e^{-\cos^2\frac{1}{x}}$; (6) $y=e^{\sqrt{\frac{1-x}{1+x}}}$;

(7) $y=\ln[\ln^2(\ln^3 x)]$; (8) $y=\ln(x+\sqrt{1+x^2})$;

(9) $y=\ln(\sec x+\tan x)$; (10) $y=\sqrt{x+\sqrt{x+\sqrt{x}}}$;

(11) $y=\left(\arcsin\dfrac{x}{2}\right)^2$; (12) $y=\arccos\sqrt{\dfrac{1-x}{1+x}}$;

(13) $y=\sin^n x\cos nx$; (14) $y=\sin e^{x^2+x-2}$;

(15) $y=x^2e^{-2x}\cos 3x$; (16) $y=x\arcsin\dfrac{x}{2}+\sqrt{4-x^2}$;

(17) $y=\dfrac{\sqrt{1+x}-\sqrt{1-x}}{\sqrt{1+x}+\sqrt{1-x}}$; (18) $y=\left(\dfrac{a}{b}\right)^x+\left(\dfrac{b}{x}\right)^b+\left(\dfrac{x}{a}\right)^a$;

(19) $y=\sec^2\dfrac{x}{a}+\csc^2\dfrac{x}{a}$; (20) $y=\ln[\cos(\arctan\sin x)]$;

(21) $y=\sin[\cos^2(x^3+x)]$; (22) $y=\sin^2\dfrac{x}{2}+\cos^2\dfrac{x}{2}$;

(23) $y=\dfrac{\sin 2x}{1+\cos 2x}$; (24) $y=\sin^4 x\cos^4 x$;

(25) $y=\left(\dfrac{1-\cos x}{1+\cos x}\right)^3$; (26) $y=\cos\sqrt{x}+\sqrt{\cos x}+\sqrt{\cos\sqrt{x}}$;

(27) $y=\ln\dfrac{\sqrt{1+x^2}-1}{\sqrt{1+x^2}+1}$; (28) $y=a^{ax}+a^{x^a}+x^{a^a}\ (a>0,a\neq 1)$;

(29) $y=\dfrac{e^x-e^{-x}}{e^x+e^{-x}}$; (30) $y=e^{(1-\sin x)^{\frac{1}{2}}}$.

9.设函数 $y=f(x)$ 可导,求下列各式:

(1) $y=[xf(x^2)]^2$,求 $\dfrac{dy}{dx}$; (2) $y=f(\sin x)\sin[f(x)]$,求 $\dfrac{dy}{dx}$;

(3) $y=f(e^x)e^{f(x)}$,求 $\dfrac{dy}{dx}$; (4) $y=f(\sin^2 x)+f(\cos^2 x)$,求 $\dfrac{dy}{dx}\Big|_{x=\frac{\pi}{4}}$.

10.若 $f(x)=e^{2x}$,$\varphi(x)=x^2$,求 $f(\varphi'(x))$,$f'(\varphi(x))$,$[f(\varphi(x))]'$.

11. 求分段函数的导数：

(1) $f(x)=\begin{cases}\ln(1-x) & 当\ x<0\\ 0 & 当\ x=0\\ -\sin x & 当\ x>0\end{cases}$；（2）$f(x)=\begin{cases}x\arctan\dfrac{1}{x^2} & 当\ x\neq 0\\ 0 & 当\ x=0\end{cases}$.

12. 设 $f(x)$ 在 $(-a,a)$ 上可导，证明：

(1)若 $f(x)$ 是偶函数，则 $f'(x)$ 是奇函数；

(2)若 $f(x)$ 是奇函数，则 $f'(x)$ 是偶函数；

(3)若 $f(x)$ 是周期函数，则 $f'(x)$ 也是周期函数且周期相同.

§2.3 隐函数的导数和对数求导法

2.3.1 隐函数的导数

如果变量 x 和 y 满足一个方程 $F(x,y)=0$，当变量 x 在某一区间内取任一值时，在一定条件下通过该方程有唯一确定的 y 值与之对应，那么此方程在该区间内就确定了一个隐函数.

把一个函数化成显函数，叫做**隐函数的显化**. 如从方程 $x^2+y^3-8=0$ 中解出 $y=\sqrt[3]{8-x^2}$ 就把隐函数化成了显函数. 隐函数的显化有时是困难的，甚至是不可能的. 但在实际问题中，往往要计算隐函数的导数. 因此，我们希望有一种方法，不管隐函数能否显化，都能直接由方程算出它所确定的隐函数的导数来. 下面我们通过具体的例子来说明这种方法.

【例 1】 求方程 $xy+y^3-2x^2+7=0$ 所确定的隐函数 $y=f(x)$ 的导数 y'.

解 方程两端对 x 求导，将"y"看成是以 x 为自变量的函数，则

$y+xy'+3y^2y'-4x=0$，即 $\quad y'=\dfrac{4x-y}{x+3y^2}$.

【例 2】 求曲线 $xy-e^x+e^y=0$ 在点(0,0)处的切线方程.

解 方程两端对 x 求导得 $y+xy'-e^x+e^yy'=0$，解出 y' 得 $y'=\dfrac{e^x-y}{x+e^y}$，于是，曲线在(0,0)处的切线斜率为 $y'\Big|_{\substack{x=0\\y=0}}=\dfrac{e^0-0}{e^0+0}=1$，从而曲线在(0,0)处的切线方程为 $y=x$.

2.3.2 对数求导法

某些函数的求导问题，可以取对数转化为隐函数求导，这种方法称为**对数求导法**. 对数求导法主要用于幂指函数与多个函数相乘的情况.

【例 3】 设 $y=x^{\sin x}(x>0)$，求 y'.

解 两端取对数得 $\ln y = \sin x \ln x$，两端对 x 求导得

$$\frac{1}{y}y' = \cos x \ln x + \frac{\sin x}{x},$$

所以
$$y' = x^{\sin x}\left(\cos x \ln x + \frac{\sin x}{x}\right).$$

【例 4】 设 $y = \dfrac{x^2}{1-x}\sqrt[3]{\dfrac{3-x}{(3+x)^2}}$，求 y'.

解 y 的定义域为 $\{x \mid x \neq 1, -3\}$，当 $0 < x < 1$ 时两端取对数得

$$\ln y = 2\ln x - \ln(1-x) + \frac{1}{3}\ln(3-x) - \frac{2}{3}\ln(3+x),$$

两端对 x 求导得
$$\frac{1}{y}y' = \frac{2}{x} + \frac{1}{1-x} - \frac{1}{3(3-x)} - \frac{2}{3(3+x)},$$

于是
$$y' = \frac{x^2}{1-x}\sqrt[3]{\frac{3-x}{(3+x)^2}}\left[\frac{2}{x} + \frac{1}{1-x} - \frac{1}{3(3-x)} - \frac{2}{3(3+x)}\right].$$

在定义域的其他范围内，求导结果仍为上式.

习题 2.3

1. 求由下列方程所确定的隐函数 $y = f(x)$ 的导数 $\dfrac{dy}{dx}$.

(1) $xy = e^{x+y}$；　　(2) $y = 1 - xe^y$；

(3) $x^3 + y^3 - 3axy = 0$；　　(4) $x^{\frac{2}{3}} + y^{\frac{2}{3}} = a^{\frac{2}{3}}$；

(5) $y = x + \arctan y$　　(6) $\sin(x^2 + y^2) = \cos(x + y)$；

(7) $\arctan \dfrac{y}{x} = \ln\sqrt{x^2 + y^2}$；　　(8) $x^{y^2} + y^2 \ln x - 4 = 0$.

2. 设函数 $y = f(x)$ 由方程 $\sin(xy) + \ln(x - y) = x$ 所确定，求 $\left.\dfrac{dy}{dx}\right|_{x=0}$.

3. 求曲线 $x^{\frac{3}{2}} + y^{\frac{3}{2}} = 16$ 在点(4,4)处的切线方程与法线方程.

4. 用对数求导法求下列函数的导数.

(1) $y = x^{\cos x}$；　　(2) $y = \left(\dfrac{x}{1+x}\right)^x$；

(3) $(\cos x)^y = (\sin y)^x$；　　(4) $y = x(\sin x)^{\cos x}$；

(5) $y = x\sqrt{\dfrac{(1-x)(2-x)}{(x-3)(x-4)}}$；　　(6) $y = \dfrac{\sqrt{x+2}(3-x)^4}{(x+1)^5}$；

(7) $y = (x-a_1)^{a_1}(x-a_2)^{a_2}\cdots(x-a_n)^{a_n}$.

§2.4 高阶导数

定义 1 若函数 $y=f(x)$ 的导函数 $f'(x)$ 在 x 处仍可导，则称此导数为 $y=f(x)$ 在 x 处的**二阶导数**，记为 $f''(x)$，即 $f''(x)=\lim\limits_{\Delta x\to 0}\dfrac{f'(x+\Delta x)-f'(x)}{\Delta x}$.

函数 $y=f(x)$ 的二阶导函数 $f''(x)$ 在 x 处的导数，称为函数 $y=f(x)$ 在 x 处的**三阶导数**，记为 $f'''(x)$.

一般地，函数 $y=f(x)$ 的 $n-1$ 阶导函数在 x 处的导数称为 $y=f(x)$ 在 x 处的 **n 阶导数**，记为 $f^{(n)}(x)$，即

$$f^{(n)}(x)=\lim_{\Delta x\to 0}\frac{f^{(n-1)}(x+\Delta x)-f^{(n-1)}(x)}{\Delta x}.$$

二阶与二阶以上的导数，统称为高阶导数. 对于函数 $y=f(x)$ 的高阶导数 $f''(x),f'''(x),\cdots,f^{(n)}(x)$ 也可记为 $y'',y''',\cdots,y^{(n)}$ 或 $\dfrac{d^2y}{dx^2},\dfrac{d^3y}{dx^3},\cdots,\dfrac{d^ny}{dx^n}$ 或 $\dfrac{d^2f}{dx^2},\dfrac{d^3f}{dx^3},\cdots,\dfrac{d^nf}{dx^n}$.

由高阶导数的定义可知，求高阶导数的方法与求一阶导数的方法相同，只要连续地多次求导即可得出所求的高阶导数.

【例 1】 设 $y=x\arctan\dfrac{1}{x}$，求 y''.

解 $y'=\arctan\dfrac{1}{x}+x\dfrac{1}{1+\left(\dfrac{1}{x}\right)^2}\left(-\dfrac{1}{x^2}\right)=\arctan\dfrac{1}{x}-\dfrac{x}{1+x^2}$；

$$y''=\frac{1}{1+\left(\dfrac{1}{x}\right)^2}\left(-\frac{1}{x^2}\right)-\frac{1+x^2-2x^2}{(1+x^2)^2}=\frac{-2}{(1+x^2)^2}.$$

【例 2】 求由方程 $y=1+xe^y$ 所确定的隐函数 $y=f(x)$ 的二阶导数 y''.

解 方程两边对 x 求导得 $y'=e^y+xe^yy'$，①解出 y' 得 $y'=\dfrac{e^y}{1-xe^y}$.

上式两边再对 x 求导，注意到 y 仍是 x 的函数，有

$$y''=\frac{e^yy'(1-xe^y)-e^y(-e^y-xe^yy')}{(1-xe^y)^2}=\frac{e^yy'+e^{2y}}{(1-xe^y)^2}=\frac{e^{2y}(2-xe^y)}{(1-xe^y)^3}.$$

也可将①式两边对 x 求导得 $y''=e^yy'+e^yy'+xe^y(y')^2+xe^yy''$，

即 $$y''=\frac{e^y[2+xy']y'}{1-xe^y}=\frac{e^{2y}(2-xe^y)}{(1-xe^y)^3}.$$

【例 3】 设 $y=x^n$，求它的各阶导数(n 为正整数).

解 $y'=nx^{n-1}$，

$y''=n(n-1)x^{n-2}$，

$y''' = n(n-1)(n-2)x^{n-3}$,

……

$y^{(n)} = n(n-1)(n-2)\cdots 3 \cdot 2 \cdot 1 = n!$,

$y^{(n+1)} = 0$.

由此可见,函数 $y = x^n$ 的 n 阶导数为常数 $n!$,而它的 $n+1$ 阶导数为零,比 $n+1$ 更高阶的导数自然也都为零.

任何首项系数为 1 的 n 次多项式 $x^n + a_1x^{n-1} + a_2x^{n-2} + \cdots + a_n$ 的 n 阶导数也是 $n!$,其 $n+1$ 阶导数为零.

【例 4】 设 $y = \sin x$,求 $y^{(n)}$.

解 $y' = \cos x = \sin\left(x + \frac{\pi}{2}\right)$, $y'' = -\sin x = \sin\left(x + 2 \cdot \frac{\pi}{2}\right)$,

$y''' = -\cos x = \sin\left(x + 3 \cdot \frac{\pi}{2}\right), \cdots, y^{(n)} = \sin\left(x + n \cdot \frac{\pi}{2}\right)$,

即
$$(\sin x)^{(n)} = \sin\left(x + n \cdot \frac{\pi}{2}\right).$$

同理可得 $(\cos x)^{(n)} = \cos\left(x + n \cdot \frac{\pi}{2}\right)$.

习题 2.4

1. 求下列函数的二阶导数:

(1) $y = 2x^2 + \ln x$;　(2) $y = \frac{1}{x^3 + 1}$;

(3) $y = xe^{-x^2}$;　(4) $y = \frac{x}{\sqrt{1 - x^2}}$;

(5) $y = (1 + x^2)\arctan x$;　(6) $y = \ln(x + \sqrt{1 + x^2})$.

2. 设 $f(x)$ 二阶可导,求 y''.

(1) $y = f(x^3)$;　(2) $y = f(e^{-x})$;

(3) $y = e^{f(x)}$;　(4) $y = \ln f(x)$.

3. 求由下列方程所确定的隐函数的二阶导数 $\frac{d^2y}{dx^2}$:

(1) $y = \tan(x + y)$;　(2) $\frac{x^2}{a^2} + \frac{y^2}{b^2} = 1$;

(3) $e^{x+y} - y = 0$;　(4) $y^2 + 2\ln y - x^4 = 0$;

(5) $ye^x + \ln y = 1$ 在 $(0,1)$ 处;　(6) $xy - \sin(\pi y^2) = 0$;在 $(0,1)$ 处.

4. 求下列函数的 n 阶导数：

(1) $y=\sin^2 x$；　　(2) $y=xe^{-x}$；

(3) $y=x\ln x$；　　(4) $y=\dfrac{1-x}{1+x}$.

§2.5　函数的微分

2.5.1　微分的概念

计算函数增量 $\Delta y=f(x_0+\Delta x)-f(x_0)$ 是我们非常关心的. 一般说来函数的增量的计算是比较复杂的，我们希望寻求计算函数增量的近似计算方法.

先分析一个具体问题，一块正方形金属薄片受温度变化的影响，其边长由 x_0 变到 $x_0+\Delta x$（图 2-10），问此薄片的面积改变了多少？

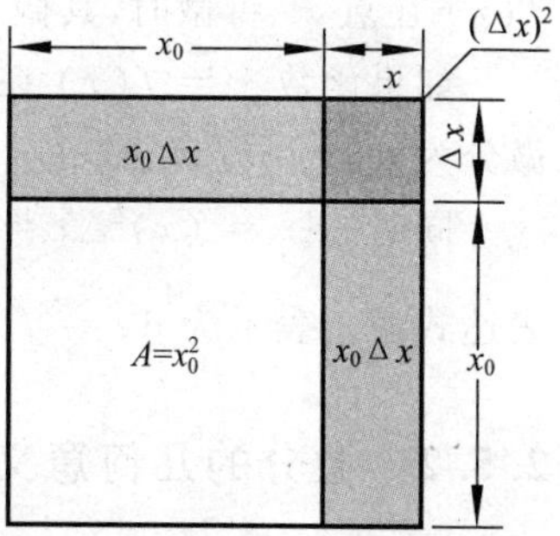

图 2-10

设此薄片的边长为 x，面积为 A，则 A 是 x 的函数：$A=x^2$. 薄片受温度变化的影响时面积的改变量，可以看成是当自变量 x 自 x_0 取得增量 Δx 时，函数 A 相应的增量 ΔA，即 $\Delta A=(x_0+\Delta x)^2-x_0^2=2x_0\Delta x+(\Delta x)^2$.

从上式可以看出，ΔA 分成两部分，第一部分 $2x_0\Delta A$ 是 ΔA 的线性函数，即图中带有斜线的两个矩形面积之和，而第二部分 $(\Delta x)^2$ 在图中是带有交叉斜线的小正方形的面积，当 $\Delta x\to 0$ 时，第二部分 $(\Delta x)^2$ 是比 Δx 高阶的无穷小，即 $(\Delta x)^2=o(\Delta x)$. 由此可见，如果边长改变很微小，即 $|\Delta x|$ 很小时，面积的改变量 ΔA 可近似地用第一部分来代替.

一般地，如果函数 $y=f(x)$ 满足一定条件，则函数的增量 Δy 可表示为 $\Delta y=A\Delta x+o(\Delta x)$，其中 A 是不依赖于 Δx 的常数，因此 $A\Delta x$ 是 Δx 的线性函数，且它与 Δy 之差 $\Delta y-A\Delta x=o(\Delta x)$ 是比 Δx 高阶的无穷小. 所以，当 $A\neq 0$，且 $|\Delta x|$ 很小时，我们就可近似地用 $A\Delta x$ 来代替 Δy.

定义 1　设函数 $y=f(x)$ 在 x_0 及其某邻域内有定义，如果函数的增量 $\Delta y=f(x_0+\Delta x)-f(x_0)$ 可表示为 $\Delta y=A\Delta x+o(\Delta x)$，其中 A 是不依赖于 Δx 的常数，而 $o(\Delta x)$ 是比 Δx 高阶的无穷小，那么称函数 $y=f(x)$ 在点 x_0 是**可微的**，而 $A\Delta x$ 叫做函数 $y=f(x)$ 在点 x_0 相应于自变量增量 Δx 的**微分**，记作 dy，即 $dy=A\Delta x$.

下面讨论函数可微的条件. 设函数 $y=f(x)$ 在点 x_0 可微，则按定义有 $\Delta y=A\Delta x+o(\Delta x)$ 成立. 两边除以 Δx，得 $\dfrac{\Delta y}{\Delta x}=A+\dfrac{o(\Delta x)}{\Delta x}$，于是，当 $\Delta x\to 0$ 时，由上式就得到 $A=\lim\limits_{\Delta x\to 0}\dfrac{\Delta y}{\Delta x}=f'(x_0)$. 因此，如果函数 $f(x)$ 在点 x_0 可微，则 $f(x)$ 在点 x_0 也一定可导（即

$f'(x_0)$ 存在),且 $A = f'(x_0)$.

反之,如果 $y = f(x)$ 在点 x_0 可导,即 $\lim\limits_{\Delta x \to 0} \dfrac{\Delta y}{\Delta x} = f'(x_0)$ 存在,根据极限与无穷小的关系,上式可写成 $\dfrac{\Delta y}{\Delta x} = f'(x_0) + \alpha$,其中 $\alpha \to 0$(当 $\Delta x \to 0$).由此又有

$$\Delta y = f'(x_0)\Delta x + \alpha \Delta x,$$

因为 $\alpha \Delta x = o(\Delta x)$,且 $f'(x_0)$ 不依赖于 Δx,故可将上式化为 $\Delta y = A\Delta x + o(\Delta x)$,所以 $f(x)$ 在点 x_0 也是可微的.

上述可微与可导的关系可以由定理 1 来描述

定理 1 函数 $f(x)$ 在点 x_0 可微的充分必要条件是函数 $f(x)$ 在点 x_0 可导,且当 $f(x)$ 在点 x_0 可微时,其微分一定是 $\mathrm{d}y = f'(x_0)\Delta x$.

如果函数 $y = f(x)$ 在区间 D 上每一点都可微,则称函数 $y = f(x)$ 在 D 上可微,其微分为 $\mathrm{d}y = f'(x)\Delta x$.

同时,$\mathrm{d}x = (x)'\Delta x = \Delta x$.这意味着,自变量的微分就是它的增量.于是,函数微分的表达式通常表示为 $\mathrm{d}y = f'(x)\mathrm{d}x$,此时 $\dfrac{\mathrm{d}y}{\mathrm{d}x} = f'(x)$.

2.5.2 微分的几何意义

为了对微分有比较直观的了解,我们来说明微分的几何意义.

在直角坐标系中,函数 $y = f(x)$ 的图形是一条曲线。对于某一固定的 x_0 值,曲线上有一个确定点 $M(x_0, y_0)$ 当自变量 x 有微小增量 Δx 时,就得到曲线上另一点 $N(x_0 + \Delta x, y_0 + \Delta y)$.从图 2-11 可知 $MQ = \Delta x, QN = \Delta y$.

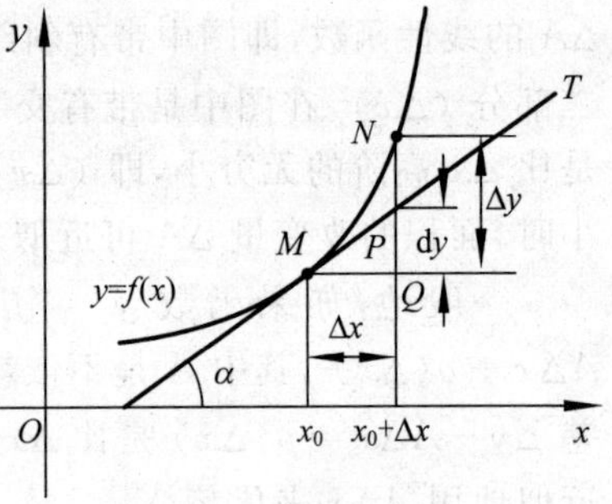

图 2-11

过 M 点作曲线的切线,它的倾角为 α,则 $QP = MQ \cdot \tan\alpha = \Delta x \cdot f'(x_0)$,即 $\mathrm{d}y = QP$.

由此可见,当 Δy 是曲线 $y = f(x)$ 上的 M 点的纵坐标的增量时,$\mathrm{d}y$ 就是曲线的切线上 M 点的纵坐标的相应增量.当 $|\Delta x|$ 很小时,$|\Delta y - \mathrm{d}y|$ 比 $|\Delta x|$ 小得多.因此在点 M 的邻近,我们可以用 $\mathrm{d}y$ 来近似代替 Δy.

2.5.3 微分运算法则及微分公式表

由公式 $\mathrm{d}y = f'(x)\mathrm{d}x$ 可以很容易的得到微分公式和微分的运算法则.

1. 微分公式

$\mathrm{d}(C) = 0$, $\qquad$ $\mathrm{d}(x^\alpha) = \alpha x^{\alpha-1}\mathrm{d}x$,

$d(a^x)=a^x\ln a dx$, $d(e^x)=e^x dx$,

$d(\log_a x)=\frac{1}{x\ln a}dx$, $d(\ln x)=\frac{1}{x}dx$,

$d(\sin x)=\cos x dx$, $d(\cos x)=-\sin x dx$,

$d(\tan x)=\sec^2 x dx$, $d(\cot x)=-\csc^2 x dx$,

$d(\sec x)=\sec x\tan x dx$, $d(\csc x)=-\csc x\cot x dx$,

$d(\arcsin x)=\frac{1}{\sqrt{1-x^2}}dx$, $d(\arccos x)=-\frac{1}{\sqrt{1-x^2}}dx$,

$d(\arctan x)=\frac{1}{1+x^2}dx$, $d(\text{arccot } x)=-\frac{1}{1+x^2}dx$.

2. 微分的运算法则

设函数 $u=u(x)$、$v=v(x)$ 都可微,则有

$d(u\pm v)=du\pm dv$, $d(Cu)=Cdu$,

$d(u\cdot v)=vdu+udv$, $d\left(\frac{u}{v}\right)=\frac{vdu-udv}{v^2}$.

3. 复合函数微分法则

与复合函数的求导法则相应的复合函数的微分法则可推导如下:

设 $y=f(u)$及 $u=\varphi(x)$ 都可导,则复合函数 $y=f(\varphi(x))$ 的微分为

$$dy=y'_x dx=f'(u)\varphi'(x)dx.$$

由于 $\varphi'(x)dx=du$,所以,复合函数 $y=f(\varphi(x))$ 的微分公式也可以写成

$$dy=f'(u)du \text{ 或 } dy=y'_u du.$$

由此可见,无论 u 是自变量还是另一个变量的可微函数,微分形式 $dy=f'(u)du$ 保持不变,这一性质称为**微分形式不变性**.这性质表示,当变换自变量时(即设 u 为另一变量的任一可微函数时),微分形式 $dy=f'(u)du$ 并不改变.

【例1】 设 $y=\cos\sqrt{x}$,求 dy.

解 $dy=d(\cos\sqrt{x})=(\cos\sqrt{x})'dx=-\sin\sqrt{x}\cdot\frac{1}{2\sqrt{x}}dx$.

【例2】 设 $y=\ln x\cdot\sin(2x+1)$,求 dy.

解
$$\begin{aligned}dy&=d[\ln x\cdot\sin(2x+1)]\\&=\sin(2x+1)d(\ln x)+\ln x d(\sin(2x+1))\\&=\sin(2x+1)\cdot\frac{1}{x}dx+2\ln x\cdot\cos(2x+1)dx.\end{aligned}$$

【例3】 已知函数 $y=f(x)$由方程 $x^2-2xy+y^3=0$ 所确定,求 y'.

解 方程两边微分得 $d(x^2-2xy+y^3)=d(0)$,即 $2xdx-2xdy-2ydx+3y^2dy=0$,所以 $y'=\frac{dy}{dx}=\frac{2x-2y}{2x-3y^2}$.

2.5.4 微分在近似计算中的应用

如果函数 $y=f(x)$ 在点 x_0 处的导数 $f'(x_0)\neq 0$，则当 $|\Delta x|$ 很小时，有

$$\Delta y \approx dy = f'(x_0)\cdot \Delta x.$$

这就是函数增量的近似公式. 由此我们还可以得到

$$f(x_0+\Delta x)=f(x_0)+\Delta y \approx f(x_0)+dy = f(x_0)+f'(x_0)\cdot\Delta x.$$

通常，我们令 $x_0+\Delta x = x$，即 $\Delta x = x - x_0$.

【例 4】 求 $\sqrt{0.97}$ 的近似值.

解　$\sqrt{0.97}$ 是函数 $y=\sqrt{x}$ 在 0.97 处的值. 此时，可取 $x_0=1, \Delta x = 0.97-1=-0.03$，

$$f(0.97)\approx f(1)+f'(1)\cdot(-0.03)=\sqrt{1}+\frac{1}{2\sqrt{1}}\cdot(-0.03)=0.985.$$

习题 2.5

1. 分别求出函数 $f(x)=2x^2-3x$ 当 $x=1, \Delta x=0.1, \Delta x=0.01, \Delta x=0.001$ 时的 Δy 与 dy，并加以比较，是否能得出结论：当 Δx 愈小时，两者愈近似.

2. 求下列函数的微分：

(1) $y=x^2\sin x$；　　(2) $y=\dfrac{x}{\sqrt{x^2+1}}$；

(3) $y=(e^x+e^{-x})^2$；　　(4) $y=\arcsin(\sin x)$；

(5) $y=e^{\sin(x^2+\sqrt{x})}$；　　(6) $y=\sec^3 2x$；

(7) $y=\ln(1+2x^2)$；　　(8) $y=\arctan\dfrac{1-x^2}{1+x^2}$；

(9) $y=e^{ax}\sin bx$；　　(10) $y=x^{\arcsin x}$.

3. 利用微分形式的不变性求函数 $y=f(x)$ 的微分.

(1) $\ln\sqrt{x^2+y^2}=\arctan\dfrac{y}{x}$；　(2) $x^y-2x+y=0$；　(3) $y^2+3\ln y-x^4=0$.

4. 正方体的棱长 $x=10$ cm，如果棱长增加 0.1 cm，求此时正方体体积增加的精确值与近似值.

5. 已知 f 与 φ 都可导，求下列函数的微分.

(1) $y=\dfrac{\varphi(x)}{1-x}$；　　(2) $y=f(1-2x)+e^{f(x)}$.

6. 计算下列各式的近似值

(1) $\cos 29°$；　　(2) $\arctan 1.02$；

(3) $\ln 0.998$；　　(4) $\sqrt[3]{8.02}$；

(5) $\sqrt[5]{245}$；　　(6) $\sqrt[4]{80}$.

自 测 题

1. 已知 $f'(x_0)=4$,求：

(1) $\lim\limits_{h\to 0}\dfrac{f(x_0+3h)-f(x_0)}{h}$；　(2) $\lim\limits_{h\to 0}\dfrac{f(x_0)-f(x_0-h)}{h}$；

(3) $\lim\limits_{h\to 0}\dfrac{f(x_0+h)-f(x_0-h)}{h}$；　(4) $\lim\limits_{h\to 0}\dfrac{f(x_0+mh)-f(x_0-nh)}{h}$.

2. 求下列函数的导数：

(1) $y=\lim\limits_{x\to\infty}t\left(1+\dfrac{1}{x}\right)^{2tx}$；　(2) $y=\mathrm{e}^{\tan\frac{1}{x}}\cos\dfrac{1}{x}$；

(3) $y=\mathrm{In}(\mathrm{e}^x+\sqrt{1-\mathrm{e}^{2x}})$；　(4) $y=\ln\sqrt{\dfrac{(1-x)\mathrm{e}^x}{\arcsin x}}$；

(5) $y=\left(\dfrac{\cos x}{x}-\sin x\ln x\right)$；　(6) $y=\left(\dfrac{1}{x}\right)^x+\dfrac{1}{x^x}$；

(7) $f(x)=\begin{cases}-x^2 & 当\ x<0\\ x\arctan x & 当\ x\geqslant 0\end{cases}$；　(8) $f(x)=\begin{cases}x^2 & 当\ x\leqslant 0\\ x^2+1 & 当\ 0<x<1\\ \dfrac{3}{x}-1 & 当\ x\geqslant 1\end{cases}$.

3. 求下列隐函数的导数：

(1) 函数 $y=f(x)$ 由方程 $\mathrm{e}^{xy}+y^2=\cos x$ 确定，求 $\dfrac{\mathrm{d}y}{\mathrm{d}x}$；

(2) 函数 $y=f(x)$ 由方程 $\arcsin x\ln y-\mathrm{e}^{2x}+\tan y=0$ 确定，求 $\left.\dfrac{\mathrm{d}y}{\mathrm{d}x}\right|_{x=0}$；

(3) 函数 $y=f(x)$ 由参数方程 $\begin{cases}x=t-\ln(1+t)\\ y=t^3+t^2\end{cases}$ 确定，求 $\dfrac{\mathrm{d}y}{\mathrm{d}x}$；

(4) 函数 $y=f(x)$ 参数方程 $\begin{cases}x=\arctan t\\ 2y-ty^2+\mathrm{e}^t=5\end{cases}$ 确定，求 $\dfrac{\mathrm{d}y}{\mathrm{d}x}$.

4. 讨论下列函数的连续性与可导性：

(1) 设 $f(x)=\begin{cases}\ln(1+x) & 当\ -1<x\leqslant 0\\ \sqrt{1+x}-\sqrt{1-x} & 当\ 0<x\leqslant 1\end{cases}$，讨论 $f(x)$ 在 $x=0$ 处的连续性与可导性；

(2) 设 $f(x)=|x-1|\ln(1+x^2)$，讨论在 $x=1$ 处的连续性与可导性；

(3) 设 $f(x)=\begin{cases}\ln(1+x^2) & 当\ x<1\\ a\mathrm{e}^{ax}+bx+c & 当\ x\geqslant 1\end{cases}$，求 a、b、c 使 $f''(1)$ 存在.

5. 设 $f(x)=\begin{cases}\dfrac{\sin x^2}{2x}+1 & 当\ x\neq 0\\ 1 & 当\ x=0\end{cases}$,(1)求 $f'(x)$;(2)讨论 $f'(x)$ 在 $x=0$ 处的连续性.

6. 作已知曲线 $x^2+2xy+y^2-4x-5y+6=0$ 的切线,使其平行于直线 $2x+3y=0$,求此切线方程.

7. 给定曲线 $y=\dfrac{1}{x^2}$,(1)求曲线在点(x_0,y_0)处的切线方程;(2)求曲线的切线被两坐标轴所截线段的最短长度.

8. 证明:曲数 $xy=1$ 上任一点的切线与两坐标轴围成的三角形面积等于常数.

9. 求下列函数的高阶导数:

(1)设 $f(x)=\dfrac{1}{1+2x}$,求 $f^{(n)}(0)$;

(2)设 $f(x)=x^2\ln(1+x)$,求 $f^{(n)}(0)$;

(3)设 $f(x)=\dfrac{1+x}{\sqrt{1-x}}$,求 $f^{(100)}(0)$.

第 3 章

微分中值定理与导数的应用

导数只是反映函数在一点附近的局部特性，但在理论研究和实际应用中，常常需要把握函数在区间上的整体性态，这需借助微分中值定理．它是从局部特性推断整体性态的有力工具，从而成为导数应用的理论基础．

§3.1 微分中值定理

微分中值定理的核心是拉格朗日中值定理，罗尔定理是它的特例，柯西中值定理是它的推广．

3.1.1 罗尔定理

罗尔定理 如果函数 $f(x)$ 满足：

(1)在闭区间 $[a,b]$上连续；

(2)在开区间(a,b)内可导；

(3)在区间端点处的函数值相等，即 $f(a)=f(b)$．

则至少存在一点 $\xi\in(a,b)$，使得

$$f'(\xi)=0. \tag{1}$$

证 由于 $f(x)$ 在闭区间$[a,b]$上连续，所以 $f(x)$ 在$[a,b]$上取得最大值 M 和最小值 m.

若 $M=m$，则 $f(x)$ 在(a,b)内恒等于 M，因此在(a,b)内恒有 $f'(x)=0$，所以对于(a,b)内的每一点都可取作 ξ，此时定理成立．

若 $M\neq m$，则 $M>m$．由于 $f(a)=f(b)$，则 M 和 m 中至少有一个不等于端点处的函数值，不妨设 $M\neq f(a)$，则在(a,b)内至少存在一点 ξ，使 $f(\xi)=M$.

因为 $f(\xi+\Delta x)\leqslant f(\xi)$，$\xi+\Delta x\in(a,b)$，

所以 $f(\xi+\Delta x)-f(\xi)\leqslant 0$.

若 $\Delta x>0$，则有 $\dfrac{f(\xi+\Delta x)-f(\xi)}{\Delta x}\leqslant 0$；

若 $\Delta x<0$，则有 $\dfrac{f(\xi+\Delta x)-f(\xi)}{\Delta x}\geqslant 0$．于是

$$f'_-(\xi) = \lim_{\Delta x \to 0^-} \frac{f(\xi + \Delta x) - f(\xi)}{\Delta x} \geqslant 0;\quad f'_+(\xi) = \lim_{\Delta x \to 0^+} \frac{f(\xi + \Delta x) - f(\xi)}{\Delta x} \leqslant 0.$$

因为 $f'(\xi)$ 存在,所以 $f'_-(\xi) = f'_+(\xi)$,从而 $f'(\xi) = 0$.

罗尔定理的几何意义：端点等高的光滑曲线弧 AB 上至少有一点 C,在该点处的切线是水平的(见图 3-1).

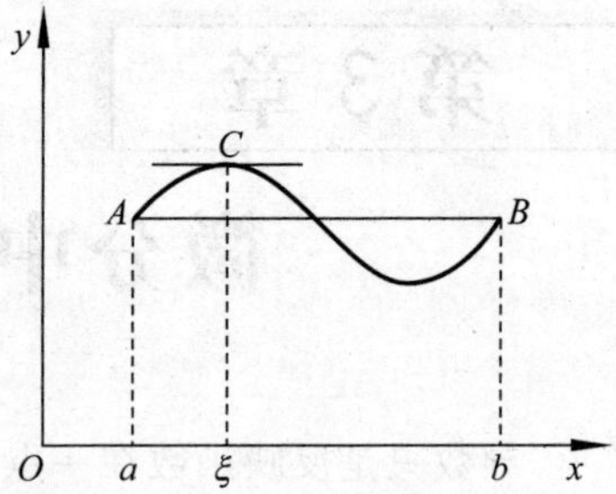

图 3-1

通常称导数等于零的点为函数的**驻点**(或稳定点,临界点).

3.1.2 拉格朗日中值定理

拉格朗日中值定理 如果函数 $f(x)$ 满足：

(1)在闭区间$[a,b]$上连续；

(2)在开区间(a,b)内可导.

则至少存在一点 $\xi \in (a,b)$,使得

$$f'(\xi) = \frac{f(b) - f(a)}{b - a}. \tag{2}$$

证 作辅助函数

$$F(x) = f(x) - \frac{f(b) - f(a)}{b - a}x.$$

显然,$F(x)$ 在$[a,b]$上连续,在 (a,b)内可导,而且 $F(a) = F(b)$.于是由罗尔定理知,至少存在一点 $\xi \in (a,b)$,使得

$$F'(\xi) = f'(\xi) - \frac{f(b) - f(a)}{b - a} = 0,$$

即
$$f'(\xi) = \frac{f(b) - f(a)}{b - a}.$$

拉格朗日中值定理的几何意义：光滑曲线弧 AB 上至少有一点 C,在该点处的切线平行于弦 AB(见图 3-2).

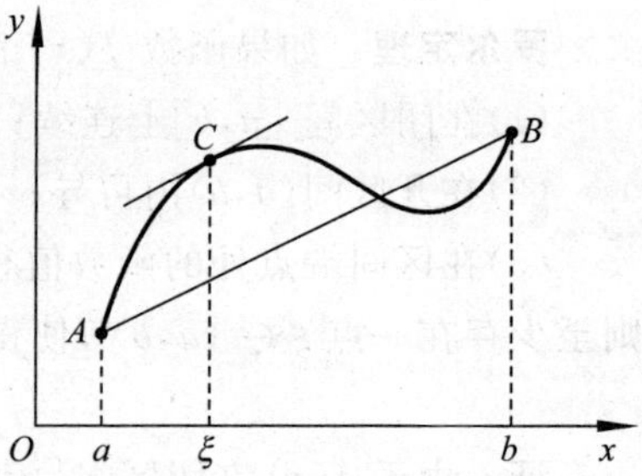

图 3-2

从拉格朗日中值定理可得到两个重要推论.

推论 1 若函数 $f(x)$ 在区间 I 上的导数恒等于零,则 $f(x)$ 在 I 上是一个常数.

证 任意 x_1、$x_2 \in I$,且 $x_1 < x_2$,由拉格朗日中值定理得

$$f(x_2) - f(x_1) = f'(\xi)(x_2 - x_1)(x_1 < \xi < x_2).$$

由假设知 $f'(\xi) = 0$,从而 $f(x_2) - f(x_1) = 0$,即 $f(x_2) = f(x_1)$.

这说明 $f(x)$ 在 I 上任意两点的函数值都相等,所以 $f(x)$ 在 I 上是一个常数.

【例 1】 证明：$\arctan x + \operatorname{arccot} x = \dfrac{\pi}{2}$.

证 令 $f(x) = \arctan x + \operatorname{arccot} x (x \in \mathbf{R})$,则

$$f'(x)=\frac{1}{1+x^2}-\frac{1}{1+x^2}=0.$$

由推论 1 知，$f(x)\equiv C$（C 为常数）. 取 $x=1$，得

$$f(1)=\arctan 1+\operatorname{arccot} 1=\frac{\pi}{4}+\frac{\pi}{4}=\frac{\pi}{2}.$$

因此 $f(x)\equiv\frac{\pi}{2}$，即 $\arctan x+\operatorname{arccot} x=\frac{\pi}{2}$.

推论 2　若函数 $f(x)$ 和 $g(x)$ 在区间 I 上的导数处处相等，则 $f(x)$ 和 $g(x)$ 至多相差一个常数.

证　令 $\varphi(x)=f(x)-g(x)$，由于 $f'(x)=g'(x), x\in I$，所以

$$\varphi'(x)=f'(x)-g'(x)=0, x\in I.$$

由推论 1 知，$\varphi(x)\equiv C$（C 为常数），即 $f(x)-g(x)\equiv C$.

【例 2】　证明不等式：当 $x>0$ 时，$\frac{x}{1+x}<\ln(1+x)<x$.

证　设 $f(x)=\ln(1+x)$，则 $f(x)$ 在$[0,x]$上满足拉格朗日中值定理的条件，所以

$$f(x)-f(0)=f'(\xi)(x-0)\ (0<\xi<x).$$

即
$$\ln(1+x)=\frac{x}{1+\xi},$$

又因为 $0<\xi<x$，所以 $1<1+\xi<1+x$，从而

$$\frac{1}{1+x}<\frac{1}{1+\xi}<1,$$

于是 当 $x>0$ 时，$\frac{x}{1+x}<\frac{x}{1+\xi}<x$，

即
$$\frac{x}{1+x}<\ln(1+x)<x.$$

3.1.3　柯西中值定理

柯西中值定理　如果函数 $f(x)$ 及 $g(x)$ 满足：

(1)在闭区间$[a,b]$上连续；

(2)在开区间(a,b)内可导；

(3)对任一 $x\in(a,b)$，$g'(x)\neq 0$.

则至少存在一点 $\xi\in(a,b)$，使得

$$\frac{f'(\xi)}{g'(\xi)}=\frac{f(b)-f(a)}{g(b)-g(a)}.$$

证　作辅助函数

$$F(x)=f(x)-\frac{f(b)-f(a)}{g(b)-g(a)}g(x).$$

显然，$F(x)$ 在$[a,b]$上连续，在 (a,b)内可导，而且 $F(a)=F(b)$. 于是由罗尔定理知，至少存在一点 $\xi\in(a,b)$，使得

$$F'(\xi)=f'(\xi)-\frac{f(b)-f(a)}{g(b)-g(a)}g'(\xi)=0.$$

因为 $g'(\xi)\neq 0$，所以有

$$\frac{f'(\xi)}{g'(\xi)}=\frac{f(b)-f(a)}{g(b)-g(a)}.$$

习题 3.1

1. 验证罗尔定理对函数 $f(x)=x^4$ 在$[-2,2]$上的正确性.
2. 验证拉格朗日中值定理对函数 $f(x)=\ln x$ 在$[1,\mathrm{e}]$上的正确性.
3. 证明：$\arcsin x+\arccos x=\dfrac{\pi}{2}$.
4. 设 $a\leqslant b$，证明：$\arctan b-\arctan a\leqslant b-a$.
5. 设 $0<a\leqslant b$，证明：$\dfrac{b-a}{b}\leqslant\ln\dfrac{b}{a}\leqslant\dfrac{b-a}{a}$.

§3.2 洛必达法则

两个无穷小量之比的极限或两个无穷大量之比的极限可能存在，也可能不存在，例如 $\lim\limits_{x\to 0}\dfrac{\sin x}{x}=1$，而 $\lim\limits_{x\to 0}\dfrac{\sin x}{x^2}$ 不存在. 通常称这种类型的极限为**未定式**，并分别简记为 $\dfrac{0}{0}$ 或 $\dfrac{\infty}{\infty}$. 本节将介绍一个重要而又简便的方法来求未定式的极限.

定理 1 设函数 $f(x)$ 和 $g(x)$ 满足以下条件：

(1) $\lim\limits_{x\to a}f(x)=\lim\limits_{x\to a}g(x)=0$；

(2)在点 a 的某空心邻域内可导，且 $g'(x)\neq 0$；

(3) $\lim\limits_{x\to a}\dfrac{f'(x)}{g'(x)}=A$ (或∞).

则 $\lim\limits_{x\to a}\dfrac{f(x)}{g(x)}=\lim\limits_{x\to a}\dfrac{f'(x)}{g'(x)}=A$ (或∞).

这种在一定条件下通过分子分母分别求导再求极限来确定未定式的值的方法称为**洛必达法则**.

证 由于$\lim\limits_{x\to a}\dfrac{f(x)}{g(x)}$的存在与 $f(a)$ 及 $g(a)$ 无关，所以补充定义 $f(a)=g(a)=0$，则 $f(x)$ 和 $g(x)$ 在题设的点 a 某邻域内连续. 在此邻域内任取一点 x，则在以 a 与 x 为端点的

区间上，$f(x)$ 和 $g(x)$ 满足柯西中值定理的条件，从而

$$\frac{f(x)}{g(x)}=\frac{f(x)-f(a)}{g(x)-g(a)}=\frac{f'(\xi)}{g'(\xi)}\quad(\xi\text{在 }x\text{ 与 }a\text{ 之间}).$$

显然 $x\to a$ 时，$\xi\to a$．于是

$$\lim_{x\to a}\frac{f(x)}{g(x)}=\lim_{x\to a}\frac{f'(\xi)}{g'(\xi)}=\lim_{\xi\to a}\frac{f'(\xi)}{g'(\xi)}=\lim_{x\to a}\frac{f'(x)}{g'(x)}=A\ (\text{或}\infty).$$

为了更好地使用洛比达法则求极限，给出几点重要注解：

(1)将定理中 $\lim\limits_{x\to a}f(x)=\lim\limits_{x\to a}g(x)=0$ 换成 $\lim\limits_{x\to a}f(x)=\lim\limits_{x\to a}g(x)=\infty$，或将 $x\to a$ 换成 $x\to a^-,x\to a^+,x\to\infty,x\to+\infty,x\to-\infty$，定理仍然成立．

(2)只有 $\frac{0}{0}$ 或$\frac{\infty}{\infty}$ 未定式极限，才能使用洛必达法则，因此使用时必须验证条件．若极限 $\lim\limits_{x\to a}\frac{f'(x)}{g'(x)}$ 仍是 $\frac{0}{0}$ 或$\frac{\infty}{\infty}$，可继续使用洛必达法则．

(3)若 $\lim\limits_{x\to a}\frac{f'(x)}{g'(x)}$ 不存在，不能断言 $\lim\limits_{x\to a}\frac{f(x)}{g(x)}$ 也不存在，只能说明该极限不适合用洛必达法则来求．

【例1】 求 $\lim\limits_{x\to 0}\frac{\ln(1+x)}{x}$　$\left(\frac{0}{0}\text{型}\right)$．

解　$\lim\limits_{x\to 0}\frac{\ln(1+x)}{x}=\lim\limits_{x\to 0}\frac{\frac{1}{1+x}}{1}=\lim\limits_{x\to 0}\frac{1}{1+x}=1$．

【例2】 求 $\lim\limits_{x\to a}\frac{\sin x-\sin a}{x-a}$　$\left(\frac{0}{0}\text{型}\right)$．

解　$\lim\limits_{x\to a}\frac{\sin x-\sin a}{x-a}=\lim\limits_{x\to a}\frac{\cos x}{1}=\lim\limits_{x\to a}\cos x=\cos a$．

【例3】 求 $\lim\limits_{x\to+\infty}\frac{x^2}{e^x}$　$\left(\frac{\infty}{\infty}\text{型}\right)$．

解　$\lim\limits_{x\to+\infty}\frac{x^2}{e^x}=\lim\limits_{x\to+\infty}\frac{2x}{e^x}=\lim\limits_{x\to+\infty}\frac{2}{e^x}=0$．

【例4】 求 $\lim\limits_{x\to+\infty}\frac{x+\sin x}{x}$．

解　这是 $\frac{\infty}{\infty}$ 型未定式，分子分母分别求导后将化为 $\lim\limits_{x\to+\infty}\frac{1+\cos x}{1}=\lim\limits_{x\to+\infty}(1+\cos x)$，此式震荡无极限，故洛必达法则失效．但原极限存在，因为

$$\lim_{x\to+\infty}\frac{x+\sin x}{x}=\lim_{x\to+\infty}\left(1+\frac{\sin x}{x}\right)=1+0=1.$$

除了 $\frac{0}{0}$ 和$\frac{\infty}{\infty}$ 型 未定式外，还有五种类型的未定式：$0\cdot\infty,\infty-\infty,0^0,1^\infty,\infty^0$．其中

$0\cdot\infty$ 和 $\infty-\infty$ 型可通过代数恒等式转化成 $\frac{0}{0}$ 或 $\frac{\infty}{\infty}$ 型，0^0，1^∞ 和 ∞^0 型可通过取对数转化成 $0\cdot\infty$ 型.

【例 5】 求 $\lim\limits_{x\to+\infty} x\left(\frac{\pi}{2}-\arctan x\right)$ （$\infty\cdot 0$ 型）.

解 $$\lim_{x\to+\infty} x\left(\frac{\pi}{2}-\arctan x\right)=\lim_{x\to+\infty}\frac{\frac{\pi}{2}-\arctan x}{\frac{1}{x}}=\lim_{x\to+\infty}\frac{-\frac{1}{1+x^2}}{-\frac{1}{x^2}}$$

$$=\lim_{x\to+\infty}\frac{x^2}{1+x^2}=1.$$

【例 6】 求 $\lim\limits_{x\to 0}\left(\frac{1}{\sin x}-\frac{1}{x}\right)$ （$\infty-\infty$ 型）.

解 $$\lim_{x\to 0}\left(\frac{1}{\sin x}-\frac{1}{x}\right)=\lim_{x\to 0}\frac{x-\sin x}{x\sin x}=\lim_{x\to 0}\frac{1-\cos x}{\sin x+x\cos x}$$

$$=\lim_{x\to 0}\frac{\sin x}{2\cos x-x\sin x}=0.$$

【例 7】 求 $\lim\limits_{x\to 0^+} x^x$ （0^0 型）.

解 $\lim\limits_{x\to 0^+} x^x=\lim\limits_{x\to 0^+}\mathrm{e}^{\ln x^x}=\lim\limits_{x\to 0^+}\mathrm{e}^{x\ln x}=\mathrm{e}^{\lim\limits_{x\to 0^+} x\ln x}$，而

$$\lim_{x\to 0^+} x\ln x=\lim_{x\to 0^+}\frac{\ln x}{\frac{1}{x}}=\lim_{x\to 0^+}\frac{\frac{1}{x}}{-\frac{1}{x^2}}=\lim_{x\to 0^+}(-x)=0,$$

所以 $\lim\limits_{x\to 0^+} x^x=\mathrm{e}^0=1$.

【例 8】 求 $\lim\limits_{x\to\infty}(1+x^2)^{\frac{1}{x}}$ （∞^0 型）.

解 $\lim\limits_{x\to\infty}(1+x^2)^{\frac{1}{x}}=\lim\limits_{x\to\infty}\mathrm{e}^{\ln(1+x^2)^{\frac{1}{x}}}=\lim\limits_{x\to\infty}\mathrm{e}^{\frac{1}{x}\ln(1+x^2)}=\mathrm{e}^{\lim\limits_{x\to\infty}\frac{1}{x}\ln(1+x^2)}$，而

$$\lim_{x\to\infty}\frac{1}{x}\ln(1+x^2)=\lim_{x\to\infty}\frac{\ln(1+x^2)}{x}=\lim_{x\to\infty}\frac{2x}{1+x^2}=0,$$

所以 $\lim\limits_{x\to\infty}(1+x^2)^{\frac{1}{x}}=\mathrm{e}^0=1$.

习题 3.2

利用洛必达法则求下列极限：

1. $\lim\limits_{x\to 2}\frac{x^4-16}{x-2}$；　　2. $\lim\limits_{x\to 0}\frac{x-\sin x}{x^3}$；

3. $\lim\limits_{x\to 0}\dfrac{\sin ax}{\sin bx}(b\neq 0)$；　　4. $\lim\limits_{x\to 1}\dfrac{x^3-3x+2}{x^3-x^2-x+1}$；

5. $\lim\limits_{x\to 0}\dfrac{e^x-e^{-x}}{x}$；　　6. $\lim\limits_{x\to+\infty}\dfrac{\ln x}{x^{\alpha}}(\alpha>0)$；

7. $\lim\limits_{x\to+\infty}x(e^{\frac{1}{x}}-1)$；　　8. $\lim\limits_{x\to 0}\left(\dfrac{1}{x}-\dfrac{1}{e^x-1}\right)$；

9. $\lim\limits_{x\to 1}x^{\frac{1}{1-x}}$；　　10. $\lim\limits_{x\to 0^+}x^{\sin x}$.

§3.3　函数的单调性

这一节我们用导数来研究函数的单调性.

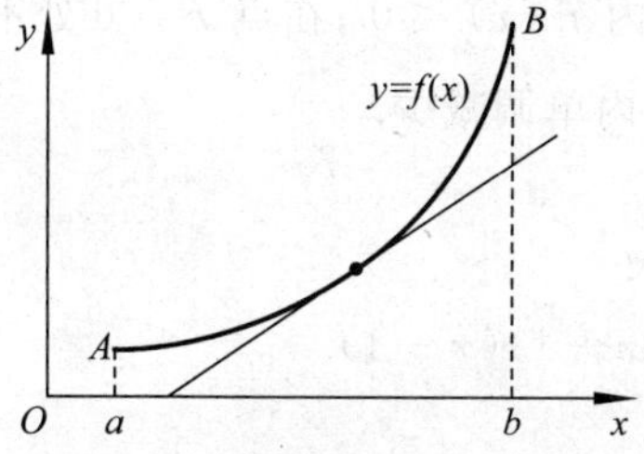

图 3-3

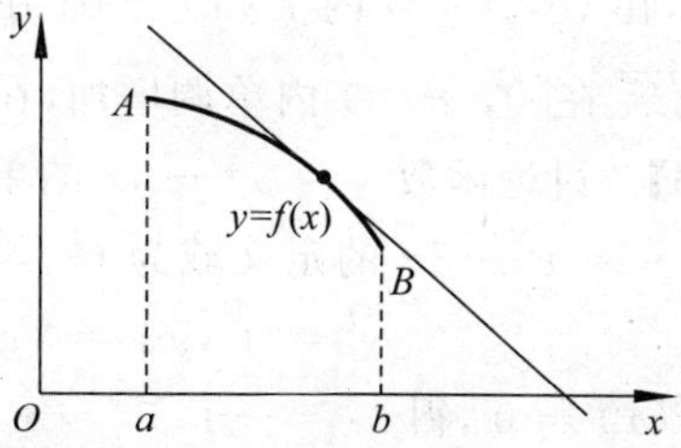

图 3-4

若函数 $y=f(x)$ 在$[a,b]$上单调增加，那么它的图形是一条沿 x 轴正向上升的曲线(如图 3-3)，曲线上各点处的切线斜率是非负的，即 $y'=f'(x)\geqslant 0$．相反，若函数 $y=f(x)$ 在$[a,b]$上单调减少，那么它的图形是一条沿 x 轴正向下降的曲线(如图 3-4)，曲线上各点处的切线斜率是非正的，即 $y'=f'(x)\leqslant 0$．

由此可见，函数的单调性与导数的符号有着密切的关系. 反过来，如果不知道函数的图形，能否用导数的符号来判断函数的单调性呢？

定理 1　设函数 $y=f(x)$ 在$[a,b]$上连续，在(a,b)内可导，则

(1) 若在(a,b)内 $f'(x)>0$，那么函数 $y=f(x)$ 在$[a,b]$上单调增加；

(2) 若在(a,b)内 $f'(x)<0$，那么函数 $y=f(x)$ 在$[a,b]$上单调减少.

证　任取 $x_1,x_2\in(a,b)$，且 $x_1<x_2$. 由拉格朗日中值定理得

$$f(x_2)-f(x_1)=f'(\xi)(x_2-x_1)(x_1<\xi<x_2).$$

若在(a,b)内，$f'(x)>0$，则 $f'(\xi)>0$.

又 $x_2-x_1>0$，所以 $f(x_2)>f(x_1)$，从而 $y=f(x)$ 在$[a,b]$上单调增加.

若在(a,b)内，$f'(x)<0$，则 $f'(\xi)<0$. 又 $x_2-x_1>0$，所以 $f(x_2)<f(x_1)$，从而 $y=f(x)$ 在$[a,b]$上单调减少.

定理 1 中的闭区间换成其他各种区间(包括无穷区间)，结论仍成立.

一般地,若 $f'(x)$ 在某区间上的有限个点处为零或者不存在,而在其余各点处均为正(或负)时,那么 $f(x)$ 在该区间上仍是单调增加(或单调减少)的.若函数在其定义域的某个区间内是单调的,则称该区间为函数的**单调区间**.

【例 1】 讨论函数 $y = x^3$ 的单调区间.

解 $y = x^3$ 的定义域为 $(-\infty, +\infty)$.

又 $y' = f'(x) = 3x^2 \geqslant 0$,且只有 $x = 0$ 时,$f'(x) = 0$.所以 $y = x^3$ 在 $(-\infty, +\infty)$ 内单调增加.

【例 2】 讨论函数 $y = \sqrt[3]{x^2}$ 的单调区间.

解 $y = \sqrt[3]{x^2}$ 的定义域为 $(-\infty, +\infty)$.又

$$y' = f'(x) = \frac{2}{3}x^{-\frac{1}{3}},$$

由此可见,在 $(0, +\infty)$ 内 $f'(x) > 0$;在 $(-\infty, 0)$ 内 $f'(x) < 0$;在点 $x = 0$ 处不可导.所以 $y = \sqrt[3]{x^2}$ 在 $[0, +\infty)$ 内单调增加,在 $(-\infty, 0]$ 内单调减少.

【例 3】 讨论函数 $y = x^3 - 3x$ 的单调区间.

解 $y = x^3 - 3x$ 的定义域为 $(-\infty, +\infty)$.又

$$y' = f'(x) = 3x^2 - 3 = 3(x+1)(x-1).$$

令 $f'(x) = 0$,得 $x_1 = -1, x_2 = 1$.

以 x_1、x_2 为分点将函数的定义域 $(-\infty, +\infty)$ 分成三个子区间:$(-\infty, -1)$,$(-1, 1)$,$(1, +\infty)$,然后在这三个子区间上分别讨论 $f'(x)$ 的符号和函数的增减性.其结果列表如下:

x	$(-\infty, -1)$	-1	$(-1, 1)$	1	$(1, +\infty)$
$f'(x)$	$+$	0	$-$	0	$+$
$f(x)$	↗		↘		↗

所以,$f(x)$ 在 $(-\infty, -1]$ 及 $[1, +\infty)$ 内单调增加,在 $[-1, 1]$ 上单调减少.

【例 4】 证明:当 $x \neq 0$ 时,$e^x > x + 1$.

证 设 $f(x) = e^x - x - 1$,则 $f(0) = 0$,且 $f'(x) = e^x - 1$.

由此可见,在 $(0, +\infty)$ 内 $f'(x) > 0$,在 $(-\infty, 0)$ 内 $f'(x) < 0$.所以 $f(x) = e^x - x - 1$ 在 $[0, +\infty)$ 内单调增加,在 $(-\infty, 0]$ 内单调减少.从而当 $x \neq 0$ 时,都有 $f(x) > f(0) = 0$,即

$$f(x) = e^x - x - 1 > 0 (x \neq 0).$$

这就得到所要证明的不等式.

习题 3.3

1. 求下列函数的单调区间：

(1) $y = x - e^x$；　　(2) $y = 2x^2 - \ln x$；

(3) $y = 2x^3 - 6x^2 - 18x - 7$；　　(4) $y = 2x + \frac{8}{x}(x > 0)$.

2. 证明下列不等式：

(1)当 $x > 0$ 时，$x - \frac{x^3}{3} < \arctan x < x$；

(2) 当 $0 < x < \frac{\pi}{2}$ 时，$\sin x < x$.

§3.4　函数的极值与最值

3.4.1　函数的极值

讨论函数的增减性时，经常会遇到这样的情形：函数先是递减的，到达某一点后变为递增的；或者先是递增的，到达某一点后变为递减的. 在函数增减性发生转变的地方，就出现了这样的函数值，它与附近的函数值比较起来，是最大的或者是最小的.

定义 1　设函数 $f(x)$ 在点 x_0 的某邻域 $U(x_0)$ 内有定义，若对于去心邻域 $\overset{o}{U}(x_0)$ 内的任一 x，有

$$f(x) < f(x_0) \quad (\text{或 } f(x) > f(x_0)),$$

则称 $f(x_0)$ 是函数 $f(x)$ 的一个**极大值**(或**极小值**).

函数的极大值与极小值统称为**极值**，使函数取得极值的点称为**极值点**.

关于极值的定义作以下说明：

(1)极值概念是局部性的，若 $f(x_0)$ 是极值，但对于 $f(x)$ 的整个定义域来说，未必是最值. 如图 3-5 所示，$f(x_1)$ 是 $f(x)$ 的极大值，但不是 $f(x)$ 的最大值.

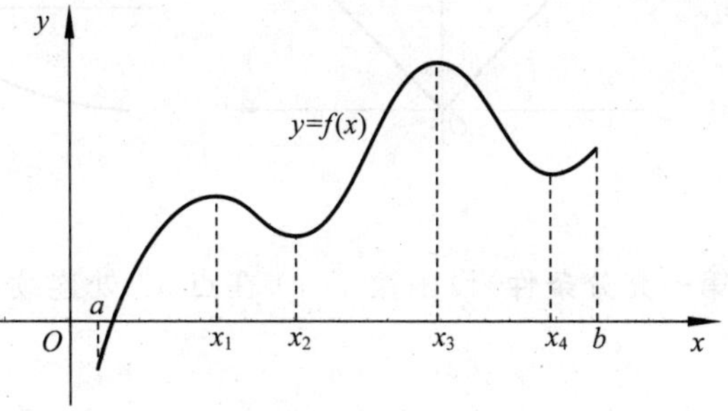

图 3-5

(2)极小值可能大于极大值. 如图 3-5 所示，$f(x_1)$ 是 $f(x)$ 的极大值，$f(x_4)$ 是 $f(x)$ 的极小值，但 $f(x_4) > f(x_1)$.

函数极值点的必要与充分条件：

定理 1 （**极值的必要条件**）函数 $f(x)$ 在点 x_0 取得极值的必要条件是 $f'(x_0) = 0$ 或者 $f'(x_0)$ 不存在.

证 设 $f(x)$ 在点 x_0 处不可导，则定理结论自然成立.

设 $f(x)$ 在点 x_0 处可导，且 x_0 为 $f(x)$ 的极大值点，则存在邻域 $U(x_0,\delta)$ ，使得此邻域内的任一点 $x_0+\Delta x$ ，均有 $f(x_0) > f(x_0+\Delta x)$. 于是当 $\Delta x > 0$ 时，$\dfrac{f(x_0+\Delta x)-f(x_0)}{\Delta x} < 0$，故

$$f'_+(x_0) = \lim_{\Delta x \to 0^+} \frac{f(x_0+\Delta x)-f(x_0)}{\Delta x} \leqslant 0.$$

当 $\Delta x < 0$ 时，$\dfrac{f(x_0+\Delta x)-f(x_0)}{\Delta x} > 0$，故

$$f'_-(x_0) = \lim_{\Delta x \to 0^+} \frac{f(x_0+\Delta x)-f(x_0)}{\Delta x} \geqslant 0.$$

又因为 $f(x)$ 在点 x_0 处可导，所以 $f'(x_0) = f'_-(x_0) = f'_+(x_0)$，从而 $f'(x_0) = 0$.

同理可证，当 x_0 为 $f(x)$ 的极小值点时，也必定有 $f'(x_0) = 0$.

定理 1 告诉我们，函数的极值点必是其驻点或一阶导数不存在的点，但是驻点和一阶导数不存在的点不一定是极值点. 例如，$f(x) = x^3$，$f'(0) = 0$，但 $x = 0$ 不是极值点（如图 3-6）. 又如，$f(x) = |x|$，$f'(0)$ 不存在，但 $x = 0$ 是极小值点（如图 3-7）；而 $f(x) = \sqrt[3]{x}$，$f'(0)$ 不存在，但 $x = 0$ 不是极值点（如图 3-8）. 因此，如何判断一个函数的驻点和一阶导数不存在的点是否为极值点，是一个需要进一步解决的问题. 下面给出判断极值点的两个充分条件.

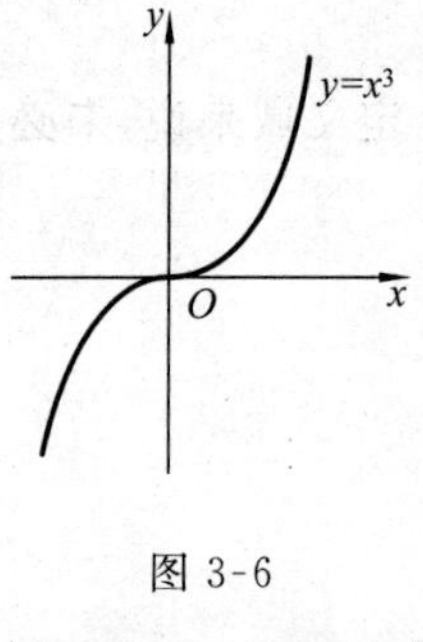

图 3-6

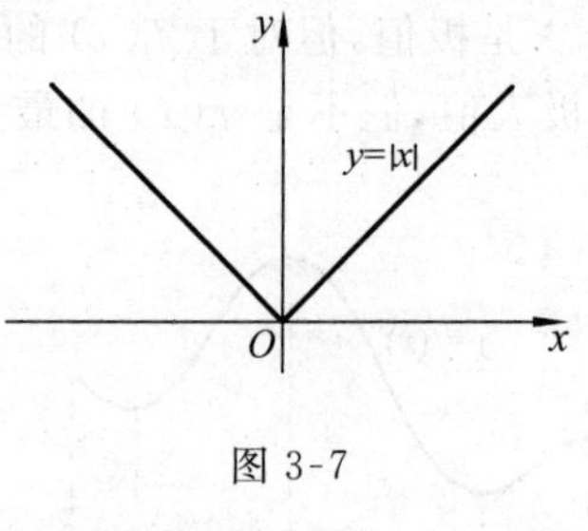

图 3-7

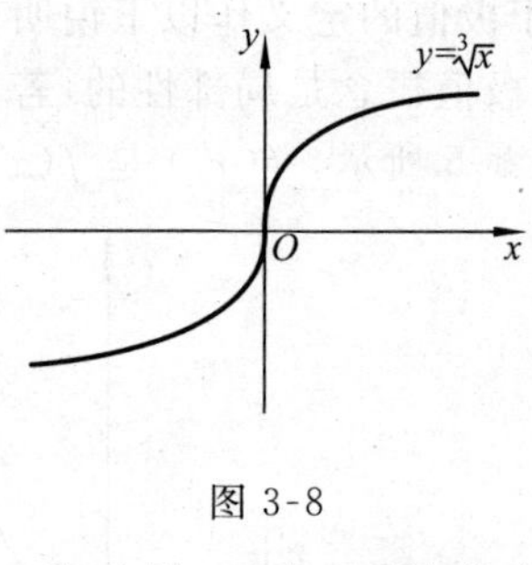

图 3-8

定理 2 （**极值的第一充分条件**）设函数 $f(x)$ 在点 x_0 处连续，且在 x_0 的某去心邻域 $\mathring{U}(x_0,\delta)$ 内可导.

(1)若 $x \in (x_0-\delta, x_0)$，有 $f'(x) > 0$；而 $x \in (x_0, x_0+\delta)$ ，有 $f'(x) < 0$. 则 $f(x)$ 在

x_0 处取得极大值.

(2)若 $x\in(x_0-\delta,x_0)$，有 $f'(x)<0$；而 $x\in(x_0,x_0+\delta)$，有 $f'(x)>0$. 则 $f(x)$ 在 x_0 处取得极小值.

(3)若 $x\in(x_0-\delta,x_0)$ 及 $x\in(x_0,x_0+\delta)$ 时，$f'(x)$ 符号相同，则 $f(x)$ 在 x_0 处无极值.

证　(1)由已知条件知 $f(x)$ 在 $(x_0-\delta,x_0)$ 内单调增加，$f(x)$ 在 $(x_0,x_0+\delta)$ 内单调减少，又 $f(x)$ 在点 x_0 处连续，故 $f(x_0)$ 是 $f(x)$ 的极大值，即 $f(x)$ 在 x_0 处取得极大值.

同理可证(2)和(3).

按第一充分条件求极值的步骤：

(1) 求出导数 $f'(x)$；

(2) 求出 $f(x)$ 的全部驻点(即方程 $f'(x)=0$ 的根)，以及导数不存在的点；

(3) 考察 $f'(x)$ 在驻点及导数不存在点左右的符号，判断极值点；

(4) 求出各极值点处的函数值.

【例 1】　求函数 $f(x)=x-\dfrac{3}{2}x^{\frac{2}{3}}$ 的单调增减区间和极值.

解　$f'(x)=1-x^{-\frac{1}{3}}$. 令 $f'(x)=0$，得驻点 $x=1$，且在 $x=0$ 时 $f'(x)$ 不存在. 以点 $x=0$ 和 $x=1$ 将函数的定义域 $(-\infty,+\infty)$ 分成三部分列表如下：

x	$(-\infty,0)$	0	$(0,1)$	1	$(1,+\infty)$
$f'(x)$	$+$	不存在	$-$	0	$+$
$f(x)$	↗	极大值 0	↘	极小值 $-\frac{1}{2}$	↗

所以，$f(x)$ 在 $(-\infty,0]$ 及 $[1,+\infty)$ 内单调增加，在 $[0,1]$ 上单调减少，在 $x=0$ 处取得极大值 $f(0)=0$，在 $x=1$ 处取得极小值 $f(1)=-\dfrac{1}{2}$.

定理 3　**(极值的第二充分条件)**设函数 $f(x)$ 在 x_0 的某邻域内可导，且 $f'(x_0)=0$，$f''(x_0)$ 存在.

(1) 若 $f''(x_0)<0$，则 $f(x)$ 在 x_0 处取得极大值；

(2) 若 $f''(x_0)>0$，则 $f(x)$ 在 x_0 处取得极小值.

证　(1)由于 $f''(x_0)<0$，有 $f''(x_0)=\lim\limits_{x\to x_0}\dfrac{f'(x)-f'(x_0)}{x-x_0}<0$.

根据函数极限的局部保号性，当 x 在 x_0 的一个充分小的邻域内且 $x\neq x_0$ 时，有

$$\frac{f'(x)-f'(x_0)}{x-x_0}<0，而 f'(x_0)=0，即 \frac{f'(x)}{x-x_0}<0.$$

于是，对于这邻域内不同于 x_0 的 x 来说，$f'(x)$ 与 $x-x_0$ 的符号相反，即：当 $x-x_0<0$ 即 $x<x_0$ 时，$f'(x)>0$；当 $x-x_0>0$ 即 $x>x_0$ 时，$f'(x)<0$.

由定理 2 知，$f(x)$ 在点 x_0 处取极大值.

同理可证(2).

【例 2】 求函数 $f(x)=x^2+\dfrac{432}{x}$ 的极值.

解 当 $x\neq 0$ 时,有 $f'(x)=2x-\dfrac{432}{x^2}=\dfrac{2x^3-432}{x^2}$. 令 $f'(x)=0$,得驻点 $x=6$. 因为

$$f''(6)=2+\frac{864}{x^3}\bigg|_{x=6}=6>0.$$

故由定理 3 知，$f(x)$ 在 $x=6$ 处取得极小值 $f(6)=108$.

3.4.2 函数的最值

函数在某区间上的最大值和最小值统称为函数的**最值**. 函数的极值和最值一般说来是不同的,极值是局部性的概念,而最值是全局性的概念. 下面讨论怎样求出函数的最大值和最小值.

若可导函数 $f(x)$ 在 (a,b) 内的一点 x_0 取得最值,则不仅有 $f'(x_0)=0$,而且 x_0 为 $f(x)$ 的一个极值点. 一般而言,最值还可能在区间端点和不可导点处取得. 因此,若 $f(x)$ 在 $[a,b]$ 上连续,求 $f(x)$ 的最值的方法是:

(1) 求出 $f(x)$ 在 (a,b) 内的全部驻点和不可导点 $x_1,x_2,\cdots,x_k$;

(2) 计算 $f(x_i)(i=1,2,\cdots,k)$ 及 $f(a)$, $f(b)$;

(3) 比较(2)中各函数值的大小,其中最大者为 $f(x)$ 在 $[a,b]$ 上的最大值，最小者为 $f(x)$ 在 $[a,b]$ 上的最小值.

【例 3】 求函数 $f(x)=x(x-1)^{\frac{1}{3}}$ 在区间 $[-2,2]$ 上的最值.

解 $f'(x)=(x-1)^{\frac{1}{3}}+\dfrac{1}{3}x(x-1)^{-\frac{2}{3}}=\dfrac{1}{3}(4x-3)(x-1)^{-\frac{2}{3}}$.

令 $f'(x)=0$,得驻点 $x=\dfrac{3}{4}$. 显然，$x=1$ 时 $f'(x)$ 不存在. 计算驻点、不可导点及区间端点处的函数值,得

$$f\left(\frac{3}{4}\right)=-\frac{3}{8}\sqrt[3]{2},\ f(1)=0,\ f(-2)=2\sqrt[3]{3},\ f(2)=2.$$

所以，$f(x)$ 在 $x=\dfrac{3}{4}$ 处取得最小值 $f\left(\dfrac{3}{4}\right)=-\dfrac{3}{8}\sqrt[3]{2}$,在 $x=-2$ 处取得最大值 $f(-2)=2\sqrt[3]{3}$.

特别地,若函数 $f(x)$ 在一个区间内可导且只有一个驻点 x_0,并且这个驻点 x_0 是 $f(x)$ 的极值点,则当 $f(x_0)$ 是极大值时，$f(x_0)$ 就是 $f(x)$ 在该区间上的最大值(如图 3-9)；当 $f(x_0)$ 是极小值时，$f(x_0)$ 就是 $f(x)$ 在该区间上的最小值(如图 3-10). 在实际应用中常常会遇到这种情形.

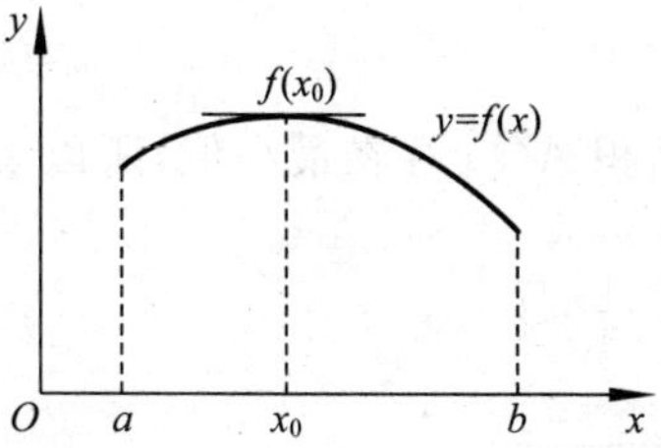

图 3-9

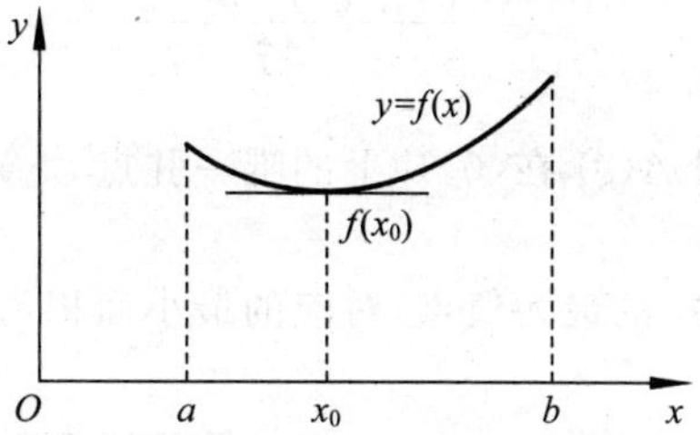

图 3-10

【例 4】 将一长为 $2L$ 的线段折成一个长方形，问何时长方形的面积最大.

解 设长方形的长为 x，宽为 y，则其面积为 $A = xy$. 由题意知 $2x + 2y = 2L$ ，所以 $y = L - x$ ，因此

$$A = x(L - x) \quad (0 < x < L).$$

下面求面积 $A(x)$ 的最大值.

$$A'(x) = L - 2x,$$

故 $A(x)$ 有唯一的驻点 $x_0 = \frac{L}{2}$. 又面积 $A(x)$ 存在最大值，所以 $x_0 = \frac{L}{2}$ 即为 $A(x)$ 的最大值点，对应的最大面积为 $A\left(\frac{L}{2}\right) = \frac{L^2}{4}$.

即当把线段折成一个正方形时面积最大.

【例 5】 求抛物线 $y = 1 - x^2 (0 < x \leqslant 1)$ 的切线与两个坐标轴围成的三角形的面积的最小值.

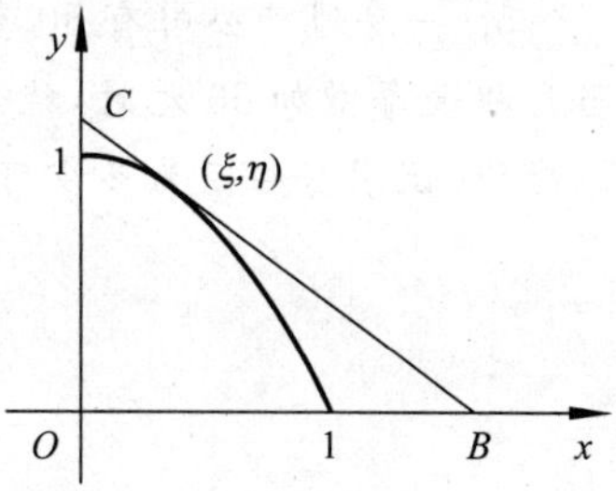

图 3-11

解 设 (ξ, η) 是抛物线弧上的任意一点，则

$$\eta = 1 - \xi^2, 0 < \xi \leqslant 1.$$

抛物线在这点的斜率为 $y'\big|_{x=\xi} = -2\xi$ ，故切线方程为 $y - \eta = -2\xi(x - \xi)$. 令 $y = 0$ ，得 $x = \xi + \frac{\eta}{2\xi}$ ；令 $x = 0$ ，得 $y = \eta + 2\xi^2$. 所以切线在两个坐标轴上的截距为 $OB = \xi + \frac{\eta}{2\xi}$ 和 $OC = \eta + 2\xi^2$ ，从而切线与两个坐标轴围成的 $\triangle OBC$ 的面积为

$$A = \frac{1}{2}\left(\xi + \frac{\eta}{2\xi}\right)(\eta + 2\xi^2) = \frac{(\eta + 2\xi^2)^2}{4\xi}.$$

由于 $\eta = 1 - \xi^2$ ，所以

$$A = A(\xi) = \frac{(1 + \xi^2)^2}{4\xi} \quad (0 < \xi \leqslant 1).$$

由 $$A'(\xi) = \frac{\xi \cdot 2(1 + \xi^2) \cdot 2\xi - (1 + \xi^2)^2}{4\xi^2}$$

$$= \frac{(1+\xi^2)(3\xi^2-1)}{4\xi^2}.$$

求得 $A(\xi)$ 在 $(0,1)$ 上的唯一驻点 $\xi_0 = \frac{\sqrt{3}}{3}$，又面积 $A(\xi)$ 存在最小值，所以 $\xi_0 = \frac{\sqrt{3}}{3}$ 即为 $A(\xi)$ 的最大值点，对应的最小面积为 $A\left(\frac{\sqrt{3}}{3}\right) = \frac{4}{9}\sqrt{3}$.

习题 3.4

1. 求下列函数的极值：

(1) $y = x^3 - 3x^2 + 7$；　(2) $y = \frac{2x}{1+x^2}$；

(3) $y = x^2 e^{-x}$；　(4) $y = x - \ln(1+x)$.

2. 求下列函数的最值：

(1) $y = 2x^3 - 3x^2, -1 \leqslant x \leqslant 4$；　(2) $y = x + 2\sqrt{x}, 0 \leqslant x \leqslant 4$；

(3) $y = \arctan(1-x), 0 \leqslant x \leqslant 1$；　(4) $y = \frac{x^2}{1+x}, -\frac{1}{2} \leqslant x \leqslant 1$.

3. 欲做一底为正方形、容积为 $108\mathrm{m}^3$ 的长方体开口容器，怎样做最省料？

4. 要造一圆柱形油罐，体积为 V，问底半径 r 和高 h 等于多少时，才能使表面积最小？

5. 一房地产公司有 50 套公寓要出租. 当月租金定为 1 000 元时，公寓会全部租出去. 当月租金每增加 50 元时，就会多一套公寓租不出去，而租出去的公寓每月需花费 100 元的维修费. 试问房租定为多少可获得最大收入？

§3.5　函数作图法

3.5.1　函数的凹凸性与拐点

函数的单调性反映在图形上是曲线的上升或下降，但是曲线在上升或下降的过程中，还有一个弯曲方向的问题. 下面我们来研究曲线的凹凸性及其判别法.

定义 1　若曲线 $c: y = f(x) (x \in I)$ 上的任意两点 P_1、P_2 的弦 P_1P_2 总在弧 $\overparen{P_1P_2}$ 之上，则称曲线 c 是**凹的**或**凹弧**；若弦 P_1P_2 总在弧 $\overparen{P_1P_2}$ 之下，则称曲线 c 是**凸的**或**凸弧**.

如图 3-12 所示，曲线 $c: y = f(x)$ 是凹的；如图 3-13 所示，曲线 $c: y = f(x)$ 是凸的.

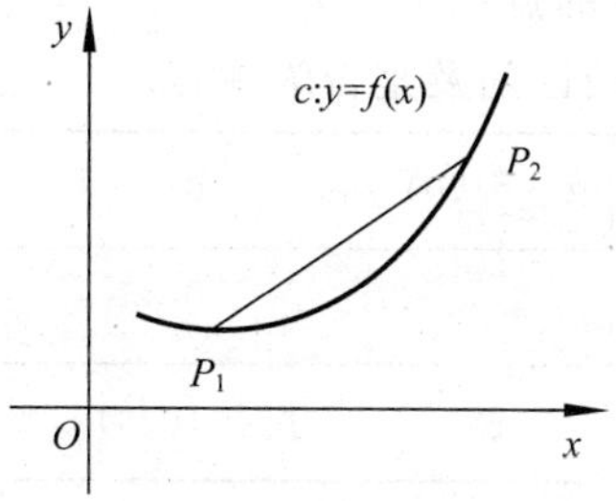

图 3-12

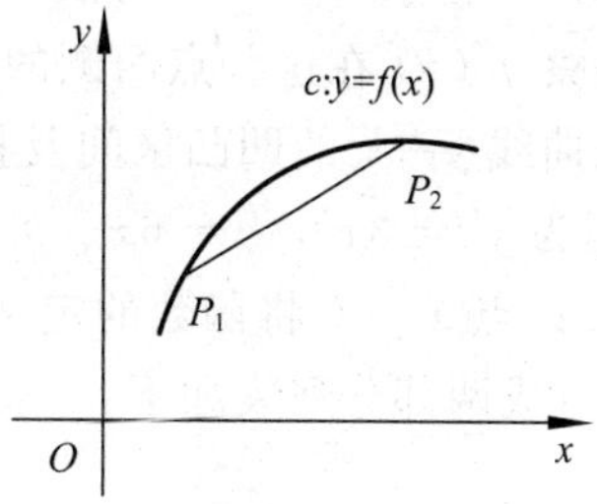

图 3-13

若曲线 c 是凹弧,则 c 的切线的斜率亦即导数 $f'(x)$ 是单调增加的(如图 3-14);若曲线 c 是凸弧,则 c 的切线的斜率亦即导数 $f'(x)$ 是单调减少的(如图 3-15). 因此,有如下定理:

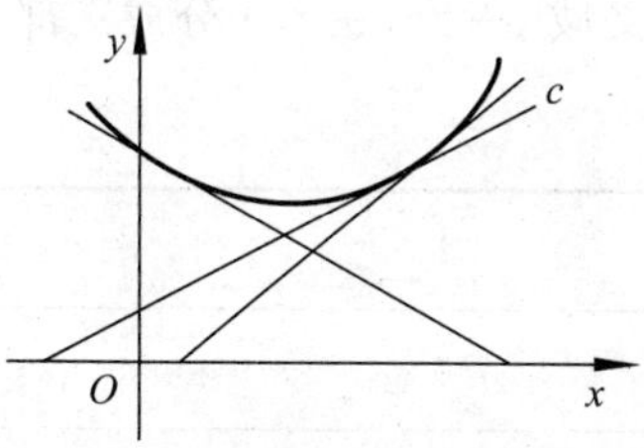

图 3-14

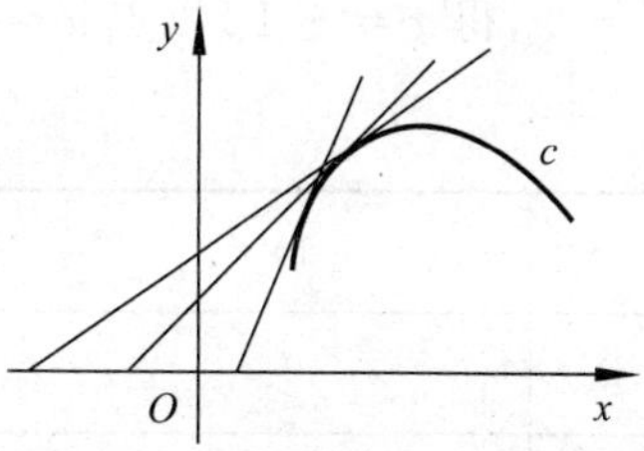

图 3-15

定理 1　如果 $f(x)$ 在$[a,b]$上连续,在(a,b)内具有二阶导数,若在(a,b)内

(1) $f''(x) > 0$,则 $f(x)$ 在$[a,b]$上的图形是凹的;

(2) $f''(x) < 0$,则 $f(x)$ 在$[a,b]$上的图形是凸的.

【例 1】　判断曲线 $y = x^2$ 的凹凸性.

解　因为 $y' = 2x, y'' = 2 > 0$,故曲线 $y = x^2$ 是凹的.

曲线的凹凸性与区间有关,如图 3-16 所示,对于曲线 $\Gamma: y = \varphi(x)(x \in [a,b])$,弧 $\overset{\frown}{AD}$ 是凸弧,弧 $\overset{\frown}{DB}$ 是凹弧. 凹弧与凸弧的分界点称为曲线的拐点. 所以,图 3-16 中的点 D 是曲线 Γ 的拐点.

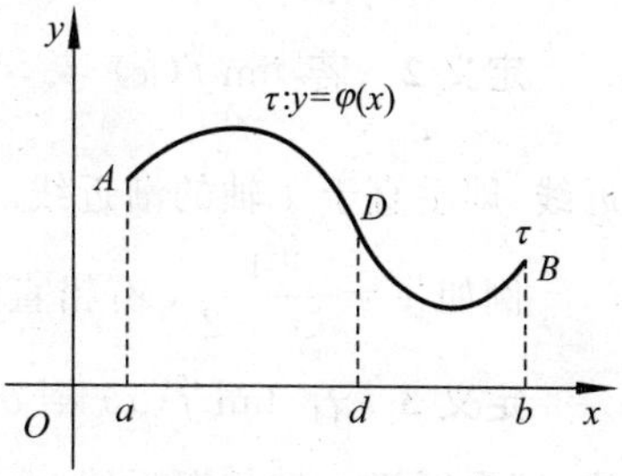

图 3-16

经过拐点时曲线的凹凸性发生改变,也即 $f''(x)$ 的符号发生变化. 若 $f(x)$ 在(a,b)内具有二阶连续导数,那么 $f''(x_0) = 0$ 的点 $(x_0, f(x_0))$ 是**拐点**. 若 $f''(x_0)$ 不存在,点 $(x_0, f(x_0))$ 也可能是连续曲线 $y = f(x)$ 的拐点.

求曲线 $y = f(x)$ 的凹凸区间和拐点的步骤:

(1) 求出二阶导数 $f''(x)$;

(2) 求出方程 $f''(x)=0$ 的根以及 $f''(x)$ 不存在的点；

(3) 考察 $f''(x)$ 在这些点两侧的正负号，确定凹凸区间及是否为拐点.

【例 2】 求曲线 $y=x^3$ 的凹凸区间及拐点.

解 因为 $y'=3x^2$，$y''=6x$. 令 $y''=0$，得 $x=0$. 以点 $x=0$ 将函数的定义域 $(-\infty,+\infty)$ 分成两部分列表如下：

x	$(-\infty,0)$	0	$(0,+\infty)$
y''	$-$	0	$+$
y	凸	拐点 $(0,0)$	凹

所以，曲线 $y=x^3$ 在 $(-\infty,0]$ 内是凸的，在 $[0,+\infty)$ 内是凹的，点 $(0,0)$ 是拐点.

【例 3】 求曲线 $y=\ln(x^2+1)$ 的凹凸区间及拐点.

解 因为 $y'=\dfrac{2x}{x^2+1}$，$y''=\dfrac{2(x^2+1)-2x\cdot 2x}{(x^2+1)^2}=\dfrac{2(1-x^2)}{(x^2+1)^2}$.

令 $y''=0$，得 $x=\pm 1$. 以点 $x=\pm 1$ 将函数的定义域 $(-\infty,+\infty)$ 分成三部分列表如下：

x	$(-\infty,-1)$	-1	$(-1,1)$	1	$(1,+\infty)$
y''	$-$	0	$+$	0	$-$
y	凸	拐点 $(-1,\ln 2)$	凹	拐点 $(1,\ln 2)$	凸

所以，曲线 $y=\ln(x^2+1)$ 在 $(-\infty,-1]$ 和 $[1,+\infty)$ 内是凸的，在 $[-1,1]$ 上是凹的，点 $(-1,\ln 2)$ 和 $(1,\ln 2)$ 是拐点.

3.5.2 曲线的渐近线

定义 2 若 $\lim\limits_{x\to x_0^+}f(x)=\infty$ 或 $\lim\limits_{x\to x_0^-}f(x)=\infty$，则称 $x=x_0$ 是 $y=f(x)$ 的一条**铅直渐近线**，即垂直于 x 轴的渐近线.

例如 $y=\dfrac{1}{x+2}$，有铅直渐近线 $x=-2$.

定义 3 若 $\lim\limits_{x\to+\infty}f(x)=b$ 或 $\lim\limits_{x\to-\infty}f(x)=b$，则称 $y=b$ 是 $y=f(x)$ 的一条**水平渐近线**，即平行于 x 轴的渐近线.

例如 $y=e^{-x^2}$，有水平渐近线 $y=0$.

3.5.3 函数作图

利用函数特性描绘函数图形，一般遵循下列步骤：

(1)确定函数 $y=f(x)$ 的定义域和某些性质，如奇偶性、周期性、曲线与坐标轴交点等性态；

(2)计算 $f(x)$ 的一阶导数 $f'(x)$ 和二阶导数 $f''(x)$，求出 $f(x)$ 的间断点、驻点、$f'(x)$ 不存在的点、$f''(x)$ 等于零的点、$f''(x)$ 不存在的点，用这些点把函数的定义域划分成几个部分区间；

(3)确定 $f'(x)$ 和 $f''(x)$ 在这些部分区间上的符号，由此确定函数的单调区间、极值点、凹凸区间和拐点. 把这些结果列成表；

(4)确定函数图形的水平、铅直渐近线以及其他变化趋势；

(5)描出(2)中的点及与坐标轴的交点等，有时还需要补充一些点，再综合前四步讨论的结果画出函数的图形.

【例 4】 画出函数 $y=x^3-x^2-x+1$ 的图形.

解 (1)定义域为 $(-\infty,+\infty)$.

(2)讨论单调性、极值、凹凸性和拐点：

$y'=3x^2-2x-1=(3x+1)(x-1)$，$y''=6x-2=2(3x-1)$，

令 $y'=0$，得 $x=-\dfrac{1}{3}$ 或 $x=1$；令 $y''=0$，得 $x=\dfrac{1}{3}$.

(3)用这三个点把函数的定义域划分成四个部分区间列表如下：

x	$\left(-\infty,-\frac{1}{3}\right)$	$-\frac{1}{3}$	$\left(-\frac{1}{3},\frac{1}{3}\right)$	$\frac{1}{3}$	$\left(\frac{1}{3},1\right)$	1	$(1,+\infty)$
y'	+	0	−		−	0	+
y''	−		−	0	+		+
y	↿	极大值 $\frac{32}{27}$	⇂	拐点 $\left(\frac{1}{3},\frac{16}{27}\right)$	⇁	极小值 0	↾

记号↿表示曲线是上升且是凸的，⇂表示曲线是下降且是凸的，⇁表示曲线是下降且是凹的，↾表示曲线是上升且是凹的.

(4)当 $x\to+\infty$ 时，$y\to+\infty$；当 $x\to-\infty$ 时，$y\to-\infty$.

(5)补充曲线上的一些点：$(-1,0)$，$(0,1)$，$\left(\dfrac{3}{2},\dfrac{5}{8}\right)$.

结合(3)、(4)中的结果，即可画出 $y=x^3-x^2-x+1$ 的图形(如图 3-17).

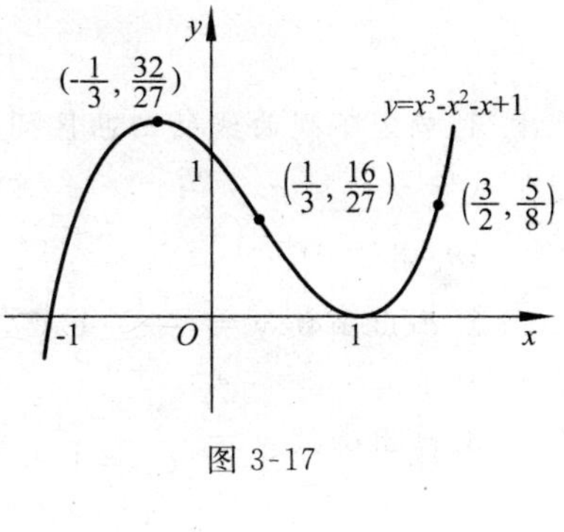

图 3-17

【例 5】 画出函数 $y=\dfrac{4(x+1)}{x^2}-2$ 的图形.

解 (1)定义域为 $(-\infty,0)\cup(0,+\infty)$.

(2)讨论单调性、极值、凹凸性和拐点：

$$y'=-\frac{4(x+2)}{x^3},y''=\frac{8(x+3)}{x^4}.$$

令 $y'=0$，得 $x=-2$；令 $y''=0$，得 $x=-3$.

(3)用 $x=-3$、-2、0 把函数的定义域划分成四个部分区间列表如下：

x	$(-\infty,-3)$	-3	$(-3,-2)$	-2	$(-2,0)$	0	$(0,+\infty)$
y'	$-$		$-$	0	$+$		$-$
y''	$-$	0	$+$		$+$		$+$
y	↘	拐点 $\left(-3,-\frac{26}{9}\right)$	↘	极小值 -3	↗	间断点	↘

(4)讨论渐近线：因为

$$\lim_{x\to\infty}\left[\frac{4(x+1)}{x^2}-2\right]=-2,\lim_{x\to 0}\left[\frac{4(x+1)}{x^2}-2\right]=\infty,$$

所以 $y=-2$ 是水平渐近线，$x=0$ 是铅直渐近线.

(5)补充曲线上的一些点：$(-1,-2)$，$(1,6)$，$(2,1)$，$\left(3,-\frac{2}{9}\right)$. 结合(3)、(4)中的结果，即可画出 $y=\frac{4(x+1)}{x^2}-2$ 的图形(如图 3-18).

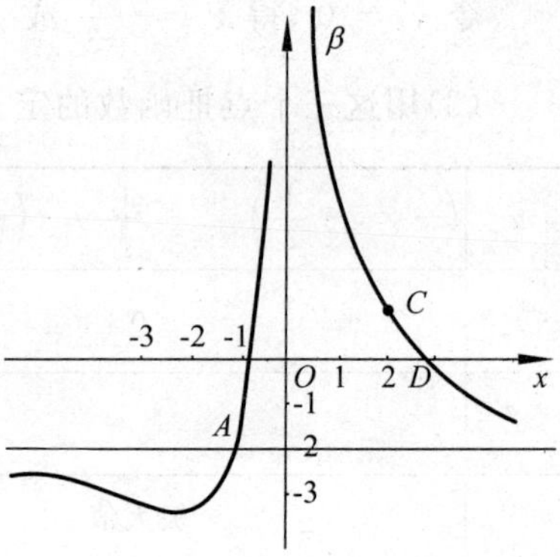

图 3-18

习题 3.5

1. 确定下列曲线的凹凸区间和拐点：

(1) $y=x^2-x^3$；　　(2) $y=x\arctan x$；

(3) $y=xe^{-x}$；　　(4) $y=x^4(12\ln x-7)$.

2. 画出函数 $y=\frac{1}{\sqrt{2\pi}}e^{-\frac{x^2}{2}}$ 的图形.

3. 画出函数 $y=\frac{2x-1}{(x-1)^2}$ 的图形.

自 测 题

1. 填空题：

(1) $\lim\limits_{x\to 0}\dfrac{\sin 2x}{\sin 5x}=$ ________.

(2) $\lim\limits_{x\to 0}\dfrac{\ln(1+x)}{x}=$ ________.

(3) 函数 $y=2\ln\dfrac{x+3}{x}-3$ 的水平渐近线是________.

(4) 函数 $y=2x^3-3x^2$ 在 $[-1,1]$ 上的最大值为________.

(5) 罗尔定理中的三个条件：① $f(x)$ 在 $[a,b]$ 上连续，② $f(x)$ 在 (a,b) 上可导，③ $f(a)=f(b)$，是至少存在一点 $\xi\in(a,b)$，使得 $f'(\xi)=0$ 的________条件.

2. 单项选择题：

(1) 曲线 $y=f(x)$ 在 (a,b) 内 $f'(x)<0$，$f''(x)<0$，则曲线在此区间内(　　).

A. 单调下降，凸的　　B. 单调下降，凹的

C. 单调上升，凸的　　D. 单调上升，凹的

(2) 曲线 $y=\dfrac{e^{3-x}}{3-x}$ 的水平渐近线为(　　).

A. $y=0$　　B. $y=1$

C. $y=3$　　D. 不存在

(3) 条件 $f''(x_0)=0$ 是 $f(x)$ 的图形在点 $x=x_0$ 处为拐点的(　　).

A. 充分条件　　B. 必要条件

C. 充要条件　　D. 既非充分条件也非必要条件

(4) 以下结论正确的是(　　).

A. 函数 $f(x)$ 的导数不存在的点一定不是 $f(x)$ 的极值点

B. 若 x_0 为函数 $f(x)$ 的驻点，则 x_0 必为 $f(x)$ 的极值点

C. 若函数 $f(x)$ 在点 x_0 处有极值，且 $f'(x_0)$ 存在，则必有 $f'(x_0)=0$

D. 若函数 $f(x)$ 在点 x_0 处连续，则 $f'(x_0)$ 一定存在

(5) 曲线 $y=\dfrac{2x-1}{(x-1)^2}$，则(　　).

A. 没有水平渐近线　　B. 有铅直渐近线

C. 没有铅直渐近线　　D. 没有渐近线

3. 证明不等式:

(1) 当 $x>0$ 时, $\frac{1}{1+x}<\ln\frac{1+x}{x}<\frac{1}{x}$;

(2) 当 $x>0$ 时, $x-\frac{x^2}{2}<\ln(1+x)<x$.

4. 求下列极限:

(1) $\lim\limits_{x\to1}\left(\frac{1}{\ln x}-\frac{1}{x-1}\right)$; (2) $\lim\limits_{x\to0}\frac{e^x-e^{-x}-2x}{x-\sin x}$; (3) $\lim\limits_{x\to0}\frac{\tan x-x}{x^2\tan x}$.

5. 求函数 $y=2x^3-9x^2+12x-3$ 的单调增减区间和极值.

6. 求函数 $y=x^2-\frac{54}{x}$ 在 $[-6,-1]$ 上的最值.

7. 求曲线 $f(x)=3x^4-4x^3+1$ 的凹凸区间和拐点.

8. 列表求出函数 $y=x^3-x^2-x+1$ 在其定义域内的单调区间、极值、凹凸区间、拐点,并求出此函数在 $[-1,1]$ 上的最值.

9. 在一个底圆半径为 R、高为 h 的正圆锥体内作内接正圆柱体(圆柱的一个底面与锥体的底面重合),求该圆柱体的最大体积.

10. 要造一个体积为 V 的无盖圆柱形桶,其底用铝制造,侧壁用铁制造,已知铝与铁的单位面积价格比为 5:1,问桶的底半径 R 与高 h 各为多少时,才能使桶的造价最低?

第 4 章

不定积分

在第 2 章中，我们讨论了求一个函数的导数与微分问题，求导数与微分的运算称为微分法. 本章将讨论与之相反的问题，即求一个未知函数，使其导数恰好等于已知函数. 这种运算称为积分法，它是微分法的逆运算.

§4.1 不定积分的概念与性质

4.1.1 原函数与不定积分的概念

定义 1 设 $f(x)$ 是定义在区间 I 上的函数，如果存在函数 $F(x)$，使得对 I 上任何一点 x，都有

$$F'(x) = f(x) \text{ 或 } \mathrm{d}F(x) = f(x)\mathrm{d}x , \quad (1)$$

则称函数 $F(x)$ 为 $f(x)$ 在区间 I 上的一个**原函数**.

例如，由于 $(\sin x)' = \cos x$，因此 $\sin x$ 是 $\cos x$ 在区间 $(-\infty, +\infty)$ 上的一个原函数.

又如，由于 $(2x^3)' = (2x^3+1)' = 6x^2$，因此 $2x^3$ 和 $2x^3+1$ 都是 $6x^2$ 在区间 $(-\infty, +\infty)$ 上的原函数.

关于原函数，我们很自然地会提出如下几个问题：

(1) $f(x)$ 具备什么条件，就能保证它的原函数一定存在？

(2)若 $f(x)$ 的原函数存在，那么它的原函数有多少个，相互间有何关系？

(3)若 $f(x)$ 的原函数存在，如何求出它的全部原函数？

关于问题(1)和问题(2)，由下面两个定理给出；至于问题(3)，就是本章将要介绍的各种积分方法.

定理 1 （**原函数存在定理**）如果函数 $f(x)$ 在区间 I 上连续，则 $f(x)$ 在 I 上存在原函数.

简言之：连续函数一定有原函数. 本定理将在第五章加以证明.

由于初等函数在其定义区间上是连续的，因此初等函数在其定义区间上都存在原函数.

定理 2 设 $F(x)$ 是 $f(x)$ 在区间 I 上的一个原函数，则

(1)对于任意常数 C，函数 $F(x)+C$ 也是 $f(x)$ 的一个原函数；

(2) $f(x)$ 的任意两个原函数之间,只可能相差一个常数 C.

证 (1)对于任意常数 C,由于 $(F(x)+C)'=F'(x)=f(x)$,因此 $F(x)+C$ 也是 $f(x)$ 在区间 I 内的一个原函数. 这表明如果 $f(x)$ 有原函数,那么原函数的个数为无限多个.

(2) 设 $\Phi(x)$ 是 $f(x)$ 在 I 上的任一个不同于 $F(x)$ 的原函数,则

$$[\Phi(x)-F(x)]'=f(x)-f(x)=0,$$

于是

$$\Phi(x)-F(x)=C(C\text{ 是某一常数}),$$

即 $\Phi(x)=F(x)+C$. 这表明 $f(x)$ 的任一原函数均能表示成 $F(x)+C$ 的形式.

定义 2 函数 $f(x)$ 在区间 I 上的全体原函数 $F(x)+C$ 称为 $f(x)$ 在 I 上的**不定积分**,记作 $\int f(x)\mathrm{d}x$,即

$$\int f(x)\mathrm{d}x=F(x)+C \quad (C\text{ 是任意常数}). \tag{2}$$

其中 $\int$ 称为**积分号**, $f(x)$ 称为**被积函数**, $f(x)\mathrm{d}x$ 称为**被积表达式**, x 称为积分变量, C 称为**积分常数**.

由定义 2 可见,不定积分与原函数是总体与个体的关系,即若 $F(x)$ 是 $f(x)$ 在区间 I 上的一个原函数,则 $f(x)$ 在 I 上的不定积分是一个函数族 $\{F(x)+C\}$.

注意,计算不定积分时,切莫忘记加积分常数 C.

【例 1】 求 $\int x^2\mathrm{d}x$.

解 由于 $\left(\dfrac{x^3}{3}\right)'=x^2$,所以 $\dfrac{x^3}{3}$ 是 x^2 的一个原函数,因此

$$\int x^2\mathrm{d}x=\frac{x^3}{3}+C.$$

【例 2】 求 $\int \dfrac{1}{1+x^2}\mathrm{d}x$.

解 由于 $(\arctan x)'=\dfrac{1}{1+x^2}$,所以 $\arctan x$ 是 $\dfrac{1}{1+x^2}$ 的一个原函数,因此

$$\int\frac{1}{1+x^2}\mathrm{d}x=\arctan x+C.$$

由不定积分的定义,有如下关系式:

$$\frac{\mathrm{d}}{\mathrm{d}x}\left[\int f(x)\mathrm{d}x\right]=f(x) \quad 或\ \mathrm{d}\left[\int f(x)\mathrm{d}x\right]=f(x)\mathrm{d}x; \tag{3}$$

$$\int F'(x)\mathrm{d}x=F(x)+C \quad 或\int \mathrm{d}F(x)=F(x)+C. \tag{4}$$

事实上,设 $F(x)$ 是函数 $f(x)$ 的一个原函数,即 $F'(x)=f(x)$,则

$$\left(\int f(x)\mathrm{d}x\right)' = (F(x)+C)' = F'(x) = f(x).$$

又因为 $F(x)$ 是 $F'(x)$ 的一个原函数,所以 $\int F'(x)\mathrm{d}x = F(x)+C$.

由此可见,微分运算(记号为 d)与不定积分运算(记号为 $\int$)是互逆的.当记号合在一起时,或者抵消,或者抵消后差一个常数.

4.1.2　不定积分的几何意义

【例 3】　设曲线通过点(1,2),且其上任一点处的切线斜率等于这点的横坐标的两倍,求此曲线的方程.

解　设所求曲线方程为 $y=f(x)$,则曲线上任一点 (x,y) 处的切线斜率为

$$\frac{\mathrm{d}y}{\mathrm{d}x} = 2x,$$

这表明 $f(x)$ 是 $2x$ 的一个原函数.

由于 $\int 2x\mathrm{d}x = x^2+C$,故所求曲线 $y=f(x)$ 应是曲线族 $y=x^2+C$ 中的一条.又所求曲线过点(1,2),故有 $2=1+C$,即 $C=1$.于是,所求曲线方程为

$$y = x^2+1.$$

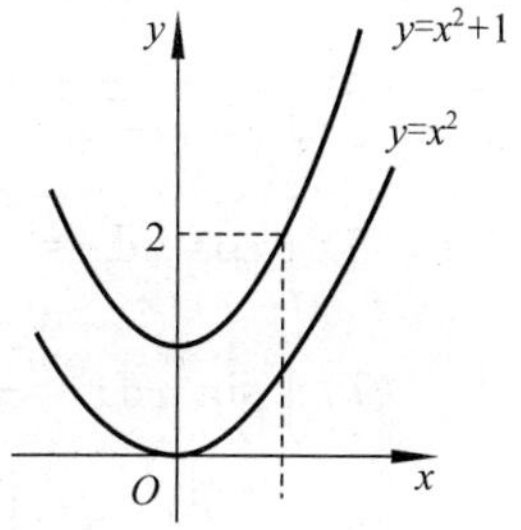

图 4-1

曲线族 $y=x^2+C$ 中任意常数 C 的几何意义:

$y=x^2+C$ 的图形可由抛物线 $y=x^2$ 沿 y 轴方向移动距离 $|C|$ 得到.当 $C>0$ 时,图形向上移;当 $C<0$ 时,图形向下移(如图 4-1).

由此例,我们可将原函数和不定积分这些概念用几何术语来加以描述:

(1)若 $F(x)$ 是函数 $f(x)$ 的一个原函数,则称 $y=F(x)$ 的图形为 $f(x)$ 的一条**积分曲线**;

(2)不定积分 $\int f(x)\mathrm{d}x$ 的图形 $y=F(x)+C$ 称为函数 $f(x)$ 的**积分曲线族**.它在几何上表示 $f(x)$ 的某一条积分曲线沿纵轴方向任意平移所得一切积分曲线组成的曲线族;

(3)由 $(F(x)+C)'=f(x)$ 可知,在积分曲线族上横坐标相同的点处作切线,则这些切线彼此平行.

4.1.3　基本积分表

由于不定积分运算与微分运算是互逆的,那么,我们可由基本初等函数的导数公式给出相应的积分公式.

例如,当 $x>0$ 时,由于 $(\ln x)'=\frac{1}{x}$,故有 $\int \frac{1}{x}\mathrm{d}x=\ln x+C$;当 $x<0$ 时,由于 $(\ln(-x))'$

$= \dfrac{1}{-x} \cdot (-1) = \dfrac{1}{x}$,故有 $\int \dfrac{1}{x}\,dx = \ln(-x) + C$.因此

$$\int \frac{1}{x}\,dx = \ln|x| + C.$$

又如,$(\tan x)' = \sec^2 x = \dfrac{1}{\cos^2 x}$,因此 $\int \dfrac{dx}{\cos^2 x} = \int \sec^2 x dx = \tan x + C$.

以下是基本初等函数的导数公式变来的,称为**基本积分表**:

(1) $\int k dx = kx + C \quad (k \text{是常数})$;

(2) $\int x^\mu dx = \dfrac{x^{\mu+1}}{\mu+1} + C \quad (\mu \neq -1)$;

(3) $\int \dfrac{1}{x}\,dx = \ln|x| + C$;

(4) $\int \dfrac{1}{1+x^2}\,dx = \arctan x + C$;

(5) $\int \dfrac{1}{\sqrt{1-x^2}}dx = \arcsin x + C$;

(6) $\int \cos x dx = \sin x + C$;

(7) $\int \sin x dx = -\cos x + C$;

(8) $\int \dfrac{dx}{\cos^2 x} = \int \sec^2 x dx = \tan x + C$;

(9) $\int \dfrac{dx}{\sin^2 x} = \int \csc^2 x dx = -\cot x + C$;

(10) $\int \sec x \tan x dx = \sec x + C$;

(11) $\int \csc x \cot x dx = -\csc x + C$;

(12) $\int e^x\,dx = e^x + C$;

(13) $\int a^x dx = \dfrac{a^x}{\ln a} + C$.

判断积分结果是否正确,只要对结果求导,看导数是否等于被积函数. 相等时,结果是正确的,否则是错误的.

4.1.4 不定积分的性质

性质1 设函数 $f(x)$ 和 $g(x)$ 的原函数存在,则

$$\int[f(x)\pm g(x)]\mathrm{d}x=\int f(x)\mathrm{d}x\pm\int g(x)\mathrm{d}x. \tag{5}$$

证　将(5)式右端求导,得

$$\left[\int f(x)\mathrm{d}x\pm\int g(x)\mathrm{d}x\right]'=\left[\int f(x)\mathrm{d}x\right]'\pm\left[\int g(x)\mathrm{d}x\right]'=f(x)\pm g(x).$$

此性质对于有限个函数都是成立的.

性质2　设函数 $f(x)$ 的原函数存在,k 为非零常数,则

$$\int kf(x)\mathrm{d}x=k\int f(x)\mathrm{d}x. \tag{6}$$

证　将(6)式右端求导,得

$$\left[k\int f(x)\mathrm{d}x\right]'=k\left[\int f(x)\mathrm{d}x\right]'=kf(x).$$

利用不定积分的两个性质与基本的不定积分公式,我们可求一些简单函数的不定积分.

【例4】　求 $\int\sqrt{x}\,(x^2-5)\mathrm{d}x$.

解　$\int\sqrt{x}\,(x^2-5)\mathrm{d}x=\int(x^{\frac{5}{2}}-5x^{\frac{1}{2}})\mathrm{d}x=\int x^{\frac{5}{2}}\,\mathrm{d}x-5\int x^{\frac{1}{2}}\,\mathrm{d}x$

$$=\frac{2}{7}x^{\frac{7}{2}}-\frac{10}{3}x^{\frac{3}{2}}+C.$$

【例5】　求 $\int 2^x\cdot\mathrm{e}^x\mathrm{d}x$.

解　$\int 2^x\cdot\mathrm{e}^x\mathrm{d}x=\int(2\mathrm{e})^x\,\mathrm{d}x=\dfrac{(2\mathrm{e})^x}{\ln(2\mathrm{e})}+C.$

【例6】　求 $\int\dfrac{1+x+x^2}{x(1+x^2)}\mathrm{d}x$.

解　$\int\dfrac{1+x+x^2}{x(1+x^2)}\mathrm{d}x=\int\left(\dfrac{1}{x}+\dfrac{1}{1+x^2}\right)\mathrm{d}x=\int\dfrac{1}{x}\,\mathrm{d}x+\int\dfrac{1}{1+x^2}\,\mathrm{d}x=\ln|x|+\arctan x+C.$

习题 4.1

1. 求下列不定积分:

(1) $\int(2-5x^4)\mathrm{d}x$;　　(2) $\int(3x+4)^2\mathrm{d}x$;

(3) $\int\dfrac{1}{x^2\sqrt{x}}\mathrm{d}x$;　　(4) $\int(2\sin x-5\cos x)\mathrm{d}x$;

(5) $\int(3^x+\mathrm{e}^x)\mathrm{d}x$;　　(6) $\int\dfrac{2x^2}{1+x^2}\mathrm{d}x$;

(7) $\int\left(2e^x+\frac{3}{x}\right)dx$ ；　(8) $\int\left(\frac{3}{1+x^2}-\frac{2}{\sqrt{1-x^2}}\right)dx$ ；

(9) $\int\sec x(\sec x-\tan x)dx$ ；　(10) $\int\tan^2 x dx$.

2. 设曲线 $y=f(x)$ 通过点(0,3)，且其上任一点处的切线斜率为 $k=2x^2+3$ ，求此曲线的方程.

§4.2 换元积分法

由复合函数的求导法则，可以引出积分换元法则. 它是通过引进中间变量作代换，把原不定积分转化为较易计算的不定积分，这就是换元积分法. 换元积分法有两类：第一换元积分法和第二换元积分法.

4.2.1 第一换元积分法(凑微分法)

例如求 $\int\frac{1}{3x-1}dx$.

被积函数 $\frac{1}{3x-1}$ 是积分变量 x 的复合函数，因此不能直接套用公式 $\int\frac{1}{x}dx=\ln|x|+C$. 如果把 $3x-1$ 看作一个整体，将 dx 凑成 $d(3x-1)$ ，再作代换，即可套用公式

$$\int\frac{1}{3x-1}dx=\frac{1}{3}\int\frac{1}{3x-1}d(3x-1)\xlongequal{u=3x-1}\frac{1}{3}\int\frac{1}{u}du=\frac{1}{3}\ln|u|+C=\frac{1}{3}\ln|3x-1|+C.$$

这种先凑微分式，再作变量代换，化成基本积分公式的方法称为**第一换元积分法**，也称为**凑微分法**. 一般地，有如下定理：

定理 1 设 $\int f(u)du=F(u)+C$ ，且 $u=\varphi(x)$ 可微，则有换元积分公式

$$\int f(\varphi(x))\varphi'(x)dx=\int f(\varphi(x))d\varphi(x)=F(\varphi(x))+C. \tag{1}$$

证 由于 $\int f(u)du=F(u)+C$ ，故有 $F'(u)=f(u)$ ，所以

$$[F(\varphi(x))]'=F'(\varphi(x))\varphi'(x)=f(\varphi(x))\varphi'(x),$$

因而 $\int f(\varphi(x))\varphi'(x)dx=F(\varphi(x))+C$ ，即

$$\int f(\varphi(x))\varphi'(x)dx=\int f(\varphi(x))d\varphi(x)\xlongequal{u=\varphi(x)}\int f(u)du=F(u)+C=F(\varphi(x))+C.$$

这个定理表明：欲求不定积分 $\int f(\varphi(x))\varphi'(x)dx$ ，可令 $u=\varphi(x)$ ，则不定积分化为 $\int f(u)du$ ，它将原来的积分变量 x 换成了新的积分变量 u ，求出不定积分 $\int f(u)du$ 之后，再

把 $u=\varphi(x)$ 代换回去即可.

在用第一换元积分法求不定积分时,下列凑微分的形式是常用的:

(1) $\int f(ax+b)\mathrm{d}x=\frac{1}{a}\int f(ax+b)d(ax+b)$,$(a\neq 0)$;

(2) $\int f(x^{\mu})x^{\mu-1}\mathrm{d}x=\frac{1}{\mu}\int f(x^{\mu})\mathrm{d}x^{\mu}$,$(\mu\neq 0)$;

(3) $\int f(\mathrm{e}^{x})\mathrm{e}^{x}\mathrm{d}x=\int f(\mathrm{e}^{x})\mathrm{d}\mathrm{e}^{x}$;

(4) $\int f(\ln x)\frac{\mathrm{d}x}{x}=\int f(\ln x)\mathrm{d}\ln x$;

(5) $\int f(\sin x)\cos x\mathrm{d}x=\int f(\sin x)\mathrm{d}\sin x$;

(6) $\int f(\cos x)\sin x\mathrm{d}x=-\int f(\cos x)\mathrm{d}\cos x$;

(7) $\int f(\tan x)\sec^{2}x\mathrm{d}x=\int f(\tan x)\mathrm{d}\tan x$;

(8) $\int f(\cot x)\csc^{2}x\mathrm{d}x=-\int f(\cot x)\mathrm{d}\cot x$;

(9) $\int f(\arcsin x)\frac{\mathrm{d}x}{\sqrt{1-x^{2}}}=\int f(\arcsin x)\mathrm{d}\arcsin x$;

(10) $\int f(\arctan x)\frac{\mathrm{d}x}{1+x^{2}}=\int f(\arctan x)\mathrm{d}\arctan x$.

下面用一些具体的例子来说明第一换元积分法的应用.

【例 1】 求 $\int\cos 2x\mathrm{d}x$.

解 令 $u=2x$,则 $\mathrm{d}u=2\mathrm{d}x$,从而

$$\int\cos 2x\mathrm{d}x=\frac{1}{2}\int\cos 2x\mathrm{d}(2x)\xlongequal{u=2x}\frac{1}{2}\int\cos u\mathrm{d}u=\frac{1}{2}\sin u+C=\frac{1}{2}\sin 2x+C.$$

【例 2】 求 $\int\sqrt{2x+1}\mathrm{d}x$.

解 令 $u=2x+1$,则 $\mathrm{d}u=2\mathrm{d}x$,从而

$$\int\sqrt{2x+1}\mathrm{d}x=\frac{1}{2}\int(2x+1)^{\frac{1}{2}}\mathrm{d}(2x+1)\xlongequal{u=2x+1}\frac{1}{2}\int u^{\frac{1}{2}}\mathrm{d}u=\frac{1}{2}\cdot\frac{2}{3}u^{\frac{3}{2}}+C=\frac{1}{3}(2x+1)^{\frac{3}{2}}+C.$$

由上面的解题过程可知,变量 u 是一个中间变量,在求不定积分的过程中,只是起过渡作用,最终都要换回到原来的积分变量.因此,在较熟练之后,可以不用写出中间变量.

例如,$\int\cos 2x\mathrm{d}x=\frac{1}{2}\int\cos 2x\mathrm{d}(2x)=\frac{1}{2}\sin 2x+C$;

$$\int \sqrt{2x+1}\mathrm{d}x = \frac{1}{2}\int (2x+1)^{\frac{1}{2}}\mathrm{d}(2x+1) = \frac{1}{2}\cdot\frac{2}{3}(2x+1)^{\frac{3}{2}}+C = \frac{1}{3}(2x+1)^{\frac{3}{2}}+C.$$

【例 3】 求 $\int \tan x\mathrm{d}x$.

解 $\int \tan x\mathrm{d}x = \int \frac{\sin x}{\cos x}\mathrm{d}x = -\int \frac{\mathrm{d}\cos x}{\cos x} = -\ln|\cos x|+C$.

类似地,有 $\int \cot x\mathrm{d}x = \ln|\sin x|+C$.

【例 4】 求 $\int \sec x\mathrm{d}x$.

解
$$\int \sec x\mathrm{d}x = \int \frac{\sec x(\sec x+\tan x)}{\sec x+\tan x}\mathrm{d}x = \int \frac{\sec^2 x+\sec x\tan x}{\sec x+\tan x}\mathrm{d}x$$
$$= \int \frac{\mathrm{d}(\tan x+\sec x)}{\sec x+\tan x} = \ln|\sec x+\tan x|+C.$$

类似地,有 $\int \csc x\mathrm{d}x = -\ln|\csc x+\cot x|+C$.

【例 5】 求 $\int \frac{1}{a^2+x^2}\mathrm{d}x (a\neq 0)$.

解
$$\int \frac{1}{a^2+x^2}\mathrm{d}x = \int \frac{1}{a^2}\cdot\frac{1}{1+\left(\frac{x}{a}\right)^2}\mathrm{d}x = \frac{1}{a}\int \frac{1}{1+\left(\frac{x}{a}\right)^2}\mathrm{d}\left(\frac{x}{a}\right) = \frac{1}{a}\arctan\frac{x}{a}+C.$$

【例 6】 求 $\int \frac{1}{x^2-a^2}\mathrm{d}x\ (a\neq 0)$.

解
$$\int \frac{1}{x^2-a^2}\mathrm{d}x = \frac{1}{2a}\int \left(\frac{1}{x-a}-\frac{1}{x+a}\right)\mathrm{d}x = \frac{1}{2a}\left(\int \frac{1}{x-a}\mathrm{d}x-\int \frac{1}{x+a}\mathrm{d}x\right)$$
$$= \frac{1}{2a}\left[\int \frac{1}{x-a}\mathrm{d}(x-a)-\int \frac{1}{x+a}\mathrm{d}(x+a)\right]$$
$$= \frac{1}{2a}(\ln|x-a|-\ln|x+a|)+C$$
$$= \frac{1}{2a}\ln\left|\frac{x-a}{x+a}\right|+C.$$

【例 7】 求 $\int xe^{x^2}\mathrm{d}x$.

解 $\int xe^{x^2}\mathrm{d}x = \frac{1}{2}\int e^{x^2}\mathrm{d}x^2 = e^{x^2}+C$.

【例 8】 求 $\int \frac{1}{\sqrt{1-x^2}(\arcsin x)^2}\mathrm{d}x$.

解
$$\int \frac{1}{\sqrt{1-x^2}(\arcsin x)^2}\mathrm{d}x = \int \frac{1}{(\arcsin x)^2}\mathrm{d}\arcsin x = -\frac{1}{\arcsin x}+C.$$

【例 9】 求$\int \cos^2 x\,dx$.

解 $\int \cos^2 x\,dx=\int \frac{1+\cos 2x}{2}dx=\frac{1}{2}\int dx+\frac{1}{4}\int \cos 2x d(2x)=\frac{1}{2}x+\frac{1}{4}\sin 2x+C.$

【例 10】 求$\int \sin^3 x\,dx$.

解 $\int \sin^3 x\,dx=-\int \sin^2 x\,d\cos x=\int (\cos^2 x-1)d\cos x=\frac{1}{3}\cos^3 x-\cos x+C.$

4.2.2 第二换元积分法

第二换元积分法的代换过程与第一换元积分法恰好相反,后者是

$$\int f[\varphi(x)]\varphi'(x)dx \xlongequal{u=\varphi(x)} \int f(u)du.$$

而前者的代换过程是

$$\int f(x)dx \xlongequal{x=\psi(t)} \int f(\psi(t))d\psi(t)=\int f(\psi(t))\psi'(t)dt=\int g(t)dt,$$

其中 $g(t)=f(\psi(t))\psi'(t)$.作代换 $x=\psi(t)$ 的目的是把不易计算的$\int f(x)dx$转化成较易计算的$\int g(t)dt$.若设

$$\int g(t)dt=G(t)+C,$$

将 $x=\psi(t)$ 的反函数 $t=\psi^{-1}(x)$ 带入 $G(t)$,即得

$$\int f(x)dx=G[\psi^{-1}(x)]+C=F(x)+C.$$

为了保证 $x=\psi(t)$ 的反函数存在且可导,假设 $x=\psi(t)$ 单调、可导,且 $\psi'(t)\neq 0$.

综上所述,第二换元积分法为

$$\int f(x)dx \xlongequal{x=\psi(t)} \int f(\psi(t))\psi'(t)dt=\int g(t)dt=G(t)+C=G(\psi^{-1}(x))+C. \quad (2)$$

第二换元积分法有两种基本类型:三角代换和根式代换.

类型 1 三角代换.

【例 11】 求$\int \sqrt{a^2-x^2}\,dx(a>0)$.

解 令$x=a\sin t,-\frac{\pi}{2}<t<\frac{\pi}{2}$,则$\sqrt{a^2-x^2}=\sqrt{a^2-a^2\sin^2 t}=a\cos t,dx=a\cos tdt$,从而

$$\int \sqrt{a^2-x^2}\,dx=\int a\cos t\cdot a\cos tdt=a^2\int \frac{1+\cos 2t}{2}dt=\frac{a^2}{2}\int dt+\frac{a^2}{2}\int \cos 2t\,dt$$

$$= \frac{a^2}{2}t + \frac{a^2}{4}\sin 2t + C = \frac{a^2}{2}t + \frac{a^2}{2}\sin t\cos t + C$$

$$= \frac{a^2}{2}\arcsin\frac{x}{a} + \frac{a^2}{2}\cdot\frac{x}{a}\cdot\frac{\sqrt{a^2-x^2}}{a} + C$$

$$= \frac{a^2}{2}\arcsin\frac{x}{a} + \frac{x}{2}\cdot\sqrt{a^2-x^2} + C.$$

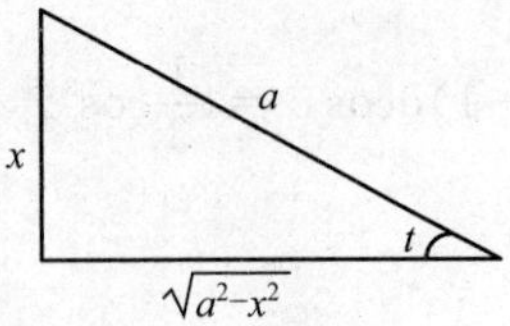

图 4-2

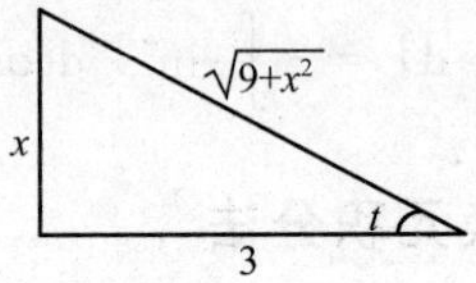

图 4-3

【例 12】 求 $\int \frac{1}{x^2\sqrt{x^2+9}}\,\mathrm{d}x$.

解 令 $x = 3\tan t, -\frac{\pi}{2} < t < \frac{\pi}{2}$，则 $\sqrt{x^2+9} = \sqrt{9(\tan^2 t+1)} = 3\sec t, \mathrm{d}x = 3\sec^2 t\mathrm{d}t$，从而

$$\int \frac{1}{x^2\sqrt{x^2+9}}\,\mathrm{d}x = \int \frac{1}{9\tan^2 t\cdot 3\sec t}\cdot 3\sec^2 t\mathrm{d}t = \frac{1}{9}\int \frac{\cos t}{\sin^2 t}\,\mathrm{d}t$$

$$= \frac{1}{9}\int \frac{1}{\sin^2 t}\,\mathrm{d}\sin t = -\frac{1}{9\sin t} + C$$

$$= -\frac{\sqrt{9+x^2}}{9x} + C.$$

【例 13】 求 $\int \frac{1}{\sqrt{x^2-4}}\,\mathrm{d}x$.

解 令 $x = 2\sec t, 0 < t < \frac{\pi}{2}$，则 $\sqrt{x^2-4} = \sqrt{4(\sec^2 t-1)} = 2\tan t, \mathrm{d}x = 2\sec t\tan t\mathrm{d}t$，从而

$$\int \frac{1}{\sqrt{x^2-4}}\,\mathrm{d}x = \int \frac{1}{2\tan t}\cdot 2\sec t\tan t\mathrm{d}t$$

$$= \int \sec t\,\mathrm{d}t = \int \frac{\sec t(\sec t+\tan t)}{\sec t+\tan t}\mathrm{d}t$$

$$= \int \frac{\mathrm{d}(\sec t+\tan t)}{\sec t+\tan t} = \ln|\sec t+\tan t| + C$$

$$= \ln\left|\frac{x}{2} + \frac{\sqrt{x^2-4}}{2}\right| + C.$$

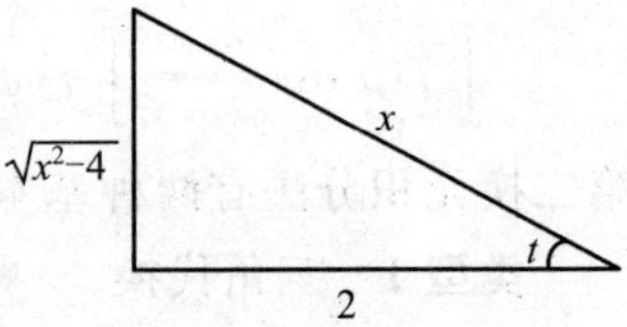

图 4-4

类型 2　根式代换.

【例 14】　求 $\int \frac{x}{\sqrt{x-1}}\,\mathrm{d}x$.

解　令 $t=\sqrt{x-1}$，则 $x=t^2+1,\mathrm{d}x=2t\mathrm{d}t$，从而

$$\int \frac{x}{\sqrt{x-1}}\,\mathrm{d}x=\int \frac{t^2+1}{t}\cdot 2t\mathrm{d}t=2\int (t^2+1)\,\mathrm{d}t=\frac{2}{3}t^3+2t+C$$

$$=\frac{2}{3}(\sqrt{x-1})^3+2\sqrt{x-1}+C.$$

【例 15】　求 $\int \frac{1}{1+\sqrt{\mathrm{e}^x}}\,\mathrm{d}x$.

解　令 $t=\sqrt{\mathrm{e}^x}$，则 $x=2\ln t,\mathrm{d}x=\frac{2}{t}\mathrm{d}t$，从而

$$\int \frac{1}{1+\sqrt{\mathrm{e}^x}}\,\mathrm{d}x=\int \frac{2}{(1+t)t}\,\mathrm{d}t=2\int \left(\frac{1}{t}-\frac{1}{t+1}\right)\mathrm{d}t=2[\ln t-\ln(t+1)]+C$$

$$=2\ln\frac{t}{t+1}+C=2\ln\frac{\sqrt{\mathrm{e}^x}}{\sqrt{\mathrm{e}^x}+1}+C.$$

【例 16】　$\int \frac{1}{\sqrt{x}(1+\sqrt[3]{x})}\,\mathrm{d}x$.

解　令 $t=\sqrt[6]{x}$，则 $x=t^6,\mathrm{d}x=6t^5\mathrm{d}t$，从而

$$\int \frac{1}{\sqrt{x}(1+\sqrt[3]{x})}\,\mathrm{d}x=\int \frac{6t^5}{t^3(1+t^2)}\mathrm{d}t=\int \frac{6t^2}{1+t^2}\mathrm{d}t=6\int\left(1-\frac{1}{1+t^2}\right)\mathrm{d}t$$

$$=6t-6\arctan t+C=6\sqrt[6]{x}-6\arctan\sqrt[6]{x}+C.$$

最后，我们指出：使用变量代换求不定积分，关键是选择恰当的代换，不恰当的代换会使问题愈来愈复杂.

习题 4.2

1. 求下列不定积分：

(1) $\int \frac{1}{\sqrt{4x-1}}\,\mathrm{d}x$；　　(2) $\int \sin(2x+1)\,\mathrm{d}x$；

(3) $\int \frac{\mathrm{e}^{\sqrt{x}}}{\sqrt{x}}\,\mathrm{d}x$；　　(4) $\int \frac{\mathrm{e}^x}{\mathrm{e}^x+3}\,\mathrm{d}x$；

(5) $\int \frac{(\arctan x)^2}{1+x^2}\,\mathrm{d}x$；　　(6) $\int \frac{(\ln x)^3}{x}\,\mathrm{d}x$；

(7) $\int \frac{1}{x(1+2\ln x)}\,\mathrm{d}x$；　　(8) $\int \frac{6x}{1+x^2}\,\mathrm{d}x$；

(9) $\int \sin^2 3x \,\mathrm{d}x$ ；　　(10) $\int \frac{\cos x - \sin x}{(\cos x + \sin x)^4} \mathrm{d}x$.

2. 求下列不定积分：

(1) $\int \frac{1}{x^2 \sqrt{1-x^2}} \mathrm{d}x$ ；　　(2) $\int \frac{1}{\sqrt{(x^2+1)^3}} \mathrm{d}x$ ；

(3) $\int \frac{1}{x\sqrt{x^2-1}} \mathrm{d}x$ ；　　(4) $\int \frac{1}{\sqrt{2x-3}+1} \mathrm{d}x$ ；

(5) $\int x\sqrt{x-1}\,\mathrm{d}x$ ；　　(6) $\int \frac{1}{\sqrt{1+\mathrm{e}^x}} \mathrm{d}x$.

§4.3　分部积分法

复合函数的求导法则用于求积分，得到换元积分法. 利用两个函数乘积的求导法则，推出另一种求积分的基本方法——分部积分法.

设函数 $u=u(x)$，$v=v(x)$ 具有连续导数，那么 $(uv)'=u'v+uv'$ ，移项得

$$uv'=(uv)'-u'v.$$

对这个等式两边求不定积分，得分部积分公式

$$\int uv'\mathrm{d}x = uv - \int u'v\mathrm{d}x \text{，或} \int u\mathrm{d}v = uv - \int v\mathrm{d}u .$$

它的作用是：化难为易.

若求 $\int uv'\mathrm{d}x$ 有困难，而求 $\int u'v\mathrm{d}x$ 较容易时，可采用分部积分公式. 在进行分部积分时，需恰当选取 u 和 v'，否则往往使问题变得更复杂. 选取 u 和 v' 的原则：(1)容易求原函数者选为 v'，容易求导者选为 u；(2) $\int u'v\mathrm{d}x$ 比 $\int uv'\mathrm{d}x$ 容易求出. 这种技巧需在大量练习中才能掌握，常见的基本类型如下：

类型 1　形如 $\int p(x)\sin x\mathrm{d}x$，$\int p(x)\cos x\mathrm{d}x$，$\int p(x)\mathrm{e}^x\mathrm{d}x$ (其中 $p(x)$ 为多项式).

$$\text{令 } u=p(x), v'=\begin{cases}\sin x\\ \cos x\\ \mathrm{e}^x\end{cases}\text{，则 } v=\begin{cases}-\cos x\\ \sin x\\ \mathrm{e}^x\end{cases}.$$

【例 1】　求 $\int x\cos x\mathrm{d}x$.

解　令 $u=x$，$v'=\cos x$ ，则 $\mathrm{d}v=\cos x\mathrm{d}x=\mathrm{d}\sin x$ ，从而

$$\int x\cos x\mathrm{d}x = \int x\mathrm{d}\sin x = x\sin x - \int \sin x\mathrm{d}x = x\sin x + \cos x + C.$$

【例 2】 求$\int x^2 e^x dx$.

解　令 $u=x^2, v'=e^x$，则 $dv=e^x dx=de^x$，从而

$$\int x^2 e^x dx=\int x^2 de^x=x^2 e^x-\int e^x dx^2=x^2 e^x-2\int xe^x dx$$

$$=x^2 e^x-2\int x de^x=x^2 e^x-2\left(xe^x-\int e^x dx\right)$$

$$=x^2 e^x-2xe^x+2e^x+C.$$

类型 2　形如$\int p(x)\ln x dx,\int p(x)\arcsin x dx,\int p(x)\arccos x dx,\int p(x)\arctan x dx$.

$$令\ u=\begin{cases}\ln x\\ \arcsin x\\ \arccos x\\ \arctan x\end{cases},v'=p(x).$$

【例 3】 求$\int x^3\ln x dx$.

解　令 $u=\ln x, v'=x^3$，则 $dv=x^3 dx=\frac{1}{4}dx^4$，从而

$$\int x^3\ln x dx=\frac{1}{4}\int \ln x dx^4=\frac{1}{4}x^4\ln x-\frac{1}{4}\int x^4 d\ln x$$

$$=\frac{1}{4}x^4\ln x-\frac{1}{4}\int x^3 dx$$

$$=\frac{1}{4}x^4\ln x-\frac{1}{16}x^4+C.$$

【例 4】 $\int x\arctan x dx$.

解　令 $u=\arctan x, v'=x$，则 $dv=xdx=\frac{1}{2}dx^2$，从而

$$\int x\arctan x dx=\frac{1}{2}\int \arctan x dx^2=\frac{1}{2}x^2\arctan x-\frac{1}{2}\int x^2 d\arctan x$$

$$=\frac{1}{2}x^2\arctan x-\frac{1}{2}\int \frac{x^2}{1+x^2}dx$$

$$=\frac{1}{2}x^2\arctan x-\frac{1}{2}\int \left(1-\frac{1}{1+x^2}\right)dx$$

$$=\frac{1}{2}x^2\arctan x-\frac{1}{2}x+\frac{1}{2}\arctan x+C.$$

类型 1 和类型 2 的积分都是最常见的，对于其他形式的积分，要根据分部积分法的原

则具体分析,适当选取 u 和 v' .

【例 5】 求 $\int e^x \sin x dx$.

解 令 $u = e^x, v' = \sin x$,则 $dv = \sin x dx = - d\cos x$,从而

$$\int e^x \sin x dx = -\int e^x \, d\cos x = - e^x\cos x + \int \cos x de^x = - e^x\cos x + \int e^x\cos x dx.$$

再令 $u = e^x, v' = \cos x$,则 $dv = \cos x dx = d\sin x$,从而

$$\int e^x \sin x dx = - e^x\cos x + \int e^x d\sin x = - e^x\cos x + e^x\sin x - \int e^x\sin x dx.$$

将 $\int e^x \sin x dx$ 移到左端,两端同除以 2,并加上任意常数 C,得到:

$$\int e^x\sin x dx = \frac{1}{2}e^x (\sin x - \cos x) + C.$$

实际解题中,往往是第一、第二换元积分法与分部积分法结合在一起使用;而且在分部积分法使用熟练之后,不必设出 u 与 v' ,只要记在心中即可.

【例 6】 求 $\int \frac{x}{\cos^2 x} dx$.

解 $\int \frac{x}{\cos^2 x} dx = \int x d\tan x = x\tan x - \int \tan x dx = x\tan x - \int \frac{\sin x}{\cos x} dx$

$$= x\tan x + \int \frac{1}{\cos x} d\cos x = x\tan x + \ln|\cos x| + C.$$

【例 7】 求 $\int e^{\sqrt{x}} dx$.

解 令 $\sqrt{x} = t$,则 $x = t^2, dx = 2tdt$,从而

$$\int e^{\sqrt{x}} dx = \int e^t \, dt^2 = 2\int te^t \, dt = 2\int t \, de^t = 2te^t - 2\int e^t dt$$

$$= 2te^t - 2e^t + C = 2e^{\sqrt{x}} (\sqrt{x} - 1) + C.$$

习题 4.3

1. 求下列不定积分:

(1) $\int x\sin x dx$; (2) $\int x^2\cos x dx$;

(3) $\int xe^x dx$; (4) $\int x\cos \frac{x}{2} dx$;

(5) $\int x^2 e^{-x} dx$; (6) $\int x^2 \ln x dx$;

(7) $\int \ln^2 x\mathrm{d}x$；　　(8) $\int \arcsin x\mathrm{d}x$.

2. 求下列不定积分：

(1) $\int \sin\sqrt{x}\mathrm{d}x$；　　(2) $\int x\sin x\cos x\mathrm{d}x$；

(3) $\int \frac{\ln x}{x^2}\mathrm{d}x$；　　(4) $\int \mathrm{e}^x \cos x\mathrm{d}x$.

自　测　题

1. 单项选择题：

(1) 一个函数的原函数如果存在的话有(　　).

A. 一个　　B. 两个

C. 无穷多个　　D. 都不对

(2) 若 $F'(x)=f(x)$，则 $\int \mathrm{d}F(x)=$(　　).

A. $f(x)$　　B. $F(x)$

C. $f(x)+C$　　D. $F(x)+C$

(3) 若 $f(x)$ 的导函数是 $\sin x$，则 $f(x)$ 有一个原函数为(　　).

A. $1+\sin x$　　B. $1-\sin x$

C. $1+\cos x$　　D. $1-\cos x$

(4) 设 $f(x)$ 的一个原函数为 $\frac{1}{2x}$，则 $f'(x)=$(　　).

A. $\frac{1}{2}\ln|x|$　　B. $\frac{1}{2x}$

C. $-\frac{1}{2x^2}$　　D. $\frac{1}{x^3}$

(5) 若 $\int f(x)\mathrm{d}x=F(x)+C$，则 $\int \sin xf(\cos x)\mathrm{d}x=$(　　).

A. $F(\sin x)+C$　　B. $-F(\sin x)+C$

C. $F(\cos x)+C$　　D. $-F(\cos x)+C$

2. 求下列不定积分：

(1) $\int (3x^2-6x+7)\,\mathrm{d}x$；　　(2) $\int \frac{x}{1+x^2}\mathrm{d}x$；

(3) $\int (2x+1)^3\,\mathrm{d}x$；　　(4) $\int \cos(4x+5)\mathrm{d}x$；

(5) $\int \frac{(\arcsin x)^2}{\sqrt{1-x^2}}\,dx$;　　(6) $\int \sin^2 x dx$;

(7) $\int \frac{e^x}{\sqrt{e^x+1}}\,dx$;　　(8) $\int \frac{1}{\sqrt{x+1}+3}dx$;

(9) $\int \sqrt{4-x^2}\,dx$;　　(10) $\int \frac{1}{x\sqrt{1-x^2}}dx$;

(11) $\int x^2 \sin x\,dx$;　　(12) $\int x e^{2x} dx$;

(13) $\int x\tan^2 x\,dx$;　　(14) $\int \arctan x dx$;

(15) $\int x(\ln x)^2\,dx$;　　(16) $\int \cos\sqrt{x}dx$.

第 5 章

定　积　分

§5.1　定积分的概念与性质

5.1.1　定积分问题举例

1. 曲边梯形的面积

设函数 $y = f(x) \geqslant 0$ 在$[a,b]$上连续、非负，求由曲线 $y = f(x)$，直线 $x = a$、$x = b$ 及 x 轴所围成的曲边梯形的面积 A（如图 5-1）. 为了求该曲边梯形的面积，我们分如下四步进行：

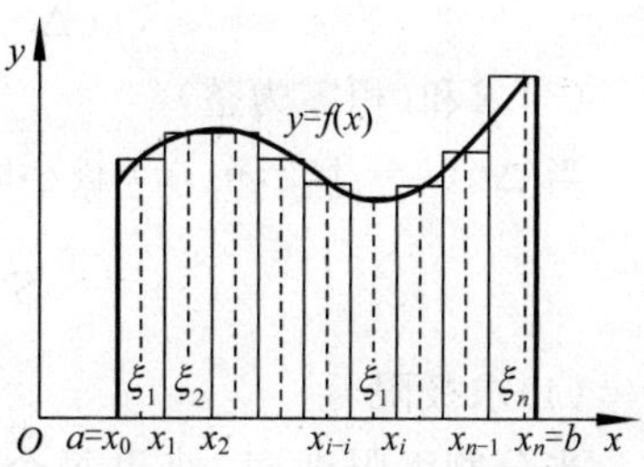

图 5-1

(1) 分割（化整为零）

在$[a,b]$中任意地插入 $n-1$ 个分点 $a = x_0 < x_1 < \cdots < x_{i-1} < x_i < \cdots < x_{n-1} < x_n = b$，区间$[a,b]$被分割成 n 个小区间 $I_i = [x_{i-1}, x_i]$，且记小区间的长度为 $\Delta x_i = x_i - x_{i-1}$ $(i = 1,2,\cdots,n)$. 过每个分点作平行于 y 轴的直线段，这些直线段将曲边梯形分成 n 个小曲边梯形，第 i 个小曲边梯形的面积记作 ΔA_i.

(2) 近似（以不变代变）

任取 $\xi_i \in [x_{i-1}, x_i]$，作以 $f(\xi_i)$ 为高、以 $[x_{i-1}, x_i]$ 为底的小矩形. 当 Δx_i 较小时，$f(x)$ 在$[x_{i-1}, x_i]$上变化不大，小曲边梯形面积就近似等于小矩形面积，即

$$\Delta A_i \approx f(\xi_i)\Delta x_i, i = 1,2,\cdots,n.$$

(3) 求和（积零为整）

当 $\Delta x_i (i = 1,2,\cdots,n)$ 较小时，曲边梯形面积就近似等于 n 个小矩形面积之和. 即

$$A = \sum_{i=1}^{n} \Delta A_i \approx \sum_{i=1}^{n} f(\xi_i)\Delta x_i .$$

(4) 求极限

很明显地，小区间 I_i 的长度 Δx_i 越小，$\Delta A_i \approx f(\xi_i)\Delta x_i$ 的近似程度就越好. 为了得到面积 A 的精确值，我们只需将区间$[a,b]$无限地细分，使得每个小区间的长度都趋向于零. 若记 $\lambda = \max\{\Delta x_1, \Delta x_2, \cdots, \Delta x_n\}$，则每个小区间的长度趋向于零等价于 $\lambda \to 0$，从而

$$A = \lim_{\lambda \to 0} \sum_{i=1}^{n} f(\xi_i) \Delta x_i.$$

2. 变速直线运动的路程

设某物体作直线运动,已知速度 $v = v(t) \geqslant 0$ 是时间 $[a,b]$ 上的连续函数,求物体由时刻 $t = a$ 到时刻 $t = b$ 之间所走过的路程. 这个问题也采取如下四步解决:

(1)分割(化整为零)

在 $[a,b]$ 中任意地插入 $n-1$ 个分点 $a = t_0 < t_1 < \cdots < t_{i-1} < t_i < \cdots < t_{n-1} < t_n = b$,区间 $[a,b]$ 被分割成 n 个小区间 $I_i = [t_{i-1}, t_i]$,且记小区间的长度为 $\Delta t_i = t_i - t_{i-1}$,物体在 $[t_{i-1}, t_i]$ 内走过的路程记作 $\Delta S_i (i = 1,2,\cdots,n)$.

(2)近似(以不变代变)

任取 $\xi_i \in [t_{i-1}, t_i]$,当 Δt_i 较小时, $v(t)$ 在$[t_{i-1}, t_i]$ 上变化不大,物体可近似看成以速度 $v(\xi_i)$ 作匀速运动,则

$$\Delta S_i \approx v(\xi_i) \Delta t_i, i = 1,2,\cdots,n.$$

(3)求和(积零为整)

当 $\Delta t_i (i = 1,2,\cdots,n)$ 较小时,物体在 $[a,b]$ 内走过的路程可近似为

$$S = \sum_{i=1}^{n} \Delta S_i \approx \sum_{i=1}^{n} v(\xi_i) \Delta t_i.$$

(4)求极限

当分割无限细密,使得每个小区间的长度都趋向于零,若记 $\lambda = \max\{\Delta t_1, \Delta t_2, \cdots, \Delta t_n\}$,则 $\lambda \to 0$. 从而物体在 $[a,b]$ 内走过的路程为

$$S = \lim_{\lambda \to 0} \sum_{i=1}^{n} v(\xi_i) \Delta t_i.$$

上述两例,尽管其实际意义不同,但有两点是一致的:

(1)曲边梯形的面积 A 由高 $y = f(x)$ 及 x 的变化区间 $[a,b]$ 来决定;变速直线运动的路程 S 由速度 $v = v(t)$ 及 t 的变化区间 $[a,b]$ 来决定.

(2)计算 A 与 S 的方法、步骤相同(分割,近似,求和,取极限),且均归结到一种结构完全相同的和式极限: $A = \lim\limits_{\lambda \to 0} \sum\limits_{i=1}^{n} f(\xi_i) \Delta x_i, S = \lim\limits_{\lambda \to 0} \sum\limits_{i=1}^{n} v(\xi_i) \Delta t_i$.

抛开这些问题的具体实际意义,抓住它们在数量关系上共同的本质加以概括,我们可给出定积分的概念.

5.1.2 定积分的定义

定义 1 设函数 $f(x)$ 在$[a,b]$ 上有界,在 $[a,b]$ 中任意插入 $n-1$ 个分点:

$$a = x_0 < x_1 < x_2 < \cdots < x_{i-1} < x_i < \cdots < x_{n-1} < x_n = b,$$

把 $[a,b]$ 分成 n 个小区间 $[x_{i-1}, x_i]$,长度为 $\Delta x_i = x_i - x_{i-1} (i = 1,2,\cdots,n)$,记 $\lambda =$

$\max\{\Delta x_1,\Delta x_2,\cdots,\Delta x_n\}$. 任取 $\xi_i\in[x_{i-1},x_i]$，作乘积 $f(\xi_i)\Delta x_i(i=1,2,\cdots,n)$，再作和式 $\sum_{i=1}^{n}f(\xi_i)\Delta x_i$. 若极限

$$\lim_{\lambda\to 0}\sum_{i=1}^{n}f(\xi_i)\Delta x_i$$

存在，且与区间 $[a,b]$ 的分法和点 ξ_i 的取法无关，则称这个极限值为函数 $f(x)$ 在区间 $[a,b]$ 上的**定积分**，记作

$$\int_a^b f(x)\mathrm{d}x=\lim_{\lambda\to 0}\sum_{i=1}^{n}f(\xi_i)\Delta x_i.$$

其中称 $f(x)$ 为被积函数，$f(x)\mathrm{d}x$ 为被积表达式，x 为积分变量，$[a,b]$ 为**积分区间**，a 为**积分下限**，b 为**积分上限**.

关于定积分的定义再作以下说明：

(1)在定义中，极限过程 $\lambda\to 0$ 不能用 $n\to\infty$ 来代替，因为分点无限多并不能保证 $\lambda\to 0$.

(2) $\int_a^b f(x)\mathrm{d}x$ 是一个常数，该常数仅与 $f(x)$ 及$[a,b]$ 有关，而与积分变量 x 无关，即 $\int_a^b f(x)\mathrm{d}x=\int_a^b f(t)\mathrm{d}t$.

(3)定积分的存在性：若 $f(x)$ 是$[a,b]$ 上的连续函数或是 $[a,b]$ 上有有限个间断点的有界函数，则 $f(x)$ 在$[a,b]$ 上可积.

(4)定义中规定了 $a<b$，若 $a\geqslant b$，补充规定：

$$\int_a^a f(x)\mathrm{d}x=0 \text{ 和} \int_a^b f(x)\mathrm{d}x=-\int_b^a f(x)\mathrm{d}x.$$

(5) 曲边梯形的面积 $A=\int_a^b f(x)\mathrm{d}x$，变速直线运动的路程 $S=\int_a^b v(t)\mathrm{d}t$.

5.1.3　定积分的几何意义

当 $f(x)\geqslant 0$ 时，$\int_a^b f(x)\mathrm{d}x$ 表示曲边梯形的面积(如图 5-2)；当 $f(x)\leqslant 0$ 时，$\int_a^b f(x)\mathrm{d}x$ 表示曲边梯形面积的负值(如图 5-3)；一般地，若 $f(x)$ 在$[a,b]$ 上有正有负，则 $\int_a^b f(x)\mathrm{d}x$ 表示曲边梯形面积的代数和(如图 5-4).

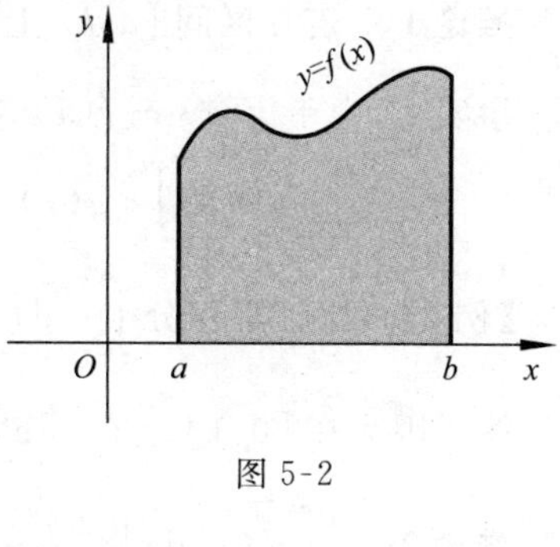

图 5-2

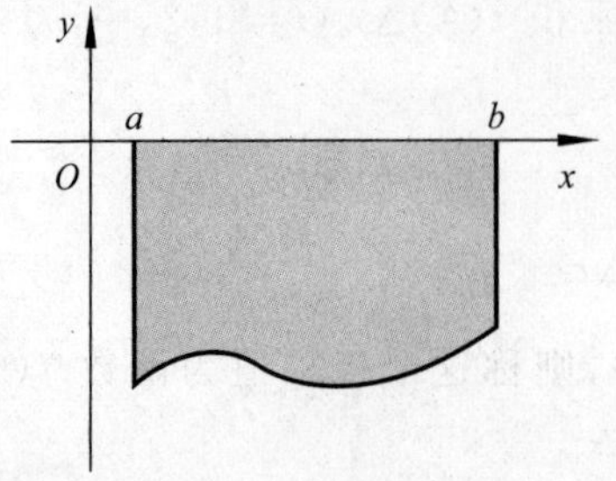

图 5-3

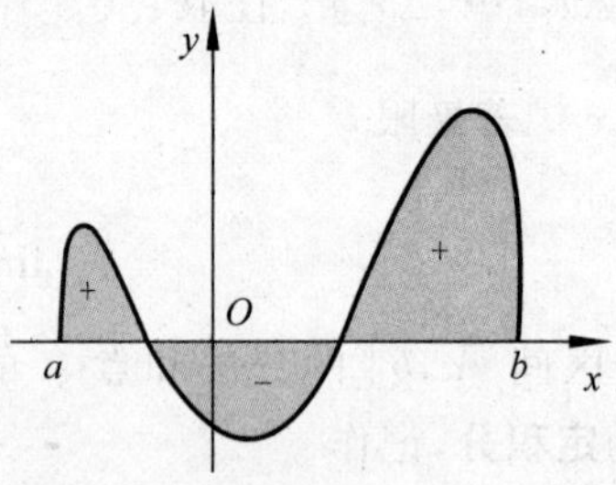

图 5-4

【例 1】 利用定积分的几何意义计算 $\int_{-\pi}^{\pi}\sin x\mathrm{d}x$.

解 因为 $f(x)=\sin x$ 在 $[-\pi,\pi]$ 上的图形关于坐标原点对称,所以位于 x 轴上方曲边梯形与下方曲边梯形的面积相等,但符号相反,从而 $\int_{-\pi}^{\pi}\sin x\mathrm{d}x=0$.

5.1.4 定积分的性质

下文均假设函数在所讨论区间上的定积分都存在.

性质 1 $\int_a^b[f(x)\pm g(x)]\mathrm{d}x=\int_a^b f(x)\mathrm{d}x\pm\int_a^b g(x)\mathrm{d}x$.

性质 2 $\int_a^b kf(x)\mathrm{d}x=k\int_a^b f(x)\mathrm{d}x$ (k 是常数).

性质 3 (区间可加性) $\int_a^b f(x)\mathrm{d}x=\int_a^c f(x)\mathrm{d}x+\int_c^b f(x)\mathrm{d}x$.

性质 4 若在区间 $[a,b]$ 上, $f(x)\geqslant 0$, 则 $\int_a^b f(x)\mathrm{d}x\geqslant 0$.

推论 1 若在区间 $[a,b]$ 上, $f(x)\leqslant g(x)$, 则 $\int_a^b f(x)\mathrm{d}x\leqslant\int_a^b g(x)\mathrm{d}x$.

事实上,由于 $g(x)-f(x)\geqslant 0$, 根据性质 4 与性质 1 有

$$0\leqslant\int_a^b[g(x)-f(x)]\mathrm{d}x=\int_a^b g(x)\mathrm{d}x-\int_a^b f(x)\mathrm{d}x.$$

【例 2】 比较定积分 $\int_0^1 \mathrm{e}^x\mathrm{d}x$ 与 $\int_0^1 \mathrm{e}^{x^2}\mathrm{d}x$ 的大小.

解 因为在 $[0,1]$ 上有 $\mathrm{e}^x\geqslant\mathrm{e}^{x^2}$, 所以 $\int_0^1\mathrm{e}^x\mathrm{d}x\geqslant\int_0^1\mathrm{e}^{x^2}\mathrm{d}x$.

推论 2 $\left|\int_a^b f(x)\mathrm{d}x\right|\leqslant\int_a^b|f(x)|\mathrm{d}x(a<b)$.

事实上,由于 $-|f(x)|\leqslant f(x)\leqslant|f(x)|$, 根据推论 1 有

$$-\int_a^b|f(x)|\mathrm{d}x\leqslant\int_a^b f(x)\mathrm{d}x\leqslant\int_a^b|f(x)|\mathrm{d}x,$$

即
$$\left|\int_a^b f(x)\mathrm{d}x\right| \leqslant \int_a^b |f(x)|\mathrm{d}x .$$

性质5 **(估值定理)** 设 M 及 m 分别是函数 $f(x)$ 在闭区间 $[a,b]$ 上的最大值及最小值,则 $m(b-a) \leqslant \int_a^b f(x)\mathrm{d}x \leqslant M(b-a)$.

证 因为 $m \leqslant f(x) \leqslant M(a \leqslant x \leqslant b)$,所以
$$m(b-a) = \int_a^b m\mathrm{d}x \leqslant \int_a^b f(x)\mathrm{d}x \leqslant \int_a^b M\mathrm{d}x = M(b-a).$$

性质6 **(定积分中值定理)** 若函数 $f(x)$ 在闭区间 $[a,b]$ 上连续,则至少存在一点 $\xi \in [a,b]$,使得 $\int_a^b f(x)\mathrm{d}x = f(\xi)(b-a)(a \leqslant \xi \leqslant b)$.

证 根据性质5有 $m \leqslant \frac{1}{b-a}\int_a^b f(x)\mathrm{d}x \leqslant M$,而数值 $\frac{1}{b-a}\int_a^b f(x)\mathrm{d}x$ 介于连续函数 $f(x)$ 在$[a,b]$上的最小值 m 与最大值 M 之间,再由闭区间上连续函数的介值定理知,至少存在一点 $\xi \in [a,b]$,使得
$$f(\xi) = \frac{1}{b-a}\int_a^b f(x)\mathrm{d}x(a \leqslant \xi \leqslant b).$$

定积分中值定理的几何解释:至少存在一点 $\xi \in [a,b]$,使得曲边梯形的面积等于以 $b-a$ 为底而高为 $f(\xi)$ 的矩形的面积.

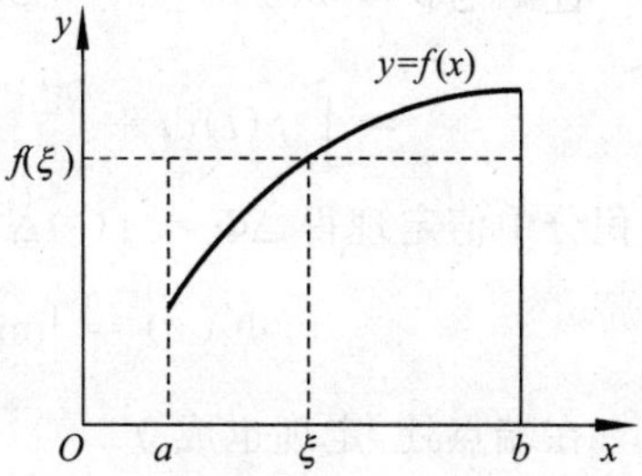

图 5-5

习题 5.1

1. 利用定积分的几何意义计算 $\int_0^1 \sqrt{1-x^2}\mathrm{d}x$.

2. 比较下列定积分的大小:

(1) $\int_0^1 x^2\mathrm{d}x$ 与 $\int_0^1 x^3\mathrm{d}x$;　　(2) $\int_0^{\frac{\pi}{2}} \sin x\mathrm{d}x$ 与 $\int_0^{\frac{\pi}{2}} x\mathrm{d}x$.

§5.2 微积分基本公式

5.2.1 积分上限函数

定义1 设函数 $f(x)$ 在区间 $[a,b]$ 上连续,且 x 为 $[a,b]$ 上的一点,考察定积分 $\int_a^x f(x)\mathrm{d}x$,如果上限 x 在 $[a,b]$ 上任意变动,则对于每一个取定的 x 值,定积分有一个对

应值,所以它在 $[a,b]$ 上定义了一个函数 $\Phi(x)=\int_a^x f(x)\mathrm{d}x$,称为**积分上限函数**.

在 $\Phi(x)=\int_a^x f(x)\mathrm{d}x$ 中,由于积分变量与积分上限相同,为防止混淆,修改为 $\Phi(x)=\int_a^x f(t)\mathrm{d}t$.

定理 1 如果 $f(x)$ 在 $[a,b]$ 上连续,则积分上限函数 $\Phi(x)=\int_a^x f(t)\mathrm{d}t$ 在 $[a,b]$ 上可导,且

$$\Phi'(x)=\frac{\mathrm{d}}{\mathrm{d}x}\int_a^x f(t)\mathrm{d}t=f(x), \tag{1}$$

即 $\Phi(x)$ 是 $f(x)$ 在 $[a,b]$ 上的一个原函数.

证 $\Delta\Phi=\Phi(x+\Delta x)-\Phi(x)=\int_a^{x+\Delta x}f(t)\mathrm{d}t-\int_a^x f(t)\mathrm{d}t$

$$=\int_a^x f(t)\mathrm{d}t+\int_x^{x+\Delta x}f(t)\mathrm{d}t-\int_a^x f(t)\mathrm{d}t=\int_x^{x+\Delta x}f(t)\mathrm{d}t,$$

由积分中值定理得 $\Delta\Phi=f(\xi)\Delta x,\quad \xi\in[x,x+\Delta x]$,从而

$$\Phi'(x)=\lim_{\Delta x\to 0}\frac{\Delta\Phi}{\Delta x}=\lim_{\Delta x\to 0}f(\xi)=\lim_{\xi\to x}f(\xi)=f(x).$$

在端点处,定理也成立.

定理 1 证明了连续函数必有原函数,并且以积分的形式给出了 $f(x)$ 的一个原函数 $\Phi(x)=\int_a^x f(t)\mathrm{d}t$,揭示了定积分和原函数之间的联系.

5.2.2 牛顿-莱布尼茨公式

定理 2 (微积分基本定理)若 $F(x)$ 是连续函数 $f(x)$ 在区间 $[a,b]$ 上的一个原函数,则

$$\int_a^b f(x)\mathrm{d}x=F(b)-F(a). \tag{2}$$

公式(2)称为牛顿-莱布尼茨公式.

证 已知 $F(x)$ 是 $f(x)$ 的一个原函数,又 $\Phi(x)=\int_a^x f(t)\mathrm{d}t$ 也是 $f(x)$ 的一个原函数,所以 $F(x)-\Phi(x)=C, x\in[a,b]$.

令 $x=a$, 则 $F(a)-\Phi(a)=C$. 又 $\Phi(a)=\int_a^a f(t)\mathrm{d}t=0$,所以 $F(a)=C$. 因此

$$\int_a^x f(t)\mathrm{d}t=\Phi(x)=F(x)-C=F(x)-F(a).$$

在此式中令 $x=b$, 则 $\int_a^b f(x)\mathrm{d}x=\int_a^b f(t)\mathrm{d}t=F(b)-F(a)$.

当 $a>b$ 时，$\int_a^b f(x)\mathrm{d}x=F(b)-F(a)$ 仍成立．为了方便起见，用 $F(x)\Big|_a^b$ 来表示 $F(b)-F(a)$，于是公式(2)可写成 $\int_a^b f(x)\mathrm{d}x=F(x)\Big|_a^b$．

定理 2 表明：求连续函数 $f(x)$ 在 $[a,b]$ 上的定积分，只要求出其在 $[a,b]$ 上的一个原函数 $F(x)$，然后计算 $F(b)-F(a)$ 即可．因而求定积分问题转化为求原函数或不定积分的问题，这可由第 4 节章的不定积分法求得．

【例 1】 求 $\int_0^1 x^2\mathrm{d}x$．

解　由于 $\frac{x^3}{3}$ 是 x^2 的一个原函数，因此

$$\int_0^1 x^2\mathrm{d}x=\frac{x^3}{3}\Big|_0^1=\frac{1}{3}-0=\frac{1}{3}.$$

【例 2】 求 $\int_0^{\sqrt{3}}\frac{1}{1+x^2}\mathrm{d}x$．

解　由于 $\arctan x$ 是 $\frac{1}{1+x^2}$ 的一个原函数，因此

$$\int_0^{\sqrt{3}}\frac{1}{1+x^2}\mathrm{d}x=\arctan x\Big|_0^{\sqrt{3}}=\arctan\sqrt{3}-\arctan 0=\frac{\pi}{3}.$$

【例 3】 求 $\int_0^{\pi}|\cos x|\mathrm{d}x$．

解　由于 $|\cos x|=\begin{cases}\cos x & \text{当 } 0\leqslant x\leqslant\frac{\pi}{2}\\ -\cos x & \text{当 }\frac{\pi}{2}\leqslant x\leqslant\pi\end{cases}$，因此

$$\int_0^{\pi}|\cos x|\mathrm{d}x=\int_0^{\frac{\pi}{2}}\cos x\mathrm{d}x+\int_{\frac{\pi}{2}}^{\pi}(-\cos x)\mathrm{d}x=\sin x\Big|_0^{\frac{\pi}{2}}-\sin x\Big|_{\frac{\pi}{2}}^{\pi}$$

$$=\sin\frac{\pi}{2}-\sin 0-\left(\sin\pi-\sin\frac{\pi}{2}\right)=2.$$

习题 5.2

求下列定积分：

1. $\int_{-1}^1(x^5-3x^2)\mathrm{d}x$；
2. $\int_1^2\left(x^2+\frac{1}{x^4}\right)\mathrm{d}x$；
3. $\int_{\frac{1}{\sqrt{3}}}^{\sqrt{3}}\frac{1}{1+x^2}\mathrm{d}x$；
4. $\int_{-\frac{1}{2}}^{\frac{1}{2}}\frac{1}{\sqrt{1-x^2}}\mathrm{d}x$；
5. $\int_{-1}^2|x|\mathrm{d}x$；
6. $\int_0^{2\pi}|\sin x|\mathrm{d}x$．

§5.3 定积分的换元法和分部积分法

5.3.1 定积分的换元法

定理1 若 $f(x)$ 在$[a,b]$上连续，$x=\varphi(t)$ 满足下述条件：

(i) $\varphi(t)$ 在$[\alpha,\beta]$上单调连续，且 $a\leqslant\varphi(t)\leqslant b$ $(t\in[\alpha,\beta])$；

(ii) $\varphi(\alpha)=a,\varphi(\beta)=b$；

(iii) $\varphi'(t)$ 在$[\alpha,\beta]$上连续.

则
$$\int_a^b f(x)\mathrm{d}x=\int_\alpha^\beta f(\varphi(t))\varphi'(t)\mathrm{d}t. \tag{1}$$

证 $f(x)$、$\varphi(t)$、$\varphi'(t)$ 连续保证了结论中等式两边函数的原函数及定积分都存在．设 $F(x)$ 是 $f(x)$ 的一个原函数，则
$$\int_a^b f(x)\mathrm{d}x=F(b)-F(a).$$

由于 $[F(\varphi(t))]'=F'(\varphi(t))\varphi'(t)=f(\varphi(t))\varphi'(t)$，所以 $F(\varphi(t))$ 是 $f(\varphi(t))\varphi'(t)$ 的一个原函数，故有
$$\int_\alpha^\beta f(\varphi(t))\varphi'(t)\mathrm{d}t=F(\varphi(t))\Big|_\alpha^\beta=F(\varphi(\beta))-F(\varphi(\alpha))=F(b)-F(a).$$

因此 $\int_a^b f(x)\mathrm{d}x=\int_\alpha^\beta f(\varphi(t))\varphi'(t)\mathrm{d}t$.

当 $\alpha>\beta$ 时，换元公式仍成立．在定理1的结论中，从左到右相当于不定积分的第二换元积分法，从右到左相当于不定积分的第一换元积分法．

定积分换元法不同于不定积分换元法的关键在于换元也换限，积分结果不必代回原变量．

【例1】 求 $\int_0^1\sqrt{1-x^2}\mathrm{d}x$．

解 令 $x=\sin t$，则 $\mathrm{d}x=\cos t\mathrm{d}t$，且当 $x=0$ 时，$t=0$；当 $x=1$ 时，$t=\frac{\pi}{2}$．从而
$$\int_0^1\sqrt{1-x^2}\mathrm{d}x=\int_0^{\frac{\pi}{2}}\cos^2 t\mathrm{d}t=\frac{1}{2}\int_0^{\frac{\pi}{2}}(1+\cos 2t)\mathrm{d}t=\frac{1}{2}\left(t+\frac{1}{2}\sin 2t\right)\Big|_0^{\frac{\pi}{2}}=\frac{\pi}{4}.$$

【例2】 求 $\int_0^8\frac{1}{1+\sqrt[3]{x}}\mathrm{d}x$．

解 令 $\sqrt[3]{x}=t$，则 $x=t^3$，$\mathrm{d}x=3t^2\mathrm{d}t$，且当 $x=0$ 时，$t=0$；当 $x=8$ 时，$t=2$．从而
$$\int_0^8\frac{1}{1+\sqrt[3]{x}}\mathrm{d}x=\int_0^2\frac{3t^2}{1+t}\mathrm{d}t=3\int_0^2\frac{t^2-1+1}{1+t}\mathrm{d}t=3\int_0^2\left(t-1+\frac{1}{1+t}\right)\mathrm{d}t$$

$$= 3\left[\frac{1}{2}t^2 - t + \ln(1+t)\right]\Big|_0^2 = 3(2 - 2 + \ln 3) = 3\ln 3.$$

【例 3】 求 $\int_0^{\frac{\pi}{2}} \cos^3 x \sin x \mathrm{d}x$.

解 令 $\cos x = t$,则当 $x = 0$ 时, $t = 1$;当 $x = \frac{\pi}{2}$ 时, $t = 0$. 从而

$$\int_0^{\frac{\pi}{2}} \cos^3 x \sin x \, \mathrm{d}x = -\int_0^{\frac{\pi}{2}} \cos^3 x \mathrm{d}\cos x = -\int_1^0 t^3 \mathrm{d}t = -\frac{1}{4}t^4\Big|_1^0 = \frac{1}{4}.$$

【例 4】 设 $f(x)$ 在 $[-a,a]$ 上连续,求证:

(1) 若 $f(x)$ 为偶函数,则 $\int_{-a}^{a} f(x)\mathrm{d}x = 2\int_0^a f(x)\mathrm{d}x$;

(2) 若 $f(x)$ 为奇函数,则 $\int_{-a}^{a} f(x)\mathrm{d}x = 0$.

证 $\int_{-a}^{a} f(x)\mathrm{d}x = \int_{-a}^{0} f(x)\mathrm{d}x + \int_0^a f(x)\mathrm{d}x$.

令 $x = -t$,则 $\mathrm{d}x = -\mathrm{d}t$,且当 $x = -a$ 时, $t = a$;当 $x = 0$ 时, $t = 0$. 从而

$$\int_{-a}^{0} f(x)\mathrm{d}x = -\int_a^0 f(-t)\mathrm{d}t = \int_0^a f(-t)\mathrm{d}t = \int_0^a f(-x)\mathrm{d}x,$$

于是 $\int_{-a}^{a} f(x)\mathrm{d}x = \int_0^a f(-x)\mathrm{d}x + \int_0^a f(x)\mathrm{d}x = \int_0^a [f(-x) + f(x)]\mathrm{d}x$.

(1) 若 $f(x)$ 为偶函数,则 $f(-x) + f(x) = 2f(x)$,从而 $\int_{-a}^{a} f(x)\mathrm{d}x = 2\int_0^a f(x)\mathrm{d}x$;

(2) 若 $f(x)$ 为奇函数,则 $f(-x) + f(x) = 0$,从而 $\int_{-a}^{a} f(x)\mathrm{d}x = 0$.

利用本题结论,常可简化计算奇、偶函数在关于原点对称区间上的定积分.

【例 5】 求 $\int_{-\frac{\pi}{2}}^{\frac{\pi}{2}} (x^3\cos^6 x + \cos^2 x)\mathrm{d}x$.

解 由于 $x^3\cos^6 x$ 是奇函数, $\cos^2 x$ 是偶函数,所以

$$\int_{-\frac{\pi}{2}}^{\frac{\pi}{2}} x^3\cos^6 x \mathrm{d}x = 0.$$

$$\int_{-\frac{\pi}{2}}^{\frac{\pi}{2}} \cos^2 x \mathrm{d}x = 2\int_0^{\frac{\pi}{2}} \cos^2 x \mathrm{d}x = \int_0^{\frac{\pi}{2}} (1 + \cos 2x)\mathrm{d}x = \left(x + \frac{1}{2}\sin 2x\right)\Big|_0^{\frac{\pi}{2}} = \frac{\pi}{2},$$

于是 $\int_{-\frac{\pi}{2}}^{\frac{\pi}{2}} (x^3\cos^6 x + \cos^2 x)\mathrm{d}x = \int_{-\frac{\pi}{2}}^{\frac{\pi}{2}} x^3\cos^6 x\mathrm{d}x + \int_{-\frac{\pi}{2}}^{\frac{\pi}{2}} \cos^2 x\mathrm{d}x = \frac{\pi}{2}$.

5.3.2 定积分的分部积分法

将不定积分的分部积分法应用于定积分就有下面的定理.

定理 2 若函数 $u = u(x)$、$v = v(x)$ 在 $[a,b]$ 上具有连续的导函数,则

$$\int_a^b uv'\mathrm{d}x = uv\Big|_a^b - \int_a^b u'v\mathrm{d}x.$$

证 函数 $u=u(x)$、$v=v(x)$ 在 $[a,b]$ 上具有连续的导函数保证了结论中等式两边函数的原函数及定积分都存在．因为 $(uv)'=u'v+uv'$，两边取定积分得

$$\int_a^b (uv)'\mathrm{d}x = \int_a^b u'v\mathrm{d}x + \int_a^b uv'\mathrm{d}x,$$

故 $\int_a^b uv'\mathrm{d}x = \int_a^b (uv)'\mathrm{d}x - \int_a^b u'v\mathrm{d}x = uv\Big|_a^b - \int_a^b u'v\mathrm{d}x$．

【例 6】 求 $\int_0^1 x\mathrm{e}^x\mathrm{d}x$．

解 $\int_0^1 x\mathrm{e}^x\mathrm{d}x = \int_0^1 x\mathrm{d}\mathrm{e}^x = x\mathrm{e}^x\Big|_0^1 - \int_0^1 \mathrm{e}^x\mathrm{d}x = \mathrm{e} - \mathrm{e}^x\Big|_0^1 = \mathrm{e}-(\mathrm{e}-1) = 1$．

【例 7】 求 $\int_0^{\frac{\pi}{2}} x^2\sin x\mathrm{d}x$．

解
$$\begin{aligned}
\int_0^{\frac{\pi}{2}} x^2\sin x\mathrm{d}x &= -\int_0^{\frac{\pi}{2}} x^2\mathrm{d}\cos x = -x^2\cos x\Big|_0^{\frac{\pi}{2}} + \int_0^{\frac{\pi}{2}}\cos x\mathrm{d}(x^2)\\
&= 2\int_0^{\frac{\pi}{2}} x\cos x\mathrm{d}x = 2\int_0^{\frac{\pi}{2}} x\mathrm{d}\sin x\\
&= 2x\sin x\Big|_0^{\frac{\pi}{2}} - 2\int_0^{\frac{\pi}{2}}\sin x\mathrm{d}x\\
&= \pi + 2\cos x\Big|_0^{\frac{\pi}{2}} = \pi - 2.
\end{aligned}$$

【例 8】 求 $\int_0^{\frac{\sqrt{3}}{2}} \arccos x\mathrm{d}x$．

解
$$\begin{aligned}
\int_0^{\frac{\sqrt{3}}{2}} \arccos x\mathrm{d}x &= x\arccos x\Big|_0^{\frac{\sqrt{3}}{2}} - \int_0^{\frac{\sqrt{3}}{2}} x\mathrm{d}\arccos x = \frac{\sqrt{3}\pi}{12} + \int_0^{\frac{\sqrt{3}}{2}} \frac{x}{\sqrt{1-x^2}}\mathrm{d}x\\
&= \frac{\sqrt{3}\pi}{12} - \sqrt{1-x^2}\Big|_0^{\frac{\sqrt{3}}{2}} = \frac{\sqrt{3}\pi}{12} - \left(\frac{1}{2}-1\right)\\
&= \frac{\sqrt{3}\pi}{12} + \frac{1}{2}.
\end{aligned}$$

习题 5.3

1．求下列定积分：

(1) $\int_{\frac{1}{2}}^{\frac{\sqrt{3}}{2}} \frac{1}{\sqrt{1-x^2}}\mathrm{d}x$；　　(2) $\int_0^1 \frac{1}{\sqrt{(1+x^2)^3}}\mathrm{d}x$；

(3) $\int_0^4 \frac{1}{1+\sqrt{x}}\mathrm{d}x$；　　(4) $\int_0^{\pi} \sin^3 x\mathrm{d}x$；

(5) $\int_0^{\pi} \frac{\sin x}{1+\cos^2 x}\mathrm{d}x$；　　(6) $\int_0^1 x\mathrm{e}^{-\frac{x^2}{2}}\mathrm{d}x$．

2. 利用函数的奇偶性求下列定积分：

(1) $\int_{-\pi}^{\pi}(x^4\sin x+1)\mathrm{d}x$；　　(2) $\int_{-\frac{1}{2}}^{\frac{1}{2}} \frac{(\arcsin x)^2}{\sqrt{1-x^2}}\mathrm{d}x$．

3. 求下列定积分：

(1) $\int_0^{\frac{\pi}{2}} x\sin x\mathrm{d}x$；　　(2) $\int_1^2 x\ln x\mathrm{d}x$；

(3) $\int_0^1 x\mathrm{e}^{-x}\mathrm{d}x$；　　(4) $\int_0^{\frac{1}{2}} \arcsin x\mathrm{d}x$；

(5) $\int_0^1 x\arctan x\mathrm{d}x$；　　(6) $\int_0^{\frac{\pi}{2}} x^2\cos x\mathrm{d}x$．

§5.4　定积分的应用

5.4.1　微元法

通过总结求曲边梯形面积和变速直线运动路程的思想和方法，我们可以给出用定积分计算某个量的条件与步骤．

能用定积分计算的量 U，应满足下列三个条件：

(1) U 与变量 x 的变化区间 $[a,b]$ 有关；

(2) U 对于区间 $[a,b]$ 具有可加性；

(3) U 部分量 ΔU_i 可近似地表示成 $f(\xi_i)\Delta x_i$．

用定积分计算量 U 的步骤：

(1)根据问题选取一个变量 x 为积分变量，并确定它的变化区间 $[a,b]$；

(2)设想将区间 $[a,b]$ 分成若干小区间，取其中的任一小区间 $[x,x+\mathrm{d}x]$，求出它所对应的部分量 ΔU 的近似值 $\Delta U\approx f(x)\mathrm{d}x$，这时称 $f(x)\mathrm{d}x$ 为量 U 的元素，且记作 $\mathrm{d}U=f(x)\mathrm{d}x$；

(3)以 $\mathrm{d}U$ 为被积表达式，以 $[a,b]$ 为积分区间，得 $U=\int_a^b f(x)\mathrm{d}x$．

这个方法的实质就是找出 U 的元素 $\mathrm{d}U$ 的微分表达式 $\mathrm{d}U=f(x)\mathrm{d}x$，因此称其为**微元法**．

5.4.2　平面图形的面积

曲边梯形有下述两种情形：一个曲边和两个曲边．再根据 x、y 轴共有 4 种表达方式。

1. 由曲线 $y = f(x) \geqslant 0$ 及直线 $x = a$ 与 $x = b(a < b)$ 与 x 轴所围成的曲边梯形面积 $A = \int_a^b f(x)\mathrm{d}x$.

2. 由曲线 $y = f(x)$、$y = g(x)$($f(x) \geqslant g(x)$)及直线 $x = a$、$x = b(a < b)$ 所围成的图形面积 A(如图 5-6).

(1)选取积分变量并定区间:选取 x 为积分变量,积分区间为 $[a,b]$;

(2)给出面积元素:$\mathrm{d}A = [f(x) - g(x)]\mathrm{d}x$;

(3)计算所求面积 A:

$$A = \int_a^b [f(x) - g(x)]\mathrm{d}x.$$

3. 类似地,由曲线 $x = \varphi(y) \geqslant 0$ 及直线 $y = c$ 与 $y = d(c < d)$ 与 y 轴所围成的曲边梯形面积 $A = \int_c^d \varphi(y)\mathrm{d}y$(如图 5-7).

4. 由曲线 $x = \varphi(y)$、$x = \psi(y)$($\varphi(y) \leqslant \psi(y)$)及直线 $y = c$、$y = d$($c < d$)所围成的图形面积 $A = \int_c^d [\psi(y) - \varphi(y)]\mathrm{d}y$(如图 5-8).

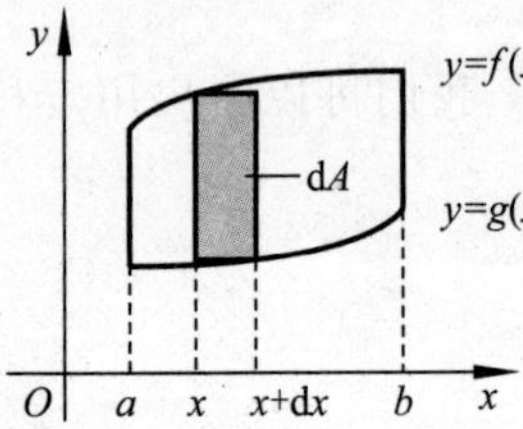

图 5-6

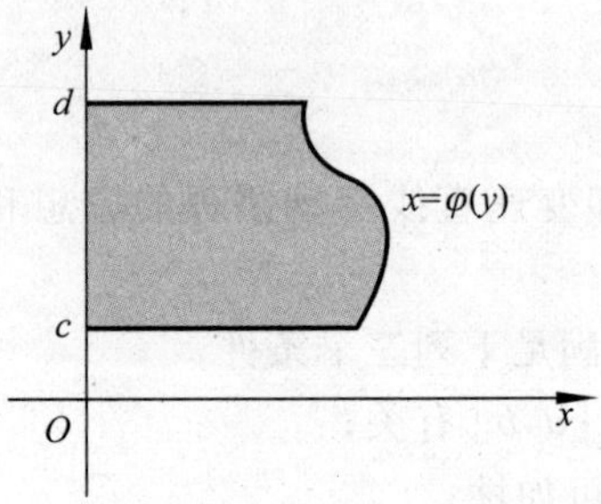

图 5-7

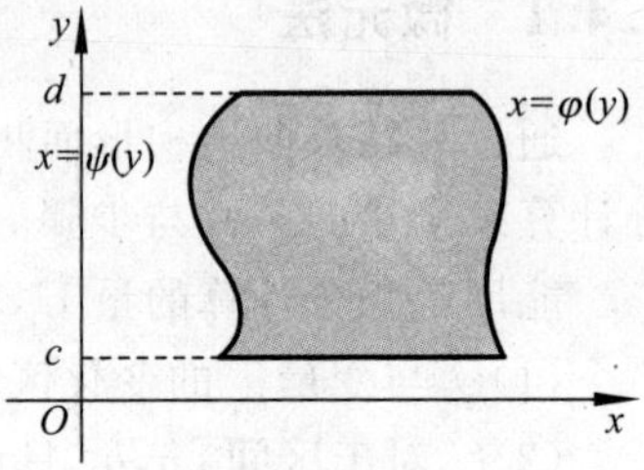

图 5-8

【例 1】 计算抛物线 $y^2 = 2x$ 与直线 $y = x - 4$ 所围成的图形面积(如图 5-9).

解 画出图形如图 5-9,解方程 $\begin{cases} y^2 = 2x \\ y = x - 4 \end{cases}$,求得抛物线与直线的交点:$(2,-2)$ 和 $(8,4)$.

若选取 x 为积分变量,则

$$A = \int_0^2 \left[\sqrt{2x} - (-\sqrt{2x})\right]\mathrm{d}x + \int_2^8 \left[\sqrt{2x} - (x-4)\right]\mathrm{d}x$$

$$= \int_0^2 2\sqrt{2x}\,\mathrm{d}x + \int_2^8 (4 + \sqrt{2x} - x)\mathrm{d}x$$

$$= \frac{4\sqrt{2}}{3}x^{\frac{3}{2}}\Big|_0^2 + \left(4x + \frac{2\sqrt{2}}{3}x^{\frac{3}{2}} - \frac{1}{2}x^2\right)\Big|_2^8 = 18.$$

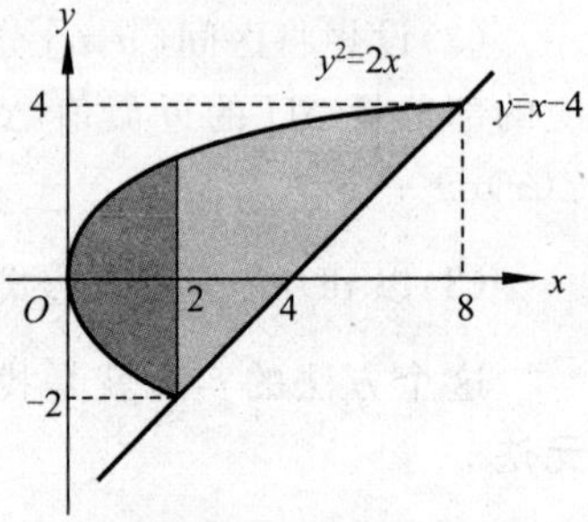

图 5-9

若选取 y 为积分变量，则

$$A=\int_{-2}^{4}\left(y+4-\frac{1}{2}y^2\right)\mathrm{d}y=\left(\frac{1}{2}y^2+4y-\frac{1}{6}y^3\right)\Bigg|_{-2}^{4}=18.$$

显然，选取 y 为积分变量计算较简洁．根据图形，选取适当的积分变量，就可使计算简便．

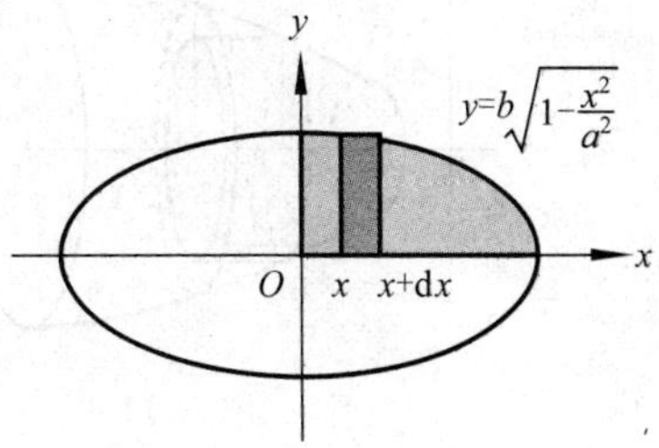

图 5-10

【例 2】 求椭圆 $\frac{x^2}{a^2}+\frac{y^2}{b^2}=1$ 所围成的图形面积 $(a>0,b>0)$（如图 5-10）．

解 根据椭圆图形的对称性，整个椭圆面积应为位于第一象限内面积的 4 倍．

取 x 为积分变量，则 $0\leqslant x\leqslant a$，$y=b\sqrt{1-\frac{x^2}{a^2}}$，

$\mathrm{d}A=y\mathrm{d}x=b\sqrt{1-\frac{x^2}{a^2}}\mathrm{d}x$．故

$$A=4\int_0^a y\mathrm{d}x=4\int_0^a b\sqrt{1-\frac{x^2}{a^2}}\ \mathrm{d}x.$$

作变量代换 $x=a\cos t\quad\left(0\leqslant t\leqslant\frac{\pi}{2}\right)$，则 $y=b\sqrt{1-\frac{x^2}{a^2}}=b\sin t,\mathrm{d}x=-a\sin t\mathrm{d}t$，从而

$$A=4\int_{\frac{\pi}{2}}^{0}(b\sin t)(-a\sin t)\mathrm{d}t=4ab\int_0^{\frac{\pi}{2}}\sin^2 t\ \mathrm{d}t$$

$$=2ab\int_0^{\frac{\pi}{2}}(1-\cos 2t)\ \mathrm{d}t=\pi ab.$$

5.4.3 旋转体的体积

1. 计算由曲线 $y=f(x)$，直线 $x=a$、$x=b$ 及 x 轴所围成的曲边梯形，绕 x 轴旋转一周而生成的立体体积（如图 5-11）.

(1)选取积分变量并定区间：选取 x 为积分变量，积分区间为 $[a,b]$；

(2)给出体积元素：对于 $[a,b]$ 上的任一小区间 $[x,x+\mathrm{d}x]$，它所对应的窄曲边梯形绕 x 轴旋转而生成的立体体积近似等于以 $f(x)$ 为底半径、$\mathrm{d}x$ 为高的圆柱体体积，即体积元素为 $\mathrm{d}V=\pi[f(x)]^2\mathrm{d}x$；

(3)计算所求旋转体体积 V：$V=\int_a^b\pi[f(x)]^2\mathrm{d}x$．

2. 类似地，由曲线 $x=\varphi(y)$，直线 $y=c$、$y=d$ 与 y 轴所围成的曲边梯形绕 y 轴旋转一周而生成的立体体积 $V=\int_c^d\pi[\varphi(y)]^2\mathrm{d}y$（如图 5-12).

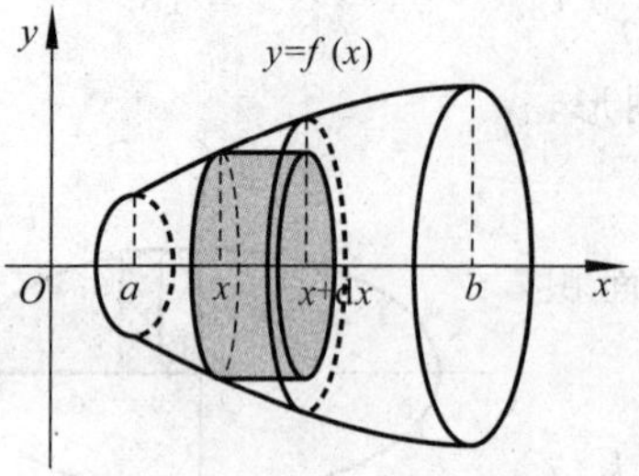

图 5-11

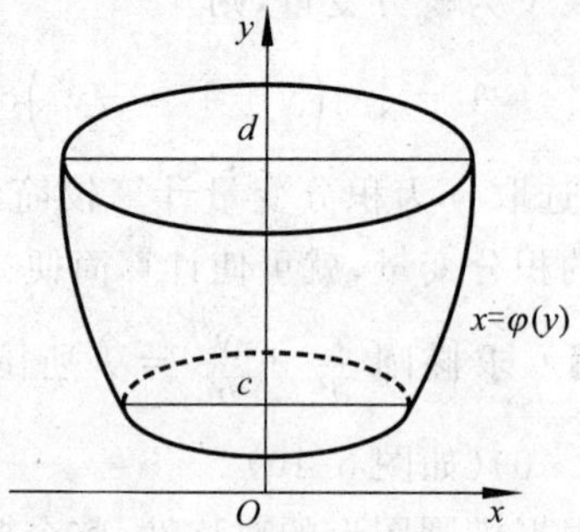

图 5-12

【例 3】 求由直线 $y=\frac{r}{h}x$ 及直线 $x=h(h>0)$ 和 x 轴所围成的三角形绕 x 轴旋转而生成的立体的体积.

解 如图 5-13 所示,取 x 为积分变量,则 $x\in[0,h]$.

体积元素为 $\mathrm{d}V=\pi\left[\frac{r}{h}x\right]^2\mathrm{d}x$,从而所求旋转体的体积为

$$V=\int_0^h\pi\left(\frac{r}{h}x\right)^2\mathrm{d}x=\frac{\pi r^2}{h^2}\int_0^h x^2\,\mathrm{d}x=\frac{\pi}{3}r^2h.$$

【例 4】 计算由 $x^2+y^2=1$ 与 $y^2=\frac{3}{2}x$ 围成的图形中较小的一块分别绕 x 轴、y 轴旋转所成旋转体的体积 V_x 及 V_y.

解 如图 5-14 所示,求出曲线交点 $B\left(\frac{1}{2},\frac{\sqrt{3}}{2}\right)$. 由对称性知,$V_x$ 为图形 OAB 绕 x 轴旋转所成体积.

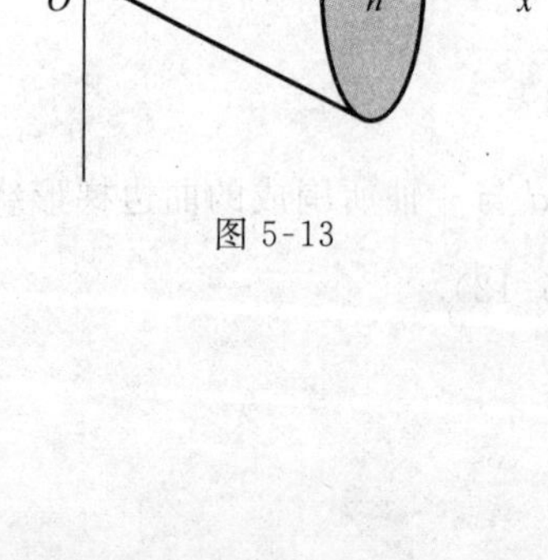

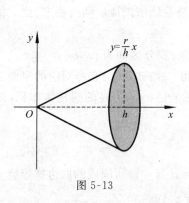

图 5-13

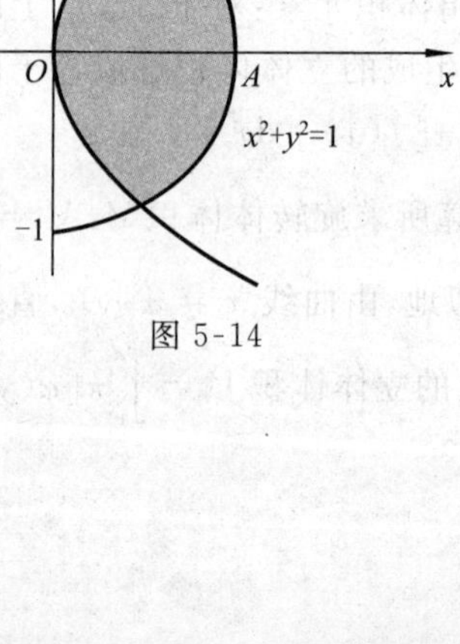

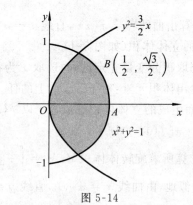

图 5-14

$$V_x=\pi\int_0^{\frac{1}{2}}\frac{3}{2}x\mathrm{d}x+\pi\int_{\frac{1}{2}}^1(1-x^2)\mathrm{d}x$$

$$=\frac{3\pi}{4}x^2\Big|_0^{\frac{1}{2}}+\pi\left(x-\frac{1}{3}x^3\right)\Big|_{\frac{1}{2}}^1$$

$$=\frac{19}{48}\pi.$$

由于 $x^2+y^2=1$，$y^2=\frac{3}{2}x$ 关于 x 轴对称，V_y 为图形 OAB 绕 y 轴旋转所成体积的 2 倍，故

$$V_y=2\pi\int_0^{\frac{\sqrt{3}}{2}}(1-y^2)\mathrm{d}y-2\pi\int_0^{\frac{\sqrt{3}}{2}}\left(\frac{2}{3}y^2\right)^2\mathrm{d}y$$

$$=2\pi\int_0^{\frac{\sqrt{3}}{2}}\left(1-y^2-\frac{4}{9}y^4\right)\mathrm{d}y$$

$$=2\pi\left(y-\frac{1}{3}y^3-\frac{4}{45}y^5\right)\Big|_0^{\frac{\sqrt{3}}{2}}$$

$$=\frac{7\sqrt{3}}{10}\pi.$$

习题 5.4

1. 求下列图形的面积：

(1) 曲线 $y=2-x^2$ 与 x 轴围成的图形；

(2) 曲线 $y=\frac{3}{x}$ 与 $x+y=4$ 围成的图形；

(3) 曲线 $y=x^2$ 与 $y=2-x^2$ 围成的图形；

(4) 曲线 $y=x^3$ 与 $y=2x$ 围成的图形．

2. 求下列图形分别绕 x 轴、y 轴旋转所产生的旋转体体积．

(1) 曲线 $y=x^3$、$x=1$ 与 x 轴围成的图形；

(2) 曲线 $y=x^2$ 与 $x=y^2$ 围成的图形；

(3) 曲线 $y=\sin x\left(0\leqslant x\leqslant\frac{\pi}{2}\right)$ 与直线 $x=\frac{\pi}{2}$、$y=0$ 围成的图形．

自 测 题

1. 单项选择题:

(1) 定积分定义 $\int_a^b f(x)\mathrm{d}x=\lim\limits_{\lambda\to 0}\sum\limits_{i=1}^{n} f(\xi_i)\Delta x_i$ 说明(　　).

A. $[a,b]$ 必须 n 等分,ξ_i 是 $[x_{i-1},x_i]$ 的端点

B. $[a,b]$ 可任意分,ξ_i 必须是 $[x_{i-1},x_i]$ 的端点

C. $[a,b]$ 可任意分,$\lambda=\max\{\Delta x_i\}\to 0$,$\xi_i$ 可在 $[x_{i-1},x_i]$ 内任取

D. $[a,b]$ 必须等分,$\lambda=\max\{\Delta x_i\}\to 0$,$\xi_i$ 可在 $[x_{i-1},x_i]$ 内任取

(2) $\int_{-\pi}^{\pi}\sin x\cos x\mathrm{d}x=$(　　).

A. 0　　　B. $\frac{1}{2}$　　　C. 1　　　D. 2

(3) $f(x)$ 在 $[a,b]$ 上连续是 $\int_a^b f(x)\mathrm{d}x$ 存在的(　　)

A. 必要条件　　　B. 充要条件

C. 充分条件　　　D. 既非充分条件又非必要条件

(4) 设 $f(x)$、$g(x)$ 在 $[a,b]$ 上连续且 $0<f(x)<g(x)<m$(m 为常数),则曲线 $y=f(x)$,$y=g(x)$,$x=a$ 和 $x=b$ 所围平面图形绕 x 轴旋转而成的旋转体体积 $V=$(　　).

A. $\pi\int_a^b f^2(x)\mathrm{d}x$　　　B. $\pi\int_a^b g^2(x)\mathrm{d}x$

C. $\pi\int_a^b[g^2(x)-f^2(x)]\mathrm{d}x$　　　D. $\pi\int_a^b[g(x)-f(x)]^2\mathrm{d}x$

(5) 曲线 $y=\frac{1}{x}$,$y=x$ 和 $x=2$ 所围成的图形面积 $A=$(　　).

A. $\int_1^2\left(\frac{1}{x}-x\right)\mathrm{d}x$　　　B. $\int_1^2\left(x-\frac{1}{x}\right)\mathrm{d}x$

C. $\int_1^2\left(2-\frac{1}{y}\right)\mathrm{d}y+\int_1^2(2-y)\mathrm{d}y$　　　D. $\int_1^2\left(2-\frac{1}{x}\right)\mathrm{d}x+\int_1^2(2-x)\mathrm{d}x$

2. 求下列定积分:

(1) $\int_0^1 x\mathrm{e}^{-x^2}\mathrm{d}x$;　　　(2) $\int_{-1}^{1}\frac{3x^4+3x^2+1}{x^2+1}\mathrm{d}x$;

(3) $\int_0^{\frac{\pi}{2}}\cos^5 x\sin x\mathrm{d}x$;　　　(4) $\int_0^4\frac{x+2}{\sqrt{2x+1}}\mathrm{d}x$;

(5) $\int_0^1\mathrm{e}^{\sqrt{x}}\mathrm{d}x$;　　　(6) $\int_0^1 x^2\sqrt{1-x^2}\mathrm{d}x$;

(7) $\int_{\frac{1}{e}}^{e} |\ln x| dx$；　　(8) $\int_{0}^{\frac{\pi}{2}} x\cos x dx$；

(9) $\int_{0}^{\frac{\pi}{2}} x^2 \sin x dx$；　　(10) $\int_{0}^{1} x\arcsin x dx$.

3. 求由直线 $x=1, x=2, y=0$ 与抛物线 $y=x^2$ 所围平面图形 D 的面积 S，并求由上述平面图形 D 绕 x 轴旋转一周所得旋转体的体积 V_x.

4. 设 D 表示由直线 $y=2x$ 和抛物线 $y=x^2$ 所围成的区域，求：

(1) D 的面积 S；

(2) D 绕 y 轴旋转所得的旋转体的体积 V_y.

中篇　线性代数

前　言

线性代数是高等院校大多数专业必修的一门重要基础理论课，是数学教学三大基础(高等数学，概率论，线性代数)之一．线性代数将数学的主要特点浓缩于一身，因而能够使任何人通过对线性代数的学习，得到逻辑思维能力、运算能力、抽象及分析、综合与推理能力的严格训练．线性代数这门课程的特点：既有繁琐和技巧性很强的数字计算，又有抽象的概念和逻辑推理．历史的经验和长期的教学实践告诉我们，学好线性代数是一件十分不易的事情．线性代数广泛地应用于科技的各个领域，尤其在计算机日益普及的今天，求解线性方程组等问题已成为研究科技问题经常遇到的课题．线性代数的核心内容：研究方程组的解的存在性，解的结构以及解的求法，所用的基本工具是矩阵，而行列式是研究矩阵的有效工具之一．

第 6 章

行　列　式

历史上，行列式的概念是在研究线性方程组的解的过程中产生的．如今，它在数学的许多分支中都有着非常广泛的应用，是数学研究中的一个重要计算工具．本章主要介绍 n 阶行列式的定义、性质、计算以及用行列式求解线性方程组的克莱姆(Cramer)法则．

§6.1　行列式的定义

6.1.1　二阶行列式

如果二元一次方程组 $\begin{cases} a_{11}x_1 + a_{12}x_2 = b_1 \\ a_{21}x_1 + a_{22}x_2 = b_2 \end{cases}$ 有解，它的解完全可由他们的系数 a_{11}，a_{12}，

a_{21}, a_{22}, b_1, b_2 表示出来.

若 $a_{11}a_{22}-a_{21}a_{12}\neq 0$,则 $x_1=\dfrac{a_{22}b_1-a_{12}b_2}{a_{11}a_{22}-a_{21}a_{12}}\overset{\Delta}{=}\dfrac{\begin{vmatrix} b_1 & a_{12} \\ b_2 & a_{22}\end{vmatrix}}{\begin{vmatrix} a_{11} & a_{12} \\ a_{21} & a_{22}\end{vmatrix}}$, 同理 $x_2=\dfrac{\begin{vmatrix} a_{11} & b_1 \\ a_{21} & b_2\end{vmatrix}}{\begin{vmatrix} a_{11} & a_{12} \\ a_{21} & a_{22}\end{vmatrix}}$.

定义 1 记号 $\begin{vmatrix} a_{11} & a_{12} \\ a_{21} & a_{22}\end{vmatrix}$ 表示代数和 $a_{11}a_{22}-a_{21}a_{12}$,称为**二阶行列式**,即

$$\begin{vmatrix} a_{11} & a_{12} \\ a_{21} & a_{22}\end{vmatrix}=a_{11}a_{22}-a_{21}a_{12},$$

数 $a_{ij}(i=1,2;j=1,2)$ 称为行列式 $\begin{vmatrix} a_{11} & a_{12} \\ a_{21} & a_{22}\end{vmatrix}$ 的**元素**,横排叫做**行**,竖排叫做**列**. 元素 a_{ij} 的第一个下标 i 叫做**行标**,表明该元素位于第 i 行,第二个下标 j 叫做**列标**,表明该元素位于第 j 列. 二阶行列式可由对角线法则来记忆. 从行列式的左上角元素到右下角元素的连线称为行列式的**主对角线**;而行列式的左下角元素到右上角元素的连线称为行列式的**副对角线**. 原二阶行列式便是由主对角线上两元素之积减去副对角线上两元素之积所得的差.

6.1.2 三阶行列式

在解三元一次方程组 $\begin{cases} a_{11}x+a_{12}y+a_{13}z=b_1 \\ a_{21}x+a_{22}y+a_{23}z=b_2 \\ a_{31}x+a_{32}y+a_{33}z=b_3\end{cases}$ 时,定义"三阶行列式". 若方程组的系数行列式

$$D=\begin{vmatrix} a_{11} & a_{12} & a_{13} \\ a_{21} & a_{22} & a_{23} \\ a_{31} & a_{32} & a_{33}\end{vmatrix}\neq 0,$$

则解为

$$x=\frac{D_1}{D},\quad y=\frac{D_2}{D},\quad z=\frac{D_3}{D}.$$

其中

$$D_1=\begin{vmatrix} b_1 & a_{12} & a_{13} \\ b_2 & a_{22} & a_{23} \\ b_3 & a_{32} & a_{33}\end{vmatrix},\quad D_2=\begin{vmatrix} a_{11} & b_1 & a_{13} \\ a_{21} & b_2 & a_{23} \\ a_{31} & b_3 & a_{33}\end{vmatrix},\quad D_3=\begin{vmatrix} a_{11} & a_{12} & b_1 \\ a_{21} & a_{22} & b_2 \\ a_{31} & a_{32} & b_3\end{vmatrix}.$$

三阶行列式也有对角线法则(沙流氏规则):

$$\begin{vmatrix} a_{11} & a_{12} & a_{13} \\ a_{21} & a_{22} & a_{23} \\ a_{31} & a_{32} & a_{33}\end{vmatrix}=a_{11}a_{22}a_{33}+a_{21}a_{32}a_{13}+a_{31}a_{23}a_{12}-a_{31}a_{22}a_{13}$$
$$-a_{32}a_{23}a_{11}-a_{33}a_{12}a_{21}.$$

【例 1】 计算三阶行列式 $D=\begin{vmatrix}1 & -2 & 3\\ 7 & -8 & 9\\ 4 & -5 & 6\end{vmatrix}$.

解 $D=1\times(-8)\times6+7\times(-5)\times3+4\times9\times(-2)$

$-3\times(-8)\times4-9\times(-5)\times1-6\times7\times(-2)$

$=-48-105-72+96+45+84=0.$

【例 2】 解线性方程组 $\begin{cases}-2x+y+z=-2\\ x+y+4z=0\\ 3x-7y+5z=5\end{cases}$.

解 $D=\begin{vmatrix}-2 & 1 & 1\\ 1 & 1 & 4\\ 3 & -7 & 5\end{vmatrix}$

$=-10+12-7-3-56-5=-69\neq0$,

$$D_1=\begin{vmatrix}-2 & 1 & 1\\ 0 & 1 & 4\\ 5 & -7 & 5\end{vmatrix}=-51,$$

$$D_2=\begin{vmatrix}-2 & -2 & 1\\ 1 & 0 & 4\\ 3 & 5 & 5\end{vmatrix}=31,$$

$$D_3=\begin{vmatrix}-2 & 1 & -2\\ 1 & 1 & 0\\ 3 & -7 & 5\end{vmatrix}=5.$$

$$x=\frac{D_1}{D}=\frac{17}{23},y=\frac{D_2}{D}=-\frac{31}{69},z=\frac{D_3}{D}=-\frac{5}{69}.$$

【例 3】 求二次多项式 $f(x)$,使得 $f(-1)=6,f(1)=2,f(2)=3$.

解 设 $f(x)=ax^2+bx+c$,于是由 $f(-1)=6,f(1)=2,f(2)=3$ 得

$\begin{cases}a-b+c=6\\ a+b+c=2\\ 4a+2b+c=3\end{cases}$. 求 a,b,c 如下:$D=\begin{vmatrix}1 & -1 & 1\\ 1 & 1 & 1\\ 4 & 2 & 1\end{vmatrix}=-6\neq0$,

$$D_1=\begin{vmatrix}6 & -1 & 1\\ 2 & 1 & 1\\ 3 & 2 & 1\end{vmatrix}=-6,\quad D_2=\begin{vmatrix}1 & 6 & 1\\ 1 & 2 & 1\\ 4 & 3 & 1\end{vmatrix}=12,\quad D_3=\begin{vmatrix}1 & -1 & 6\\ 1 & 1 & 2\\ 4 & 2 & 3\end{vmatrix}=-18.$$

所以

$$a=\frac{D_1}{D}=1,b=\frac{D_2}{D}=-2,c=\frac{D_3}{D}=3,f(x)=x^2-2x+3.$$

6.1.3 排列与逆序

把 n 个不同的元素排成一列，叫做这 n 个元素的**全排列**．这 n 个元素共有 $P_n^n = n(n-1)\cdots 3\cdot 2\cdot 1 = n!$ 种排法．对于 n 个不同的元素，我们规定各元素之间有一个标准次序(例如 n 个不同的自然数，可规定由小到大为标准次序)，于是在这 n 个元素的任一排列中，当某两个元素的先后次序与标准次序不同时，就说有 1 个**逆序**．一个排列中所有逆序的总数叫做这个排列的**逆序数**．

逆序数为奇数的排列叫做**奇排列**，逆序数为偶数的排列叫做**偶排列**．

计算排列逆序数的方法：

不妨设 n 个元素为 1 到 n 这 n 个自然数，并规定由小到大为标准次序．设 $p_1 p_2\cdots p_n$ 为这 n 个自然数的一个排列，考虑元素 $p_i(i=1,2,\cdots,n)$，如果比 p_i 大的且排在 p_i 前面的元素有 t_i 个，就说 p_i 这个元素的逆序数是 t_i．全体元素的逆序数之总和 $t=t_1+t_2+\cdots+t_n$ 即是这个排列的逆序数．

【例 4】 计算排列 32514 的逆序数．

解 因为 3 排在首位，故其逆序数为 0；

在 2 前面且比 2 大的数有 1 个，故其逆序的个数为 1；

在 5 前面且比 5 大的数有 0 个，故其逆序的个数为 0；

在 1 前面且比 1 大的数有 3 个，故其逆序的个数为 3；

在 4 前面且比 4 大的数有 1 个，故其逆序的个数为 1；

则所求排列的逆序数为 $t=0+1+0+3+1=5$.

6.1.4 n 阶行列式的定义

$$\begin{vmatrix} a_{11} & a_{12} & a_{13} \\ a_{21} & a_{22} & a_{23} \\ a_{31} & a_{32} & a_{33} \end{vmatrix} = a_{11}a_{22}a_{33}+a_{21}a_{32}a_{13}+a_{31}a_{23}a_{12}-a_{31}a_{22}a_{13}-a_{32}a_{23}a_{11}-a_{33}a_{12}a_{21}. \quad (*)$$

(1)(＊)式右边的每一项都恰是三个元素的乘积，这三个元素位于不同的行，不同的列．因此，(＊)式右端的任意项除正负号外可以写为 $a_{1p_1}a_{2p_2}a_{3p_3}$，这里第一个下标(称行标)排成标准排列 123，而第二个下标(称列标)排成 $p_1 p_2 p_3$，它是 1,2,3 三个数的某个排列，这样的排列共有 3! ＝6 种，对应(＊)右端共含 6 项．

(2)各项的正负号与列标的排列对照．

带正号的三项列标排列是：123，231，312；

带负号的三项列标排列是：132，213，321.

前三个排列都是偶排列，后三个排列都是奇排列．因此各项所带的正负号可表示为 $(-1)^t$，其中 t 为列标排列的逆序数．三阶行列式可记为

$$\begin{vmatrix} a_{11} & a_{12} & a_{13} \\ a_{21} & a_{22} & a_{23} \\ a_{31} & a_{32} & a_{33} \end{vmatrix} = \sum_{p_1p_2p_3} (-1)^t a_{1p_1}a_{2p_2}a_{3p_3},$$

其中 t 为排列 $p_1p_2p_3$ 的逆序数.

将上式推广到 n 阶行列式,有

定义 2 $\begin{vmatrix} a_{11} & a_{12} & \cdots & a_{1n} \\ a_{21} & a_{22} & \cdots & a_{2n} \\ \vdots & \vdots & & \vdots \\ a_{n1} & a_{n2} & \cdots & a_{nn} \end{vmatrix}$ 的所有不同行与不同列上 n 个元素的乘积 $p_1p_2\cdots p_n$,

并冠以符号 $(-1)^{t(p_1p_2\cdots p_n)}$,即 $(-1)^{t(p_1p_2\cdots p_n)}a_{1p_1}a_{2p_2}\cdots a_{np_n}$. 由于 $p_1p_2\cdots p_n$ 为自然数 1,2,…,n 的一个排列,而这样的排列共有 $n!$ 个,因而形如 $(-1)^{t(p_1p_2\cdots p_n)}a_{1p_1}a_{2p_2}\cdots a_{np_n}$ 的项共有 $n!$ 项,所有这 $n!$ 项的代数和

$$\sum (-1)^{t(p_1p_2\cdots p_n)}a_{1p_1}a_{2p_2}\cdots a_{np_n}$$

称为 ***n* 阶行列式**,记作

$$D = \begin{vmatrix} a_{11} & a_{12} & \cdots & a_{1n} \\ a_{21} & a_{22} & \cdots & a_{2n} \\ \vdots & \vdots & & \vdots \\ a_{n1} & a_{n2} & \cdots & a_{nn} \end{vmatrix} = \sum (-1)^{t(p_1p_2\cdots p_n)}a_{1p_1}a_{2p_2}\cdots a_{np_n}.$$

数 a_{ij} 称为行列式 D 的**元素**.

【例 5】 上、下三角行列式

$$D = \begin{vmatrix} a_{11} & a_{12} & \cdots & a_{1n} \\ 0 & a_{22} & \cdots & a_{2n} \\ \vdots & \vdots & & \vdots \\ 0 & 0 & \cdots & a_{nn} \end{vmatrix} = a_{11}a_{22}\cdots a_{nn},$$

$$D = \begin{vmatrix} a_{11} & 0 & \cdots & 0 \\ a_{21} & a_{22} & \cdots & 0 \\ \vdots & \vdots & & \vdots \\ a_{n1} & a_{n2} & \cdots & a_{nn} \end{vmatrix} = a_{11}a_{22}\cdots a_{nn}.$$

【例 6】 对角行列式(其对角线上的元素是 λ_i,未写出的元素都为 0).

$$\begin{vmatrix} \lambda_1 & & & \\ & \lambda_2 & & \\ & & \ddots & \\ & & & \lambda_n \end{vmatrix} = \lambda_1\lambda_2\cdots\lambda_n, \quad \begin{vmatrix} & & & \lambda_1 \\ & & \lambda_2 & \\ & \iddots & & \\ \lambda_n & & & \end{vmatrix} = (-1)^{\frac{n(n-1)}{2}}\lambda_1\lambda_2\cdots\lambda_n.$$

习题 6.1

1. 计算下列行列式的值（* 代表任意数值）

(1) $\begin{vmatrix} 2 & 1 \\ -1 & 2 \end{vmatrix}$；　(2) $\begin{vmatrix} 0 & a & 0 \\ b & c & \mathrm{d} \\ 0 & e & 0 \end{vmatrix}$；

(3) $\begin{vmatrix} 0 & 0 & 0 & 0 & 1 \\ 0 & 0 & 0 & 2 & * \\ 0 & 0 & 3 & * & * \\ 0 & 4 & * & * & * \\ 5 & * & * & * & * \end{vmatrix}$；　(4) $\begin{vmatrix} * & * & * & * & * & 6 \\ * & * & * & * & 5 & 0 \\ * & * & * & 4 & 0 & 0 \\ * & * & 3 & 0 & 0 & 0 \\ * & 2 & 0 & 0 & 0 & 0 \\ 1 & 0 & 0 & 0 & 0 & 0 \end{vmatrix}$.

2. 若行列式 $\begin{vmatrix} 1 & 2 & 5 \\ 1 & 3 & -2 \\ 2 & 5 & a \end{vmatrix} = 0$，求 a 的值.

§6.2 行列式的性质

用行列式的定义计算 n 阶行列式，需要计算 $n!$ 个乘积项，这显然比较麻烦．为此，下面研究行列式的性质，利用这些性质可以简化行列式的计算．

首先引入行列式转置的概念．

考虑 n 阶行列式

$$D = \begin{vmatrix} a_{11} & a_{12} & \cdots & a_{1n} \\ a_{21} & a_{22} & \cdots & a_{2n} \\ \vdots & \vdots & & \vdots \\ a_{n1} & a_{n2} & \cdots & a_{nn} \end{vmatrix},$$

把 D 的行列互换，得到一个新行列式

$$\begin{vmatrix} a_{11} & a_{21} & \cdots & a_{n1} \\ a_{12} & a_{22} & \cdots & a_{n2} \\ \vdots & \vdots & & \vdots \\ a_{1n} & a_{2n} & \cdots & a_{nn} \end{vmatrix},$$

称为 D 的转置行列式，记为 D^{T}．显然 $(D^{\mathrm{T}})^{\mathrm{T}} = D$.

性质 1 行列式与它的转置行列式相等．

证 D 和 D^T 都有 $n!$ 项，在 D 中任取一项 $a_{1j_1}a_{2j_2}\cdots a_{nj_n}$，它也是 D^T 中的一项．该项在 D 中的符号为 $(-1)^{t(j_1j_2\cdots j_n)}$，在 D^T 中的符号也为 $(-1)^{t(j_1j_2\cdots j_n)}$．

性质 2 交换一个行列式的两行(或两列)，行列式改变符号，即若

$$D=\begin{vmatrix} a_{11} & a_{12} & \cdots & a_{1n} \\ \vdots & \vdots & & \vdots \\ a_{i1} & a_{i2} & \cdots & a_{in} \\ \vdots & \vdots & & \vdots \\ a_{j1} & a_{j2} & \cdots & a_{jn} \\ \vdots & \vdots & & \vdots \\ a_{n1} & a_{n2} & \cdots & a_{nn} \end{vmatrix}\begin{matrix} \\ \\ i(\text{行}) \\ \\ j(\text{行}) \\ \\ \\ \end{matrix},\quad D'=\begin{vmatrix} a_{11} & a_{12} & \cdots & a_{1n} \\ \vdots & \vdots & & \vdots \\ a_{j1} & a_{j2} & \cdots & a_{jn} \\ \vdots & \vdots & & \vdots \\ a_{i1} & a_{i2} & \cdots & a_{in} \\ \vdots & \vdots & & \vdots \\ a_{n1} & a_{n2} & \cdots & a_{nn} \end{vmatrix}\begin{matrix} \\ \\ i(\text{行}) \\ \\ j(\text{行}) \\ \\ \\ \end{matrix}.$$

则 $D=-D'$．

推论 如果一个行列式有两行(列)完全相同，那么这个行列式等于 0.

证 把这两行互换，有 $D=-D$，故 $D=0$．

性质 3 把一个行列式的某行(列)的所有元素同乘以某一个数 k 等于用数 k 乘这个行列式，即若

$$D=\begin{vmatrix} \cdots & \cdots & \cdots & \cdots \\ ka_{i1} & ka_{i2} & \cdots & ka_{in} \\ \cdots & \cdots & \cdots & \cdots \end{vmatrix},\quad D_1=\begin{vmatrix} \cdots & \cdots & \cdots & \cdots \\ a_{i1} & a_{i2} & \cdots & a_{in} \\ \cdots & \cdots & \cdots & \cdots \end{vmatrix},$$

则 $D=kD_1$．

推论 1 一个行列式中某一行(列)所有元素的公因子可以提到行列式外面．

推论 2 一个行列式中有一行(列)元素全为零，则这个行列式为零．

性质 4 如果一个行列式有两行或两列元素成比例，那么这个行列式等于 0．

性质 5 若行列式的某一列(行)的元素都是两数之和，则 D 等于两行列式之和，即若设

$$D=\begin{vmatrix} a_{11} & a_{12} & \cdots & a_{1n} \\ \vdots & \vdots & & \vdots \\ b_{i1}+c_{i1} & b_{i2}+c_{i2} & \cdots & b_{in}+c_{in} \\ \vdots & \vdots & & \vdots \\ a_{n1} & a_{n2} & \cdots & a_{nn} \end{vmatrix},$$

则

$$D=\begin{vmatrix} a_{11} & a_{12} & \cdots & a_{1n} \\ \vdots & \vdots & & \vdots \\ b_{i1} & b_{i2} & \cdots & b_{in} \\ \vdots & \vdots & & \vdots \\ a_{n1} & a_{n2} & \cdots & a_{nn} \end{vmatrix}+\begin{vmatrix} a_{11} & a_{12} & \cdots & a_{1n} \\ \vdots & \vdots & & \vdots \\ c_{i1} & c_{i2} & \cdots & c_{in} \\ \vdots & \vdots & & \vdots \\ a_{n1} & a_{n2} & \cdots & a_{nn} \end{vmatrix}.$$

性质 6 把行列式的某一行(列)的元素乘以同一数加到另一行(列)的对应元素上行列式不变．即若

$$D=\begin{vmatrix} a_{11} & a_{12} & \cdots & a_{1n} \\ \vdots & \vdots & & \vdots \\ a_{i1} & a_{i2} & \cdots & a_{in} \\ \vdots & \vdots & & \vdots \\ a_{j1} & a_{j2} & \cdots & a_{jn} \\ \vdots & \vdots & & \vdots \\ a_{n1} & a_{n2} & \cdots & a_{nn} \end{vmatrix},\quad \overline{D}=\begin{vmatrix} a_{11} & a_{12} & \cdots & a_{1n} \\ \vdots & \vdots & & \vdots \\ a_{i1}+ka_{j1} & a_{i2}+ka_{j2} & \cdots & a_{in}+ka_{jn} \\ \vdots & \vdots & & \vdots \\ a_{j1} & a_{j2} & \cdots & a_{jn} \\ \vdots & \vdots & & \vdots \\ a_{n1} & a_{n2} & \cdots & a_{nn} \end{vmatrix}.$$

则 $\overline{D}=D$.

【例 1】 $$D=\begin{vmatrix} 1 & 1 & 1 & 1 \\ 1 & -1 & 1 & 1 \\ 1 & 1 & -1 & 1 \\ 1 & 1 & 1 & -1 \end{vmatrix} \xlongequal[i=2,3,4]{r_i-r_1} \begin{vmatrix} 1 & 1 & 1 & 1 \\ 0 & -2 & 0 & 0 \\ 0 & 0 & -2 & 0 \\ 0 & 0 & 0 & -2 \end{vmatrix}=-8.$$

【例 2】 $$D=\begin{vmatrix} 2 & -5 & 1 & 2 \\ -3 & 7 & -1 & 4 \\ 5 & -9 & 2 & 7 \\ 4 & -6 & 1 & 2 \end{vmatrix} \xlongequal{c_1\leftrightarrow c_3} -\begin{vmatrix} 1 & -5 & 2 & 2 \\ -1 & 7 & -3 & 4 \\ 2 & -9 & 5 & 7 \\ 1 & -6 & 4 & 2 \end{vmatrix} \xlongequal[\substack{r_3-2r_1 \\ r_4-r_1}]{r_2+r_1}$$

$$-\begin{vmatrix} 1 & -5 & 2 & 2 \\ 0 & 2 & -1 & 6 \\ 0 & 1 & 1 & 3 \\ 0 & -1 & 2 & 0 \end{vmatrix} \xlongequal[r_3+r_4]{r_2+2r_4} -\begin{vmatrix} 1 & -5 & 2 & 2 \\ 0 & 0 & 3 & 6 \\ 0 & 0 & 3 & 3 \\ 0 & -1 & 2 & 0 \end{vmatrix} \xlongequal{r_2\leftrightarrow r_4} \begin{vmatrix} 1 & -5 & 2 & 2 \\ 0 & -1 & 2 & 0 \\ 0 & 0 & 3 & 0 \\ 0 & 0 & 0 & 3 \end{vmatrix}=-9.$$

【例 3】 $$D=\begin{vmatrix} a & b & b & b \\ b & a & b & b \\ b & b & a & b \\ b & b & b & a \end{vmatrix} \xlongequal{r_1+r_2+r_3+r_4} \begin{vmatrix} a+3b & a+3b & a+3b & a+3b \\ b & a & b & b \\ b & b & a & b \\ b & b & b & a \end{vmatrix}$$

$$\xlongequal{r_1\times\frac{1}{a+3b}}(a+3b)\begin{vmatrix} 1 & 1 & 1 & 1 \\ b & a & b & b \\ b & b & a & b \\ b & b & b & a \end{vmatrix}$$

$$\xlongequal[i=2,3,4]{r_i-br_1}(a+3b)\begin{vmatrix} 1 & 1 & 1 & 1 \\ 0 & a-b & 0 & 0 \\ 0 & 0 & a-b & 0 \\ 0 & 0 & 0 & a-b \end{vmatrix}=(a+3b)(a-b).$$

习题 6.2

1. 计算下列行列式的值

(1) $\begin{vmatrix} 3 & 1 & -1 & 2 \\ -5 & 1 & 3 & -4 \\ 2 & 0 & 1 & -1 \\ 1 & -5 & 3 & -3 \end{vmatrix}$；　(2) $\begin{vmatrix} 3 & 1 & 1 & 1 \\ 1 & 3 & 1 & 1 \\ 1 & 1 & 3 & 1 \\ 1 & 1 & 1 & 3 \end{vmatrix}$；　(3) $\begin{vmatrix} 2 & 3 & 4 & 5 \\ 5 & 6 & 7 & 8 \\ 1 & 2 & 3 & 4 \\ 6 & 7 & 8 & 9 \end{vmatrix}$.

2. 用行列式性质证明等式

$$\begin{vmatrix} y+z & z+x & x+y \\ x+y & y+z & z+x \\ z+x & x+y & y+z \end{vmatrix} = 2\begin{vmatrix} x & y & z \\ z & x & y \\ y & z & x \end{vmatrix}.$$

§6.3 行列式按行(列)展开

6.3.1 行列式按一行(列)展开

定义 1 $n(n>1)$ 阶行列式

$$D=\begin{vmatrix} a_{11} & \cdots & a_{1j} & \cdots & a_{1n} \\ \vdots & & \vdots & & \vdots \\ a_{i1} & \cdots & a_{ij} & \cdots & a_{in} \\ \vdots & & \vdots & & \vdots \\ a_{n1} & \cdots & a_{nj} & \cdots & a_{nn} \end{vmatrix}$$

的某一元素 a_{ij} 的**余子式** M_{ij} 指的是在 D 中划去 a_{ij} 所在的行和列后所余下的 $n-1$ 阶行列式.

定义 2 n 阶行列式 D 的元素 a_{ij} 的余子式 M_{ij} 附以符号 $(-1)^{i+j}$ 后叫做元素 a_{ij} 的**代数余子式**,记作 A_{ij} ,由定义可知 $A_{ij}=(-1)^{i+j}M_{ij}$.

我们可以利用代数余子式给出行列式的另一种定义.

定义 3 由 n^2 个数排成或 n 行 n 列的正方形数表,按照以下规律,可以得到一个数

$$D=\begin{vmatrix} a_{11} & a_{12} & \cdots & a_{1n} \\ a_{21} & a_{22} & \cdots & a_{2n} \\ \vdots & \vdots & & \vdots \\ a_{n1} & a_{n2} & \cdots & a_{nn} \end{vmatrix} = a_{11}A_{11}+a_{12}A_{12}+\cdots+a_{1n}A_{1n}=\sum_{k=1}^{n}a_{1k}A_{1k},$$

称为 ***n* 阶行列式**,其中 $A_{ij}=(-1)^{i+j}M_{ij}$,M_{ij} 表示 D 划去第 i 行第 j 列 $(i,j=1,2,\cdots,n)$ 后所剩下的 $n-1$ 阶行列式. A_{ij} 为元素 a_{ij} 的代数余子式.

注(1)为了方便,定义一阶行列式 $|a_{11}|=a_{11}$.

(2)按照定义,从一阶行列式可以得到二阶行列式的 $\begin{vmatrix} a_{11} & a_{12} \\ a_{21} & a_{22} \end{vmatrix}=a_{11}a_{22}-a_{12}a_{21}$.

(3)三阶行列式 $D=\begin{vmatrix} a_{11} & a_{12} & a_{13} \\ a_{21} & a_{22} & a_{23} \\ a_{31} & a_{32} & a_{33} \end{vmatrix}=a_{11}\begin{vmatrix} a_{22} & a_{23} \\ a_{32} & a_{33} \end{vmatrix}-a_{12}\begin{vmatrix} a_{21} & a_{23} \\ a_{31} & a_{33} \end{vmatrix}+a_{13}\begin{vmatrix} a_{21} & a_{22} \\ a_{31} & a_{32} \end{vmatrix}$.

上面 n 阶行列式的定义式,是利用行列式的第一行元素来定义行列式的,这个式子通常称为行列式按第一行元素的展开式. 我们可以证明:行列式按第一列元素展开也有相同的结果,即

$$D=\begin{vmatrix} a_{11} & a_{12} & \cdots & a_{1n} \\ a_{21} & a_{22} & \cdots & a_{2n} \\ \vdots & \vdots & & \vdots \\ a_{n1} & a_{n2} & \cdots & a_{nn} \end{vmatrix}=a_{11}A_{11}+a_{21}A_{21}+\cdots+a_{n1}A_{n1}=\sum_{k=1}^{n}a_{k1}A_{k1}.$$

我们还可以证明,行列式按任意行(列)展开,都有相同的结果.

引理 一个 n 阶行列式,如果其中第 i 行所有元素除 a_{ij} 外都为零,那么这行列式等于 a_{ij} 与它的代数余子式的乘积.

拉普拉斯定理 行列式等于它任意一行(列)的所有元素与它们对应代数余子式的乘积的和. 换句话说,行列式有依行或依列的展开式

$$D=a_{i1}A_{i1}+a_{i2}A_{i2}+\cdots+a_{in}A_{in} \text{ 或 } D=a_{1j}A_{1j}+a_{2j}A_{2j}+\cdots+a_{nj}A_{nj}.$$

推论 行列式某行(列)元素与另一行(列)元素的代数余子式乘积之和为零,即当 $i\neq j$ 时

$$a_{i1}A_{j1}+a_{i2}A_{j2}+\cdots+a_{in}A_{jn}=0, \text{或 } a_{1i}A_{1j}+a_{2i}A_{2j}+\cdots+a_{ni}A_{nj}=0.$$

6.3.2 行列式的计算

【例 1】 计算行列式 $D=\begin{vmatrix} 2 & -3 & 1 & 0 \\ 4 & -1 & 6 & 2 \\ 0 & 4 & 0 & 0 \\ 5 & 7 & -1 & 0 \end{vmatrix}$.

解 选一行(或列)具有较多的0元素的展开式,按第三行展开再按第三列展开,得

$$D=4\cdot(-1)^{3+2}\begin{vmatrix} 2 & 1 & 0 \\ 4 & 6 & 2 \\ 5 & -1 & 0 \end{vmatrix}=-4\cdot 2(-1)^{2+3}\begin{vmatrix} 2 & 1 \\ 5 & -1 \end{vmatrix}=-56.$$

【例 2】 计算行列式 $D=\begin{vmatrix}1&2&3&4\\4&3&2&1\\0&1&0&-1\\3&2&4&1\end{vmatrix}$.

解 按第三行展开,得

$$D=(-1)^5\begin{vmatrix}1&3&4\\4&2&1\\3&4&1\end{vmatrix}-1\cdot(-1)^7\begin{vmatrix}1&2&3\\4&3&2\\3&2&4\end{vmatrix}$$

$$=-\left(\begin{vmatrix}2&1\\4&1\end{vmatrix}-3\begin{vmatrix}4&1\\3&1\end{vmatrix}+4\begin{vmatrix}4&2\\3&4\end{vmatrix}\right]+\left[\begin{vmatrix}3&2\\2&4\end{vmatrix}-2\begin{vmatrix}4&2\\3&4\end{vmatrix}+3\begin{vmatrix}4&3\\3&2\end{vmatrix}\right)$$

$$=-(-2-3+40)+(8-20-3)=-35-15=-50.$$

【例 3】 计算下列三角行列式

$$\begin{vmatrix}0&\cdots&0&a_{1n}\\0&\cdots&a_{2,n-1}&a_{2n}\\\vdots&\cdot^{\cdot^{\cdot}}&\cdot^{\cdot^{\cdot}}&\vdots\\a_{n1}&\cdots&a_{n,n-1}&a_{nn}\end{vmatrix},\begin{vmatrix}a_{11}&a_{12}&\cdots&a_{1n}\\a_{21}&a_{22}&\cdot^{\cdot^{\cdot}}&0\\\vdots&\cdot^{\cdot^{\cdot}}&\cdot^{\cdot^{\cdot}}&\vdots\\a_{n1}&0&\cdots&0\end{vmatrix}.$$

解

$$\begin{vmatrix}0&\cdots&0&a_{1n}\\0&&a_{2,n-1}&a_{2n}\\\vdots&\cdot^{\cdot^{\cdot}}&\cdot^{\cdot^{\cdot}}&\vdots\\a_{n1}&\cdots&a_{n,n-1}&a_{nn}\end{vmatrix}=a_{1n}\cdot(-1)^{1+n}\cdot\begin{vmatrix}0&\cdots&0&a_{2,n-1}\\0&&a_{3,n-2}&a_{3,n-1}\\\vdots&\cdot^{\cdot^{\cdot}}&\cdot^{\cdot^{\cdot}}&\vdots\\a_{n1}&\cdots&a_{n,n-1}&a_{n,n-1}\end{vmatrix}$$

$$=\cdots\cdots$$

$$=(-1)^{(n-1)+n+(n-1)+\cdots+2}a_{1n}a_{2,n-1}\cdots a_{n1}$$

$$=(-1)^{(n-2)+n+(n-1)+\cdots+1}a_{1n}a_{2,n-1}\cdots a_{n1}$$

$$=(-1)^{n+\frac{n(n+1)}{2}}a_{1n}a_{2,n-1}\cdots a_{n1}$$

$$=(-1)^{\frac{n(n+3)}{2}}a_{1n}a_{2,n-1}\cdots a_{n1}$$

$$=(-1)^{\frac{n(n-1)}{2}}a_{1n}a_{2,n-1}\cdots a_{n1}.$$

同理可得

$$\begin{vmatrix}a_{11}&a_{12}&\cdots&a_{1n}\\a_{21}&a_{22}&\cdot^{\cdot^{\cdot}}&0\\\vdots&\cdot^{\cdot^{\cdot}}&\cdot^{\cdot^{\cdot}}&\vdots\\a_{n1}&0&\cdots&0\end{vmatrix}=(-1)^{\frac{n(n-1)}{2}}a_{1n}a_{2,n-1}\cdots a_{n1}.$$

【例 4】 计算 n 阶行列式

$$D_n=\begin{vmatrix} a & b & 0 & \cdots & 0 & 0 \\ 0 & a & b & \cdots & 0 & 0 \\ \vdots & \vdots & \vdots & & \vdots & \vdots \\ 0 & 0 & 0 & \cdots & a & b \\ b & 0 & 0 & \cdots & 0 & a \end{vmatrix}.$$

解 将行列式按第 1 列展开,得

$$D_n=a\begin{vmatrix} a & b & \cdots & 0 & 0 \\ 0 & b & \cdots & 0 & 0 \\ \vdots & \vdots & & \vdots & \vdots \\ 0 & 0 & \cdots & a & b \\ 0 & 0 & \cdots & 0 & a \end{vmatrix}_{(n-1)}+(-1)^{n+1}\cdot b\begin{vmatrix} b & 0 & \cdots & 0 & 0 \\ a & b & \cdots & 0 & 0 \\ \vdots & \vdots & & \vdots & \vdots \\ 0 & 0 & \cdots & b & 0 \\ 0 & 0 & \cdots & a & b \end{vmatrix}_{(n-1)}$$

$$=a^n+(-1)^{n+1}b^n.$$

【例 5】 证明范德蒙行列式

$$D_n=\begin{vmatrix} 1 & 1 & \cdots & 1 \\ x_1 & x_2 & \cdots & x_n \\ x_1^2 & x_2^2 & \cdots & x_n^2 \\ \vdots & \vdots & & \vdots \\ x_1^{n-1} & x_2^{n-1} & \cdots & x_n^{n-1} \end{vmatrix}=\prod_{n\geqslant i>j\geqslant 1}(x_i-x_j),$$

其中记号 表示全体同类因子的乘积.

证 用归纳法,因为 $D_2=\begin{vmatrix} 1 & 1 \\ x_1 & x_2 \end{vmatrix}=x_2-x_1=\prod\limits_{2\geqslant i>j\geqslant 1}(x_i-x_j)$,所以,当 $n=2$ 时,式子成立. 现设式子对 $n-1$ 时成立,要证对 n 时也成立. 为此,设法把 D_n 降阶;从第 n 行开始,后行减去前行的 x_1 倍,有

$$D_n=\begin{vmatrix} 1 & 1 & 1 & \cdots & 1 \\ 0 & x_2-x_1 & x_3-x_1 & \cdots & x_n-x_1 \\ 0 & x_2(x_2-x_1) & x_3(x_3-x_1) & \cdots & x_n(x_n-x_1) \\ 0 & \vdots & \vdots & & \vdots \\ 0 & x_2^{n-2}(x_2-x_1) & x_3^{n-2}(x_3-x_1) & \cdots & x_n^{n-2}(x_n-x_1) \end{vmatrix}$$

(按第一列展开,并提出因子 x_i-x_1)

$$=(x_2-x_1)(x_3-x_1)\cdots(x_n-x_1)\begin{vmatrix} 1 & 1 & \cdots & 1 \\ x_2 & x_3 & \cdots & x_n \\ \vdots & \vdots & & \vdots \\ x_2^{n-2} & x_3^{n-2} & \cdots & x_n^{n-2} \end{vmatrix}$$

$$\overset{\text{由假设}}{=\!=\!=}(x_2-x_1)(x_3-x_1)\cdots(x_n-x_1)\prod_{n\geqslant i>j\geqslant 2}(x_i-x_j)=\prod_{n\geqslant i>j\geqslant 1}(x_i-x_j).$$

【例 6】 $D=\begin{vmatrix}0&a&b&a\\a&0&a&b\\b&a&0&a\\a&b&a&0\end{vmatrix}\xlongequal{r_1+r_2+r_3+r_4}\begin{vmatrix}2a+b&2a+b&2a+b&2a+b\\a&0&a&b\\b&a&0&a\\a&b&a&0\end{vmatrix}$

$\xlongequal{r_1\times\frac{1}{2a+b}}(2a+b)\begin{vmatrix}1&1&1&1\\a&0&a&b\\b&a&0&a\\a&b&a&0\end{vmatrix}\xlongequal[\substack{r_4-ar_1\\r_3-br_1}]{r_2-r_1}\begin{vmatrix}1&1&1&1\\0&-a&0&b-a\\0&a-b&-b&a-b\\0&b-a&0&-a\end{vmatrix}(2a+b)$

$=(2a+b)\begin{vmatrix}-a&0&b-a\\a-b&-b&a-b\\b-a&0&-a\end{vmatrix}=(2a+b)(-b)\begin{vmatrix}-a&b-a\\b-a&-a\end{vmatrix}$

$=(2a+b)(-b)[a^2-(b-a)^2]=b^4-4a^2b^2.$

习题 6.3

1. 计算下列行列式的值：

(1) $\begin{vmatrix}3&-5&2&1\\1&1&0&-5\\-1&3&1&3\\2&-4&-1&-3\end{vmatrix}$；(2) $\begin{vmatrix}1&1&1&1\\4&-1&3&2\\16&1&9&4\\64&-1&27&8\end{vmatrix}$；(3) $\begin{vmatrix}1&0&-2&-1\\2&1&-1&0\\0&2&1&-1\\1&-1&0&-2\end{vmatrix}$.

2. 求出以下方程的所有根：

(1) $\begin{vmatrix}x&1&1&1\\1&x&1&1\\1&1&x&1\\1&1&1&x\end{vmatrix}=0$； (2) $\begin{vmatrix}x&1&1&1\\1&1-x&1&1\\1&1&2-x&1\\1&1&1&3-x\end{vmatrix}=0$.

§6.4 克莱姆法则

含有 n 个未知数 $x_1,x_2,\cdots,x_n$ 的 n 个线性方程的方程组

$$\begin{cases}a_{11}x_1+a_{12}x_2+\cdots a_{1n}x_n=b_1\\a_{21}x_1+a_{22}x_2+\cdots a_{2n}x_n=b_2\\\cdots\cdots\\a_{n1}x_1+a_{n2}x_2+\cdots a_{nn}x_n=b_n\end{cases}\tag{1}$$

与二、三元线性方程组相类似，它的解可以用 n 阶行列式表示，即有

定理1 （**克莱姆法则**）如果线性方程组(1)的系数行列式不等于零，即

$$D=\begin{vmatrix} a_{11} & \cdots & a_{1n} \\ \vdots & & \vdots \\ a_{n1} & \cdots & a_{nn} \end{vmatrix}\neq 0,$$

则方程组(1)有且仅有一组解

$$x_1=\frac{D_1}{D},x_2=\frac{D_2}{D},\cdots,x_n=\frac{D_n}{D},\tag{2}$$

其中 $D_j\,(j=1,2,\cdots,n)$ 是把系数行列式D中的第j列的元素用方程组右端的常数代替后所得到的 n 阶行列式

$$D_j=\begin{vmatrix} a_{11} & \cdots & a_{1,j-1} & b_1 & a_{1,j+1} & \cdots & a_{1n} \\ a_{21} & \cdots & a_{2,j-1} & b_2 & a_{2,j+1} & \cdots & a_{2n} \\ \vdots & & \vdots & \vdots & \vdots & & \vdots \\ a_{n1} & \cdots & a_{n,j-1} & b_n & a_{n,j+1} & \cdots & a_{nn} \end{vmatrix}.$$

【例1】 求解线性方程组 $\begin{cases} x_1-x_2+2x_4=-5 \\ 3x_1+2x_2-x_3-2x_4=6 \\ 4x_1+3x_2-x_3-x_4=0 \\ 2x_1-x_3=0 \end{cases}.$

解 系数行列式

$$D=\begin{vmatrix} 1 & -1 & 0 & 2 \\ 3 & 2 & -1 & -2 \\ 4 & 3 & -1 & -1 \\ 2 & 0 & -1 & 0 \end{vmatrix}\xlongequal[r_3-r_4]{r_2-r_4}\begin{vmatrix} 1 & -1 & 0 & 2 \\ 1 & 2 & 0 & -2 \\ 2 & 3 & 0 & -1 \\ 2 & 0 & -1 & 0 \end{vmatrix}$$

$$\xlongequal[\text{展开}]{\text{按第三列}}\begin{vmatrix} 1 & -1 & 2 \\ 1 & 2 & -2 \\ 2 & 3 & -1 \end{vmatrix}\xlongequal[r_2-2r_3]{r_1+r_2}\begin{vmatrix} 2 & 1 & 0 \\ -3 & -4 & 0 \\ 2 & 3 & -1 \end{vmatrix}$$

$$=-\begin{vmatrix} 2 & 1 \\ -3 & -4 \end{vmatrix}=5\neq 0.$$

同样可以计算

$$D_1=\begin{vmatrix} -5 & -1 & 0 & 2 \\ 6 & 2 & -1 & -2 \\ 0 & 3 & -1 & -1 \\ 0 & 0 & -1 & 0 \end{vmatrix}=10,\quad D_2=\begin{vmatrix} 1 & -5 & 0 & 2 \\ 3 & 6 & -1 & -2 \\ 4 & 0 & -1 & -2 \\ 2 & 0 & -1 & 0 \end{vmatrix}=-15,$$

$$D_3=\begin{vmatrix}1&-1&-5&2\\3&2&6&-2\\4&3&0&-1\\2&0&0&0\end{vmatrix}=20,\quad D_4=\begin{vmatrix}1&1&0&-5\\3&2&-1&6\\4&3&-1&0\\2&0&-1&0\end{vmatrix}=-25.$$

所以

$$x_1=\frac{D_1}{D}=2,\quad x_2=\frac{D_2}{D}=-3,\quad x_3=\frac{D_3}{D}=4,\quad x_4=\frac{D_4}{D}=-5.$$

注意:

1. 克莱姆法则的条件:n个未知数,n个方程,且$D\neq 0$;此时(1)一定有解,且解是唯一的.

定理1的逆否命题为:

定理2 若线性方程组(1)无解或有两个不同的解,则它的系数行列式必为零.

2. 若一个线性方程组常数项都等于零,即

$$\begin{cases}a_{11}x_1+a_{12}x_2+\cdots a_{1n}x_n=0\\a_{21}x_1+a_{22}x_2+\cdots a_{2n}x_n=0\\\cdots\cdots\\a_{n1}x_1+a_{n2}x_2+\cdots a_{nn}x_n=0\end{cases}\tag{3}$$

称为 **n 元齐次线性方程组**.

当(1)的常数项不全为零时,(1)称为 n 元**非齐次线性方程组**. 显然 $x_i=0(i=1,2,\cdots)$ 是(3)的解,即齐次线性方程组永远有零解,如还有其他解,称这些解为**非零解**.

定理3 若齐次线性方程组(3)的系数行列式 $D\neq 0$,则它只有零解(即没有非零解).

推论 若齐次线性方程组(3)有非零解,则它的系数行列式必为零,即 $D=0$.

总之,含有 n 个未知量 n 个方程的齐次线性方程组有非零解的充要条件是方程组的系数行列式等于零.

【例2】 问当λ为何值时,齐次线性方程组$\begin{cases}\lambda x_1+x_2+2x_3=0\\x_1+\lambda x_2-x_3=0\\\lambda x_3=0\end{cases}$只有零解?

解 $D=\begin{vmatrix}\lambda&1&2\\1&\lambda&-1\\0&0&\lambda\end{vmatrix}=\lambda(\lambda^2-1)=\lambda(\lambda+1)(\lambda-1)$. 由 $D\neq 0$,得 $\lambda\neq 0,\lambda\neq\pm 1$ 时,方程组只有零解.

习题 6.4

1. 用克莱姆法则解下列方程组：

(1) $\begin{cases} x_1+x_2+x_3+x_4=5 \\ x_1+2x_2-x_3+4x_4=-2 \\ 2x_1-3x_2-x_3-5x_4=-2 \\ 3x_1+x_2+2x_3+11x_4=0 \end{cases}$；　　(2) $\begin{cases} 2x_1+3x_2+11x_3+5x_4=6 \\ x_1+x_2+5x_3+2x_4=2 \\ 2x_1+x_2+3x_3+4x_4=2 \\ x_1+x_2+3x_3+4x_4=2. \end{cases}$.

2. 问 λ 取何值时，齐次线性方程组

$$\begin{cases} (1-\lambda)x_1-2x_2+4x_3=0 \\ 2x_1+(3-\lambda)x_2+x_3=0 \\ x_1+x_2+(1-\lambda)x_3=0 \end{cases}$$

有非零解？

自　测　题

1. 单项选择题

(1) $\begin{vmatrix} a & 1 & 1 \\ 1 & a & 1 \\ 1 & 1 & a \end{vmatrix}=0$ 的充要条件是（　　）.

A. 1　　B. 1 或 2　　C. 2　　D. -1

(2)行列式 $\begin{vmatrix} 0 & 0 & 3 & 0 \\ 1 & 0 & 0 & 0 \\ 0 & -2 & 0 & 0 \\ 2 & 0 & 0 & a \end{vmatrix}=24$，则 $a=$（　　）.

A. 4　　B. -4　　C. 8　　D. -8

(3)行列式 $\begin{vmatrix} a & 0 & 0 & b \\ 0 & c & \mathrm{d} & 0 \\ 0 & e & f & 0 \\ g & 0 & 0 & h \end{vmatrix}$ 中元素 g 的代数余子式的值为（　　）.

A. $bcf-bde$　　B. $bde-bcf$　　C. $acf-ade$　　D. $ade-acf$

(4)已知五阶行列式 D 中的第二列元素依次为 $-2,2,0,-1,4$，它们的余子式分别为 $4,-3,-6,7,9$，则 D 的值为（　　）.

A. -40　　B. -41　　C. 40　　D. 41

(5)λ不能取________时,齐次线性方程组$\begin{cases}\lambda x_1+x_2+x_3=0\\2x_1+x_2+x_3=0\\x_1-x_2+3x_3=0\end{cases}$只有零解.

A. 4　　　　B. 3　　　　C. 2　　　　D. 1

2. 计算下列行列式的值

(1) $\begin{vmatrix}a_1&1&1&1\\1&a_2&0&0\\1&0&a_3&0\\1&0&0&a_4\end{vmatrix}$,其中$a_i\neq 0$;　　(2) $\begin{vmatrix}1&-1&1&x-1\\1&-1&x+1&-1\\1&x-1&1&-1\\x+1&-1&1&-1\end{vmatrix}$;

(3) $\begin{vmatrix}2&1&4&1\\3&-1&2&1\\5&2&3&2\\7&0&2&5\end{vmatrix}$;　　(4) $\begin{vmatrix}2&1&0&0&0\\1&2&1&0&0\\0&1&2&1&0\\0&0&1&2&1\\0&0&0&1&2\end{vmatrix}$.

3. 用克莱姆法则解下列方程组

(1) $\begin{cases}2x_1+x_2-5x_3+x_4=8\\x_1-3x_2-6x_4=9\\2x_2-x_3+2x_4=-5\\x_1+4x_2-7x_3+6x_4=0\end{cases}$;　　(2) $\begin{cases}2x_1+2x_2-x_3+x_4=4\\4x_1+3x_2-x_3+2x_4=5\\8x_1+3x_2-3x_3+4x_4=12\\3x_1+3x_2-2x_3-2x_4=6\end{cases}$.

第 7 章

矩　　阵

矩阵是代数研究的主要对象和工具，是线性代数最重要的概念之一，是研究和求解线性方程组的一个十分有效的工具，它在数学的其他分支以及自然科学、现代经济学、管理学和工程技术领域等方面也具有广泛的应用．本章讨论矩阵的加、减法、数乘、乘法、矩阵的转置运算、矩阵的求逆、矩阵的初等变换、矩阵的秩，最后初步讨论矩阵与线性方程组的问题.

§7.1　矩阵的概念

本节介绍矩阵的概念，之后给出几种不同类型的矩阵．

已知 n 元线性方程组

$$\begin{cases} a_{11}x_1 + a_{12}x_2 + \cdots + a_{1n}x_n = b_1 \\ a_{21}x_1 + a_{22}x_2 + \cdots + a_{2n}x_n = b_2 \\ \cdots\cdots \\ a_{m1}x_1 + a_{m2}x_2 + \cdots + a_{mn}x_n = b_m \end{cases} \tag{1}$$

的系数及常数项可以排成 m 行，$n+1$ 列的有序矩阵数表：

$$\begin{matrix} a_{11} & a_{12} & \cdots & a_{1n} & b_1 \\ a_{21} & a_{22} & \cdots & a_{2n} & b_2 \\ \vdots & \vdots & & \vdots & \vdots \\ a_{m1} & a_{m2} & \cdots & a_{mn} & b_m \end{matrix}$$

这个有序矩阵数表完全确定了方程组(1)，对它的研究可以判断(1)的解的情况．

工程技术与数学上有时要把一组变量 $y_1, y_2, \cdots, y_m$ 用另一组变量 $x_1, x_2, \cdots, x_n$ 经过乘数与加减运算得到的线性式来表示，这种关系式数学上称为从 $x_1, x_2, \cdots, x_n$ 到 $y_1, y_2, \cdots, y_m$ 的**线性变换**：

$$\begin{cases} y_1 = a_{11}x_1 + a_{12}x_2 + \cdots + a_{1n}x_n \\ y_2 = a_{21}x_1 + a_{22}x_2 + \cdots + a_{2n}x_n \\ \cdots\cdots \\ y_m = a_{m1}x_1 + a_{m2}x_2 + \cdots + a_{mn}x_n \end{cases}.$$

其中 a_{ij} 为常数($i=1,2,\cdots,m;j=1,2,\cdots n$).这个线性变换的系数 a_{ij} 也排成了一个矩形数表.

定义 1 由 $m\times n$ 个数 $a_{ij}(i=1,2,\cdots,m;j=1,2,\cdots n)$ 排成的 m 行 n 列的数表

$$\boldsymbol{A}=\begin{pmatrix} a11 & a_{12} & \cdots & a_{1n} \\ a_{21} & a_{22} & \cdots & a_{2n} \\ \vdots & \vdots & & \vdots \\ a_{m1} & a_{m2} & \cdots & a_{mn} \end{pmatrix}=(a_{ij})_{m\times n}$$

称为 m **行** n **列矩阵**,简称 $m\times n$ **矩阵** $\boldsymbol{A}_{m\times n}$,其中 a_{ij} 叫做矩阵 $\boldsymbol{A}$ 的**元素**.

根据矩阵元素是实数或复数特点,矩阵可分为实矩阵与复矩阵.我们主要研究实矩阵,本书中的矩阵都指实矩阵.通常用大写字母 $\boldsymbol{A},\boldsymbol{B},\boldsymbol{C},\cdots$ 表示矩阵.为了更清楚地表明矩阵的行数、列数,有时也记作 $\boldsymbol{A}_{m\times n}$.如果两个矩阵的行数、列数分别相等,则称它们为**同型矩阵**.当 $m=n$ 时,矩阵 $\boldsymbol{A}_{n\times n}$ 称为 n **阶方阵**,n 称为 $\boldsymbol{A}$ 的**阶数**.一个数可以看成一个一阶方阵.

方阵中从左上角到右下角的直线称为**主对角线**.主对角线以外的元素都是零的方阵称为**对角方阵**;主对角线上的元素全是 1 的对角方阵称为**单位方阵**,记作 $\boldsymbol{E}$. 关于主对角线为对称的元素相等的方阵,即满足 $a_{ij}=a_{ji}(i,j=1,2,...,n)$ 的方阵称为**对称方阵**.关于主对角线为对称的元素互为相反数的方阵,即满足 $a_{ij}=-a_{ji}(i,j=1,2,...,n)$ 的方阵称为**反对称方阵**.

只有一行的矩阵 $\boldsymbol{A}_{1\times n}=(a_1,a_2,...,a_n)$ 叫做**行矩阵**,只有一列的矩阵

$$\boldsymbol{B}_{n\times 1}=\begin{pmatrix} b_1 \\ b_2 \\ \vdots \\ b_n \end{pmatrix}$$

叫做**列矩阵**;元素全为零的矩阵称为**零矩阵**,记作 $\boldsymbol{O}_{m\times n}$,不致混淆时简记作 $\boldsymbol{O}$. 必须注意,不同形的零矩阵是不同的.

$$\boldsymbol{E}_n=\begin{pmatrix} 1 & 0 & \cdots & 0 \\ 0 & 1 & \cdots & 0 \\ \vdots & \vdots & & \vdots \\ 0 & 0 & \cdots & 1 \end{pmatrix}_{n\times n}$$ 称为 n **阶单位方阵**;

$$\begin{pmatrix} a_{11} & a_{12} & \cdots & a_{1n} \\ 0 & a_{22} & \cdots & a_{2n} \\ \vdots & \vdots & & \vdots \\ 0 & 0 & \cdots & a_{nn} \end{pmatrix}$$ 称为**上三角矩阵**;

$$\begin{pmatrix} a_{11} & 0 & \cdots & 0 \\ a_{21} & a_{22} & \cdots & 0 \\ \vdots & \vdots & & \vdots \\ a_{n1} & a_{n2} & \cdots & a_{nn} \end{pmatrix}$$ 称为**下三角矩阵**.

【例 1】 线性变换 $\begin{cases} y_1 = x_1 \\ y_2 = x_2 \\ \cdots\cdots \\ y_n = x_n \end{cases}$ 称为**恒等变换**,其系数 $a_{ij} = \delta_{ij} = \begin{cases} 1 & 当\ i = j \\ 0 & 当\ i \neq j \end{cases}$ $(i,j = 1, 2,\cdots,n)$ 对应一个 n 阶单位方阵 $\boldsymbol{E}_n = \begin{pmatrix} 1 & 0 & \cdots & 0 \\ 0 & 1 & \cdots & 0 \\ \vdots & \vdots & & \vdots \\ 0 & 0 & \cdots & 1 \end{pmatrix}_{n\times n}$.

§7.2 矩阵的运算

本节介绍矩阵的加法、减法、数乘、乘法和转置等基本运算. 首先给出矩阵相等的定义.

定义 1 如果同型矩阵 $\boldsymbol{A} = (a_{ij})_{m\times n}$,$\boldsymbol{B} = (b_{ij})_{m\times n}$ 的所有对应元素都分别相等,即有 $a_{ij} = b_{ij}(i = 1,2,\cdots,m; j = 1,2,\cdots,n)$,称矩阵 $\boldsymbol{A}$ 与 $\boldsymbol{B}$ **相等**,记作 $\boldsymbol{A}=\boldsymbol{B}$.

7.2.1 矩阵的加法

定义 2 设矩阵 $\boldsymbol{A} = (a_{ij})_{m\times n}$,$\boldsymbol{B} = (b_{ij})_{m\times n}$,称元素为 $c_{ij} = a_{ij} + b_{ij}$ $(i = 1,2,\cdots,m; j = 1,2,\cdots,n)$ 的 $m \times n$ 矩阵 $\boldsymbol{C} = (c_{ij})$ 为矩阵 $\boldsymbol{A}$ 与 $\boldsymbol{B}$ 的**和**,记作 $\boldsymbol{C} = \boldsymbol{A} + \boldsymbol{B}$.

由定义可知,不同型的矩阵不能相加. 矩阵的加法满足:

(1) $\boldsymbol{A} + \boldsymbol{B} = \boldsymbol{B} + \boldsymbol{A}$(交换律);

证 设 $\boldsymbol{A} = \begin{pmatrix} a_{11} & a_{12} & \cdots & a_{1n} \\ a_{21} & a_{22} & \cdots & a_{2n} \\ \vdots & \vdots & & \vdots \\ a_{m1} & a_{m2} & \cdots & a_{mn} \end{pmatrix}$,$\boldsymbol{B} = \begin{pmatrix} b_{11} & b_{12} & \cdots & b_{1n} \\ b_{21} & b_{22} & \cdots & b_{2n} \\ \vdots & \vdots & & \vdots \\ b_{m1} & b_{m2} & \cdots & b_{mn} \end{pmatrix}$,则

$$\boldsymbol{A} + \boldsymbol{B} = \begin{pmatrix} a_{11} + b_{11} & a_{12} + b_{12} & \cdots & a_{1n} + b_{1n} \\ a_{21} + b_{21} & a_{22} + b_{22} & \cdots & a_{2n} + b_{2n} \\ \vdots & \vdots & & \vdots \\ a_{m1} + b_{m1} & a_{m2} + b_{m2} & \cdots & a_{mn} + b_{mn} \end{pmatrix}$$

$$=\begin{pmatrix} b_{11}+a_{11} & b_{12}+a_{12} & \cdots & b_{1n}+a_{1n} \\ b_{21}+a_{21} & b_{22}+a_{22} & \cdots & b_{2n}+a_{2n} \\ \vdots & \vdots & & \vdots \\ b_{m1}+a_{m1} & b_{m2}+a_{m2} & \cdots & b_{mn}+a_{mn} \end{pmatrix}=\boldsymbol{B}+\boldsymbol{A}.$$

(2) $(\boldsymbol{A}+\boldsymbol{B})+\boldsymbol{C}=\boldsymbol{A}+(\boldsymbol{B}+\boldsymbol{C})$(结合律);

(3) $\boldsymbol{A}+\boldsymbol{O}=\boldsymbol{O}+\boldsymbol{A}=\boldsymbol{A}$(零矩阵的特性);记 $-\boldsymbol{A}=(-a_{ij})$,称为矩阵 $\boldsymbol{A}$ 的**负矩阵**;

(4) $\boldsymbol{A}+(-\boldsymbol{A})=\boldsymbol{O}$(负矩阵的特性).

有了负矩阵的概念,我们可以定义 $\boldsymbol{A}-\boldsymbol{B}=\boldsymbol{A}+(-\boldsymbol{B})$,称为矩阵的减法运算.

由矩阵加法运算规则知

(1)若 $\boldsymbol{A}=\boldsymbol{B}$,则 $\boldsymbol{A}+\boldsymbol{C}=\boldsymbol{B}+\boldsymbol{C}$,$\boldsymbol{A}-\boldsymbol{C}=\boldsymbol{B}-\boldsymbol{C}$.

(2)若 $\boldsymbol{A}+\boldsymbol{C}=\boldsymbol{B}+\boldsymbol{C}$,则 $\boldsymbol{A}=\boldsymbol{B}$.

【例 1】 求矩阵 $\boldsymbol{X}$,使 $\boldsymbol{X}+\boldsymbol{A}=\boldsymbol{B}$,其中 $\boldsymbol{A}=\begin{pmatrix} 3 & -2 & 0 \\ 1 & 1 & 2 \\ 2 & 3 & -1 \end{pmatrix}$,$\boldsymbol{B}=\begin{pmatrix} 1 & 2 & -1 \\ 1 & 3 & -4 \\ -2 & -1 & 1 \end{pmatrix}$.

解 $\boldsymbol{X}=\boldsymbol{B}-\boldsymbol{A}=\begin{pmatrix} 1 & 2 & -1 \\ 1 & 3 & -4 \\ -2 & -1 & 1 \end{pmatrix}-\begin{pmatrix} 3 & -2 & 0 \\ 1 & 1 & 2 \\ 2 & 3 & -1 \end{pmatrix}=\begin{pmatrix} -2 & 4 & -1 \\ 0 & 2 & 6 \\ -4 & -4 & 2 \end{pmatrix}$.

7.2.2 数与矩阵的乘法

定义 3 数 λ 与矩阵 $\boldsymbol{A}$ 的乘积规定为 λ 乘 $\boldsymbol{A}$ 的每一个元素 a_{ij} 所得到的矩阵,记作 $\lambda\boldsymbol{A}$ 或 $\boldsymbol{A}\lambda$,即

$$\lambda\boldsymbol{A}=\boldsymbol{A}\lambda=\begin{pmatrix} \lambda a_{11} & \lambda a_{12} & \cdots & \lambda a_{1n} \\ \lambda a_{21} & \lambda a_{22} & \cdots & \lambda a_{2n} \\ \vdots & \vdots & & \vdots \\ \lambda a_{m1} & \lambda a_{m2} & \cdots & \lambda a_{mn} \end{pmatrix}$$

上述公式也可以倒过来应用,即可以从矩阵 $\boldsymbol{A}$ 中提取公因子 λ(理解为 $\boldsymbol{A}$ 的每一个元素都除以数 λ,而将 λ 写在矩阵前面). 即 $\lambda\boldsymbol{A}=(\lambda a_{ij})_{m\times n}$,$\lambda$ 是常数.

数乘矩阵这种运算满足下列运算规律($\boldsymbol{A}$,$\boldsymbol{B}$ 为 $m\times n$ 矩阵,λ,μ 为常数).

(1) $\lambda(\boldsymbol{A}+\boldsymbol{B})=\lambda\boldsymbol{A}+\lambda\boldsymbol{B}$;

(2) $(\lambda+\mu)\boldsymbol{A}=\lambda\boldsymbol{A}+\mu\boldsymbol{A}$;

(3) $\lambda(\mu\boldsymbol{A})=(\lambda\mu)\boldsymbol{A}$;

(4) $1\boldsymbol{A}=\boldsymbol{A}$,$(-1)\boldsymbol{A}=-\boldsymbol{A}$.

注:矩阵的加法和数与矩阵的乘法统称为矩阵的**线性运算**.

(1) $k\begin{pmatrix}\lambda_1 & & & \\ & \lambda_2 & & \\ & & \ddots & \\ & & & \lambda_n\end{pmatrix}=\begin{pmatrix}k\lambda_1 & & & \\ & k\lambda_2 & & \\ & & \ddots & \\ & & & k\lambda_n\end{pmatrix}$.

(2) $\begin{pmatrix}a_1 & & & \\ & a_2 & & \\ & & \ddots & \\ & & & a_n\end{pmatrix}+\begin{pmatrix}b_1 & & & \\ & b_2 & & \\ & & \ddots & \\ & & & b_n\end{pmatrix}=\begin{pmatrix}a_1+b_1 & & & \\ & a_2+b_2 & & \\ & & \ddots & \\ & & & a_n+b_n\end{pmatrix}$.

定义 4 若 n 阶对角矩阵中主对角线上的元素都相等,即

$$\boldsymbol{A}=\begin{pmatrix}\lambda & & & \\ & \lambda & & \\ & & \ddots & \\ & & & \lambda\end{pmatrix}=\lambda\boldsymbol{E}_n$$

则称 $\boldsymbol{A}$ 为 $\boldsymbol{n}$ **阶数量矩阵**. 当 $\lambda=1$ 时,$\boldsymbol{A}$ 就是 n 阶单位矩阵.

数量矩阵的加减乘法与数的运算完全相同.

【例 2】 设 $\boldsymbol{A}=\begin{pmatrix}-1 & 0 & 2\\ -1 & 1 & 1\end{pmatrix}$,$\boldsymbol{B}=\begin{pmatrix}1 & 0 & -1\\ 2 & 2 & 1\end{pmatrix}$,求 $2\boldsymbol{A}-5\boldsymbol{B}$.

解 $2\boldsymbol{A}-5\boldsymbol{B}=2\begin{pmatrix}-1 & 0 & 2\\ -1 & 1 & 1\end{pmatrix}-5\begin{pmatrix}1 & 0 & -1\\ 2 & 2 & 1\end{pmatrix}$

$=\begin{pmatrix}-2 & 0 & 4\\ -2 & 2 & 2\end{pmatrix}-\begin{pmatrix}5 & 0 & -5\\ 10 & 10 & 5\end{pmatrix}=\begin{pmatrix}-7 & 0 & 9\\ -12 & -8 & -3\end{pmatrix}$.

7.2.3 矩阵的乘法

$\lambda\boldsymbol{E}_m\cdot\boldsymbol{B}_{m\times n}=\boldsymbol{B}_{m\times n}\cdot\lambda\boldsymbol{E}_n=\lambda\boldsymbol{B}_{m\times n}$. 特别地,$\lambda\boldsymbol{E}_n\cdot\boldsymbol{B}_{n\times n}=\boldsymbol{B}_{n\times n}\cdot\lambda\boldsymbol{E}_n=\lambda\boldsymbol{B}_{n\times n}$ 可交换. $\lambda\boldsymbol{E}_n+k\boldsymbol{E}_n=(\lambda+k)\boldsymbol{E}_n$,$\lambda\boldsymbol{E}_n\cdot k\boldsymbol{E}_n=(\lambda k)\boldsymbol{E}_n$.

定义 5 设 $\boldsymbol{A}=(a_{ij})_{m\times s}$,$\boldsymbol{B}=(b_{ij})_{s\times n}$,规定 $\boldsymbol{A}$ 与 $\boldsymbol{B}$ 的乘积是一个 $m\times n$ 矩阵 $\boldsymbol{C}=(c_{ij})_{m\times n}$,其中 $c_{ij}=a_{i1}b_{1j}+a_{i2}b_{2j}+\cdots+a_{is}b_{sj}=\sum\limits_{k=1}^{s}a_{ik}b_{kj}$,$(i=1,2,\cdots,m;j=1,2,\cdots,n)$. 并记作 $\boldsymbol{C}=\boldsymbol{AB}$.

从 $\boldsymbol{AB}=\boldsymbol{C}$ 可以看出,矩阵 $\boldsymbol{C}$ 的第一行第一列元素 c_{11} 是矩阵 $\boldsymbol{A}$ 的第一行元素与矩阵 $\boldsymbol{B}$ 的第一列对应元素乘积之和. 同样可知,矩阵 $\boldsymbol{C}$ 的第 i 行第 j 列元素 c_{ij} 恰是矩阵 $\boldsymbol{A}$ 的第 i 行元素与矩阵 $\boldsymbol{B}$ 的第 j 列对应元素乘积之和. 正是根据这个规律,我们定义矩阵的乘法,它已完全不同于矩阵加法的对应元素作相应加法运算的规则.

对于线性变换

$$\begin{cases} z_1 = a_{11}y_1 + a_{12}y_2 + \cdots + a_{1n}y_n \\ z_2 = a_{21}y_1 + a_{22}y_2 + \cdots + a_{2n}y_n \\ \cdots\cdots \\ z_m = a_{m1}y_1 + a_{m2}y_2 + \cdots + a_{mn}y_n \end{cases}, \quad \begin{cases} y_1 = b_{11}x_1 + b_{12}x_2 + \cdots + b_{1n}x_n \\ y_2 = b_{21}x_1 + b_{22}x_2 + \cdots + b_{2n}x_n \\ \cdots\cdots \\ y_n = b_{n1}x_1 + b_{n2}x_2 + \cdots + b_{nn}x_n \end{cases},$$

利用矩阵的乘法,可以记为 $\boldsymbol{z} = \boldsymbol{A}\boldsymbol{y}$,$\boldsymbol{y} = \boldsymbol{B}\boldsymbol{x}$,其中

$$\boldsymbol{A} = \begin{pmatrix} a_{11} & a_{12} & \cdots & a_{1n} \\ a_{21} & a_{22} & \cdots & a_{2n} \\ \vdots & \vdots & & \vdots \\ a_{m1} & a_{m2} & \cdots & a_{mn} \end{pmatrix}, \quad \boldsymbol{B} = \begin{pmatrix} b_{11} & b_{12} & \cdots & b_{1n} \\ b_{21} & b_{22} & \cdots & b_{2n} \\ \vdots & \vdots & & \vdots \\ b_{n1} & b_{n2} & \cdots & b_{nn} \end{pmatrix},$$

$$\boldsymbol{x} = \begin{pmatrix} x_1 \\ x_2 \\ \vdots \\ x_n \end{pmatrix}, \quad \boldsymbol{y} = \begin{pmatrix} y_1 \\ y_2 \\ \vdots \\ y_n \end{pmatrix}, \quad \boldsymbol{z} = \begin{pmatrix} z_1 \\ z_2 \\ \vdots \\ z_m \end{pmatrix}.$$

分别称 $\boldsymbol{A}$,$\boldsymbol{B}$ 为线性变换 $\boldsymbol{z} = \boldsymbol{A}\boldsymbol{y}$ 和 $\boldsymbol{y} = \boldsymbol{B}\boldsymbol{x}$ 的**矩阵**. 如果把 $y_1, \cdots, y_s$ 的表示式代入到 $z_1, \cdots, z_m$ 的表示式中,再按 $x_1, \cdots, x_n$ 集项(合并同类项),即得到从 $\boldsymbol{x}$ 到 $\boldsymbol{z}$ 的线性变换(称为上述**两个变换的乘积**): $\boldsymbol{z} = \boldsymbol{C}\boldsymbol{x}$,其中矩阵 $\boldsymbol{C}$ 恰为 $\boldsymbol{A}$ 与 $\boldsymbol{B}$ 的乘积,即 $\boldsymbol{C} = \boldsymbol{A}\boldsymbol{B}$. 这就是说,两个线性变换的乘积的矩阵正好是这两个线性变换的矩阵的乘积.

注:(1)两矩阵只有当左矩阵 $\boldsymbol{A}$ 的列数等于右矩阵 $\boldsymbol{B}$ 的行数时,才可以相乘,否则 $\boldsymbol{A}$ 与 B 不能相乘(即 $\boldsymbol{AB}$ 无意义).

(2)乘积矩阵 $\boldsymbol{C}$ 的行数等于左矩阵 $\boldsymbol{A}$ 的行数,$\boldsymbol{C}$ 的列数等于右矩阵 $\boldsymbol{B}$ 的列数.

(3)乘积矩阵 $\boldsymbol{C}$ 的第 i 行第 j 列位置上的元素 c_{ij} 元素等于左矩阵 $\boldsymbol{A}$ 的第 i 行的元素与右矩阵 $\boldsymbol{B}$ 的第 j 列的对应元素的乘积

$$\boldsymbol{AB} = \begin{pmatrix} a_{11} & a_{12} & a_{13} \\ a_{21} & a_{22} & a_{23} \end{pmatrix} \begin{pmatrix} b_{11} & b_{12} \\ b_{21} & b_{22} \\ b_{31} & b_{32} \end{pmatrix}$$

$$= \begin{pmatrix} a_{11}b_{11} + a_{12}b_{21} + a_{13}b_{31} & a_{11}b_{12} + a_{12}b_{22} + a_{13}b_{32} \\ a_{21}b_{11} + a_{22}b_{21} + a_{23}b_{31} & a_{21}b_{12} + a_{22}b_{22} + a_{23}b_{32} \end{pmatrix}.$$

(4)一行与一列相乘 $\quad (a_{i1}, a_{i2}, \cdots, a_{is}) \begin{pmatrix} b_{1j} \\ b_{2j} \\ \vdots \\ b_{sj} \end{pmatrix} = \sum_{k=1}^{s} a_{ik}b_{kj} = c_{ij}$.

(5) $\begin{pmatrix} a_1 & & & \\ & a_2 & & \\ & & \ddots & \\ & & & a_n \end{pmatrix} \begin{pmatrix} b_1 & & & \\ & b_2 & & \\ & & \ddots & \\ & & & b_n \end{pmatrix} = \begin{pmatrix} a_1b_1 & & & \\ & a_2b_2 & & \\ & & \ddots & \\ & & & a_nb_n \end{pmatrix}$.

【例 3】 设 $\boldsymbol{A}=\begin{pmatrix}3 & -1 & 1\\ -2 & 0 & 2\end{pmatrix}$，$\boldsymbol{B}=\begin{pmatrix}1 & 0 & 0 & 0\\ 1 & 2 & 0 & 0\\ 2 & 1 & 3 & 4\end{pmatrix}$，求 $\boldsymbol{AB}$.

解 $\boldsymbol{AB}=\begin{pmatrix}4 & -1 & 3 & 4\\ 2 & 2 & 6 & 8\end{pmatrix}$.（$\boldsymbol{BA}$ 是不可行的）

【例 4】 设 $\boldsymbol{A}=\begin{pmatrix}4 & -2\\ -2 & 1\end{pmatrix}$，$\boldsymbol{B}=\begin{pmatrix}3 & 6\\ -2 & -4\end{pmatrix}$，求 $\boldsymbol{AB}$ 及 $\boldsymbol{BA}$.

解 $\boldsymbol{AB}=\begin{pmatrix}4 & -2\\ -2 & 1\end{pmatrix}\begin{pmatrix}3 & 6\\ -2 & -4\end{pmatrix}=\begin{pmatrix}16 & 32\\ -8 & -16\end{pmatrix}$.

$\boldsymbol{BA}=\begin{pmatrix}3 & 6\\ -2 & -4\end{pmatrix}\begin{pmatrix}4 & -2\\ -2 & 1\end{pmatrix}=\begin{pmatrix}0 & 0\\ 0 & 0\end{pmatrix}$.

发现：(1) $\boldsymbol{AB}\neq\boldsymbol{BA}$，(不满足交换律)；(2) $\boldsymbol{A}\neq\boldsymbol{O},\boldsymbol{B}\neq\boldsymbol{O}$，但可以有 $\boldsymbol{BA}=\boldsymbol{O}$.

矩阵乘法的运算律（假定运算是可行的）

(1) $(\boldsymbol{AB})\boldsymbol{C}=\boldsymbol{A}(\boldsymbol{BC})$（结合律），

(2) $\boldsymbol{A}(\boldsymbol{B}+\boldsymbol{C})=\boldsymbol{AB}+\boldsymbol{AC}$，$(\boldsymbol{A}+\boldsymbol{B})\boldsymbol{C}=\boldsymbol{AC}+\boldsymbol{BC}$（分配律），

(3) $\lambda(\boldsymbol{AB})=(\lambda\boldsymbol{A})\boldsymbol{B}=\boldsymbol{A}(\lambda\boldsymbol{B})$，

(4) $\boldsymbol{EA}=\boldsymbol{A},\boldsymbol{BE}=\boldsymbol{B}$（单位矩阵的意义所在）.

n 阶方阵的幂：

设 $\boldsymbol{A}$ 是 n 阶方阵，则定义 $\boldsymbol{A}^1=\boldsymbol{A},\boldsymbol{A}^2=\boldsymbol{A}^1\boldsymbol{A}^1,\cdots,\boldsymbol{A}^{k+1}=\boldsymbol{A}^k\boldsymbol{A}^1$.

规律：$\boldsymbol{A}^k\boldsymbol{A}^l=\boldsymbol{A}^{k+l},(\boldsymbol{A}^k)^l=\boldsymbol{A}^{kl}$，其中 k,l 为正整数 .

一般地，$(\boldsymbol{AB})^k\neq\boldsymbol{A}^k\boldsymbol{B}^k$，$\boldsymbol{A},\boldsymbol{B}$ 为 n 阶方阵 .

【例 5】 计算 $\begin{pmatrix}1 & 1\\ 0 & 1\end{pmatrix}^n$.

解 设 $\boldsymbol{A}=\begin{pmatrix}1 & 1\\ 0 & 1\end{pmatrix}$，则

$$\boldsymbol{A}^2=\boldsymbol{AA}=\begin{pmatrix}1 & 1\\ 0 & 1\end{pmatrix}\begin{pmatrix}1 & 1\\ 0 & 1\end{pmatrix}=\begin{pmatrix}1 & 2\\ 0 & 1\end{pmatrix},\boldsymbol{A}^3=\boldsymbol{A}^2\boldsymbol{A}=\begin{pmatrix}1 & 2\\ 0 & 1\end{pmatrix}\begin{pmatrix}1 & 1\\ 0 & 1\end{pmatrix}=\begin{pmatrix}1 & 3\\ 0 & 1\end{pmatrix},$$

假设 $\boldsymbol{A}^{n-1}=\begin{pmatrix}1 & n-1\\ 0 & 1\end{pmatrix}$，则 $\boldsymbol{A}^n=\boldsymbol{A}^{n-1}\boldsymbol{A}=\begin{pmatrix}1 & n-1\\ 0 & 1\end{pmatrix}\begin{pmatrix}1 & 1\\ 0 & 1\end{pmatrix}=\begin{pmatrix}1 & n\\ 0 & 1\end{pmatrix}$.

于是由归纳法知，对于任意正整数 n，有 $\begin{pmatrix}1 & 1\\ 0 & 1\end{pmatrix}^n=\begin{pmatrix}1 & n\\ 0 & 1\end{pmatrix}$.

7.2.4 矩阵的转置

定义 6 把矩阵 $\boldsymbol{A}$ 的各行均换成同序数的列所得到的矩阵，称为 $\boldsymbol{A}$ 的转置矩阵，记作

$\boldsymbol{A}^{\mathrm{T}}$ 或 $\boldsymbol{A}'$.

例如：$\boldsymbol{A}=\begin{pmatrix}2&0&-1\\1&3&2\end{pmatrix}$，$\boldsymbol{A}^{\mathrm{T}}=\begin{pmatrix}2&1\\0&3\\-1&2\end{pmatrix}$.

矩阵的转置也是一种运算，满足下述运算规律：

(1) $(\boldsymbol{A}^{\mathrm{T}})^{\mathrm{T}}=\boldsymbol{A}$；　　(2) $(\boldsymbol{A}+\boldsymbol{B})^{\mathrm{T}}=\boldsymbol{A}^{\mathrm{T}}+\boldsymbol{B}^{\mathrm{T}}$；

(3) $(k\boldsymbol{A})^{\mathrm{T}}=k\boldsymbol{A}^{\mathrm{T}}$；　　(4) $(\boldsymbol{AB})^{\mathrm{T}}=\boldsymbol{B}^{\mathrm{T}}\boldsymbol{A}^{\mathrm{T}}$.

定义 7　若 $\boldsymbol{A}=\boldsymbol{A}^{\mathrm{T}}$，称 n 阶方阵 $\boldsymbol{A}$ 为**对称方阵**；若 $\boldsymbol{A}^{\mathrm{T}}=-\boldsymbol{A}$，称 n 阶方阵 $\boldsymbol{A}$ 为**反对称方阵**.

【例 6】　已知 $\boldsymbol{A}=\begin{pmatrix}2&1&4&0\\1&-1&3&4\end{pmatrix}$，$\boldsymbol{B}=\begin{pmatrix}1&3&1\\0&-1&2\\1&-3&1\\4&0&-2\end{pmatrix}$，求 $(\boldsymbol{AB})^{\mathrm{T}}$.

解　(法一)　$\boldsymbol{AB}=\begin{pmatrix}2&1&4&0\\1&-1&3&4\end{pmatrix}\begin{pmatrix}1&3&1\\0&-1&2\\1&-3&1\\4&0&-2\end{pmatrix}=\begin{pmatrix}6&-7&8\\20&-5&-6\end{pmatrix}$，

所以 $(\boldsymbol{AB})^{\mathrm{T}}=\begin{pmatrix}6&20\\-7&-5\\8&-6\end{pmatrix}$.

(法二)　$(\boldsymbol{AB})^{\mathrm{T}}=\boldsymbol{B}^{\mathrm{T}}\boldsymbol{A}^{\mathrm{T}}=\begin{pmatrix}1&0&1&4\\3&-1&-3&0\\1&2&1&-2\end{pmatrix}\begin{pmatrix}2&1\\1&-1\\4&3\\0&4\end{pmatrix}=\begin{pmatrix}6&20\\-7&-5\\8&-6\end{pmatrix}$.

【例 7】　若 $\boldsymbol{A}^2=\boldsymbol{A}$，则称 $\boldsymbol{A}$ 为**幂等矩阵**. 试证：若 $\boldsymbol{A}$，$\boldsymbol{B}$ 为幂等矩阵，则 $\boldsymbol{A}+\boldsymbol{B}$ 为幂等矩阵的充分必要条件是 $\boldsymbol{AB}=-\boldsymbol{BA}$.

证　因为 $\boldsymbol{A}^2=\boldsymbol{A}$，$\boldsymbol{B}^2=\boldsymbol{B}$，于是 $(\boldsymbol{A}+\boldsymbol{B})^2=\boldsymbol{A}^2+\boldsymbol{B}^2+\boldsymbol{AB}+\boldsymbol{BA}=\boldsymbol{A}+\boldsymbol{B}+\boldsymbol{AB}+\boldsymbol{BA}$. 故 $(\boldsymbol{A}+\boldsymbol{B})^2=\boldsymbol{A}+\boldsymbol{B}$ 的充分必要条件是 $\boldsymbol{AB}+\boldsymbol{BA}=\boldsymbol{O}$，即 $\boldsymbol{AB}=-\boldsymbol{BA}$.

7.2.5　方阵的行列式

定义 8　由 n 阶方阵 $\boldsymbol{A}$ 的元素所构成的行列式(各元素的位置不变)，称为方阵 $\boldsymbol{A}$ 的行列式，记为 $|\boldsymbol{A}|$ 或 $\det\boldsymbol{A}$.

应注意，方阵与行列式是两个不同的概念，n 阶方阵是 n^2 个数按一定方式排成的数表，而 n 阶行列式则是这些数(也就是数表 A)按一定的运算法则所确定的一个数.

由 $\boldsymbol{A}$ 确定 $|\boldsymbol{A}|$ 的这个运算满足下述运算规律(设 $\boldsymbol{A},\boldsymbol{B}$ 为 n 阶方阵,λ 为数):

(1) $|\boldsymbol{A}^{\mathrm{T}}|=|\boldsymbol{A}|$;(2) $|\lambda\boldsymbol{A}|=\lambda^n|\boldsymbol{A}|$;(3) $|\boldsymbol{AB}|=|\boldsymbol{A}||\boldsymbol{B}|$.

推广 $|\boldsymbol{A}_1\boldsymbol{A}_2\cdots\boldsymbol{A}_k|=|\boldsymbol{A}_1||\boldsymbol{A}_2|\cdots|\boldsymbol{A}_k|$;$|\boldsymbol{A}^k|=|\boldsymbol{A}|^k$.

【例 8】 设 $\boldsymbol{A}=\begin{pmatrix}1&2\\3&3\end{pmatrix},\boldsymbol{B}=\begin{pmatrix}1&2\\-1&3\end{pmatrix}$,求 $|\boldsymbol{AB}|$.

解 (法一)因为 $\boldsymbol{AB}=\begin{pmatrix}-1&8\\0&15\end{pmatrix}$,所以 $|\boldsymbol{AB}|=\begin{vmatrix}-1&8\\0&15\end{vmatrix}=-15$.

(法二) $|\boldsymbol{AB}|=|\boldsymbol{A}||\boldsymbol{B}|=\begin{vmatrix}1&2\\3&3\end{vmatrix}\begin{vmatrix}1&2\\-1&3\end{vmatrix}=(-3)\times5=-15$.

定义 9 行列式 $|\boldsymbol{A}|$ 的各个元素的代数余子式 $\boldsymbol{A}_{ij}$ 所构成的如下的矩阵

$$\boldsymbol{A}^*=\begin{pmatrix}\boldsymbol{A}_{11}&\boldsymbol{A}_{21}&\cdots&\boldsymbol{A}_{n1}\\\boldsymbol{A}_{12}&\boldsymbol{A}_{22}&\cdots&\boldsymbol{A}_{n2}\\\vdots&\vdots&&\vdots\\\boldsymbol{A}_{1n}&\boldsymbol{A}_{2n}&\cdots&\boldsymbol{A}_{nn}\end{pmatrix}$$

称为方阵 $\boldsymbol{A}$ 的**伴随矩阵**.

7.2.6 方阵多项式

任意给定一个多项式 $f(x)=a_nx^n+a_{n-1}x^{n-1}+\cdots+a_1x+a_0$ 和任意给定一个 n 阶方阵 $\boldsymbol{A}$,都可定义一个 n 阶方阵 $f(\boldsymbol{A})=a_n\boldsymbol{A}^n+a_{n-1}\boldsymbol{A}^{n-1}+\cdots+a_1\boldsymbol{A}+a_0\boldsymbol{E}_n$,称 $f(A)$ 为 $\boldsymbol{A}$ 的**方阵多项式**. 方阵多项式是以多项式形式表示的方阵.

【例 9】 设 $f(x)=x^2-4x+3,\boldsymbol{A}=\begin{pmatrix}2&-1\\-3&4\end{pmatrix}$,则 $f(\boldsymbol{A})=\boldsymbol{A}^2-4\boldsymbol{A}+3\boldsymbol{E}_2=\begin{pmatrix}2&-2\\-6&6\end{pmatrix}$.

习题 7.2

1. 设 $3\boldsymbol{X}-2\boldsymbol{A}=\boldsymbol{B}$,其中 $\boldsymbol{A}=\begin{pmatrix}0&1\\1&2\\-1&0\end{pmatrix},\boldsymbol{B}=\begin{pmatrix}1&0\\-1&1\\1&0\end{pmatrix}$,求矩阵 $\boldsymbol{X}$.

2. 已知 $\boldsymbol{A}=\begin{pmatrix}-1&2&3&1\\0&3&-2&1\\4&0&3&2\end{pmatrix},\boldsymbol{B}=\begin{pmatrix}4&3&2&-1\\5&-3&0&1\\1&2&-5&0\end{pmatrix}$,求 $3\boldsymbol{A}-2\boldsymbol{B}$.

3. 设矩阵

$$A=\begin{pmatrix}-2&2&-1\\2&1&2\end{pmatrix},B=\begin{pmatrix}1&0&1\\-1&-1&1\end{pmatrix},C=\begin{bmatrix}3&1\\0&-1\\1&0\end{bmatrix},$$

验证 $(A+B)C=AC+BC$.

4. 在平面的坐标变换中,坐标轴的旋转变换对应矩阵 $A=\begin{pmatrix}\cos\theta&-\sin\theta\\\sin\theta&\cos\theta\end{pmatrix}$,试证

$$\begin{pmatrix}\cos\theta&-\sin\theta\\\sin\theta&\cos\theta\end{pmatrix}^n=\begin{pmatrix}\cos n\theta&-\sin n\theta\\\sin n\theta&\cos n\theta\end{pmatrix}.$$

5. 设 $A=\begin{bmatrix}1&0&-1\\2&1&0\\3&2&-1\end{bmatrix},B=\begin{bmatrix}-2&1&0\\0&3&1\\0&0&2\end{bmatrix}$,求 $|AB|$.

6. 设矩阵 $A=\begin{bmatrix}1&0&1\\2&1&0\\-3&2&-5\end{bmatrix}$,求矩阵 A 的伴随矩阵 A^*.

7. 设矩阵 $A=\begin{bmatrix}1&1&1\\-1&1&1\\1&-1&1\end{bmatrix},B=\begin{bmatrix}1&2&1\\1&3&-1\\2&1&4\end{bmatrix}$,计算 $A^2-B^2,(A-B)(A+B)$,$(A+B)(A-B)$.

§7.3 逆矩阵

在数的运算中,设数 $a\neq 0$,则存在 a 的唯一的逆元(即倒数)$a^{-1}=\frac{1}{a}$,使 $a\cdot a^{-1}=a^{-1}\cdot a=1$. 我们自然要问,在矩阵运算中,对于给定的矩阵 A,是否也存在一个与之对应的矩阵 A^{-1},使 $AA^{-1}=A^{-1}A=E$ 呢?下面我们讨论这个问题.

7.3.1 逆矩阵的概念

线性方程组

$$\begin{cases}a_{11}x_1+a_{12}x_2+\cdots+a_{1n}x_n=b_1\\a_{21}x_1+a_{22}x_2+\cdots+a_{2n}x_n=b_2\\\cdots\cdots\\a_{n1}x_1+a_{n2}x_2+\cdots+a_{nn}x_n=b_n\end{cases}\tag{1}$$

可表示为矩阵方程

$$Ax=b,\tag{2}$$

其中

$$A=\begin{pmatrix} a_{11} & a_{12} & \cdots & a_{1n} \\ a_{21} & a_{22} & \cdots & a_{2n} \\ \vdots & \vdots & & \vdots \\ a_{n1} & a_{n2} & \cdots & a_{nn} \end{pmatrix},\quad x=\begin{pmatrix} x_1 \\ x_2 \\ \vdots \\ x_n \end{pmatrix},\quad b=\begin{pmatrix} b_1 \\ b_2 \\ \vdots \\ b_n \end{pmatrix}.$$

由克莱姆法则知，若 $|A|\neq 0$，则线性方程组(1)有唯一解．

设 $y=(y_1,\cdots,y_n)^{\mathrm{T}}$，$A=(a_{ij})_{n\times n}$，$x=(x_1,\cdots,x_n)^{\mathrm{T}}$．若从线性变换 $y=Ax$ 中可以唯一地解出 x，则得到一个用 $y_1,\cdots,y_n$ 表示 $x_1,\cdots,x_n$ 的变换 $x=By$，称其为 $y=Ax$ 的**逆变换**，则 $y=Ax=A(By)=(AB)y$，$x=By=B(Ax)=(BA)x$．而 $x=Ex$，$y=Ey$，其中 E 为 n 阶单位方阵，因为恒等变换是唯一的，故必有 $AB=BA=E$，据此我们给出

定义 1 对于 n 阶方阵 A，如果有一个 n 阶方阵 B，使 $AB=BA=E$，则称方阵 A 是**可逆的**，并把方阵 B 称为 A 的**逆矩阵**，记为 A^{-1}，即 $B=A^{-1}$．

按照定义，显然若 $AB=BA=E$，则 A 也是 B 的逆阵，即方阵 A 和 B 互为逆矩阵．另外，容易证明方阵 A 如果可逆，则其逆矩阵是唯一的．事实上，假定 A 有两个逆矩阵 B，C，则 $B=BE=B(AC)=(BA)C=EC=C$．

一个方阵 A，只有在 $|A|\neq 0$ 时，才可能有逆矩阵 A^{-1}．

定理 1 若矩阵 A 可逆，则 $|A|\neq 0$．

证 如果 A 可逆，则有 A^{-1}，使 $A^{-1}A=E$，两边取行列式，得

$$|A^{-1}A|=|A^{-1}||A|=|E|=1,$$

故 $|A|\neq 0$，从而 $|A^{-1}|=|A|^{-1}$．

7.3.2 方阵的逆矩阵的运算规律

(1)若 A 可逆，则 A^{-1} 也可逆，且 $(A^{-1})^{-1}=A$.

证 因为 A 可逆，所以 $AA^{-1}=A^{-1}A=E$，从而 A^{-1} 也可逆，且 $(A^{-1})^{-1}=A$．

(2)若 A 可逆，数 $\lambda\neq 0$，则 λA 也可逆，且 $(\lambda A)^{-1}=\dfrac{1}{\lambda}A^{-1}$．

(3)若 A，B 为同阶方阵且均可逆，则 AB 也可逆，且 $(AB)^{-1}=B^{-1}A^{-1}$．

证 $(AB)B^{-1}A^{-1}=A(BB^{-1})A^{-1}=AEA^{-1}=AA^{-1}=E$，同理 $(B^{-1}A^{-1})AB=E$，即有 $(AB)^{-1}=B^{-1}A^{-1}$．

(4)若 A 可逆，则 A^{T} 也可逆，且 $(A^{\mathrm{T}})^{-1}=(A^{-1})^{\mathrm{T}}$．

证 $A^{\mathrm{T}}(A^{-1})^{\mathrm{T}}=(A^{-1}A)^{\mathrm{T}}=E^{\mathrm{T}}=E$，同理 $(A^{-1})^{\mathrm{T}}A^{\mathrm{T}}=E$，故 $(A^{\mathrm{T}})^{-1}=(A^{-1})^{\mathrm{T}}$．

(5)若 P 可逆，则 $PA=PB\Rightarrow A=B$；$AP=BP\Rightarrow A=B$.

证 左或右同乘 P^{-1} 即得．

(6)当 $|A|\neq 0$ 时，我们规定 $A^0=E$，$A^{-k}=(A^{-1})^k$（k 为正整数），从而对任意整数 λ，μ，有 $A^{\lambda}A^{\mu}=A^{\lambda+\mu}$；$(A^{\lambda})^{\mu}=A^{\lambda\mu}$．

7.3.3 逆矩阵的求法

定理 2 设 $\boldsymbol{A}$ 是 n 阶方阵，$\boldsymbol{A}^*$ 是 $\boldsymbol{A}$ 的伴随矩阵，则

$$\boldsymbol{AA}^* = \boldsymbol{A}^*\boldsymbol{A} = |\boldsymbol{A}|\boldsymbol{E}.$$

证 根据行列式的性质知

$$\boldsymbol{AA}^* = \begin{pmatrix} |\boldsymbol{A}| & & & \\ & |\boldsymbol{A}| & & \\ & & \ddots & \\ & & & |\boldsymbol{A}| \end{pmatrix} = |\boldsymbol{A}|\boldsymbol{E},$$

同理 $\boldsymbol{A}^*\boldsymbol{A} = |\boldsymbol{A}|\boldsymbol{E}$.

定理 3 若 $|\boldsymbol{A}| \neq 0$，则方阵 $\boldsymbol{A}$ 可逆，且 $\boldsymbol{A}^{-1} = \dfrac{1}{|\boldsymbol{A}|}\boldsymbol{A}^*$.

证 因为 $|\boldsymbol{A}| \neq 0$，故有 $\boldsymbol{A} \cdot \dfrac{\boldsymbol{A}^*}{|\boldsymbol{A}|} = \dfrac{\boldsymbol{A}^*}{|\boldsymbol{A}|} \cdot \boldsymbol{A} = \boldsymbol{E}$. 从而 $\boldsymbol{A}^{-1} = \dfrac{1}{|\boldsymbol{A}|}\boldsymbol{A}^*$.

注 (1)定理 3 给出了求可逆方阵的逆矩阵的一种方法；

(2)对角矩阵的逆矩阵：若 $a_1a_2\cdots a_n \neq 0$，则

$$\begin{pmatrix} a_1 & & & \\ & a_2 & & \\ & & \ddots & \\ & & & a_n \end{pmatrix}^{-1} = \begin{pmatrix} a_1^{-1} & & & \\ & a_2^{-1} & & \\ & & \ddots & \\ & & & a_n^{-1} \end{pmatrix}.$$

(3)若 $bc \neq 0$，则 $\begin{pmatrix} 0 & c \\ b & 0 \end{pmatrix}^{-1} = \begin{pmatrix} 0 & b^{-1} \\ c^{-1} & 0 \end{pmatrix}$.

通常称 $|\boldsymbol{A}| = 0$ 的方阵为**奇异方阵**，$|\boldsymbol{A}| \neq 0$ 的方阵为**非奇异方阵**. 可见，$\boldsymbol{A}$ 可逆的充分必要条件是 $|\boldsymbol{A}| \neq 0$，即 $\boldsymbol{A}$ 为非奇异方阵.

推论 若 $\boldsymbol{AB} = \boldsymbol{E}$ (或 $\boldsymbol{BA} = \boldsymbol{E}$)，则 $\boldsymbol{B} = \boldsymbol{A}^{-1}$.

证 因为 $\boldsymbol{AB} = \boldsymbol{E}$，所以 $|\boldsymbol{A}||\boldsymbol{B}| = |\boldsymbol{E}| = 1, \Rightarrow |\boldsymbol{A}| \neq 0$，从而 $\boldsymbol{A}$ 可逆.

推论说明 $\boldsymbol{AB} = \boldsymbol{E}, \boldsymbol{BA} = \boldsymbol{E}$ 两式，只要验证其中之一，即可断言 $\boldsymbol{B}$ 为 $\boldsymbol{A}$ 的逆矩阵.

【例 1】 判断下列方阵 $\boldsymbol{A} = \begin{pmatrix} 3 & 2 & 1 \\ 1 & 2 & 2 \\ 3 & 4 & 3 \end{pmatrix}$，$\boldsymbol{B} = \begin{pmatrix} -1 & 3 & 2 \\ -11 & 15 & 1 \\ -3 & 3 & -1 \end{pmatrix}$ 是否可逆？若可逆，求其逆阵.

解 因为 $|\boldsymbol{A}| = -2 \neq 0$，$|\boldsymbol{B}| = 0$，所以 $\boldsymbol{B}$ 不可逆，$\boldsymbol{A}$ 可逆，且

$$\boldsymbol{A}^{-1} = -\frac{\boldsymbol{A}^*}{2} = -\frac{1}{2}\begin{pmatrix} -2 & -2 & 2 \\ 3 & 6 & -5 \\ -2 & -6 & 4 \end{pmatrix} = \begin{pmatrix} 1 & 1 & -1 \\ -3/2 & -3 & -5/2 \\ 1 & 3 & -2 \end{pmatrix}.$$

【例 2】 当 A,B 均可逆时,证明 $(AB)^* = B^*A^*$.

证 当 A,B 均可逆时,由 $(AB)^*(AB) = |AB|E$ 得

$$(AB)^* = |AB|(AB)^{-1} = |B|B^{-1}|A|A^{-1} = B^*A^*.$$

【例 3】 设 A 为 n 阶方阵,则 $|A^*| = |A|^{n-1}$.

证 因为 $AA^* = |A|E$, $|A||A^*| = |A|^n$,所以 $|A^*| = |A|^{n-1}$.

【例 4】 设 A 为 n 阶可逆方阵,证明(1) $(A^{-1})^* = (A^*)^{-1}$, (2) $(A^{\mathrm{T}})^* = (A^*)^{\mathrm{T}}$.

证 (1) 因为 $AA^* = |A|E, (A^*)^{-1} = \dfrac{1}{|A|}A, A^* = |A|A^{-1}$,

$$所以(A^{-1})^* = |A^{-1}|A = \frac{1}{|A|}A = (A^*)^{-1}.$$

(2) 因为 $(A^{\mathrm{T}})(A^{\mathrm{T}})^* = |A^{\mathrm{T}}|E = |A|E$, 所以 $(A^{-1})^{\mathrm{T}}(A^{\mathrm{T}})(A^{\mathrm{T}})^* = (A^{-1})^{\mathrm{T}}|A|$,

$$\Rightarrow (A^{\mathrm{T}})^* = \frac{1}{|A|}(A^*)^{\mathrm{T}}|A| = (A^*)^{\mathrm{T}}.$$

【例 5】 用逆矩阵求解线性方程组 $\begin{cases} 3x_1 + 7x_2 - 3x_3 = 2 \\ -2x_1 - 5x_2 + 2x_3 = 1 \\ -4x_1 - 10x_2 + 3x_3 = 3 \end{cases}$.

解 设 $A = \begin{pmatrix} 3 & 7 & -3 \\ -2 & -5 & 2 \\ -4 & -10 & 3 \end{pmatrix}, x = \begin{pmatrix} x_1 \\ x_2 \\ x_3 \end{pmatrix}, b = \begin{pmatrix} 2 \\ 1 \\ 3 \end{pmatrix}$,则此方程组可写成矩阵形式 $Ax = b$,矩阵 A 的逆阵

$$A^{-1} = \begin{pmatrix} 5 & 9 & -1 \\ -2 & -3 & 0 \\ 0 & 2 & -1 \end{pmatrix},$$

所以在矩阵方程的两边同时左乘 A^{-1},得

$$x = A^{-1}B = \begin{pmatrix} 5 & 9 & -1 \\ -2 & -3 & 0 \\ 0 & 2 & -1 \end{pmatrix}\begin{pmatrix} 2 \\ 1 \\ 3 \end{pmatrix} = \begin{pmatrix} 16 \\ -7 \\ -1 \end{pmatrix},$$

故原方程组的解为 $x_1 = 16, x_2 = -7, x_3 = -1$.

习题 7.3

1. 判断方阵 $A = \begin{pmatrix} 3 & 7 & -3 \\ -2 & -5 & 2 \\ -4 & -10 & 3 \end{pmatrix}$ 是否可逆,如果可逆,求出 A^{-1}.

2. 判断方阵 $A=\begin{pmatrix}1 & 1 & -1\\ 1 & 2 & -3\\ 0 & 1 & 1\end{pmatrix}$ 是否可逆,如果可逆,求出 A^{-1}.

3. 用逆矩阵求解线性方程组 $\begin{cases}2x_1+2x_2+3x_3=2\\ x_1-x_2=2\\ -x_1+2x_2+x_3=4\end{cases}$.

4. 设 $A=\begin{pmatrix}1 & 2 & 3\\ 2 & 2 & 1\\ 3 & 4 & 3\end{pmatrix}$,$B=\begin{pmatrix}2 & 1\\ 5 & 3\end{pmatrix}$,$C=\begin{pmatrix}1 & 3\\ 2 & 0\\ 3 & 1\end{pmatrix}$,求矩阵 X 使满足 $AXB=C$.

§7.4 矩阵的初等变换

本节介绍矩阵的初等变换和初等矩阵. 矩阵的行初等变换是矩阵的一种十分重要的运算,它在解线性方程组,求逆矩阵及矩阵理论的研究中都起着重要的作用. 矩阵的初等变换来源于解线性方程组时常用到的同解变形. 因此,为了用矩阵法解线性方程组,就需要引入矩阵的行初等变换的概念.

7.4.1 矩阵的初等变换

定义1 矩阵的**初等行变换**指的是下面三种变换:

(1)交换矩阵的某两行;

(2)以一个非零的数 k 乘矩阵某一行中的所有元素;

(3)将矩阵某一行元素的 k 倍加到另一行对应元素上去.

把定义中的“行”换成“列”,即得矩阵的初等列变换的定义.

矩阵的初等行变换与初等列变换,统称为**初等变换**.

设矩阵 A 经过有限次初等变换化成了矩阵 B,我们称矩阵 A 与矩阵 B **等价**,记作 $A\cong B$. 一般地,一个矩阵经过若干次初等变换,所得到的矩阵与原矩阵不再相等,但它仍保持着原矩阵的一些重要特性,这就是说,“等价”是矩阵间的一种重要关系. 矩阵 A 经过初等变换化成矩阵 B,我们记作 $A\to B$.

矩阵的等价关系有以下性质:

(1)反身性:$A\cong A$;

(2)对称性:若 $A\cong B$,则 $B\cong A$;

(3)传递性:若 $A\cong B$,$B\cong C$,则 $A\cong C$.

矩阵的初等变换是矩阵的一种最基本的运算,它有着广泛的应用.

7.4.2 初等矩阵

定义 2 单位矩阵经过一次初等变换得到的方阵统称为**初等矩阵**(**初等方阵**).

初等矩阵有下列三种:

1. 对换阵

例如对调单位阵 $\boldsymbol{E}$ 中第 i,j 两行,得初等矩阵(其中未写出的元素均为零)

$$\boldsymbol{E}(i,j)=\begin{pmatrix}1&&&&&&&&\\&\ddots&&&&&&&\\&&1&&&&&&\\&&&0&\cdots&\cdots&\cdots&1&&\\&&&\vdots&1&&&\vdots&&\\&&&\vdots&&\ddots&&\vdots&&\\&&&\vdots&&&1&\vdots&&\\&&&1&\cdots&\cdots&\cdots&0&&\\&&&&&&&&1&\\&&&&&&&&&\ddots\end{pmatrix}\begin{matrix}\\\\\\\leftarrow(i)\\\\\\\\\leftarrow(j)\\\\\\\end{matrix}$$

$$\begin{pmatrix}0&1&0\\1&0&0\\0&0&1\end{pmatrix}\begin{pmatrix}a_{11}&a_{12}&a_{13}\\a_{21}&a_{22}&a_{23}\\a_{31}&a_{32}&a_{33}\end{pmatrix}=\begin{pmatrix}a_{21}&a_{22}&a_{23}\\a_{11}&a_{12}&a_{13}\\a_{31}&a_{32}&a_{33}\end{pmatrix},$$

$$\begin{pmatrix}a_{11}&a_{12}&a_{13}\\a_{21}&a_{22}&a_{23}\\a_{31}&a_{32}&a_{33}\end{pmatrix}\begin{pmatrix}0&1&0\\1&0&0\\0&0&1\end{pmatrix}=\begin{pmatrix}a_{12}&a_{11}&a_{13}\\a_{22}&a_{21}&a_{23}\\a_{32}&a_{31}&a_{33}\end{pmatrix}.$$

2. 倍乘阵

例如,以常数 $k\neq 0$ 乘 $\boldsymbol{E}$ 中第 i 行,得

$$\boldsymbol{E}(i(k))=\begin{pmatrix}1&&&&&&\\&\ddots&&&&&\\&&1&&&&\\&&&k&&&\\&&&&1&&\\&&&&&\ddots&\\&&&&&&1\end{pmatrix}\leftarrow(i)$$

$$\begin{pmatrix}1&0&0\\0&k&0\\0&0&1\end{pmatrix}\begin{pmatrix}a_{11}&a_{12}&a_{13}\\a_{21}&a_{22}&a_{23}\\a_{31}&a_{32}&a_{33}\end{pmatrix}=\begin{pmatrix}a_{11}&a_{12}&a_{13}\\ka_{21}&ka_{22}&ka_{23}\\a_{31}&a_{32}&a_{33}\end{pmatrix},$$

$$\begin{pmatrix} a_{11} & a_{12} & a_{13} \\ a_{21} & a_{22} & a_{23} \\ a_{31} & a_{32} & a_{33} \end{pmatrix}\begin{pmatrix} 1 & 0 & 0 \\ 0 & k & 0 \\ 0 & 0 & 1 \end{pmatrix} = \begin{pmatrix} a_{11} & ka_{12} & a_{13} \\ a_{21} & ka_{22} & a_{23} \\ a_{31} & ka_{32} & a_{33} \end{pmatrix}.$$

3. 倍加阵

例如,以数 k 乘 $\boldsymbol{E}$ 中第 j 行加到第 i 行上,得

$$\boldsymbol{E}(j(k),i)\begin{pmatrix} 1 & & & & & & \\ & \ddots & & & & & \\ & & 1 & \cdots & k & & \\ & & & \ddots & \vdots & & \\ & & & & 1 & & \\ & & & & & \ddots & \\ & & & & & & 1 \end{pmatrix}\begin{matrix} \\ \\ \leftarrow (i) \\ \\ \leftarrow (j) \\ \\ \\ \end{matrix}$$

$$\begin{pmatrix} 1 & 0 & 0 \\ 0 & 1 & 0 \\ k & 0 & 1 \end{pmatrix}\begin{pmatrix} a_{11} & a_{12} & a_{13} \\ a_{21} & a_{22} & a_{23} \\ a_{31} & a_{32} & a_{33} \end{pmatrix} = \begin{pmatrix} a_{11} & a_{12} & a_{13} \\ a_{21} & a_{22} & a_{23} \\ ka_{11}+a_{31} & ka_{12}+a_{32} & ka_{13}+a_{33} \end{pmatrix},$$

$$\begin{pmatrix} a_{11} & a_{12} & a_{13} \\ a_{21} & a_{22} & a_{23} \\ a_{31} & a_{32} & a_{33} \end{pmatrix}\begin{pmatrix} 1 & 0 & 0 \\ 0 & 1 & 0 \\ k & 0 & 1 \end{pmatrix} = \begin{pmatrix} a_{11} & a_{12} & ka_{11}+a_{13} \\ a_{21} & a_{22} & ka_{21}+a_{23} \\ a_{31} & a_{32} & ka_{31}+a_{33} \end{pmatrix}.$$

定理 1 设 $\boldsymbol{A}$ 是一个 $m \times n$ 矩阵,对矩阵 $\boldsymbol{A}$ 施行一次初等行变换,相当于在 $\boldsymbol{A}$ 的左边乘以相应的 m 阶初等矩阵;对矩阵 $\boldsymbol{A}$ 施行一次初等列变换,相当于在 $\boldsymbol{A}$ 的右边乘以相应的 n 阶初等矩阵.

把矩阵的初等变换转化为矩阵的乘法,将对以后我们的研究带来许多方便.

7.4.3 用初等变换法求矩阵的逆矩阵

初等变换对应初等矩阵,由初等变换可逆,可知初等矩阵可逆,且此初等变换的逆变换也就对应此初等矩阵的逆矩阵.

定理 2 任何非奇异方阵经过有限次初等变换可以化为单位阵,即 $\boldsymbol{A} \cong \boldsymbol{E}$.

定理 3 设 $\boldsymbol{A}$ 为非奇异方阵,则 $\boldsymbol{A}$ 可逆的充分必要条件是存在有限个初等矩阵 $\boldsymbol{P}_1,\boldsymbol{P}_2,\cdots,\boldsymbol{P}_l$,使 $\boldsymbol{A}=\boldsymbol{P}_1\boldsymbol{P}_2\cdots\boldsymbol{P}_l$.

推论 1 方阵 $\boldsymbol{A}$ 可逆的充分必要条件是 $\boldsymbol{A} \cong \boldsymbol{E}$.

推论 2 $m \times n$ 矩阵 $\boldsymbol{A}$ 与 $\boldsymbol{B}$ 等价的充分必要条件是存在 m 阶可逆矩阵 $\boldsymbol{P}$ 及 n 阶可逆矩阵 $\boldsymbol{Q}$,使 $\boldsymbol{PAQ}=\boldsymbol{B}$.

从定理 3 出发,可以得到另一种求逆矩阵的方法.

当 $|\boldsymbol{A}| \neq 0$ 时,由推论有 $\boldsymbol{A}=\boldsymbol{P}_1\boldsymbol{P}_2\cdots\boldsymbol{P}_l$,在此式两边依次左乘以 $\boldsymbol{P}_1^{-1},\boldsymbol{P}_2^{-1},\cdots,\boldsymbol{P}_l^{-1}$ 得

$$\boldsymbol{P}_l^{-1}\boldsymbol{P}_{l-1}^{-1}\cdots\boldsymbol{P}_2^{-1}\boldsymbol{P}_1^{-1}\boldsymbol{A}=\boldsymbol{E}. \tag{1}$$

另一方面，由于 $\boldsymbol{A}=\boldsymbol{P}_1\boldsymbol{P}_2\cdots\boldsymbol{P}_l$，故得 $\boldsymbol{A}^{-1}=(\boldsymbol{P}_1\boldsymbol{P}_2\cdots\boldsymbol{P}_l)^{-1}=\boldsymbol{P}_l^{-1}\boldsymbol{P}_{l-1}^{-1}\cdots\boldsymbol{P}_2^{-1}\boldsymbol{P}_1^{-1}\boldsymbol{E}$，即

$$\boldsymbol{P}_l^{-1}\boldsymbol{P}_{l-1}^{-1}\cdots\boldsymbol{P}_2^{-1}\boldsymbol{P}_1^{-1}\boldsymbol{E}=\boldsymbol{A}^{-1}. \tag{2}$$

公式(1)和(2)表明：同一组初等变换可把 $\boldsymbol{A}$ 变为 $\boldsymbol{E}$，把 $\boldsymbol{E}$ 变为 $\boldsymbol{A}^{-1}$. 那么，(1)、(2)两式可以合并为

$$\boldsymbol{P}_l^{-1}\boldsymbol{P}_{l-1}^{-1}\cdots\boldsymbol{P}_2^{-1}\boldsymbol{P}_1^{-1}(\boldsymbol{A}\,\vdots\,\boldsymbol{E})=(\boldsymbol{E}\,\vdots\,\boldsymbol{A}^{-1}). \tag{3}$$

式(3)表明，对 $n\times 2n$ 矩阵 $(\boldsymbol{A}\,\vdots\,\boldsymbol{E})$ 进行初等行变换，当把 $\boldsymbol{A}$ 变为 $\boldsymbol{E}$ 时，$\boldsymbol{E}$ 就变为 $\boldsymbol{A}^{-1}$. 这种用矩阵的初等变换求逆阵的方法，常常比前面介绍的伴随矩阵法要简便一些，特别是当矩阵的阶数较高时.

【例 1】 设 $\boldsymbol{A}=\begin{pmatrix}1&2&3\\2&1&2\\1&3&4\end{pmatrix}$，用初等变换法求 $\boldsymbol{A}^{-1}$.

解 $$(\boldsymbol{A}\,\vdots\,\boldsymbol{E})=\left(\begin{array}{ccc:ccc}1&2&3&1&0&0\\2&1&2&0&1&0\\1&3&4&0&0&1\end{array}\right)\xrightarrow[r_3-r_1]{r_2-2r_1}\left(\begin{array}{ccc:ccc}1&2&3&1&0&0\\0&-3&-4&-2&1&0\\0&1&1&-1&0&1\end{array}\right)$$

$$\xrightarrow{r_2-r_3}\left(\begin{array}{ccc:ccc}1&2&3&1&0&0\\0&1&1&-1&0&1\\0&-3&-4&-2&1&0\end{array}\right)\xrightarrow{r_3+3r_2}\left(\begin{array}{ccc:ccc}1&2&3&1&0&0\\0&1&1&-1&0&1\\0&0&-1&-5&1&3\end{array}\right)$$

$$\xrightarrow[\substack{r_2+r_3\\(-1)\times r_3}]{r_1+3r_3}\left(\begin{array}{ccc:ccc}1&2&0&-14&3&9\\0&1&0&-6&1&4\\0&0&1&5&-1&-3\end{array}\right),\xrightarrow{r_1-2r_2}\left(\begin{array}{ccc:ccc}1&0&0&-2&1&1\\0&1&0&-6&1&4\\0&0&1&5&-1&-3\end{array}\right)$$

则

$$\boldsymbol{A}^{-1}=\begin{pmatrix}-2&1&1\\-6&1&4\\5&-1&-3\end{pmatrix}.$$

【例 2】 设 $\boldsymbol{A}=\begin{pmatrix}1&0&0&0\\a&1&0&0\\a^2&a&1&0\\a^3&a^2&a&1\end{pmatrix}$，试用初等变换法求 $\boldsymbol{A}^{-1}$.

解 $$(\boldsymbol{A}\,\vdots\,\boldsymbol{E})=\left(\begin{array}{cccc:cccc}1&0&0&0&1&0&0&0\\a&1&0&0&0&1&0&0\\a^2&a&1&0&0&0&1&0\\a^3&a^2&a&1&0&0&0&1\end{array}\right)$$

$$\xrightarrow[i=4,3,2]{r_i-ar_{i-1}}\left(\begin{array}{cccc:cccc}1&0&0&0&1&0&0&0\\0&1&0&0&-a&1&0&0\\0&0&1&0&0&-a&1&0\\0&0&0&1&0&0&-a&1\end{array}\right),$$

则

$$A^{-1}=\begin{pmatrix}1&0&0&0\\-a&1&0&0\\0&-a&1&0\\0&0&-a&1\end{pmatrix}.$$

【例 3】 解矩阵方程 $AX=B$,其中 $A=\begin{pmatrix}1&0&1\\2&1&0\\-3&2&-5\end{pmatrix}$,$B=\begin{pmatrix}1&-2&-1\\4&-5&2\\1&-4&-1\end{pmatrix}$.

解 因为 $(A\,\vdots\,E)=\left(\begin{array}{ccc:ccc}1&0&1&1&0&0\\2&1&0&0&1&0\\-3&2&-5&0&0&1\end{array}\right)\rightarrow\begin{pmatrix}1&0&0&-\frac{5}{2}&1&-\frac{1}{2}\\0&1&0&5&-1&1\\0&0&1&\frac{7}{2}&-1&\frac{1}{2}\end{pmatrix}$,

所以 $A^{-1}=\begin{pmatrix}-\frac{5}{2}&1&-\frac{1}{2}\\5&-1&1\\\frac{7}{2}&-1&\frac{1}{2}\end{pmatrix}$,

$$X=A^{-1}B=\begin{pmatrix}-\frac{5}{2}&1&-\frac{1}{2}\\5&-1&1\\\frac{7}{2}&-1&\frac{1}{2}\end{pmatrix}\begin{pmatrix}1&-2&-1\\4&-5&2\\1&-4&-1\end{pmatrix}=\begin{pmatrix}1&2&5\\2&-9&-8\\0&-4&-6\end{pmatrix}.$$

习题 7.4

1. 设 $A=\begin{pmatrix}2&2&3\\1&-1&0\\-2&2&1\end{pmatrix}$,试用初等行变换求 A^{-1}.

2. 设 $\boldsymbol{A}=\begin{pmatrix}1&1&0&0\\1&2&0&0\\3&7&2&3\\2&5&1&2\end{pmatrix}$，试用初等行变换求 $\boldsymbol{A}^{-1}$.

3. 判断方阵 $\boldsymbol{A}=\begin{pmatrix}1&1&1&1\\1&-2&-2&-1\\2&5&-1&4\\4&1&1&2\end{pmatrix}$ 是否可逆；若可逆，求 $\boldsymbol{A}^{-1}$.

4. 解矩阵方程 $\boldsymbol{XA}=\boldsymbol{B}$，其中 $\boldsymbol{A}=\begin{pmatrix}0&2&1\\2&-1&3\\-3&3&-4\end{pmatrix}$，$\boldsymbol{B}=\begin{pmatrix}1&2&3\\2&-3&-4\end{pmatrix}$.

§7.5 矩阵的秩

矩阵的秩的概念是讨论向量组的线性相关性、线性方程组解的存在性等问题的重要工具.

7.5.1 矩阵的秩的概念

让我们先来看常数项全为零的线性方程组(齐次线性方程组)

$$\begin{cases}2x_1+2x_3=0\\4x_1+x_2+2x_3+3x_5=0\\3x_1+3x_3+4x_4-4x_5=0\\8x_1+2x_2+4x_3+6x_5=0\end{cases}. \tag{1}$$

的求解过程. 因其最后一个方程的系数为第二个方程对应系数的 2 倍，故与第二个方程同解，可以将这个多余的方程去掉. 这样，通过加减消元法可以得到方程组(1)的同解方程组

$$\begin{cases}x_1+x_3=0\\x_2-2x_3+3x_5=0\\x_4-x_5=0\end{cases}. \tag{2}$$

它已不再含有多余的方程，故我们称之为原方程组(1)的**保留方程组**. 可以看出，用加减消元法由方程组(1)得到保留方程组(2)的过程，实质上是对方程组(1)的系数对应的矩阵进行初等行变换的过程，即将方程组(1)的系数矩阵作如下的变换

$$\boldsymbol{A}=\begin{pmatrix}2&0&2&0&0\\4&1&2&0&3\\3&0&3&4&-4\\8&2&4&0&6\end{pmatrix}\xrightarrow[r_4-4r_1,\ r_1\times\frac{1}{2}]{r_2-2r_1,\ r_3-\frac{3}{2}\times r_1}\begin{pmatrix}1&0&1&0&0\\0&1&-2&0&3\\0&0&0&4&-4\\0&2&-4&0&6\end{pmatrix}\xrightarrow[r_4-2r_2]{r_3\times\frac{1}{4}}\begin{pmatrix}1&0&1&0&0\\0&1&-2&0&3\\0&0&0&1&-1\\0&0&0&0&0\end{pmatrix}=\boldsymbol{B}.$$

$\boldsymbol{B}$ 对应的方程组即保留方程组(2). $\boldsymbol{B}$ 是一种(行)**阶梯形矩阵**,即每行的首非零元素(若存在)下方全为零或每个"阶梯"只有一行的矩阵. $\boldsymbol{B}$ 的**非零行**(元素不全为零的行)的个数即保留方程组中方程的个数,我们将之称为原矩阵 $\boldsymbol{A}$ 的秩. 下面我们进行一般性的讨论.

由初等行变换的定义可得

定理 1 任一矩阵经过有限次初等行变换可以化成阶梯形矩阵.

定理 2 任何与矩阵 $\boldsymbol{A}$ 等价的阶梯形矩阵的非零行数相等.

定义 1 矩阵经行初等变换化成的阶梯形矩阵的非零行数,称为**矩阵的秩**. 矩阵 $\boldsymbol{A}$ 的秩记为 $R(\boldsymbol{A})$.

利用行初等变换把矩阵化为(行)阶梯形矩阵,则矩阵的秩就可以求得.

定理 3 矩阵的初等变换不改变矩阵的秩.

【例 1】 设 $\boldsymbol{A}=\begin{pmatrix}1 & -1 & 2 & 1 & 0\\ 2 & -2 & 4 & -2 & 0\\ 3 & 0 & 6 & -1 & 1\\ 2 & 1 & 4 & 2 & 1\end{pmatrix}$,求 $R(\boldsymbol{A})$.

解 仅作行初等变换

$$\begin{pmatrix}1 & -1 & 2 & 1 & 0\\ 2 & -2 & 4 & -2 & 0\\ 3 & 0 & 6 & -1 & 1\\ 2 & 1 & 4 & 2 & 1\end{pmatrix}\xrightarrow[r_4-2r_1]{r_2-2r_1,r_3-3r_1}\begin{pmatrix}1 & -1 & 2 & 1 & 0\\ 0 & 0 & 0 & -4 & 0\\ 0 & 3 & 0 & -4 & 0\\ 0 & 3 & 0 & 0 & 1\end{pmatrix}$$

$$\xrightarrow[r_4-r_3]{r_3-r_2}\begin{pmatrix}1 & -1 & 2 & 1 & 0\\ 0 & 0 & 0 & -4 & 0\\ 0 & 3 & 0 & 0 & 1\\ 0 & 0 & 0 & 0 & 0\end{pmatrix}\xrightarrow{r_2\leftrightarrow r_3}\begin{pmatrix}1 & -1 & 2 & 1 & 0\\ 0 & 3 & 0 & 0 & 1\\ 0 & 0 & 0 & -4 & 0\\ 0 & 0 & 0 & 0 & 0\end{pmatrix}.$$

得到的阶梯形矩阵中的非零行数为 3,故 $R(\boldsymbol{A})=3$.

7.5.2 矩阵的秩的另一种求法

定义 2 在 $m\times n$ 矩阵 $\boldsymbol{A}$ 中,位于任意 k 行 k 列 $(k\leqslant m,k\leqslant n)$ 交叉处 k^2 个元素,在不改变它们在 $\boldsymbol{A}$ 中所处位置的次序时排成的 k 阶行列式,称为矩阵 $\boldsymbol{A}$ 的 **k 阶子式**. 特别地,若矩阵 $\boldsymbol{A}$ 是 n 阶方阵,在 $\boldsymbol{A}$ 的 k 阶子式中,以 $\boldsymbol{A}$ 的主对角线上的元素为其主对角线元素的子式,称为 $\boldsymbol{A}$ 的 **k 阶主子式**.

下面讨论矩阵的秩的另一种求法.

如上所述,任何矩阵 $\boldsymbol{A}$ 经过行初等变换,总可以化为阶梯形. 其实,再继续对其进行一些行、列的初等变换,就可以把它化为如下形式:

$$
A_{m\times n} \to \begin{pmatrix} 1 & 0 & \cdots & 0 & & & \\ 0 & 1 & \cdots & 0 & & & \\ \vdots & & \ddots & \vdots & & & \\ 0 & 0 & \cdots & 1 & & & \\ & & & & 0 & \cdots & 0 \\ & & & & 0 & \cdots & 0 \\ & & & & \vdots & & \vdots \\ & & & & 0 & \cdots & 0 \end{pmatrix} \begin{matrix} \left.\begin{matrix} \\ \\ \\ \\ \end{matrix}\right\} r \\ \left.\begin{matrix} \\ \\ \\ \\ \end{matrix}\right\} m-r \end{matrix},
$$

其中有 r 个元素为 1,未写出的元素全为零．我们称最后的这种形式的矩阵为矩阵的**标准形**．显然此标准形中前 r 行为非零行,从而 $R(\mathbf{A}) = r$．实际上,标准形中前 r 行、r 列元素构成的 r 阶子式 $\begin{vmatrix} 1 & & \\ & \ddots & \\ & & 1 \end{vmatrix} = 1$．而其任何阶数大于 r 的子式(若存在)必等于零(因其必含有一个元素全是零的行)．反之,易知初等变换不会改变方阵子式的零与非零性,故由矩阵等价的对称性,并注意到本节定理 5 可知,原矩阵相应地也有如上的性质,即其不等于零的子式的最高阶数不变,它就是矩阵的秩．因此,我们可以不经过初等变换,直接考查原矩阵 $\mathbf{A}$.

定理 4 若 $\mathbf{A}$ 有某个 r 阶子式不等于零,而所有 $r+1$ 阶子式(如果存在的话)全为零,则矩阵 $\mathbf{A}$ 的秩是 r,即 $R(\mathbf{A}) = r$.

这说明,矩阵的秩就是它的不为零的子式的最高阶数．于是,我们得到了求矩阵的秩的另一种方法,这种方法在矩阵的阶数不高时相当简便实用．

由于非奇异方阵 $\mathbf{A}(|\mathbf{A}| \neq 0)$ 的 n 阶子式只有一个 $|\mathbf{A}|$,且其行列式不为零,从而可知可逆矩阵(非奇异方阵)的秩等于矩阵的阶数,故又称之为**满秩方阵**,不可逆矩阵(奇异方阵)又称为**降秩方阵**．规定:**零矩阵的秩为零**．

定理 5 n 阶方阵 $\mathbf{A}$ 可逆的充分必要条件是 $\mathbf{A}$ 满秩．

【例 2】 设 $\mathbf{A} = \begin{pmatrix} 1 & 2 & 3 \\ 2 & 3 & -5 \\ 4 & 7 & 1 \end{pmatrix}$,求 $R(\mathbf{A})$．

解 在 $\mathbf{A}$ 中,$\begin{vmatrix} 1 & 3 \\ 2 & -5 \end{vmatrix} \neq 0$．又 A 的三阶子式只有一个 $|\mathbf{A}|$,且

$$
|\mathbf{A}| = \begin{vmatrix} 1 & 2 & 3 \\ 2 & 3 & -5 \\ 4 & 7 & 1 \end{vmatrix} = \begin{vmatrix} 1 & 2 & 3 \\ 0 & -1 & -11 \\ 0 & -1 & -11 \end{vmatrix} = 0,
$$

故 $R(\mathbf{A}) = 2$．

【例 3】 求下列矩阵的秩 $A=\begin{pmatrix}1&1&0&0\\1&0&1&1\\2&-1&3&3\end{pmatrix}$，$B=\begin{pmatrix}1&0&1&0\\2&1&-1&-3\\1&0&-3&-1\\0&2&-6&3\end{pmatrix}$.

解 因为 $\begin{vmatrix}1&0\\0&1\end{vmatrix}=1\neq 0$，而 A 的所有三阶子式(4 个)

$$\begin{vmatrix}1&1&0\\1&0&1\\2&-1&3\end{vmatrix}=0,\begin{vmatrix}1&1&0\\1&0&1\\2&-1&3\end{vmatrix}=0,\begin{vmatrix}1&0&0\\1&1&1\\2&3&3\end{vmatrix}=0,\begin{vmatrix}1&0&0\\0&1&1\\-1&3&3\end{vmatrix}=0,$$

所以 $R(A)=2$.

因为
$$|B|=\begin{vmatrix}1&0&1&0\\2&1&-1&-3\\1&0&-3&-1\\0&2&-6&3\end{vmatrix}\xlongequal{c_3-c_1}\begin{vmatrix}1&0&0&0\\2&1&-3&-3\\1&0&-4&-1\\0&2&-6&3\end{vmatrix}$$
$$=\begin{vmatrix}1&-3&-3\\0&-4&-1\\2&-6&3\end{vmatrix}\xlongequal{r_3-2r_1}\begin{vmatrix}1&-3&-3\\0&-4&-1\\0&0&9\end{vmatrix}=-36\neq 0,$$

所以 $R(B)=4$，满秩.

归纳起来，矩阵的秩的性质有：

(1) $0\leqslant R(A_{m\times n})\leqslant\min\{m,n\}$；

(2) $R(A^{\mathrm{T}})=R(A)$；

(3) 若 A,B 是同型矩阵，那么 $A\cong B$ (等价) $\Leftrightarrow R(A)=R(B)$；

(4)若 P,Q 可逆，则 $R(PAQ)=R(A)$；

(5) $\max\{R(A),R(B)\}\leqslant R(A,B)\leqslant R(A)+R(B)$.

习题 7.5

1. 求矩阵 $A=\begin{pmatrix}1&0&0&1\\1&2&0&-1\\3&-1&0&4\\1&4&5&1\end{pmatrix}$ 的秩.

2. 求矩阵 $A=\begin{pmatrix}1&0&-1&-1&2\\0&-1&2&3&1\\1&-1&1&2&3\\1&2&-5&-7&0\end{pmatrix}$ 的秩.

3. 求矩阵 $\boldsymbol{A}=\begin{pmatrix}1 & 1 & 2 & 2 & 1\\ 0 & 2 & 1 & 5 & -1\\ 2 & 0 & 3 & -1 & 3\\ 1 & 1 & 0 & 4 & -1\end{pmatrix}$ 的秩.

4. 设 $\boldsymbol{A}=\begin{bmatrix}1 & -1 & 1 & 2\\ 3 & \lambda & -1 & 2\\ 5 & 3 & \mu & 6\end{bmatrix}$，已知 $R(A)=2$，求 λ,μ 的值.

自 测 题

1. 单项选择题

(1)设 $\boldsymbol{A},\boldsymbol{B}$ 为 n 阶方阵，且 $\boldsymbol{AB}=\boldsymbol{O}$，那么（　　）.

A. $\boldsymbol{A}=\boldsymbol{O}$ 或 $\boldsymbol{B}=\boldsymbol{O}$　　B. $\boldsymbol{A}+\boldsymbol{B}=\boldsymbol{O}$

C. $|\boldsymbol{A}|=0$ 或 $|\boldsymbol{B}|=0$　　D. $|\boldsymbol{A}|+|\boldsymbol{B}|=0$

(2)设 $\boldsymbol{A}=\begin{pmatrix}1 & 2\\ 4 & 3\end{pmatrix}$，$\boldsymbol{B}=\begin{pmatrix}x & 1\\ 2 & y\end{pmatrix}$，当 x 与 y 满足（　　）时，有 $\boldsymbol{AB}=\boldsymbol{BA}$.

A. $2x=7$　　B. $2y=x$　　C. $y=x+1$　　D. $y=x-1$

(3)设 $\boldsymbol{A}$ 是 n 阶方阵，且 $|\boldsymbol{A}|=5$，则 $|(5\boldsymbol{A}^{\mathrm{T}})^{-1}|=$（　　）.

A. 5^{-n}　　B. 5^{-n-1}　　C. 5^{n-1}　　D. 5^{n+1}

(4)设 $\boldsymbol{A},\boldsymbol{B}$ 为同阶对称矩阵，则 $\boldsymbol{AB}$ 是（　　）.

A. 对称矩阵　　B. 非对称矩阵

C. 反对称矩阵　　D. 不一定是对称矩阵

(5)若 $\boldsymbol{A}=\begin{bmatrix}1 & 2 & 4\\ 2 & \lambda & 8\\ 3 & 6 & \lambda+8\end{bmatrix}$ 的秩为1，则 $\lambda=$（　　）.

A. 1　　B. 2　　C. 3　　D. 4

(6)设 $\boldsymbol{A}$ 为 n 阶矩阵 $(n\geqslant 2)$，则（　　）.

A. $|\boldsymbol{A}^*|=|\boldsymbol{A}|^{n-1}$　　B. $|\boldsymbol{A}^*|=|\boldsymbol{A}|$

C. $|\boldsymbol{A}^*|=|\boldsymbol{A}|^{n}$　　D. $|\boldsymbol{A}^*|=|\boldsymbol{A}^{-1}|$

(7)若 $\boldsymbol{AB}=\boldsymbol{AC}$，能推出 $\boldsymbol{B}=\boldsymbol{C}$，其中 $\boldsymbol{A},\boldsymbol{B},\boldsymbol{C}$ 为同阶方阵，则 $\boldsymbol{A}$ 应满足条件（　　）.

A. $\boldsymbol{A}\neq\boldsymbol{O}$　　B. $\boldsymbol{A}=\boldsymbol{O}$　　C. $|\boldsymbol{A}|=0$　　D. $|\boldsymbol{A}|\neq 0$

2. 设 $\boldsymbol{A}=\begin{bmatrix}1 & 0 & -1\\ 2 & 1 & 4\\ -3 & 2 & 5\end{bmatrix}$，$\boldsymbol{B}=\begin{bmatrix}1 & -2 & 3\\ -1 & 3 & 0\\ 0 & 5 & 2\end{bmatrix}$，求 $\boldsymbol{AB}^{\mathrm{T}}$.

3. 设 $\boldsymbol{A}=\begin{pmatrix}1 & -1\\ 2 & 3\end{pmatrix}$，$f(x)=x^2+2x-3$，计算矩阵多项式 $f(\boldsymbol{A})$.

4. 求方阵 $\boldsymbol{A}=\begin{pmatrix}1 & 2 & 3\\ 2 & 2 & 1\\ 3 & 4 & 3\end{pmatrix}$ 的逆矩阵.

5. 设 $\boldsymbol{A}=\begin{pmatrix}4 & 2 & 3\\ 1 & 1 & 0\\ -1 & 2 & 3\end{pmatrix}$，且有关系式 $\boldsymbol{AX}=\boldsymbol{A}+2\boldsymbol{X}$，求矩阵 $\boldsymbol{X}$.

6. 求矩阵 $\boldsymbol{A}=\begin{pmatrix}1 & 1 & 1 & 0 & 1\\ 2 & 1 & -1 & 1 & 1\\ 1 & 2 & -1 & 1 & 2\\ 0 & 1 & 2 & 3 & 3\end{pmatrix}$ 的秩.

第 8 章

线性方程组

线性方程组是线性代数学的核心内容，自然科学、工程技术和经济管理中的许多问题最终都可归结为线性方程组的求解问题．本章将主要运用矩阵这一工具来讨论线性方程组的基本解法和解的理论，介绍 n 维向量组的有关概念及其线性相关性，并在此基础上，进一步讨论线性方程组解的结构．

§8.1 线性方程组的消元解法

引例：求解线性方程组

$$\begin{cases} x_1-2x_2+3x_3+x_4+x_5=7 \\ x_1+x_2-x_3-x_4-2x_5=2 \\ 2x_1-x_2+x_3-2x_5=7 \\ 2x_1+2x_2+5x_3-x_4+x_5=18 \end{cases}.$$

解　先写出其增广矩阵并施以行的初等变换，化为阶梯形矩阵：

$$\left(\begin{array}{ccccc:c} 1 & -2 & 3 & 1 & 1 & 7 \\ 1 & 1 & -1 & -1 & -2 & 2 \\ 2 & -1 & 1 & 0 & -2 & 7 \\ 2 & 2 & 5 & -1 & 1 & 18 \end{array}\right) \xrightarrow{r_2-r_1,r_3-2r_1,r_4-2r_1} \left(\begin{array}{ccccc:c} 1 & -2 & 3 & 1 & 1 & 7 \\ 0 & 3 & -4 & -2 & -3 & -5 \\ 0 & 3 & -5 & -2 & -4 & -7 \\ 0 & 6 & -1 & -3 & -1 & 4 \end{array}\right)$$

$$\xrightarrow{r_3-r_2,r_4-2r_2} \left(\begin{array}{ccccc:c} 1 & -2 & 3 & 1 & 1 & 7 \\ 0 & 3 & -4 & -2 & -3 & -5 \\ 0 & 0 & -1 & 0 & -1 & -2 \\ 0 & 0 & 7 & 1 & 5 & 14 \end{array}\right) \xrightarrow{r_4+7r_3} \left(\begin{array}{ccccc:c} 1 & -2 & 3 & 1 & 1 & 7 \\ 0 & 3 & -4 & -2 & -3 & -5 \\ 0 & 0 & 1 & 0 & 1 & 2 \\ 0 & 0 & 0 & 1 & -2 & 0 \end{array}\right).$$

（系数矩阵的秩与增广矩阵的秩相等）

再写出最后一个矩阵所对应的方程组便得到原方程组的同解方程组：

$$\begin{cases} x_1-2x_2+3x_3+x_4+x_5=7 \\ 3x_2-4x_3-2x_4-3x_5=-5 \\ x_3+x_5=2 \\ x_4-2x_5=0 \end{cases}.$$

自下而上回代,解出用 x_5 表达 $x_1,\cdots,x_4$ 的结果:

$$\begin{cases} x_1 = 3 + 2x_5 \\ x_2 = 1 + x_5 \\ x_3 = 2 - x_5 \\ x_4 = 2x_5 \end{cases}$$ (x_5 可任意,称为自由未知量),所以原方程组有无穷多解.

注: 上面同解方程组如果化为类似对角阵求解更方便.

求解过程中,对方程组共施行了三种变换:(1)互换两个方程的位置;(2) k 乘以某一方程($k \neq 0$);(3)用一个数 k 乘某一方程后加到另一个方程上去.以上称为方程组的初等变换,与矩阵的初等行变换完全相同.所以线性方程的求解完全可以由其增广矩阵的行初等变换求出.

定义 1 利用初等变换将方程组化为行阶梯形的方程组,再利用回代法解出未知量的过程,叫做**高斯消元法**.

一般地,我们得到下述关于线性方程组有解的判别定理.

定理 1 线性方程组

$$\begin{cases} a_{11}x_1 + a_{12}x_2 + \cdots + a_{1n}x_n = b_1 \\ a_{21}x_1 + a_{22}x_2 + \cdots + a_{2n}x_n = b_2 \\ \cdots\cdots \\ a_{m1}x_1 + a_{m2}x_2 + \cdots + a_{mn}x_n = b_m \end{cases} \quad (1)$$

有解的充要条件是它的系数矩阵 $\boldsymbol{A}$ 与增广矩阵 $\boldsymbol{B}$ 的秩相等,即 $R(\boldsymbol{A}) = R(\boldsymbol{B})$;方程组无解的充分必要条件是 $R(\boldsymbol{A}) < R(\boldsymbol{B})$,其中

$$\boldsymbol{A} = \begin{pmatrix} a_{11} & a_{12} & \cdots & a_{1n} \\ a_{21} & a_{22} & \cdots & a_{2n} \\ \vdots & \vdots & & \vdots \\ a_{m1} & a_{m2} & \cdots & a_{mn} \end{pmatrix}, \boldsymbol{B} = \left(\begin{array}{cccc:c} a_{11} & a_{12} & \cdots & a_{1n} & b_1 \\ a_{21} & a_{22} & \cdots & a_{2n} & b_2 \\ \vdots & \vdots & & \vdots & \vdots \\ a_{m1} & a_{m2} & \cdots & a_{mn} & b_m \end{array}\right) = (\boldsymbol{A} \mid \boldsymbol{b}).$$

证 利用初等行变换把增广矩阵化为阶梯形矩阵

$$(\boldsymbol{A} \mid \boldsymbol{b}) \rightarrow (\boldsymbol{C} \mid \boldsymbol{d}) = \left(\begin{array}{cccc:c} c_{11} & \cdots & c_{1r} & \cdots & c_{1n} & d_1 \\ \vdots & & \vdots & & \vdots & \cdots \\ 0 & \cdots & c_{rr} & \cdots & c_{rn} & d_r \\ 0 & \cdots & 0 & \cdots & 0 & d_{r+1} \\ \vdots & & \vdots & & \vdots & \vdots \\ 0 & \cdots & 0 & \cdots & 0 & 0 \end{array}\right)$$ (不妨设 $c_{11}, c_{22}, \cdots, c_{rr}$ 不为零)

相应地,方程组(1)就化为与它同解的阶梯形方程组

$$\begin{cases} c_{11}x_1 + \cdots c_{1r}x_r + \cdots + c_{1n}x_n = d_1 \\ \cdots\cdots \\ c_{rr}x_r + \cdots + c_{rn}x_n = d_r \\ 0 = d_{r+1} \\ 0 = 0 \\ \cdots\cdots \\ 0 = 0 \end{cases} \tag{2}$$

由于初等行变换不改变矩阵的秩，所以 $R(\boldsymbol{A}) = R(\boldsymbol{C})$，$R(\boldsymbol{A} \vdots \boldsymbol{b}) = R(\boldsymbol{C} \vdots \boldsymbol{d})$.

必要性　若方程组(1)有解，则方程组(2)也有解，故 $d_{r+1} = 0$ ，这时 $R(\boldsymbol{C} \vdots d) = R(\boldsymbol{C})$，从而 $R(\boldsymbol{A}) = R(\boldsymbol{B})$.

充分性　若 $R(\boldsymbol{A}) = R(\boldsymbol{B})$ ，于是 $R(\boldsymbol{C}) = R(\boldsymbol{C} \vdots \boldsymbol{d})$ ，因而 $d_{r+1} = 0$ ，所以方程组(2)有解，从而方程组(1)有解，证毕 .

注：齐次线性方程组总有解 . 例如 $x_1 = x_2 = \cdots = x_n = 0$ 就是它的一组解 .

定理 2　方程组(1)的系数矩阵 $\boldsymbol{A}$ 和增广矩阵 $\boldsymbol{B}$ 的秩相等，且等于 r，即 $R(\boldsymbol{A}) = R(\boldsymbol{B}) = r$ ，则当 $r = n$ 时，方程组(1)有唯一解；当 $r < n$ 时，方程组(1)有无穷多解 .

注：当 $r = n$ 时，方程组(1)有唯一解时，就是前面解方程组的克莱姆法则：n 个方程 n 个未知量的线性方程组有唯一解的充分必要条件是方程组的系数行列式不等于零 .

推论 1　当方程个数 $m < n$ (未知量的个数)时，齐次线性方程组

$$\begin{cases} a_{11}x_1 + a_{12}x_2 + \cdots + a_{1n}x_n = 0 \\ a_{21}x_1 + a_{22}x_2 + \cdots + a_{2n}x_n = 0 \\ \cdots\cdots \\ a_{m1}x_1 + a_{m2}x_2 + \cdots + a_{mn}x_n = 0 \end{cases}$$

必有非零解 .

例如，$x_1 + 2x_2 + 3x_3 = 2$ ，即 $x_1 = 2 - 2x_2 - 3x_3$ (其中 x_2，x_3 为自由未知量).

【例 1】　a，b 取何值时，方程组 $\begin{cases} x_1 + 2x_2 + 3x_3 - x_4 = 1 \\ x_1 + x_2 + 2x_3 + 3x_4 = 1 \\ 3x_1 - x_2 - x_3 - 2x_4 = a \\ 2x_1 + 3x_2 - x_3 + bx_4 = -6 \end{cases}$

(1)有唯一解；(2)无解；(3)有无穷多解，并在有解时求出其解 .

解　对增广矩阵 $\boldsymbol{B}$ 进行初等行变换

$$\boldsymbol{B} = (\boldsymbol{A} \vdots \boldsymbol{b}) = \left(\begin{array}{cccc:c} 1 & 2 & 3 & -1 & 1 \\ 1 & 1 & 2 & 3 & 1 \\ 3 & -1 & -1 & -2 & a \\ 2 & 3 & -1 & b & -6 \end{array}\right) \xrightarrow{r_2 - r_1, r_3 - 3r_3, r_4 - 2r_1} \begin{pmatrix} 1 & 2 & 3 & -1 & 1 \\ 0 & -1 & -1 & 4 & 0 \\ 0 & -7 & -10 & 1 & a-3 \\ 0 & -1 & -7 & b+2 & -8 \end{pmatrix}$$

$$\xrightarrow{r_3-7r_2,r_4-r_2}\left(\begin{array}{cccc:c}1&2&3&-1&1\\0&-1&-1&4&0\\0&0&-3&-27&a-3\\0&0&-6&b-2&-8\end{array}\right)\xrightarrow{r_4-2r_3}\left(\begin{array}{cccc:c}1&2&3&-1&1\\0&-1&-1&4&0\\0&0&-3&-27&a-3\\0&0&0&b+52&-2a-2\end{array}\right)=\overline{\boldsymbol{B}}$$

讨论： (1)当 $b+52\neq0$ 时，$R(\boldsymbol{A})=R(\boldsymbol{B})=4=n$，方程组有唯一解，回代得其解

$$x_4=-\frac{2(a+1)}{b+52},\quad x_3=-\frac{a-3}{3}+\frac{18(a+1)}{b+52},$$

$$x_2=\frac{a-3}{3}-\frac{26(a+1)}{b+52},\quad x_1=\frac{a}{3}-\frac{4(a+1)}{b+52}.$$

(2)当 $b+52=0$ 而 $a+1\neq0$ 时，$R(\boldsymbol{A})=3,R(\boldsymbol{B})=4$，无解.

(3)当 $b+52=0,a+1=0$ 时，$R(\boldsymbol{A})=R(\boldsymbol{B})=3<4$，方程组有无穷多组解，这时，再对 $\overline{\boldsymbol{B}}$ 进行初等行变换，得

$$\overline{\boldsymbol{B}}=\left(\begin{array}{cccc:c}1&2&3&-1&1\\0&-1&-1&4&0\\0&0&-3&-27&-4\\0&0&0&0&0\end{array}\right)\xrightarrow{r_1+r_3,r_2-\frac{1}{3}r_3,r_3\times\left(-\frac{1}{3}\right)}\left(\begin{array}{cccc:c}1&2&0&-28&-3\\0&-1&0&13&\frac{4}{3}\\0&0&1&9&\frac{4}{3}\\0&0&0&0&0\end{array}\right)$$

$$\xrightarrow{r_1+2r_2,r_2\times(-1)}\left(\begin{array}{cccc:c}1&0&0&-2&-\frac{1}{3}\\0&1&0&-13&-\frac{4}{3}\\0&0&1&9&\frac{4}{3}\\0&0&0&0&0\end{array}\right).$$

故原方程组同解于 $\begin{cases}x_1=-\dfrac{1}{3}+2x_4\\x_2=-\dfrac{4}{3}+13x_4\\x_3=\dfrac{4}{3}-9x_4\end{cases}$ (x_4 为自由未知量).

线性方程组理论中两个最基本的定理：

定理 3 线性方程组 $\boldsymbol{Ax}=\boldsymbol{b}$ 有解的充分必要条件是 $R(\boldsymbol{A})=R(\boldsymbol{A}\mid\boldsymbol{b})$.

定理 4 n 元齐次线性方程组 $\boldsymbol{Ax}=\boldsymbol{0}$ 有非零解的充分必要条件是 $R(\boldsymbol{A})<n$. 而 $\boldsymbol{Ax}=\boldsymbol{0}$ 只有零解的充分必要条件是 $R(\boldsymbol{A})=n$，即 $|\boldsymbol{A}|\neq0$.

推论 2 n 个方程 n 个未知量的齐次线性方程组有非零解的充分必要条件是方程组的

系数行列式等于零.

定理 5　矩阵方程 $\boldsymbol{AX}=\boldsymbol{B}$ 有解的充分必要条件是 $R(\boldsymbol{A})=R(\boldsymbol{A}\mid\boldsymbol{B})$.

习题 8.1

1. 求解下列齐次线性方程组:

(1) $\begin{cases}x_1+2x_2+x_3-x_4=0\\3x_1+6x_2-x_3-3x_4=0\\5x_1+10x_2+x_3-5x_4=0\end{cases}$;　(2) $\begin{cases}2x_1+3x_2-x_3+5x_4=0\\3x_1+x_2+2x_3-7x_4=0\\4x_1+x_2-3x_3+6x_4=0\\x_1-2x_2+4x_3-7x_4=0\end{cases}$.

2. 求解下列非齐次线性方程组:

(1) $\begin{cases}4x_1+2x_2-x_3=2\\3x_1-1x_2+2x_3=10\\11x_1+3x_2=8\end{cases}$;　(2) $\begin{cases}x_2+2x_3=7\\x_1-2x_2-6x_3=-18\\x_1-x_2-2x_3=-5\\2x_1-5x_2-15x_3=-46\end{cases}$;

(3) $\begin{cases}2x_1+x_2-x_3+x_4=1\\3x_1-2x_2+x_3-3x_4=4\\x_1+4x_2-3x_3+5x_4=-2\end{cases}$;　(4) $\begin{cases}2x+y-z+w=1\\4x+2y-2z+w=2\\2x+y-z-w=1\end{cases}$.

3. 非齐次线性方程组 $\begin{cases}-2x_1+x_2+x_3=-2\\x_1-2x_2+x_3=\lambda\\x_1+x_2-2x_3=\lambda^2\end{cases}$,当 λ 取何值时有解? 并求出它的解.

§8.2　向量组的线性组合

8.2.1　概念

在解析几何中,我们讨论过二维、三维空间中的向量(既有大小,又有方向的量),向量的加法运算及向量与数的乘法. 将其推广,我们可以得到 n 维向量的概念及其线性运算.

定义 1　n 个有次序的数 $a_1,a_2,\cdots,a_n$ 所组成的数组称为 n **维向量**,记作 $(a_1,a_2,\cdots,a_n)$,其中 $a_i(i=1,2,\cdots,n)$ 称为 $(a_1,a_2,\cdots,a_n)$ 的**第 i 个分量**.

所有的分量均为实数的向量称为**实向量**;所有的分量均为复数的向量称为**复向量**. 今后除特别指明外,一般我们只讨论实向量.

n 维向量一般用黑体字母 $\boldsymbol{\alpha},\boldsymbol{\beta},\boldsymbol{\gamma},\cdots,\boldsymbol{a},\boldsymbol{b},\boldsymbol{c},\cdots$ 表示. 如 $\boldsymbol{\alpha}=(1,0)$,$\boldsymbol{\beta}=(0,1)$ 是二维向量;若 n 维向量 $(a_1,a_2,\cdots,a_n)$ 中每一个分量均为 0,即 n 维向量 $(0,0,\cdots,0)$ 称为**零向**

量,记作 **0**.

线性方程 $a_1x_1+a_2x_2+\cdots+a_nx_n=b \leftrightarrow (a_1,a_2,\cdots,a_n,b)$.

8.2.2 运算

设 $\boldsymbol{\alpha}=(a_1,a_2,\cdots,a_n)$, $\boldsymbol{\beta}=(b_1,b_2,\cdots,b_n)$.

1. 相等:$\boldsymbol{\alpha}=\boldsymbol{\beta} \Leftrightarrow a_i=b_i(i=1,2,\cdots,n)$.

2. 零向量:分量都是 0,记作 **0**,即 $\mathbf{0}=(0,0,\cdots,0)$.

3. 负向量:向量 $(-a_1,-a_2,\cdots,-a_n)$ 称为 $\boldsymbol{\alpha}=(a_1,a_2,\cdots,a_n)$ 的负向量,记为 $-\boldsymbol{\alpha}$.

4. 和与差向量(加与减):$\boldsymbol{\alpha}\pm\boldsymbol{\beta}=(a_1\pm b_1,a_2\pm b_2,\cdots,a_n\pm b_n)$

向量 $(a_1+b_1,a_2+b_2,\cdots,a_n+b_n)$ 称为向量 $\boldsymbol{\alpha}$ 与 $\boldsymbol{\beta}$ 的和,记作 $\boldsymbol{\alpha}+\boldsymbol{\beta}$.

向量 $(a_1-b_1,a_2-b_2,\cdots,a_n-b_n)$ 称为向量 $\boldsymbol{\alpha}$ 与 $\boldsymbol{\beta}$ 的差,记作 $\boldsymbol{\alpha}-\boldsymbol{\beta}$.

5. 数乘向量:$k\boldsymbol{\alpha}=(ka_1,ka_2,\cdots,ka_n)$.

向量的加法、减法与数乘统称为**向量的线性运算**. 线性运算满足的运算律与三维向量相同. 向量的线性运算满足下面运算规律:($\boldsymbol{\alpha},\boldsymbol{\beta},\boldsymbol{\gamma}$ 是 n 维向量,λ,μ 是实数)

(1) $\boldsymbol{\alpha}+\boldsymbol{\beta}=\boldsymbol{\beta}+\boldsymbol{\alpha}$;　　(2) $(\boldsymbol{\alpha}+\boldsymbol{\beta})+\boldsymbol{\gamma}=\boldsymbol{\alpha}+(\boldsymbol{\beta}+\boldsymbol{\gamma})$;

(3) $\boldsymbol{\alpha}+\mathbf{0}=\boldsymbol{\alpha}$;　　(4) $\boldsymbol{\alpha}+(-\boldsymbol{\alpha})=\mathbf{0}$;

(5) $1\cdot\boldsymbol{\alpha}=\boldsymbol{\alpha}$;　　(6) $\lambda(\mu\boldsymbol{\alpha})=(\lambda\mu)\boldsymbol{\alpha}$;

(7) $\lambda(\boldsymbol{\alpha}+\boldsymbol{\beta})=\lambda\boldsymbol{\alpha}+\lambda\boldsymbol{\beta}$;　　(8) $(\lambda+\mu)\boldsymbol{\alpha}=\lambda\boldsymbol{\alpha}+\mu\boldsymbol{\beta}$.

【例 1】 设 $\boldsymbol{\alpha}=(-3,3,6,0)$, $\boldsymbol{\beta}=(9,6,-3,18)$,求 $\boldsymbol{\gamma}$ 满足 $\boldsymbol{\alpha}+3\boldsymbol{\gamma}=\boldsymbol{\beta}$.

解 因为 $3\boldsymbol{\gamma}=\boldsymbol{\beta}-\boldsymbol{\alpha}=(9,6,-3,18)-(-3,3,6,0)=(12,3,-9,18)$,所以

$$\boldsymbol{\gamma}=\frac{1}{3}(12,3,-9,18)=(4,1,-3,6).$$

8.2.3 向量间的线性关系

为了对向量的线性关系有深入的理解和直观的认识,我们有必要总结平面和空间中向量的位置关系及它们的线性关系.

1. 平面上向量之间的关系

(1)平面上任意两个向量 $\boldsymbol{\alpha},\boldsymbol{\beta}$ 共线的充分必要条件是 $\boldsymbol{\beta}=k\boldsymbol{\alpha}$.

(2)平面上任意三个向量 $\boldsymbol{\alpha},\boldsymbol{\beta},\boldsymbol{\gamma}$ 中必有一个向量是其余两个向量的线性组合,如 $\boldsymbol{\gamma}=\lambda_1\boldsymbol{\alpha}+\lambda_2\boldsymbol{\beta}$.

2. 空间中向量之间的关系

(1)若空间中三个向量 $\boldsymbol{\alpha},\boldsymbol{\beta},\boldsymbol{\gamma}$ 共面,则必有 $\lambda_1\boldsymbol{\alpha}+\lambda_2\boldsymbol{\beta}+\lambda_3\boldsymbol{\gamma}=\mathbf{0}$,其中 $\lambda_1,\lambda_2,\lambda_3$ 不全为零;若 $\boldsymbol{\alpha},\boldsymbol{\beta},\boldsymbol{\gamma}$ 不共面,则当 $\lambda_1\boldsymbol{\alpha}+\lambda_2\boldsymbol{\beta}+\lambda_3\boldsymbol{\gamma}=\mathbf{0}$ 时必有 $\lambda_1=\lambda_2=\lambda_3=0$.

(2)空间中任意四个向量 $\boldsymbol{\alpha},\boldsymbol{\beta},\boldsymbol{\gamma},\boldsymbol{\eta}$ 中必有一个向量是其余向量的线性组合,如 $\boldsymbol{\eta}=\lambda_1\boldsymbol{\alpha}+\lambda_2\boldsymbol{\beta}+\lambda_3\boldsymbol{\gamma}$.

我们可以把上述在平面与空间中对向量线性关系的讨论，推广到 n 维向量上．

定义 2 设 $\boldsymbol{\alpha}_1,\boldsymbol{\alpha}_2,\cdots,\boldsymbol{\alpha}_m,\boldsymbol{\beta}$ 是 $m+1$ 个 n 维向量，若存在 m 个数 $k_1,k_2,\cdots,k_m$ 使 $\boldsymbol{\beta}=k_1\boldsymbol{\alpha}_1+k_2\boldsymbol{\alpha}_2+\cdots+k_m\boldsymbol{\alpha}_m$，则称 $\boldsymbol{\beta}$ 是 $\boldsymbol{\alpha}_1,\boldsymbol{\alpha}_2,\cdots,\boldsymbol{\alpha}_m$ 的**线性组合**或 $\boldsymbol{\beta}$ **可由** $\boldsymbol{\alpha}_1,\boldsymbol{\alpha}_2,\cdots,\boldsymbol{\alpha}_m$ **线性表示**，即线性方程组 $x_1\boldsymbol{\alpha}_1+x_2\boldsymbol{\alpha}_2+\cdots+x_m\boldsymbol{\alpha}_m=\boldsymbol{\beta}$ 有解．

例如：任意一个 n 维向量 $\boldsymbol{\alpha}=(a_1,a_2,\cdots,a_n)$ 都是 n 维向量组

$$\boldsymbol{e}_1=(1,0,\cdots,0),\boldsymbol{e}_2=(0,1,\cdots,0),\cdots,\boldsymbol{e}_n=(0,0,\cdots,1)$$

的一个线性组合．因为 $\boldsymbol{\alpha}=a_1\boldsymbol{e}_1+a_2\boldsymbol{e}_2+\cdots+a_n\boldsymbol{e}_n$．向量组 $\boldsymbol{e}_1,\boldsymbol{e}_2,\cdots,\boldsymbol{e}_n$ 称为 **n 维单位向量组**．显然，零向量是任意向量组的线性组合．

【例 2】 设 $\boldsymbol{\alpha}_1=(1,1,1),\boldsymbol{\alpha}_2=(0,1,1),\boldsymbol{\alpha}_3=(0,0,1),\boldsymbol{\beta}=(1,3,4)$，$\boldsymbol{\beta}$ 能否由 $\boldsymbol{\alpha}_1,\boldsymbol{\alpha}_2,\boldsymbol{\alpha}_3$ 线性表示？

解 由定义 2 知，$\boldsymbol{\beta}$ 能由 $\boldsymbol{\alpha}_1,\boldsymbol{\alpha}_2,\boldsymbol{\alpha}_3$ 线性表示⇔存在 k_1,k_2,k_3 使 $\boldsymbol{\beta}=k_1\boldsymbol{\alpha}_1+k_2\boldsymbol{\alpha}_2+k_3\boldsymbol{\alpha}_3$ 成立，根据向量相等的定义得 $\begin{cases}k_1=1\\k_1+k_2=3\\k_1+k_2+k_3=4\end{cases}$，即 $k_1=1,k_2=2,k_3=1$．

所以 $\boldsymbol{\beta}=\boldsymbol{\alpha}_1+2\boldsymbol{\alpha}_2+\boldsymbol{\alpha}_3$，$\boldsymbol{\beta}$ 能由 $\boldsymbol{\alpha}_1,\boldsymbol{\alpha}_2,\boldsymbol{\alpha}_3$ 线性表示．

【例 3】 设 $\boldsymbol{\beta}$ 是 $\boldsymbol{\alpha}_1,\boldsymbol{\alpha}_2,\cdots,\boldsymbol{\alpha}_m$ 之中的一个向量，则 $\boldsymbol{\beta}$ 是 $\boldsymbol{\alpha}_1,\boldsymbol{\alpha}_2,\cdots,\boldsymbol{\alpha}_m$ 的一个线性组合．

解 设 $\boldsymbol{\beta}=\boldsymbol{\alpha}_i(i=1,2,\cdots,m)$，则 $\boldsymbol{\beta}=0\boldsymbol{\alpha}_1+\cdots+0\boldsymbol{\alpha}_{i-1}+1\boldsymbol{\alpha}_i+\cdots+0\boldsymbol{\alpha}_m$．

【例 4】 设 $\boldsymbol{\beta}$ 是 $\boldsymbol{\alpha}_1,\boldsymbol{\alpha}_2,\cdots,\boldsymbol{\alpha}_t$ 的一个线性组合，则 $\boldsymbol{\beta}$ 也是 $\boldsymbol{\alpha}_1,\boldsymbol{\alpha}_2,\cdots,\boldsymbol{\alpha}_t,\boldsymbol{\alpha}_{t+1},\cdots,\boldsymbol{\alpha}_m$ 的一个线性组合．

解 因为 $\boldsymbol{\beta}$ 是 $\boldsymbol{\alpha}_1,\boldsymbol{\alpha}_2,\cdots,\boldsymbol{\alpha}_m$ 的线性组合，所以存在 $k_1,k_2,\cdots,k_t\in\mathbf{R}$，使得

$$\boldsymbol{\beta}=k_1\boldsymbol{\alpha}_1+k_2\boldsymbol{\alpha}_2+\cdots k_t\boldsymbol{\alpha}_t$$

成立．故 $\boldsymbol{\beta}=k_1\boldsymbol{\alpha}_1+k_2\boldsymbol{\alpha}_2+\cdots k_t\boldsymbol{\alpha}_t+0\boldsymbol{\alpha}_{t+1}+\cdots+0\boldsymbol{\alpha}_m$ 成立，因此 $\boldsymbol{\beta}$ 也是 $\boldsymbol{\alpha}_1,\boldsymbol{\alpha}_2,\cdots,\boldsymbol{\alpha}_m$ 的一个线性组合．显然，反过来不一定成立．

【例 5】 判断向量 $\boldsymbol{\beta}=(4,3,-1,11)$ 是否为向量组 $\boldsymbol{\alpha}_1=(1,2,-1,5),\boldsymbol{\alpha}_2=(2,-1,1,1)$ 的线性组合？

解 设 $\boldsymbol{\beta}=k_1\boldsymbol{\alpha}_1+k_2\boldsymbol{\alpha}_2$，根据向量相等的定义，可得到线性方程组 $\begin{cases}k_1+2k_2=4\\2k_1-k_2=3\\-k_1+k_2=-1\\5k_1+k_2=11\end{cases}$，

解此线性方程组，可对其进行同解变形，这实质上是对系数矩阵作初等行变换

$$\begin{pmatrix}1&2&4\\2&-1&3\\-1&1&-1\\5&1&11\end{pmatrix}\to\begin{pmatrix}1&2&4\\0&-5&-5\\0&3&3\\0&-9&-9\end{pmatrix}\to\begin{pmatrix}1&2&4\\0&1&1\\0&0&0\\0&0&0\end{pmatrix}\to\begin{pmatrix}1&0&2\\0&1&1\\0&0&0\\0&0&0\end{pmatrix},$$

得到线性方程组的解$\begin{cases} k_1 = 2 \\ k_2 = 1 \end{cases}$,所以$\boldsymbol{\beta}$可以由$\boldsymbol{\alpha}_1,\boldsymbol{\alpha}_2$线性表出,并且有$\boldsymbol{\beta} = 2\boldsymbol{\alpha}_1 + \boldsymbol{\alpha}_2$.

【例 6】 判断向量$\boldsymbol{\beta} = (4,3,0,11)$是否为向量组$\boldsymbol{\alpha}_1 = (1,2,-1,5)$,$\boldsymbol{\alpha}_2 = (2,-1,1,1)$的线性组合?

解 设$\boldsymbol{\beta} = k_1\boldsymbol{\alpha}_1 + k_2\boldsymbol{\alpha}_2$,即$\begin{cases} k_1 + 2k_2 = 4 \\ 2k_1 - k_2 = 3 \\ -k_1 + k_2 = 0 \\ 5k_1 + k_2 = 11 \end{cases}$,对系数矩阵作初等行变换

$$\begin{pmatrix} 1 & 2 & 4 \\ 2 & -1 & 3 \\ -1 & 1 & 0 \\ 5 & 1 & 11 \end{pmatrix} \to \begin{pmatrix} 1 & 2 & 4 \\ 0 & -5 & -5 \\ 0 & 3 & 4 \\ 0 & -9 & -9 \end{pmatrix} \to \begin{pmatrix} 1 & 2 & 4 \\ 0 & 1 & 1 \\ 0 & 0 & 1 \\ 0 & 0 & 0 \end{pmatrix},$$

从中得到了矛盾方程$0=1$,因此$\boldsymbol{\beta}$不能由$\boldsymbol{\alpha}_1,\boldsymbol{\alpha}_2$线性表出.

设$\boldsymbol{\beta},\boldsymbol{\alpha}_1,\boldsymbol{\alpha}_2,\cdots,\boldsymbol{\alpha}_m$是$n$维列向量组,则$\boldsymbol{\beta} = k_1\boldsymbol{\alpha}_1 + k_2\boldsymbol{\alpha}_2 + \cdots + k_m\boldsymbol{\alpha}_m$可记为:

$\boldsymbol{\beta} = (\boldsymbol{\alpha}_1,\boldsymbol{\alpha}_2,\cdots,\boldsymbol{\alpha}_m)(k_1,k_2,\cdots,k_m)^{\mathrm{T}}$.

令$\boldsymbol{A} = (\boldsymbol{\alpha}_1,\boldsymbol{\alpha}_2,\cdots,\boldsymbol{\alpha}_m)$,$\boldsymbol{k} = (k_1,k_2,\cdots,k_m)^{\mathrm{T1}}$,$\boldsymbol{Ak} = \boldsymbol{\beta}$. 这是一个以$k_1,k_2,\cdots,k_m$为未知量的非齐次线性方程组,从而$\boldsymbol{\beta}$可由向量组$\boldsymbol{\alpha}_1,\boldsymbol{\alpha}_2,\cdots,\boldsymbol{\alpha}_m$线性表示与方程组$\boldsymbol{Ak} = \boldsymbol{\beta}$有解是等价的.

定理 1 向量$\boldsymbol{b}$能由向量组$\boldsymbol{A}$:$\boldsymbol{a}_1,\boldsymbol{a}_2,\cdots,\boldsymbol{a}_m$线性表示的充分必要条件是矩阵$\boldsymbol{A} = (\boldsymbol{a}_1,\boldsymbol{a}_2,\cdots,\boldsymbol{a}_m)$的秩等于矩阵$\boldsymbol{B} = (\boldsymbol{a}_1,\boldsymbol{a}_2,\cdots,\boldsymbol{a}_m,\boldsymbol{b})$的秩.

定义 3 设有两个向量组A:$\boldsymbol{a}_1,\boldsymbol{a}_2,\cdots,\boldsymbol{a}_m$及$B$:$\boldsymbol{b}_1,\boldsymbol{b}_2,\cdots,\boldsymbol{b}_l$,若$B$组中的每个向量都能由向量组$A$线性表示,则称**向量组$B$能由向量组$A$线性表示**. 若向量组$A$与向量组$B$能相互线性表示,则称这两个**向量组等价**.

向量组之间的等价关系有以下性质:

1)反身性:每一个向量组都与它自身等价.

2)对称性:如果向量组$\boldsymbol{\alpha}_1,\boldsymbol{\alpha}_2,\cdots,\boldsymbol{\alpha}_t$与向量组$\boldsymbol{\beta}_1,\boldsymbol{\beta}_2,\cdots,\boldsymbol{\beta}_s$等价,那么向量组$\boldsymbol{\beta}_1,\boldsymbol{\beta}_2,\cdots,\boldsymbol{\beta}_s$与向量组$\boldsymbol{\alpha}_1,\boldsymbol{\alpha}_2,\cdots,\boldsymbol{\alpha}_t$等价.

3)传递性:如果向量组$\boldsymbol{\alpha}_1,\boldsymbol{\alpha}_2,\cdots,\boldsymbol{\alpha}_t$与向量组$\boldsymbol{\beta}_1,\boldsymbol{\beta}_2,\cdots,\boldsymbol{\beta}_s$等价,且向量组$\boldsymbol{\beta}_1,\boldsymbol{\beta}_2,\cdots,\boldsymbol{\beta}_s$与向量组$\boldsymbol{\gamma}_1,\boldsymbol{\gamma}_2,\cdots,\boldsymbol{\gamma}_r$等价,那么向量组$\boldsymbol{\alpha}_1,\boldsymbol{\alpha}_2,\cdots,\boldsymbol{\alpha}_t$与向量组$\boldsymbol{\gamma}_1,\boldsymbol{\gamma}_2,\cdots,\boldsymbol{\gamma}_r$等价.

定理 2 向量组B:$\boldsymbol{b}_1,\boldsymbol{b}_2,\cdots,\boldsymbol{b}_l$能由向量组$A$:$\boldsymbol{a}_1,\boldsymbol{a}_2,\cdots,\boldsymbol{a}_m$线性表示的充分必要条件是矩阵$\boldsymbol{A} = (\boldsymbol{a}_1,\boldsymbol{a}_2,\cdots,\boldsymbol{a}_m)$的秩等于矩阵$(\boldsymbol{A} \mid \boldsymbol{B}) = (\boldsymbol{a}_1,\boldsymbol{a}_2,\cdots,\boldsymbol{a}_m,\boldsymbol{b}_1,\cdots,\boldsymbol{b}_l)$的秩,即$R(\boldsymbol{A}) = R(\boldsymbol{A} \mid \boldsymbol{B})$.

推论 1 向量组A:$\boldsymbol{a}_1,\boldsymbol{a}_2,\cdots,\boldsymbol{a}_m$与向量组$B$:$\boldsymbol{b}_1,\boldsymbol{b}_2,\cdots,\boldsymbol{b}_l$等价的充分必要条件是$R(\boldsymbol{A}) = R(\boldsymbol{B}) = R(\boldsymbol{A} \mid \boldsymbol{B})$,其中$\boldsymbol{A}$和$\boldsymbol{B}$是向量组$A$和$B$所构成的矩阵.

【例 7】 设 $\boldsymbol{a}_1=(1,1,2,2)$，$\boldsymbol{a}_2=(1,2,1,3)$，$\boldsymbol{a}_3=(1,-1,4,0)$，$\boldsymbol{b}=(1,0,3,1)$，证明向量 $\boldsymbol{b}$ 能由向量组 $\boldsymbol{a}_1,\boldsymbol{a}_2,\boldsymbol{a}_3$ 线性表示.

证 由定理1,要证矩阵 $\boldsymbol{A}=(\boldsymbol{a}_1,\boldsymbol{a}_2,\boldsymbol{a}_3)$ 与 $\boldsymbol{B}=(\boldsymbol{A},\boldsymbol{b})$ 的秩相等. 为此,把 $\boldsymbol{B}$ 化为行阶梯形

$$\boldsymbol{B}=\begin{pmatrix}1&1&1&1\\1&2&-1&0\\2&1&4&3\\2&3&0&1\end{pmatrix}\to\begin{pmatrix}1&1&1&1\\0&1&-2&-1\\0&-1&2&1\\0&1&-2&-1\end{pmatrix}\to\begin{pmatrix}1&1&1&1\\0&1&-2&-1\\0&0&0&0\\0&0&0&0\end{pmatrix}.$$

可见 $R(\boldsymbol{A})=R(\boldsymbol{B})$，因此,向量 $\boldsymbol{b}$ 能由向量组 $\boldsymbol{a}_1,\boldsymbol{a}_2,\boldsymbol{a}_3$ 线性表示.

【例 8】 设 $\boldsymbol{a}_1=(1,-1,1,-1)$，$\boldsymbol{a}_2=(3,1,1,3)$，$\boldsymbol{b}_1=(2,0,1,1)$，$\boldsymbol{b}_2=(1,1,0,2)$，$\boldsymbol{b}_3=(3,-1,2,0)$，证明向量组 $\boldsymbol{a}_1,\boldsymbol{a}_2$ 与 $\boldsymbol{b}_1,\boldsymbol{b}_2,\boldsymbol{b}_3$ 等价.

证 记 $\boldsymbol{A}=(\boldsymbol{a}_1^{\mathrm{T}},\boldsymbol{a}_2^{\mathrm{T}})$，$\boldsymbol{B}=(\boldsymbol{b}_1^{\mathrm{T}},\boldsymbol{b}_2^{\mathrm{T}},\boldsymbol{b}_3^{\mathrm{T}})$，我们只需证 $R(\boldsymbol{A})=R(\boldsymbol{B})=R(\boldsymbol{A}\,\vdots\,\boldsymbol{B})$，为此把矩阵 $(\boldsymbol{A}\,\vdots\,\boldsymbol{B})$ 化成行阶梯形:

$$(\boldsymbol{A}\,\vdots\,\boldsymbol{B})=\begin{pmatrix}1&3&2&1&3\\-1&1&0&1&-1\\1&1&1&0&2\\-1&3&1&2&0\end{pmatrix}\to\begin{pmatrix}1&3&2&1&3\\0&4&2&2&2\\0&-2&-1&-1&-1\\0&6&3&3&3\end{pmatrix}\to\begin{pmatrix}1&3&2&1&3\\0&2&1&1&1\\0&0&0&0&0\\0&0&0&0&0\end{pmatrix}.$$

可知 $R(\boldsymbol{A})=R(\boldsymbol{B})=R(\boldsymbol{A}\,\vdots\,\boldsymbol{B})=2$.

定理 3 设向量组 $B:\boldsymbol{b}_1,\boldsymbol{b}_2,\cdots,\boldsymbol{b}_l$ 能由向量组 $A:\boldsymbol{a}_1,\boldsymbol{a}_2,\cdots,\boldsymbol{a}_m$ 线性表示,则

$$R(\boldsymbol{b}_1,\boldsymbol{b}_2,\cdots,\boldsymbol{b}_l)\leqslant R(\boldsymbol{a}_1,\boldsymbol{a}_2,\cdots,\boldsymbol{a}_m).$$

习题 8.2

1. 设 $3(\boldsymbol{a}_1-\boldsymbol{a})+2(\boldsymbol{a}_2+\boldsymbol{a})=5(\boldsymbol{a}_3+\boldsymbol{a})$，$\boldsymbol{a}_1=(2,5,1,3)$，$\boldsymbol{a}_2=(10,1,5,10)$，$\boldsymbol{a}_3=(4,1,-1,1)$，求 $\boldsymbol{a}$.

2. 判断向量 $\boldsymbol{\beta}$ 是否为向量组 $\boldsymbol{\alpha}_1,\boldsymbol{\alpha}_2,\boldsymbol{\alpha}_3$ 的线性组合? 若是,则写出相应的线性表达式.

(1) $\boldsymbol{\beta}=(4,0)$，$\boldsymbol{\alpha}_1=(-1,2)$，$\boldsymbol{\alpha}_2=(3,2)$，$\boldsymbol{\alpha}_3=(6,4)$；

(2) $\boldsymbol{\beta}=(-3,3,7)$，$\boldsymbol{\alpha}_1=(1,-1,2)$，$\boldsymbol{\alpha}_2=(2,1,0)$，$\boldsymbol{\alpha}_3=(-1,2,1)$；

(3) $\boldsymbol{\beta}=(1,2,3,4)$，$\boldsymbol{\alpha}_1=(0,-1,2,3)$，$\boldsymbol{\alpha}_2=(2,3,8,10)$，$\boldsymbol{\alpha}_3=(2,3,6,8)$.

§8.3 向量组的线性相关性

定义 1 对于 m 个 n 维向量 $\boldsymbol{\alpha}_1,\boldsymbol{\alpha}_2,\cdots,\boldsymbol{\alpha}_m(m\geqslant 1)$,若存在 m 个不全为0的数 $k_1,k_2,\cdots,k_m$，使得 $k_1\boldsymbol{\alpha}_1+k_2\boldsymbol{\alpha}_2+\cdots+k_m\boldsymbol{\alpha}_m=\boldsymbol{0}$，则称 $\boldsymbol{\alpha}_1,\boldsymbol{\alpha}_2,\cdots,\boldsymbol{\alpha}_m$ 线性相关,否则称 $\boldsymbol{\alpha}_1,\boldsymbol{\alpha}_2,\cdots,\boldsymbol{\alpha}_m$ 线性无关.(即上式只有当 $k_1=k_2=\cdots=k_m=0$ 时才成立).

注:(1)包含零向量的向量组必线性相关;

(2)单独一个零向量线性相关;

(3)单个非零向量线性无关;

(4)两个非零向量 $\boldsymbol{\alpha} = (\alpha_1, \alpha_2, \cdots, \alpha_n)$ 与 $\boldsymbol{\beta} = (b_1, b_2, \cdots, b_n)$ 线性相关⇔

$\dfrac{a_i}{b_i} = k(i = 1,2,\cdots,n)$,即对应分量成比例 $\Leftrightarrow \alpha \,/\!/\, \beta (n \leqslant 3$ 时).

(5)任一个 n 维单位向量组 $\boldsymbol{e}_1 = (1,0,\cdots,0), \boldsymbol{e}_2 = (0,1,\cdots,0), \cdots, \boldsymbol{e}_n = (0,0,\cdots,1)$ 线性无关.

定理 1 m 个 n 维向量 $\boldsymbol{\alpha}_1 = (a_{11}, a_{12}, \cdots, a_{1n}), \boldsymbol{\alpha}_2 = (a_{21}, a_{22}, \cdots, a_{2n}), \cdots, \boldsymbol{\alpha}_m = (a_{m1}, a_{m2}, \cdots, a_{mn})$ 线性相关⇔以 $k_1, k_2, \cdots, k_m$ 为未知量的齐次线性方程组

$$\begin{cases} a_{11}k_1 + a_{21}k_2 + \cdots + a_{m1}k_m = 0 \\ a_{12}k_1 + a_{22}k_2 + \cdots + a_{m2}k_m = 0 \\ \cdots\cdots \\ a_{1n}k_1 + a_{2n}k_2 + \cdots + a_{mn}k_m = 0 \end{cases} \tag{4}$$

有非零解(方程组是 $k_1\alpha_1 + k_2\alpha_2 + \cdots + k_m\alpha_m = 0$ 的坐标表示式).

推论 1 n 个 n 维向量 $\boldsymbol{\alpha}_i = (a_{i1}, a_{i2}, \cdots, a_{in})(i = 1,2,.\cdots,n)$ 线性相关

$$\Leftrightarrow \begin{vmatrix} a_{11} & a_{12} & \cdots & a_{13} \\ a_{21} & a_{22} & \cdots & a_{2n} \\ \vdots & \vdots & & \vdots \\ a_{n1} & a_{n2} & \cdots & a_{m} \end{vmatrix} = 0.$$

定理 2 向量组 $\boldsymbol{a}_1, \boldsymbol{a}_2, \cdots, \boldsymbol{a}_m$ 线性相关的充分必要条件是它所构成的矩阵 $\mathbf{A} = (\boldsymbol{a}_1, \boldsymbol{a}_2, \cdots, \boldsymbol{a}_m)$ 的秩小于向量个数 m;向量组线性无关的充分必要条件是 $R(\mathbf{A}) = m$.

这是因为 $\mathbf{A} = (\boldsymbol{a}_1, \boldsymbol{a}_2, \cdots, \boldsymbol{a}_m)$ 的秩小于向量个数 m,所以对应的齐次线性方程组有非零解,则向量组 $\boldsymbol{a}_1, \boldsymbol{a}_2, \cdots, \boldsymbol{a}_m$ 线性相关;由 $R(\mathbf{A}) = m$ 知对应的齐次线性方程组只有零解,从而向量组线性无关.

定理 3 m 个 n 维向量 $\boldsymbol{\alpha}_1, \boldsymbol{\alpha}_2, \cdots, \boldsymbol{\alpha}_m (m \geqslant 2)$ 线性相关⇔其中至少有一个向量是其余 $m - 1$ 个向量的线性组合.

证 必要性。设 $\boldsymbol{\alpha}_1, \boldsymbol{\alpha}_2, \cdots, \boldsymbol{\alpha}_m$ 线性相关,则有不全为 0 的 $k_1, k_2, \cdots, k_m$ 使 $k_1\boldsymbol{\alpha}_1 + k_2\boldsymbol{\alpha}_2 + \cdots + k_m\boldsymbol{\alpha}_m = \mathbf{0}$. 不妨设 $k_1 \neq 0$,于是由上式得

$\boldsymbol{\alpha}_1 = -\dfrac{k_2}{k_1}\boldsymbol{\alpha}_2 - \cdots\cdots - \dfrac{k_m}{k_1}\boldsymbol{\alpha}_m$,即 $\boldsymbol{\alpha}_1$ 是 $\boldsymbol{\alpha}_1, \boldsymbol{\alpha}_2, \cdots, \boldsymbol{\alpha}_m$ 的线性组合.

充分性。设 $\boldsymbol{\alpha}_i$ 是 $\boldsymbol{\alpha}_1, \boldsymbol{\alpha}_2, \cdots, \boldsymbol{\alpha}_{i-1}, \boldsymbol{\alpha}_{i+1}, \cdots, \boldsymbol{\alpha}_m$ 的线性组合,即

$$\boldsymbol{\alpha}_i = k_1\boldsymbol{\alpha}_1 + k_2\boldsymbol{\alpha}_2 + \cdots + k_{i-1}\boldsymbol{\alpha}_{i-1} + k_{i+1}\boldsymbol{\alpha}_{i+1} + \cdots + k_m\boldsymbol{\alpha}_m,$$

于是 $k_1\boldsymbol{\alpha}_1 + \cdots + k_{i-1}\boldsymbol{\alpha}_{i-1} + (-1)\boldsymbol{\alpha}_i + k_{i+1}\boldsymbol{\alpha}_{i+1} + \cdots + k_m\boldsymbol{\alpha}_m = \mathbf{0}$.

因为 $k_1, k_2, \cdots, k_{i-1}, -1, k_{i+1}, \cdots k_m$ 不完全为 0,所以 $\boldsymbol{\alpha}_1, \boldsymbol{\alpha}_2, \cdots, \boldsymbol{\alpha}_m$ 线性相关.

定理 4 若 n 维向量 $\boldsymbol{\alpha}_1,\boldsymbol{\alpha}_2,\cdots,\boldsymbol{\alpha}_r$ 线性相关，则 $\boldsymbol{\alpha}_1,\cdots,\boldsymbol{\alpha}_r,\boldsymbol{\alpha}_{r+1},\cdots,\boldsymbol{\alpha}_m$ 也线性相关．（部分相关，整体相关）

证 因为 $\boldsymbol{\alpha}_1,\boldsymbol{\alpha}_2,\cdots,\boldsymbol{\alpha}_r$ 线性相关，所以存在不全为 0 的 $k_1,k_2,\cdots,k_r$，使 $k_1\boldsymbol{\alpha}_1+k_2\boldsymbol{\alpha}_2+\cdots+k_r\boldsymbol{\alpha}_r=\mathbf{0}$，于是 $k_1\boldsymbol{\alpha}_1+k_2\boldsymbol{\alpha}_2+\cdots+k_r\boldsymbol{\alpha}_r+0\boldsymbol{\alpha}_{r+1}+\cdots+0\boldsymbol{\alpha}_m=\mathbf{0}$，所以 $\boldsymbol{\alpha}_1,\boldsymbol{\alpha}_2,\cdots,\boldsymbol{\alpha}_r$ 线性相关，证毕．

推论 若向量组 $\boldsymbol{\alpha}_1,\boldsymbol{\alpha}_2,\cdots,\boldsymbol{\alpha}_m$ 线性无关，则它的任何一部分向量也线性无关．（整体无关，部分无关）

定理 5 若 n 维向量组 $\boldsymbol{\alpha}_1,\boldsymbol{\alpha}_2,\cdots,\boldsymbol{\alpha}_m$ 线性无关，则每一个向量上添加 r 个分量所得到的 $n+r$ 维向量组 $\boldsymbol{\beta}_1,\boldsymbol{\beta}_2,\cdots,\boldsymbol{\beta}_m$ 也线性无关．

证 设 $\boldsymbol{\alpha}_i=(\boldsymbol{\alpha}_{i1},\boldsymbol{\alpha}_{i2},\cdots,\boldsymbol{\alpha}_{in})(i=1,2,.\cdots,m)$；$\boldsymbol{\beta}_i=(\boldsymbol{\alpha}_{i1},\alpha_{i2},\cdots,\boldsymbol{\alpha}_{in},\boldsymbol{\alpha}_{i,n+1},\cdots,\boldsymbol{\alpha}_{i,n+r})$．因为 $\boldsymbol{\alpha}_1,\boldsymbol{\alpha}_2,\cdots,\boldsymbol{\alpha}_m$ 线性无关，所以由定理 1 知，

$$\text{齐次线性方程组}\begin{cases}\alpha_{11}k_1+\alpha_{21}k_2+\cdots+\alpha_{m1}k_m=0\\ \cdots\cdots\\ \alpha_{1n}k_1+\alpha_{2n}k_2+\cdots+\alpha_{mn}k_m=0\end{cases}\tag{5}$$

只有零解，因此添加 r 个方程的齐次组

$$\begin{cases}\alpha_{11}k_1+\alpha_{21}k_2+\cdots+\alpha_{m1}k_m=0\\ \cdots\cdots\\ \alpha_{1n}k_1+\alpha_{2n}k_2+\cdots+\alpha_{mn}k_m=0\\ \alpha_{1,n+1}k_1+\alpha_{2,n+1}k_2+\cdots+\alpha_{m,n+1}k_m=0\\ \cdots\cdots\\ \alpha_{1,n+r}k_1+\alpha_{2,n+r}k_2+\cdots+\alpha_{m,n+r}k_m=0\end{cases}\tag{6}$$

也只有零解，（因为(6)的解必为(5)的解，而(5)只有零解）故 $\boldsymbol{\beta}_1,\boldsymbol{\beta}_2,\cdots,\boldsymbol{\beta}_m$ 也线性无关．证毕．

注： 定理 4 的逆不成立，如：$\boldsymbol{\beta}_1=(1,2,0)$ 与 $\boldsymbol{\beta}_2=(2,4,5)$ 线性无关，但 $\boldsymbol{\alpha}_1=(1,2)$ 与 $\boldsymbol{\alpha}_2=(2,4)$ 都线性相关．

定理 6 若 n 维向量组 $\boldsymbol{\alpha}_1,\boldsymbol{\alpha}_2,\cdots,\boldsymbol{\alpha}_m$ 线性无关，而向量组 $\boldsymbol{\alpha}_1,\boldsymbol{\alpha}_2,\cdots,\boldsymbol{\alpha}_m,\boldsymbol{\beta}$ 线性相关，则 $\boldsymbol{\beta}$ 一定能被 $\boldsymbol{\alpha}_1,\boldsymbol{\alpha}_2,\cdots,\boldsymbol{\alpha}_m$ 线性表示，并且表示式是唯一的．

证 因为向量组 $\boldsymbol{\alpha}_1,\boldsymbol{\alpha}_2,\cdots,\boldsymbol{\alpha}_m,\boldsymbol{\beta}$ 线性相关，所以存在一组不全为零的常数 $k_1,k_2,\cdots,k_m,l$ 使得 $k_1\boldsymbol{\alpha}_1+k_2\boldsymbol{\alpha}_2+\cdots+k_m\boldsymbol{\alpha}_m+l\boldsymbol{\beta}=\mathbf{0}$，并且 $l\neq 0$．这是因为若 $l=0$，则上式可化为 $k_1\boldsymbol{\alpha}_1+k_2\boldsymbol{\alpha}_2+\cdots+k_m\boldsymbol{\alpha}_m=\mathbf{0}$，而 $k_1,k_2,\cdots,k_m$ 不全为零，所以 $\boldsymbol{\alpha}_1,\boldsymbol{\alpha}_2,\cdots,\boldsymbol{\alpha}_m$ 线性相关，与已知矛盾．则 $\boldsymbol{\beta}=-\dfrac{k_1}{l}\boldsymbol{\alpha}_1-\dfrac{k_2}{l}\boldsymbol{\alpha}_2-\cdots-\dfrac{k_m}{l}\boldsymbol{\alpha}_m$，即 $\boldsymbol{\beta}$ 一定能被 $\boldsymbol{\alpha}_1,\boldsymbol{\alpha}_2,\cdots,\boldsymbol{\alpha}_m$ 线性表示．

下面证明唯一性．不妨设存在两组数 $k_1,k_2,\cdots,k_m$ 和 $p_1,p_2,\cdots,p_m$ 使 $\boldsymbol{\beta}=k_1\boldsymbol{\alpha}_1+k_2\boldsymbol{\alpha}_2+\cdots+k_m\boldsymbol{\alpha}_m$ 及 $\boldsymbol{\beta}=p_1\boldsymbol{\alpha}_1+p_2\boldsymbol{\alpha}_2+\cdots+p_m\boldsymbol{\alpha}_m$．两式相减得 $(k_1-p_1)\boldsymbol{\alpha}_1+(k_2-p_2)\boldsymbol{\alpha}_2+\cdots+(k_m-p_m)\boldsymbol{\alpha}_m=\mathbf{0}$，因为向量组 $\boldsymbol{\alpha}_1,\boldsymbol{\alpha}_2,\cdots,\boldsymbol{\alpha}_m$ 线性无关，所以 $k_1-p_1=k_2-p_2=\cdots=k_m-p_m=0$，从而 $k_1=p_1,k_2=p_2,\cdots,k_m=p_m$．

定理 7 任意 $n+1$ 个 n 维向量必线性相关．

推论(逆否命题) 线性无关的 n 维向量组最多含有 n 个 n 维向量.

根据引言的讨论可知:

(1)平面上存在两个向量,它们是线性无关的.

(2)平面上任意三个向量必是线性相关的.

(3)空间中存在三个向量,它们是线性无关的.

(4)空间中任意四个向量,它们必是线性相关的.

习题 8.3

1. 判断下列向量组是否线性相关

(1) $\boldsymbol{\alpha}_1=(1,1,1),\boldsymbol{\alpha}_2=(0,2,5),\boldsymbol{\alpha}_3=(1,3,6)$;

(2) $\boldsymbol{\alpha}_1=(1,1,3,1),\boldsymbol{\alpha}_2=(1,0,-1,2),\boldsymbol{\alpha}_3=(4,1,-3,1)$.

2. 设 $\boldsymbol{\beta}_1=\boldsymbol{\alpha}_1,\boldsymbol{\beta}_2=\boldsymbol{\alpha}_1+\boldsymbol{\alpha}_2,\boldsymbol{\beta}_3=\boldsymbol{\alpha}_1+\boldsymbol{\alpha}_2+\boldsymbol{\alpha}_3$,且向量组 $\boldsymbol{\alpha}_1,\boldsymbol{\alpha}_2,\boldsymbol{\alpha}_3$ 线性无关,证明向量组 $\boldsymbol{\beta}_1,\boldsymbol{\beta}_2,\boldsymbol{\beta}_3$ 线性无关.

3. 设向量组 $\boldsymbol{\alpha}_1,\boldsymbol{\alpha}_2,\boldsymbol{\alpha}_3$ 线性相关,而向量组 $\boldsymbol{\alpha}_2,\boldsymbol{\alpha}_3,\boldsymbol{\alpha}_4$ 线性无关,证明:

(1) $\boldsymbol{\alpha}_1$ 可由向量组 $\boldsymbol{\alpha}_2,\boldsymbol{\alpha}_3$ 线性表示;

(2) $\boldsymbol{\alpha}_4$ 不能由向量组 $\boldsymbol{\alpha}_1,\boldsymbol{\alpha}_2,\boldsymbol{\alpha}_3$ 线性表示.

§8.4 向量组的秩

定义 1 设 S 是一个 n 维向量组,$\boldsymbol{\alpha}_1,\boldsymbol{\alpha}_2,\cdots,\boldsymbol{\alpha}_r$ 是 S 中的部分向量. 如果:(1) $\boldsymbol{\alpha}_1,\boldsymbol{\alpha}_2,\cdots,\boldsymbol{\alpha}_r$ 线性无关;(2)S 中每一个向量都可以由 $\boldsymbol{\alpha}_1,\boldsymbol{\alpha}_2,\cdots,\boldsymbol{\alpha}_r$ 线性表示,那么 $\boldsymbol{\alpha}_1,\boldsymbol{\alpha}_2,\cdots,\boldsymbol{\alpha}_r$ 称为向量组 S 的一个**极大线性无关组**,或**极大无关组**. 向量组 S 的极大无关组中的向量个数叫做向量组 S 的**秩**. 记为 $R(\boldsymbol{S})$.

注: (1)极大线性无关组的言外之意:再加上一个向量就线性相关.

(2)若 $R(S)$ 小于 S 所含向量个数,则 S 线性相关.

(3)只含零向量的向量组没有极大无关组,规定它的秩为 0.

【例 1】 n 维单位坐标向量 $\boldsymbol{e}_1,\boldsymbol{e}_2,\cdots,\boldsymbol{e}_n$ 就是 $\mathbf{R}^n$ 的一个极大无关组.

定理 1 若向量组 $\boldsymbol{\alpha}_1,\boldsymbol{\alpha}_2,\cdots,\boldsymbol{\alpha}_r$ 可由 $\boldsymbol{\beta}_1,\boldsymbol{\beta}_2,\cdots,\boldsymbol{\beta}_s$ 线性表示,且 $\boldsymbol{\alpha}_1,\boldsymbol{\alpha}_2,\cdots,\boldsymbol{\alpha}_r$ 线性无关,则 $r\leqslant s$.

定理的逆否命题为

推论 1 给定 n 维向量组 $A:\boldsymbol{\alpha}_1,\boldsymbol{\alpha}_2,\cdots,\boldsymbol{\alpha}_r$ 及 $B:\boldsymbol{\beta}_1,\boldsymbol{\beta}_2,\cdots,\boldsymbol{\beta}_s$,如果向量组 A 可由向量组 B 线性表示,且 $x_1=x_2=\cdots=x_r=0$,那么向量组 A 必线性相关.

推论 2 两个线性无关的等价向量组,所含有向量的个数必相同.

一个向量组的极大线性无关组之间彼此等价,并与向量组本身等价,而且一个向量组的所有极大线性无关组所含向量的个数相等. 此结果表明:向量组的极大线性无关组所含向量的个数与极大线性无关组的选择无关，它反映了向量组本身固有的性质．

【例 2】 设 $\boldsymbol{\alpha}_1=(2,-1,3,1)$，$\boldsymbol{\alpha}_2=(4,-2,5,4)$，$\boldsymbol{\alpha}_3=(2,-1,4,-1)$，求其极大无关组．

解 令 $\boldsymbol{A}=(\boldsymbol{\alpha}_1,\boldsymbol{\alpha}_2,\boldsymbol{\alpha}_3)$，对其进行初等行变换

$$\boldsymbol{A}=\begin{pmatrix}2&4&2\\-1&-2&-1\\3&5&4\\1&4&-1\end{pmatrix}\to\begin{pmatrix}1&2&1\\-1&-2&-1\\3&5&4\\1&4&-1\end{pmatrix}\to\begin{pmatrix}1&2&1\\0&0&0\\0&-1&1\\0&2&-2\end{pmatrix}$$

$$\to\begin{pmatrix}1&2&1\\0&1&-1\\0&0&0\\0&0&0\end{pmatrix}\to\begin{pmatrix}1&0&3\\0&1&-1\\0&0&0\\0&0&0\end{pmatrix}.$$

由此可知 $\boldsymbol{\alpha}_1,\boldsymbol{\alpha}_2,\boldsymbol{\alpha}_3$ 线性相关，$\boldsymbol{\alpha}_1,\boldsymbol{\alpha}_2$ 线性无关，$\boldsymbol{\alpha}_1,\boldsymbol{\alpha}_2$ 是 $\boldsymbol{\alpha}_1,\boldsymbol{\alpha}_2,\boldsymbol{\alpha}_3$ 的一个极大无关组，$\boldsymbol{\alpha}_3=3\boldsymbol{\alpha}_1+(-1)\boldsymbol{\alpha}_2$，还可以断定 $\boldsymbol{\alpha}_2,\boldsymbol{\alpha}_3$ 也是 $\boldsymbol{\alpha}_1,\boldsymbol{\alpha}_2,\boldsymbol{\alpha}_3$ 的一个极大无关组，可见一个向量组的极大无关组不是唯一的．

例 2 解法的好处，不仅可以求出极大无关组，而且直接可以用极大无关组表出其余的向量，但在矩阵变换过程中必须用行变换．

定义 2 设矩阵 $\boldsymbol{A}=(\boldsymbol{\alpha}_1,\boldsymbol{\alpha}_2,\cdots,\boldsymbol{\alpha}_n)$，称列向量组成的向量组 $\boldsymbol{\alpha}_1,\boldsymbol{\alpha}_2,\cdots,\boldsymbol{\alpha}_n$ 的秩为矩阵 A 的**列秩**，行向量组成的向量组 $\boldsymbol{\alpha}_1,\boldsymbol{\alpha}_2,\cdots,\boldsymbol{\alpha}_n$ 的秩为矩阵 $\boldsymbol{A}$ 的**行秩**．

定理 2 矩阵 $\boldsymbol{A}$ 的列向量组的秩等于其行向量组的秩．

矩阵 A 的列秩或行秩简称为 $\boldsymbol{A}$ 的秩，即 $R(\boldsymbol{A})$．

定理 3 矩阵 $\boldsymbol{A}=(\boldsymbol{\alpha}_1,\boldsymbol{\alpha}_2,\cdots,\boldsymbol{\alpha}_n)$ 的秩等于其列(行)向量组 $\boldsymbol{\alpha}_1,\boldsymbol{\alpha}_2,\cdots,\boldsymbol{\alpha}_n$ 的秩．

推论 n 个 n 维向量组成的向量组 $\boldsymbol{A}:\boldsymbol{\alpha}_i=(\boldsymbol{\alpha}_{i1},\boldsymbol{\alpha}_{i2},\cdots,\boldsymbol{\alpha}_{in})$，$i=1,2,\cdots,n$ 线性相关的充要条件是 $\boldsymbol{A}$ 对应的矩阵的行列式 $|\boldsymbol{A}|=\begin{vmatrix}a_{11}&a_{12}&\cdots&a_{1n}\\a_{21}&a_{22}&\cdots&a_{2n}\\\vdots&\vdots&&\vdots\\a_{n1}&a_{n2}&\cdots&a_{nn}\end{vmatrix}=0$．换言之，这 n 个 n 维向量组成的向量组 $\boldsymbol{A}$ 线性无关的充要条件是 $|\boldsymbol{A}|\neq0$．

定理 4 设矩阵 $\boldsymbol{A}_{m\times n}=\begin{pmatrix}a_{11}&a_{12}&\cdots&a_{1n}\\a_{21}&a_{22}&\cdots&a_{2n}\\\vdots&\vdots&&\vdots\\a_{m1}&a_{m2}&\cdots&a_{mn}\end{pmatrix}$ 的行向量组 $T:\boldsymbol{\alpha}_1=(a_{11},a_{12},\cdots,a_{1n})$，$\boldsymbol{\alpha}_2=(a_{21},a_{22},\cdots,a_{2n})$，$\cdots$，$\boldsymbol{\alpha}_m=(a_{m1},a_{m2},\cdots,a_{mn})$，则 $R(\boldsymbol{A})=R(\boldsymbol{T})$．

利用此定理可将求向量组的秩转化为求矩阵的秩．

【例 3】 求下列向量组的秩,并求一个极大无关组.

(1) $\boldsymbol{\alpha}_1=(1,1,0,0),\boldsymbol{\alpha}_2=(1,0,1,1),\boldsymbol{\alpha}_3=(2,-1,3,3)$;

(2) $\boldsymbol{\beta}_1=(1,0,1,0),\boldsymbol{\beta}_2=(2,1,-1,-3),\boldsymbol{\beta}_3=(1,0,-3,-1),\boldsymbol{\beta}_4=(0,2,-6,3)$.

解 (1)令 $\boldsymbol{A}=\begin{pmatrix}1&1&2\\1&0&-1\\0&1&3\\0&1&3\end{pmatrix}\to\begin{pmatrix}1&1&2\\0&-1&-3\\0&1&3\\0&1&3\end{pmatrix}\to\begin{pmatrix}1&1&2\\0&-1&-3\\0&0&0\\0&0&0\end{pmatrix}\to$

$$\begin{pmatrix}1&0&-1\\0&-1&-3\\0&0&0\\0&0&0\end{pmatrix}\to\begin{pmatrix}1&0&-1\\0&1&3\\0&0&0\\0&0&0\end{pmatrix}.$$

$R(\boldsymbol{A})=2$,所以 $R(\boldsymbol{\alpha}_1,\boldsymbol{\alpha}_2,\boldsymbol{\alpha}_3)=2$,且 $\boldsymbol{\alpha}_1,\boldsymbol{\alpha}_2$ 是一个极大无关组,$\boldsymbol{\alpha}_3=-\boldsymbol{\alpha}_1+3\boldsymbol{\alpha}_2$.

(2)令 $\boldsymbol{B}=\begin{pmatrix}1&2&1&0\\0&1&0&2\\1&-1&-3&-6\\0&-3&-1&3\end{pmatrix}\to\begin{pmatrix}1&2&1&0\\0&1&0&2\\0&-3&-4&-6\\0&-3&-1&3\end{pmatrix}\to$

$$\begin{pmatrix}1&2&1&0\\0&1&0&2\\0&0&-4&0\\0&0&-1&9\end{pmatrix}\to\begin{pmatrix}1&2&1&0\\0&1&0&2\\0&0&-4&0\\0&0&0&9\end{pmatrix},$$

所以 $R(\boldsymbol{B})=4,R(\boldsymbol{\beta}_1,\boldsymbol{\beta}_2,\boldsymbol{\beta}_3,\boldsymbol{\beta}_4)=4$,故 $\boldsymbol{\beta}_1,\boldsymbol{\beta}_2,\boldsymbol{\beta}_3,\boldsymbol{\beta}_4$ 线性无关,当然为极大无关组.

定理 5 向量组 $\boldsymbol{b}_1,\boldsymbol{b}_2,\cdots,\boldsymbol{b}_l$ 能由向量组 $\boldsymbol{\alpha}_1,\boldsymbol{\alpha}_2,\cdots,\boldsymbol{\alpha}_m$ 线性表示的充分必要条件是 $R(\boldsymbol{\alpha}_1,\boldsymbol{\alpha}_2,\cdots,\boldsymbol{\alpha}_m)=R(\boldsymbol{\alpha}_1,\boldsymbol{\alpha}_2,\cdots,\boldsymbol{\alpha}_m,\boldsymbol{b}_1,\boldsymbol{b}_2,\cdots,\boldsymbol{b}_l)$.

定理 6 若向量组 B 能由向量组 A 线性表示,则 $R(\boldsymbol{B})\leqslant R(\boldsymbol{A})$.

习题 8.4

1. 求下列向量组的秩,并求一个极大无关组.

(1) $\boldsymbol{\alpha}_1=(1,1,1),\boldsymbol{\alpha}_2=(1,1,0),\boldsymbol{\alpha}_3=(1,0,0),\boldsymbol{\alpha}_4=(1,2,-3)$;

(2) $\boldsymbol{\alpha}_1=(1,1,3,1),\boldsymbol{\alpha}_2=(-1,1,-1,3),\boldsymbol{\alpha}_3=(5,-2,8,-9),\boldsymbol{\alpha}_4=(-1,3,1,7)$.

§8.5 线性方程组解的结构

当线性方程组有唯一解时,我们可直接确定写出其解;当线性方程组有无穷多解时,怎样合理地表示出这些无穷多解呢?下面我们就来研究线性方程组有无穷多解时解的结构.

齐次线性方程组
$$\begin{cases} a_{11}x_1 + a_{12}x_2 + \cdots + a_{1n}x_n = 0 \\ a_{21}x_1 + a_{22}x_2 + \cdots + a_{2n}x_n = 0 \\ \cdots\cdots \\ a_{m1}x_1 + a_{m2}x_2 + \cdots + a_{mn}x_n = 0 \end{cases} \tag{1}$$

可写成向量(或矩阵)方程为 $\boldsymbol{Ax} = \boldsymbol{0}$, (2)

其中 $\boldsymbol{A} = \begin{pmatrix} a_{11} & a_{12} \cdots & a_{1n} \\ a_{21} & a_{22} \cdots & a_{2n} \\ \vdots & \vdots & \vdots \\ a_{m1} & a_{m2} \cdots & a_{mn} \end{pmatrix}, \boldsymbol{x} = \begin{pmatrix} x_1 \\ x_2 \\ \vdots \\ x_n \end{pmatrix}, \boldsymbol{0} = \begin{pmatrix} 0 \\ 0 \\ \vdots \\ 0 \end{pmatrix}_m$.

若 $x_1, x_2, \cdots, x_n$ 是(1)的解,则称 $\boldsymbol{x} = \begin{pmatrix} x_1 \\ x_2 \\ \vdots \\ x_n \end{pmatrix}$ 为(1)(或(2))的**解向量**.

解向量的性质:

性质 1 设 $\boldsymbol{\alpha}_1, \boldsymbol{\alpha}_2$ 是(1)的两个解向量,则 $\boldsymbol{\alpha}_1, \boldsymbol{\alpha}_2$ 的任一线性组合 $\boldsymbol{\alpha} = k_1\boldsymbol{\alpha}_1 + k_2\boldsymbol{\alpha}_2$ 也为(1)的解向量.

证 将 $\boldsymbol{\alpha} = k_1\boldsymbol{\alpha}_1 + k_2\boldsymbol{\alpha}_2$ 代入(2)左边,得

$$\boldsymbol{A\alpha} = \boldsymbol{A}(k_1\boldsymbol{\alpha}_1 + k_2\boldsymbol{\alpha}_2) = k_1\boldsymbol{A\alpha}_1 + k_2\boldsymbol{A\alpha}_2 = \boldsymbol{0} + \boldsymbol{0} = \boldsymbol{0}$$

此性质包含至少两种含义:

(1) 两个解 $\boldsymbol{\alpha}_1, \boldsymbol{\alpha}_2$ 的和 $\boldsymbol{\alpha}_1 + \boldsymbol{\alpha}_2$ 也为解;(2)解 $\boldsymbol{\alpha}_1$ 的倍数 $k\boldsymbol{\alpha}_1$ 也为解.

性质 1 可推广到 $k_1\boldsymbol{\alpha}_1 + k_2\boldsymbol{\alpha}_2 + \cdots + k_s\boldsymbol{\alpha}_s$ 的情形.

从此性质可知:方程组的全体解向量所构成的集合,对于加法和数乘运算是封闭的,因此构成一个向量空间,称此向量空间为**齐次方程组的解空间**.

性质 2 设 $\boldsymbol{x} = \boldsymbol{\eta}_1$ 及 $\boldsymbol{x} = \boldsymbol{\eta}_2$ 都是非齐次方程组 $\boldsymbol{Ax} = \boldsymbol{b}(\boldsymbol{b} \neq \boldsymbol{0})$ 的解,则 $\boldsymbol{x} = \boldsymbol{\eta}_1 - \boldsymbol{\eta}_2$ 为对应的齐次方程组 $\boldsymbol{Ax} = \boldsymbol{0}$ 的解.

证 $\boldsymbol{A}(\boldsymbol{\eta}_1 - \boldsymbol{\eta}_2) = \boldsymbol{A\eta}_1 - \boldsymbol{A\eta}_2 = \boldsymbol{b} - \boldsymbol{b} = \boldsymbol{0}$,即 $\boldsymbol{x} = \boldsymbol{\eta}_1 - \boldsymbol{\eta}_2$ 满足 $\boldsymbol{Ax} = \boldsymbol{0}$.

性质 3 设 $\boldsymbol{x} = \boldsymbol{\eta}$ 是非齐次方程组 $\boldsymbol{Ax} = \boldsymbol{b}(\boldsymbol{b} \neq \boldsymbol{0})$ 的解,$\boldsymbol{x} = \boldsymbol{\xi}$ 为对应的齐次方程组 $\boldsymbol{Ax} = \boldsymbol{0}$ 的解,则 $\boldsymbol{x} = \boldsymbol{\xi} + \boldsymbol{\eta}$ 仍是非齐次方程组 $\boldsymbol{Ax} = \boldsymbol{b}(\boldsymbol{b} \neq \boldsymbol{0})$ 的解.

证 $\boldsymbol{A}(\boldsymbol{\xi} + \boldsymbol{\eta}) = \boldsymbol{A\xi} + \boldsymbol{A\eta} = \boldsymbol{0} + \boldsymbol{b} = \boldsymbol{b}$,即 $\boldsymbol{x} = \boldsymbol{\xi} + \boldsymbol{\eta}$ 满足 $\boldsymbol{Ax} = \boldsymbol{b}(\boldsymbol{b} \neq \boldsymbol{0})$.

定义 1 设 $\boldsymbol{\alpha}_1, \boldsymbol{\alpha}_2, \cdots, \boldsymbol{\alpha}_r$ 是齐次线性方程组(1)的 r 个解向量,如果

(*i*) $\boldsymbol{\alpha}_1, \boldsymbol{\alpha}_2, \cdots, \boldsymbol{\alpha}_r$ 线性无关;(*ii*)(1)的任一解向量 $\boldsymbol{\alpha}$ 是 $\boldsymbol{\alpha}_1, \boldsymbol{\alpha}_2, \cdots, \boldsymbol{\alpha}_r$ 的线性组合,则称 $\boldsymbol{\alpha}_1, \boldsymbol{\alpha}_2, \cdots, \boldsymbol{\alpha}_r$ 为(1)的一个**基础解系**.

注: (1)的基础解系是(1)的解向量组的一个极大无关组.从定义 1 可以看到:若 $\boldsymbol{\alpha}_1$,

$\boldsymbol{\alpha}_2,\cdots,\boldsymbol{\alpha}_r$ 是齐次线性方程组 $\boldsymbol{Ax}=\boldsymbol{0}$ 的一组基础解系，则 $\boldsymbol{Ax}=\boldsymbol{0}$ 的通解(一般解)可表示为 $\boldsymbol{x}=k_1\boldsymbol{\alpha}_1+k_2\boldsymbol{\alpha}_2+\cdots+k_r\boldsymbol{\alpha}_r$.

基础解系的求法

设 $R(\boldsymbol{A})=r$，且 $\boldsymbol{A}$ 的左上角的 r 阶子式不为 0，

$$\begin{pmatrix} a_{11} & a_{12} & \cdots & a_{1n} \\ a_{21} & a_{22} & \cdots & a_{2n} \\ \vdots & \vdots & & \vdots \\ a_{m1} & a_{m2} & \cdots & a_{mn} \end{pmatrix} \rightarrow \begin{pmatrix} 1 & 0 & \cdots & 0 & -b_{11} & \cdots & -b_{1n-r} \\ 0 & 1 & \cdots & 0 & -b_{21} & \cdots & -b_{2n-r} \\ \vdots & \vdots & & \vdots & \vdots & & \vdots \\ 0 & 0 & \cdots & 1 & -b_{r1} & \cdots & -b_{rn-r} \\ 0 & 0 & \cdots & 0 & 0 & \cdots & 0 \\ \vdots & \vdots & & \vdots & \vdots & & \vdots \\ 0 & 0 & \cdots & 0 & 0 & \cdots & 0 \end{pmatrix},$$

则方程组(1)的同解方程组为 $\begin{cases} x_1=b_{11}x_{r+1}+\cdots+b_{1n-r}x_n \\ x_2=b_{21}x_{r+1}+\cdots+b_{2n-r}x_n \\ \cdots\cdots \\ x_r=b_{r1}x_{r+1}+\cdots+b_{rn-r}x_n \end{cases}$ (3)，

其中 $x_{r+1},x_{r+2},\cdots,x_n$ 为自由未知量．现在分别取

$$\begin{pmatrix} x_{r+1} \\ x_{r+2} \\ \vdots \\ x_n \end{pmatrix}=\begin{pmatrix} 1 \\ 0 \\ \vdots \\ 0 \end{pmatrix},\begin{pmatrix} 0 \\ 1 \\ \vdots \\ 0 \end{pmatrix},\cdots,\begin{pmatrix} 0 \\ 0 \\ \vdots \\ 1 \end{pmatrix} \tag{4}$$

为 $n-r$ 个线性无关的单位向量．由此，可求得(3)的 $n-r$ 个解向量，设依次为

$$\begin{pmatrix} x_1 \\ x_2 \\ \vdots \\ x_r \end{pmatrix}=\begin{pmatrix} b_{11} \\ b_{21} \\ \vdots \\ b_{r1} \end{pmatrix},\begin{pmatrix} b_{12} \\ b_{22} \\ \vdots \\ b_{r2} \end{pmatrix},\cdots,\begin{pmatrix} b_{1,n-r} \\ b_{2,n-r} \\ \vdots \\ b_{r,n-r} \end{pmatrix} \tag{5}$$

将(4)，(5)合在一起，得到(1)的 $n-r$ 个线性无关的解向量．

$$\alpha_1=\begin{pmatrix} b_{11} \\ b_{21} \\ \vdots \\ b_{r1} \\ 1 \\ 0 \\ \vdots \\ 0 \end{pmatrix},\alpha_2=\begin{pmatrix} b_{12} \\ b_{22} \\ \vdots \\ b_{r2} \\ 0 \\ 1 \\ \vdots \\ 0 \end{pmatrix},\cdots,\alpha_{n-r}=\begin{pmatrix} b_{1,n-r} \\ b_{2,n-r} \\ \vdots \\ b_{r,n-r} \\ 0 \\ 0 \\ \vdots \\ 1 \end{pmatrix} \tag{6}$$

(6)式中的 $\alpha_1,\alpha_2,\cdots,\alpha_{n-r}$ 就是(1)的一个基础解系.

若 $\begin{pmatrix} a_1 \\ \vdots \\ a_r \\ a_{r+1} \\ \vdots \\ a_n \end{pmatrix}$ 是(1)的解,则 $\begin{cases} a_1 = b_{11}a_{r+1} + \cdots + b_{1n-r}a_n \\ a_2 = b_{21}a_{r+1} + \cdots + b_{2n-r}a_n \\ \cdots\cdots \\ a_r = b_{r1}a_{r+1} + \cdots + b_{rn-r}a_n \end{cases}$,且 $\begin{cases} a_{r+1} = a_{r+1} \\ a_{r+2} = a_{r+2} \\ \cdots\cdots \\ a_n = a_n \end{cases}$,所以

$$\begin{pmatrix} a_1 \\ a_2 \\ \vdots \\ a_r \\ a_{r+1} \\ a_{r+2} \\ \vdots \\ a_n \end{pmatrix} = a_{r+1}\begin{pmatrix} b_{11} \\ b_{21} \\ \vdots \\ b_{r1} \\ 1 \\ 0 \\ \vdots \\ 0 \end{pmatrix} + a_{r+2}\begin{pmatrix} b_{12} \\ b_{22} \\ \vdots \\ b_{r2} \\ 0 \\ 1 \\ \vdots \\ 0 \end{pmatrix} + \cdots + a_n\begin{pmatrix} b_{1n-r} \\ b_{2n-r} \\ \vdots \\ b_{rn-r} \\ 0 \\ 0 \\ \vdots \\ 1 \end{pmatrix}.$$

综上所述,得关于方程组(1)的基础解系定理.

定理 2　(i)当 $R(\mathbf{A})=n$ 时,(1)仅有零解,无基础解系.(ii)当 $R(A)=r<n$ 时,(1)有基础解系(6),(1)的解可表示为 $\boldsymbol{\alpha}=k_1\boldsymbol{\alpha}_1+k_2\boldsymbol{\alpha}_2+\cdots\cdots+k_{n-r}\boldsymbol{\alpha}_{n-r}$ (7),其中 $k_1,\cdots,k_{n-r}$ 为任意实数.(7)称为方程组(1)的**通解(一般解)**.

注:　(1)的任何 $n-R(\mathbf{A})$ 个线性无关解向量都是(1)的基础解系.

【例 1】　求齐次线性方程组 $\begin{cases} x_1 - x_2 + 5x_3 - x_4 = 0 \\ x_1 + x_2 - 2x_3 + 3x_4 = 0 \\ 3x_1 - x_2 + 8x_3 + x_4 = 0 \\ x_1 + 3x_2 - 9x_3 + 7x_4 = 0 \end{cases}$ 的一个基础解系和通解.

解　将增广矩阵变为阶梯形矩阵(用行初等变换)

$$\begin{pmatrix} 1 & -1 & 5 & -1 & \vdots & 0 \\ 1 & 1 & 2 & 3 & \vdots & 0 \\ 3 & -1 & 8 & 1 & \vdots & 0 \\ 1 & 3 & -9 & 7 & \vdots & 0 \end{pmatrix} \to \begin{pmatrix} 1 & -1 & 5 & -1 & \vdots & 0 \\ 0 & 2 & -7 & 4 & \vdots & 0 \\ 0 & 2 & -7 & 4 & \vdots & 0 \\ 0 & 4 & -14 & 8 & \vdots & 0 \end{pmatrix} \to$$

$$\begin{pmatrix} 0 & -1 & 5 & -1 & \vdots & 0 \\ 0 & 2 & -7 & 4 & \vdots & 0 \\ 0 & 0 & 0 & 0 & \vdots & 0 \\ 0 & 0 & 0 & 0 & \vdots & 0 \end{pmatrix} \to \begin{pmatrix} 1 & 0 & 3/2 & 1 & \vdots & 0 \\ 0 & 1 & -7/2 & 2 & \vdots & 0 \\ 0 & 0 & 0 & 0 & \vdots & 0 \\ 0 & 0 & 0 & 0 & \vdots & 0 \end{pmatrix}$$

原方程组同解于 $\begin{cases} x_1 = -\dfrac{3}{2}x_3 - x_4 \\ x_2 = -\dfrac{7}{2}x_3 - 2x_4 \end{cases}$，($x_3, x_4$ 为自由未知量)

分别取 $\begin{pmatrix} x_3 \\ x_4 \end{pmatrix} = \begin{pmatrix} 1 \\ 0 \end{pmatrix}, \begin{pmatrix} 0 \\ 1 \end{pmatrix}$，得 $\begin{pmatrix} x_1 \\ x_2 \end{pmatrix} = \begin{pmatrix} -\dfrac{3}{2} \\ \dfrac{7}{2} \end{pmatrix}, \begin{pmatrix} -1 \\ -2 \end{pmatrix}$，于是 $\boldsymbol{\alpha}_1 = \begin{pmatrix} -\dfrac{3}{2} \\ \dfrac{7}{2} \\ 1 \\ 0 \end{pmatrix}$ $\boldsymbol{\alpha}_2 = \begin{pmatrix} -1 \\ -2 \\ 0 \\ 1 \end{pmatrix}$ 为

原方程组的一个基础解系，所以原方程的通解为

$$\boldsymbol{\alpha} = k_1\boldsymbol{\alpha}_1 + k_2\boldsymbol{\alpha}_2 = k_1\begin{pmatrix} -\dfrac{3}{2} \\ \dfrac{7}{2} \\ 1 \\ 0 \end{pmatrix} + k_2\begin{pmatrix} -1 \\ -2 \\ 0 \\ 1 \end{pmatrix} \text{（其中 } k_1, k_2 \text{ 为任意常数）.}$$

【例 2】 求方程组 $\begin{cases} x_1 + x_2 + x_3 + 4x_4 - 3x_5 = 0 \\ x_1 - x_2 + 3x_3 - 2x_4 - x_5 = 0 \\ 2x_1 + x_2 + 3x_3 + 5x_4 - 5x_5 = 0 \\ 3x_1 + x_2 + 5x_3 + 6x_4 - 7x_5 = 0 \end{cases}$ 的一个基础解系．

解 由于 $m = 4 < 5 = n$，根据推论 1 知该方程组有非零解．对系数矩阵 $\mathbf{A}$ 作初等行变换，有

$$\mathbf{A} = \begin{pmatrix} 1 & 1 & 1 & 4 & -3 \\ 1 & -1 & 3 & -2 & -1 \\ 2 & 1 & 3 & 5 & -5 \\ 3 & 1 & 5 & 6 & -7 \end{pmatrix} \xrightarrow[r_2 - r_1]{\substack{r_4 - 3r_1 \\ r_3 - 2r_1}} \begin{pmatrix} 1 & 1 & 1 & 4 & -3 \\ 0 & -2 & 2 & -6 & 2 \\ 0 & -1 & 1 & -3 & 1 \\ 0 & -2 & 2 & -6 & 2 \end{pmatrix}$$

$$\xrightarrow{(-1)r_3 \leftrightarrow r_2} \begin{pmatrix} 1 & 1 & 1 & 4 & -3 \\ 0 & 1 & -1 & 3 & -1 \\ 0 & -2 & 2 & -6 & 2 \\ 0 & -2 & 2 & -6 & 2 \end{pmatrix} \xrightarrow{\substack{r_4 + 2r_2 \\ r_3 + 2r_2}} \begin{pmatrix} 1 & 1 & 1 & 4 & -3 \\ 0 & 1 & -1 & 3 & -1 \\ 0 & 0 & 0 & 0 & 0 \\ 0 & 0 & 0 & 0 & 0 \end{pmatrix}$$

$$\xrightarrow{r_1 - r_2} \begin{pmatrix} 1 & 0 & 2 & 1 & -2 \\ 0 & 1 & -1 & 3 & -1 \\ 0 & 0 & 0 & 0 & 0 \\ 0 & 0 & 0 & 0 & 0 \end{pmatrix}.$$

所以秩 $R(\mathbf{A}) = 2$，且最后一个矩阵前二行前二列为二阶单位矩阵，故可取 x_3, x_4, x_5 为自由未知量，所以，以上面最后一个矩阵为系数矩阵的同解方程组可变形为

$\begin{cases} x_1 = -2x_3 - x_4 + 2x_5 \\ x_2 = x_3 - 3x_4 + x_5 \end{cases}$ (*) 分别令 $x_3 = k_1, x_4 = k_2, x_5 = k_3$，有

$$\begin{cases} x_1 = -2k_1 - k_2 + 2k_3 \\ x_2 = k_1 - 3k_2 + k_3 \\ x_3 = k_1 \\ x_4 = k_2 \\ x_5 = k_3 \end{cases}, \quad 即 \begin{pmatrix} x_1 \\ x_2 \\ x_3 \\ x_4 \\ x_5 \end{pmatrix} = k_1 \begin{pmatrix} -2 \\ 1 \\ 1 \\ 0 \\ 0 \end{pmatrix} + k_2 \begin{pmatrix} -1 \\ -3 \\ 0 \\ 1 \\ 0 \end{pmatrix} + k_3 \begin{pmatrix} 2 \\ 1 \\ 0 \\ 0 \\ 1 \end{pmatrix}.$$

记 $\boldsymbol{\xi}_1 = \begin{pmatrix} -2 \\ 1 \\ 1 \\ 0 \\ 0 \end{pmatrix}, \boldsymbol{\xi}_2 = \begin{pmatrix} -1 \\ -3 \\ 0 \\ 1 \\ 0 \end{pmatrix}, \boldsymbol{\xi}_3 = \begin{pmatrix} 2 \\ 1 \\ 0 \\ 0 \\ 1 \end{pmatrix}$，则 $\boldsymbol{\xi}_1, \boldsymbol{\xi}_2, \boldsymbol{\xi}_3$ 即为原方程组的一个基础解系，且方程组的通解为

$$x = k_1\boldsymbol{\xi}_1 + k_2\boldsymbol{\xi}_2 + k_3\boldsymbol{\xi}_3 ,(k_1, k_2, k_3 \text{ 为任意常数}).$$

注 1 自由未知量的选取一般不是唯一的，只要保证预选的非自由未知量的系数在系数矩阵中所对应的列存在 $r(r = R(\mathbf{A}))$ 阶子式不等于零，则可将其余未知量选为自由未知量．比如在上面倒数第二个矩阵中，将 $r_1 + r_2$ 得

$$\begin{pmatrix} 1 & 2 & 0 & 7 & -4 \\ 0 & 1 & -1 & 3 & -1 \\ 0 & 0 & 0 & 0 & 0 \\ 0 & 0 & 0 & 0 & 0 \end{pmatrix} \xrightarrow{(-1)r_2} \begin{pmatrix} 1 & 2 & 0 & 7 & -4 \\ 0 & -1 & 1 & -3 & 1 \\ 0 & 0 & 0 & 0 & 0 \\ 0 & 0 & 0 & 0 & 0 \end{pmatrix}$$

由于前两行第一，三列构成二阶单位阵，而第一，三两列是由 x_1, x_3 的系数经矩阵的初等行变换所得，再由于初等变换不改变矩阵的秩，故可取 x_2, x_4, x_5 为自由未知量．事实上从最后一个矩阵可看出前两行的任意一个二阶子式均不为零，从而上例可选择任意两个未知量作为非自由未知量，剩余未知量就可取为自由未知量．

注 2 齐次线性方程组自由未知量的个数与基础解系所含解向量的个数相等．

注 3 $\boldsymbol{\xi}_1, \boldsymbol{\xi}_2, \boldsymbol{\xi}_3$ 也可直接在同解方程组(*)中分别取 $\begin{pmatrix} x_3 \\ x_4 \\ x_5 \end{pmatrix} = \begin{pmatrix} 1 \\ 0 \\ 0 \end{pmatrix}, \begin{pmatrix} 0 \\ 1 \\ 0 \end{pmatrix}, \begin{pmatrix} 0 \\ 0 \\ 1 \end{pmatrix}$ 得到．

注 4 自由末知量 x_3, x_4, x_5 也可以取其他的值，只要取值所得的解向量线性无关，就能构成基础解系．比如分别取 $\begin{pmatrix} x_3 \\ x_4 \\ x_5 \end{pmatrix} = \begin{pmatrix} 1 \\ 1 \\ 1 \end{pmatrix}, \begin{pmatrix} 1 \\ 1 \\ 0 \end{pmatrix}, \begin{pmatrix} 1 \\ 0 \\ 0 \end{pmatrix}$ 由于这三个三维向量线性无关，将它代入同解方程组(*)得三个解向量

$$\boldsymbol{\beta}_1=\begin{pmatrix}-1\\-1\\1\\1\\1\end{pmatrix}\quad \boldsymbol{\beta}_2=\begin{pmatrix}-3\\-2\\1\\1\\0\end{pmatrix}\quad \boldsymbol{\beta}_3=\begin{pmatrix}-2\\1\\1\\0\\0\end{pmatrix}.$$

也是原方程组的基础解系.

可见由于自由未知量的选取与自由未知量的取值不同,所得的基础解系也不同,从而通解从形式上看也不一样.

若一般线性方程组
$$\begin{cases}a_{11}x_1+a_{12}x_2+\cdots+a_{1n}x_n=b_1\\a_{21}x_1+a_{22}x_2+\cdots+a_{2n}x_n=b_2\\\cdots\cdots\\a_{m1}x_1+a_{m2}x_2+\cdots+a_{mn}x_n=b_m\end{cases}\tag{1}$$

(1)中的 $b_1,b_2,\cdots,b_m$ 不全为 0,(1)称为**非齐次组**.

若 $b_1=b_2=\cdots=b_m=0$,即
$$\begin{cases}a_{11}x_1+a_{12}x_2+\cdots+a_{1n}x_n=0\\a_{21}x_1+a_{22}x_2+\cdots+a_{2n}x_n=0\\\cdots\cdots\\a_{m1}x_1+a_{m2}x_2+\cdots+a_{mn}x_n=0\end{cases}\tag{2}$$

称为(1)对应的**齐次组(或导出组)**.

(1)、(2)分别用向量式写为:$\boldsymbol{A\alpha}=\boldsymbol{b}$ (3) 和 $\boldsymbol{A\alpha}=\boldsymbol{0}$ (4)

其中
$$\boldsymbol{A}=\begin{pmatrix}a_{11}&a_{12}&\cdots&a_{1n}\\a_{21}&a_{22}&\cdots&a_{2n}\\\vdots&\vdots&&\vdots\\a_{m1}&a_{m2}&\cdots&a_{mn}\end{pmatrix},\boldsymbol{\alpha}=\begin{pmatrix}x_1\\x_2\\\vdots\\x_n\end{pmatrix},\boldsymbol{b}=\begin{pmatrix}b_1\\b_2\\\vdots\\b_m\end{pmatrix},\boldsymbol{0}=\begin{pmatrix}0\\0\\\vdots\\0\end{pmatrix}_m.$$

关于非齐次组解的结构有以下定理

定理 3 设 $\boldsymbol{\alpha}_0$ 是方程(1)的某一特定解向量(称为特解),$\boldsymbol{\alpha}_1,\cdots,\boldsymbol{\alpha}_{n-r}$ 是导出组(2)的一个基础解系,则方程组(1)的通解(一般解或全部解)为($r=R(\boldsymbol{A})$)

$$\boldsymbol{\alpha}=\boldsymbol{\alpha}_0+k_1\boldsymbol{\alpha}_1+k_2\boldsymbol{\alpha}_2+\cdots+k_{n-r}\boldsymbol{\alpha}_{n-r}.\tag{5}$$

证 首先
$$\begin{aligned}\boldsymbol{A\alpha}&=\boldsymbol{A}(\boldsymbol{\alpha}_0+k_1\boldsymbol{\alpha}_1+k_2\boldsymbol{\alpha}_2+\cdots+k_{n-r}\boldsymbol{\alpha}_{n-r})\\&=\boldsymbol{A\alpha}_0+k_1\boldsymbol{A\alpha}_1+k_2\boldsymbol{A\alpha}_2+\cdots+k_{n-r}\boldsymbol{A\alpha}_{n-r}=b+k_1\boldsymbol{0}+\cdots k_{n-r}\boldsymbol{0}=\boldsymbol{b}.\end{aligned}$$

所以,(5)是(3)的解,即(1)的解向量.

反之,对于(1)的任一解向量 $\boldsymbol{\alpha}$,易知 $\boldsymbol{\alpha}-\boldsymbol{\alpha}_0$ 是(4)的解,又知 $\boldsymbol{\alpha}_1,\boldsymbol{\alpha}_2,\cdots,\boldsymbol{\alpha}_{n-r}$ 是(4)的一个基础解系,所以,存在数 $k_1,k_2,\cdots,k_n$,使

$\boldsymbol{\alpha}-\boldsymbol{\alpha}_0=k_1\boldsymbol{\alpha}_1+k_2\boldsymbol{\alpha}_2+\cdots+k_{n-r}\boldsymbol{\alpha}_{n-r}$,即 $\boldsymbol{\alpha}=\boldsymbol{\alpha}_0+k_1\boldsymbol{\alpha}_1+k_2\boldsymbol{\alpha}_2+\cdots+k_{n-r}\boldsymbol{\alpha}_{n-r}$.

推论 1 在方程组(1)有解的前提下,解为唯一的充要条件是它的导出组(2)只有零解.

注　非齐次线性方程组 $\boldsymbol{A}\boldsymbol{x}=\boldsymbol{b}$ 解向量的集合不构成向量空间，是因为解的两个线性运算不封闭.

非齐次线性方程组通解的求法

(1)先求(1)的一个特解 $\boldsymbol{\alpha}_0$；

(2)再求(2)的基础解系 $\boldsymbol{\alpha}_1,\boldsymbol{\alpha}_2,\cdots,\boldsymbol{\alpha}_{n-r}$，$(r=R(\boldsymbol{A}))$；

(3)根据解的结构定理写出(1)的通解(5)

$\boldsymbol{\alpha}=\boldsymbol{\alpha}_0+k_1\boldsymbol{\alpha}_1+k_2\boldsymbol{\alpha}_2+\cdots+k_{n-r}\boldsymbol{\alpha}_{n-r}$($k_1,k_2,\cdots,k_{n-r}$ 为任意常数).

【例 3】　求方程组 $\begin{cases}x_1-2x_2+x_3-x_4+x_5=1\\2x_1+x_2-x_3+2x_4-3x_5=2\\3x_1-2x_2-x_3+x_4-2x_5=2\\2x_1-5x_2+x_3-2x_4+2x_5=1\end{cases}$ 的通解.

解　用初等行变换把增广矩阵化为上阶梯形矩阵

$$\begin{pmatrix}1&-2&1&-1&1&\vdots&1\\2&1&-1&2&3&\vdots&2\\3&-2&-1&1&2&\vdots&2\\2&-5&1&-2&2&\vdots&1\end{pmatrix}\to\begin{pmatrix}1&-2&1&-1&1&\vdots&1\\0&1&1&0&0&\vdots&1\\0&0&8&-4&5&\vdots&5\\0&0&0&0&0&\vdots&0\end{pmatrix}\to$$

$$\begin{pmatrix}1&0&0&-\frac{1}{2}&-\frac{7}{8}&\vdots&\frac{9}{8}\\0&1&0&\frac{1}{2}&-\frac{5}{8}&\vdots&\frac{3}{8}\\0&0&1&-\frac{1}{2}&-\frac{5}{8}&\vdots&\frac{5}{8}\\0&0&0&0&0&\vdots&0\end{pmatrix}.$$

由此得同解方程组 $\begin{cases}x_1=-\frac{1}{2}x_4+\frac{7}{8}x_5+\frac{9}{8}\\x_2=-\frac{1}{2}x_4+\frac{5}{8}x_5+\frac{3}{8}\\x_3=\frac{1}{2}x_4-\frac{5}{8}x_5+\frac{5}{8}\end{cases}$. 取 x_4,x_5 为自由未知量，令 $x_4=x_5=0$ 得到一个特解 $\begin{pmatrix}x_1\\x_2\\x_3\\x_4\\x_5\end{pmatrix}=\begin{pmatrix}\frac{9}{8}\\\frac{3}{8}\\\frac{5}{8}\\0\\0\end{pmatrix}$，于是得通解为 $\begin{pmatrix}x_1\\x_2\\x_3\\x_4\\x_5\end{pmatrix}=\begin{pmatrix}\frac{9}{8}\\\frac{3}{8}\\\frac{5}{8}\\0\\0\end{pmatrix}+k_1\begin{pmatrix}-\frac{1}{2}\\-\frac{1}{2}\\\frac{1}{2}\\1\\0\end{pmatrix}+k_2\begin{pmatrix}\frac{7}{8}\\\frac{5}{8}\\-\frac{5}{8}\\0\\1\end{pmatrix}$.

习题 8.5

1. 设 $\boldsymbol{\eta}_1,\cdots,\boldsymbol{\eta}_s$ 是非齐次线性方程组 $\boldsymbol{A}\boldsymbol{x}=\boldsymbol{b}$ 的 s 个解，$k_1,\cdots,k_s$ 为实数，满足 $k_1+k_2+\cdots+k_s=1$. 证明 $\boldsymbol{x}=k_1\boldsymbol{\eta}_1+k_2\boldsymbol{\eta}_2+\cdots+k_s\boldsymbol{\eta}_s$ 也是它的解.

2. 求下列齐次线性方程组的基础解系：

(1) $\begin{cases}x_1+x_2+x_3-x_4=0\\x_1-x_2+x_3-3x_4=0\\x_1+3x_2+x_3+x_4=0\end{cases}$；　(2) $\begin{cases}x_1-2x_2+3x_3-4x_4=0\\x_2-x_3+x_4=0\\x_1+3x_2-3x_4=0\\x_1-4x_2+3x_3-2x_4=0\end{cases}$.

3. 设 $\boldsymbol{\alpha}_1,\boldsymbol{\alpha}_2,\boldsymbol{\alpha}_3$ 是齐次线性方程组 $\boldsymbol{A}\boldsymbol{x}=\boldsymbol{0}$ 的基础解系，证明：$\boldsymbol{\alpha}_1+\boldsymbol{\alpha}_2,\boldsymbol{\alpha}_2+\boldsymbol{\alpha}_3,\boldsymbol{\alpha}_3+\boldsymbol{\alpha}_1$ 也是 $\boldsymbol{A}\boldsymbol{x}=\boldsymbol{0}$ 的基础解系.

4. 用基础解系表示下列线性方程组的通解

(1) $\begin{cases}x_1+2x_2-x_3-x_4=0\\x_1+2x_2+x_4=4\\-x_1-2x_2+2x_3+4x_4=5\end{cases}$；　(2) $\begin{cases}x_1+x_2+x_3+x_4+x_5=7\\3x_1+x_2+2x_3+x_4-3x_5=-2\\2x_2+x_3+2x_4+6x_5=23\end{cases}$.

自 测 题

1. 单项选择题

(1)设 $\boldsymbol{\beta}=(1,0,1)$，$\boldsymbol{\gamma}=(1,1,-1)$，则满足条件 $3\boldsymbol{x}+\boldsymbol{\beta}=\boldsymbol{\gamma}$ 的 $\boldsymbol{x}$ 为(　　)

A. $-\frac{1}{3}(0,-1,-2)$　　B. $\frac{1}{3}(0,1,-2)$

C. $(0,1,-2)$　　D. $(0,-1,-2)$

(2)设 $\boldsymbol{\alpha}=(1,2,4)$，$\boldsymbol{\beta}=(0,1,3)$，$k$ 为任意实数，则(　　)

A. $\boldsymbol{\alpha}-\boldsymbol{\beta}$ 线性相关　　B. $\boldsymbol{\alpha}+\boldsymbol{\beta}$ 线性相关

C. $k\boldsymbol{\alpha}$ 线性无关　　D. $\boldsymbol{\alpha}-\boldsymbol{\beta}$ 线性无关

(3)设 $\boldsymbol{\alpha}_1=(1,1,1)$，$\boldsymbol{\alpha}_2=(1,2,3)$，$\boldsymbol{\alpha}_3=(1,3,t)$ 线性相关，则 $t=$(　　)

A. 0　　B. 1　　C. 2　　D. 5

(4)n 维向量组 $\boldsymbol{\alpha}_1,\boldsymbol{\alpha}_2,\cdots,\boldsymbol{\alpha}_s$ 线性相关的充要条件是(　　)

A. $\boldsymbol{\alpha}_1,\boldsymbol{\alpha}_2,\cdots,\boldsymbol{\alpha}_s$ 中有一个零向量

B. $\boldsymbol{\alpha}_1,\boldsymbol{\alpha}_2,\cdots,\boldsymbol{\alpha}_s$ 中任意两个向量的分量成比例

C. $\boldsymbol{\alpha}_1,\boldsymbol{\alpha}_2,\cdots,\boldsymbol{\alpha}_s$ 中有一个向量是其余向量的线性组合

D. $\boldsymbol{\alpha}_1,\boldsymbol{\alpha}_2,\cdots,\boldsymbol{\alpha}_s$ 中任意一个向量是其余向量的线性组合

(5)设 $\boldsymbol{A}\boldsymbol{x}=\boldsymbol{0}$ 为 n 元齐次线性方程组，已知 $\boldsymbol{A}$ 的秩为 $r<n$，则下列结论正确的

是(　　)

A. 该方程组只有零解　　B. 该方程组有 r 个线性无关的解

C. 该方程组有 $n-r$ 个解　　D. 该方程组有 $n-r$ 个线性无关的解

(6) n 元线性方程组 $\boldsymbol{Ax}=\boldsymbol{b}$ 有唯一解的充要条件是(　　)

A. $R(\boldsymbol{A})=n$　　B. $\boldsymbol{A}$ 为方阵且 $|\boldsymbol{A}|\neq 0$

C. $R(\boldsymbol{A}\mid\boldsymbol{b})=R(\boldsymbol{A})=n$　　D. 方程组有 n 个方程

(7) $\boldsymbol{\beta}_1,\boldsymbol{\beta}_2$ 是 $\boldsymbol{Ax}=\boldsymbol{b}$ 的两个不同的解，$\boldsymbol{\alpha}_1,\boldsymbol{\alpha}_2$ 是其导出组 $\boldsymbol{Ax}=\boldsymbol{0}$ 的基础解系，k_1,k_2 为任意常数，则 $\boldsymbol{Ax}=\boldsymbol{b}$ 的通解为(　　)

A. $k_1\boldsymbol{\alpha}_1+k_2(\boldsymbol{\alpha}_1+\boldsymbol{\alpha}_2)+\dfrac{1}{2}(\boldsymbol{\beta}_1-\boldsymbol{\beta}_2)$　　B. $k_1\boldsymbol{\alpha}_1+k_2(\boldsymbol{\alpha}_1-\boldsymbol{\alpha}_2)+\dfrac{1}{2}(\boldsymbol{\beta}_1-\boldsymbol{\beta}_2)$

C. $k_1\boldsymbol{\alpha}_1+k_2(\boldsymbol{\beta}_1-\boldsymbol{\beta}_2)+\dfrac{1}{2}(\boldsymbol{\beta}_1-\boldsymbol{\beta}_2)$　　D. $k_1\boldsymbol{\alpha}_1+k_2(\boldsymbol{\beta}_1-\boldsymbol{\beta}_2)+\dfrac{1}{2}(\boldsymbol{\beta}_1-\boldsymbol{\beta}_2)$

2. 设 $\boldsymbol{\beta}=(4,t^2,-4)^{\mathrm{T}}$ 可由 $\boldsymbol{\alpha}_1=(1,-1,1)^{\mathrm{T}},\boldsymbol{\alpha}_2=(1,t,-1)^{\mathrm{T}},\boldsymbol{\alpha}_3=(t,1,2)^{\mathrm{T}}$ 线性表示且表示方法不唯一，求 t 及 $\boldsymbol{\beta}$ 的表达式．

3. 试证明向量组 $\boldsymbol{\alpha}_1=(1,-1,4)^{\mathrm{T}},\boldsymbol{\alpha}_2=(1,0,3)^{\mathrm{T}}$ 与向量组 $\boldsymbol{\beta}_1=(1,1,2)^{\mathrm{T}},\boldsymbol{\beta}_2=(0,-1,1)^{\mathrm{T}}$ 等价．

4. 当 a,b 为何值时，线性方程组

$$\begin{cases}x_1+x_2+x_3+x_4=0\\ x_2+2x_3+2x_4=1\\ -x_2+(a-3)x_3-2x_4=b\\ 3x_1+2x_2+x_3+ax_4=-1\end{cases}$$

有唯一解？有无穷多解？无解？

第 9 章

相似矩阵及二次型

在本章中，我们将应用在第八章中建立的线性方程组的解的理论和求解方法，给出方程的特征值和特征向量的具体求法，研讨方阵化成对角矩阵的问题，并具体运用到求实二次型标准形问题，讨论正定二次型和正定矩阵．这些在其他数学分支及科学技术中有着十分广泛的应用．

§9.1 向量的内积

定义 1 设 V 为 n 维向量的集合，如果集合 V 非空，且集合 V 对于加法及乘数两种运算封闭，那么就称集合 V 为**向量空间**．

所谓封闭，是指在集合 V 中可以进行加法及乘数两种运算．具体地说，若 $a \in V, b \in V$，则 $a+b \in V$；若 $a \in V, \lambda \in \mathbf{R}$，则 $\lambda a \in V$．

定义 2 设有向量空间 V_1 及 V_2，若 $V_1 \subset V_2$，就称 V_1 是 V_2 的**子空间**．

定义 3 设 V 为向量空间，如果 r 个向量 $\boldsymbol{a}_1, \boldsymbol{a}_2, \cdots, \boldsymbol{a}_r \in V$，且满足(1) $\boldsymbol{a}_1, \boldsymbol{a}_2, \cdots, \boldsymbol{a}_r$ 线性无关；(2)V 中任一向量都可由 $\boldsymbol{a}_1, \boldsymbol{a}_2, \cdots, \boldsymbol{a}_r$ 线性表示，那么，向量组 $\boldsymbol{a}_1, \boldsymbol{a}_2, \cdots, \boldsymbol{a}_r$ 就称为向量空间 V 的一组**基**，r 称为向量空间 V 的**维数**，并称 V 为 **r 维向量空间**．

注 1：向量的维数是指向量中的分量的个数，向量空间的维数是指基中基向量的个数，这是两个不同的概念．

注 2：r 维向量空间中任意 r 个线性无关的向量都是 V 的基．这 r 个线性无关的向量必定是 V 的极大线性无关组．

下面先介绍向量的的内积，长度及正交等知识，然后介绍向量组的正交化方法和正交矩阵．

定义 4 设有 n 维向量 $\boldsymbol{x} = (x_1, x_2, \cdots, x_n)^{\mathrm{T}}$，$\boldsymbol{y} = (y_1, y_2, \cdots, y_n)^{\mathrm{T}}$，令

$$[\boldsymbol{x}, \boldsymbol{y}] = x_1 y_1 + x_2 y_2 + \cdots + x_n y_n,$$

称 $[\boldsymbol{x}, \boldsymbol{y}]$ 为向量 $\boldsymbol{x}, \boldsymbol{y}$ 的**内积**．

内积是两个向量之间的一种运算，其结果是一个实数．用矩阵记号表示，当 $\boldsymbol{x}, \boldsymbol{y}$ 都是列向量时 $[\boldsymbol{x}, \boldsymbol{y}] = \boldsymbol{x}^{\mathrm{T}} \boldsymbol{y}$．

内积具有下列性质(其中 $\boldsymbol{x}, \boldsymbol{y}, \boldsymbol{z}$ 为 n 维向量，λ 为实数)：

(1) $[\boldsymbol{x}, \boldsymbol{y}] = [\boldsymbol{y}, \boldsymbol{x}]$；

(2) $[\lambda \boldsymbol{x},\boldsymbol{y}]=\lambda[\boldsymbol{x},\boldsymbol{y}]$；$[\lambda \boldsymbol{x},\lambda \boldsymbol{y}]=\lambda^2[\boldsymbol{x},\boldsymbol{y}]$；

(3) $[\boldsymbol{x}+\boldsymbol{y},\boldsymbol{z}]=[\boldsymbol{x},\boldsymbol{z}]+[\boldsymbol{y},\boldsymbol{z}]$；

(4) 当 $\boldsymbol{x}=\boldsymbol{0}$ 时，$[\boldsymbol{x},\boldsymbol{x}]=\boldsymbol{0}$；当 $\boldsymbol{x}\neq\boldsymbol{0}$ 时，$[\boldsymbol{x},\boldsymbol{x}]>0$；

(5) 施瓦尔兹不等式 $[\boldsymbol{x},\boldsymbol{y}]^2\leqslant[\boldsymbol{x},\boldsymbol{x}][\boldsymbol{y},\boldsymbol{y}]$.

证　$(x_1y_1+\cdots+x_ny_n)^2\leqslant(x_1^2+\cdots+x_n^2)(y_1^2+\cdots+y_n^2)$，例如当 $n=2$ 时可验证不等式成立.

解析几何中，我们曾引进向量的数量积 $\vec{x}\cdot\vec{y}=|\vec{x}||\vec{y}|\cos\theta$，$\theta$ 为两向量夹角，且在直角坐标系中 $(x_1,x_2,x_3)(y_1,y_2,y_3)=x_1y_1+x_2y_2+x_3y_3$. n 维向量的内积是数量积的一种推广，但 n 维向量没有三维向量那样直观的长度和夹角的概念. 因此只能按数量积的直角坐标系计算公式来推广，并且反过来，利用内积来定义 n 维向量的长度和夹角.

定义 5　令 $\|\boldsymbol{x}\|=\sqrt{[\boldsymbol{x},\boldsymbol{x}]}=\sqrt{x_1^2+x_2^2+\cdots+x_n^2}$，$\|\boldsymbol{x}\|$ 称为 n 维向量 $\boldsymbol{x}$ 的**长度**（**或范数**）. 当 $\|\boldsymbol{x}\|=1$ 时，称 $\boldsymbol{x}$ 为**单位向量**. 若非零向量 $\boldsymbol{\alpha}$ 的长度不等于 1，令 $\boldsymbol{\alpha}^0=\dfrac{\boldsymbol{\alpha}}{\|\boldsymbol{\alpha}\|}$，则

$$\|\boldsymbol{\alpha}^0\|=\sqrt{\left[\frac{\boldsymbol{\alpha}}{\|\boldsymbol{\alpha}\|},\frac{\boldsymbol{\alpha}}{\|\boldsymbol{\alpha}\|}\right]}=\frac{1}{\|\boldsymbol{\alpha}\|}\sqrt{[\boldsymbol{\alpha},\boldsymbol{\alpha}]}=\frac{1}{\|\boldsymbol{\alpha}\|}\|\boldsymbol{\alpha}\|=1.$$

称 $\boldsymbol{\alpha}^0$ 为 $\boldsymbol{\alpha}$ 的单位向量，从 $\boldsymbol{\alpha}$ 得到 $\boldsymbol{\alpha}^0$ 的运算称为向量 $\boldsymbol{\alpha}$ 的单位化.

向量的长度具有下述性质：

(1)非负性　当 $\boldsymbol{x}\neq\boldsymbol{0}$ 时，$\|\boldsymbol{x}\|>0$；当 $\boldsymbol{x}=\boldsymbol{0}$ 时，$\|\boldsymbol{x}\|=\boldsymbol{0}$；

(2)齐次性 $\|\lambda\boldsymbol{x}\|=|\lambda|\,\|\boldsymbol{x}\|$；

(3)三角不等式 $\|\boldsymbol{x}+\boldsymbol{y}\|\leqslant\|\boldsymbol{x}\|+\|\boldsymbol{y}\|$.

证　$\|\boldsymbol{x}+\boldsymbol{y}\|^2=[\boldsymbol{x}+\boldsymbol{y},\boldsymbol{x}+\boldsymbol{y}]=[\boldsymbol{x},\boldsymbol{x}]+2[\boldsymbol{x},\boldsymbol{y}]+[\boldsymbol{y},\boldsymbol{y}]$，又 $[\boldsymbol{x},\boldsymbol{y}]\leqslant\sqrt{[\boldsymbol{x},\boldsymbol{x}][\boldsymbol{y},\boldsymbol{y}]}$，$\|\boldsymbol{x}+\boldsymbol{y}\|^2\leqslant[\boldsymbol{x},\boldsymbol{x}]+2\sqrt{[\boldsymbol{x},\boldsymbol{x}][\boldsymbol{y},\boldsymbol{y}]}+[\boldsymbol{y},\boldsymbol{y}]=\|\boldsymbol{x}\|^2+2\|\boldsymbol{x}\|\,\|\boldsymbol{y}\|+\|\boldsymbol{y}\|^2=(\|\boldsymbol{x}\|+\|\boldsymbol{y}\|)^2$.

定义 6　当 $\boldsymbol{x}\neq\boldsymbol{0}$，$\boldsymbol{y}\neq\boldsymbol{0}$ 时，$\theta=\arccos\dfrac{[\boldsymbol{x},\boldsymbol{y}]}{\|\boldsymbol{x}\|\,\|\boldsymbol{y}\|}$ 称为 n 维向量 x，y 的夹角. 当 $[\boldsymbol{x},\boldsymbol{y}]=\boldsymbol{0}$ 时，称向量 $\boldsymbol{x}$ 与 $\boldsymbol{y}$ **正交** $\left(\theta=\dfrac{\pi}{2}\right)$. 显然，若 $\boldsymbol{x}=\boldsymbol{0}$，则 $\boldsymbol{x}$ 与任何向量都正交.

$\left(\text{因为}\ |[\boldsymbol{x},\boldsymbol{y}]|\leqslant\|\boldsymbol{x}\|\,\|\boldsymbol{y}\|\text{，所以}\ \left|\dfrac{[\boldsymbol{x},\boldsymbol{y}]}{\|\boldsymbol{x}\|\,\|\boldsymbol{y}\|}\right|\leqslant 1\right)$

【例 1】　设 $\boldsymbol{\alpha}=(1,1,0)^{\mathrm{T}}$，$\boldsymbol{\beta}=(2,0,1)^{\mathrm{T}}$，求 (1)$[\boldsymbol{\alpha}+\boldsymbol{\beta},\boldsymbol{\alpha}-\boldsymbol{\beta}]$；(2)$\|2\boldsymbol{\alpha}+3\boldsymbol{\beta}\|$；(3)$-\boldsymbol{\alpha}$ 与 $2\boldsymbol{\beta}$ 的夹角.

解　(1) $[\boldsymbol{\alpha}+\boldsymbol{\beta},\boldsymbol{\alpha}-\boldsymbol{\beta}]=[\boldsymbol{\alpha},\boldsymbol{\alpha}]-[\boldsymbol{\alpha},\boldsymbol{\beta}]+[\boldsymbol{\beta},\boldsymbol{\alpha}]-[\boldsymbol{\beta},\boldsymbol{\beta}]=[\boldsymbol{\alpha},\boldsymbol{\alpha}]-[\boldsymbol{\beta},\boldsymbol{\beta}]=2-5=-3$；

(2) 因为 $2\boldsymbol{\alpha}+3\boldsymbol{\beta}=(8,2,3)^{\mathrm{T}}$，所以 $\|2\boldsymbol{\alpha}+3\boldsymbol{\beta}\|=\sqrt{8^2+2^2+3^2}=\sqrt{77}$；

(3) $\theta = \arccos \dfrac{[-\boldsymbol{\alpha}, 2\boldsymbol{\beta}]}{\| -\boldsymbol{\alpha} \| \, \| 2\boldsymbol{\beta} \|} = \arccos \dfrac{-4}{\sqrt{2}\,\sqrt{20}} = \arccos\left(-\dfrac{\sqrt{10}}{5}\right)$.

定义 7 称两两正交的非零向量组为**正交向量组**.

定理 1 若 n 维向量 $\boldsymbol{a}_1, \boldsymbol{a}_2, \cdots, \boldsymbol{a}_r$ 是一组两两正交的非零向量,则 $\boldsymbol{a}_1, \boldsymbol{a}_2, \cdots, \boldsymbol{a}_r$ 线性无关.

证 设有 $k_1, k_2, \cdots, k_r$ 使 $k_1\boldsymbol{a}_1 + k_2\boldsymbol{a}_2 + \cdots + k_r\boldsymbol{a}_r = 0$,以 $\boldsymbol{a}_1^{\mathrm{T}}$ 左乘上式两端,得 $k_1\boldsymbol{a}_1^{\mathrm{T}}\boldsymbol{a}_1 = 0$,因 $\boldsymbol{a}_1 \neq 0$,故 $\boldsymbol{a}_1^{\mathrm{T}}\boldsymbol{a}_1 = \|\boldsymbol{a}_1\|^2 \neq 0$,从而必有 $k_1 = 0$. 类似可证 $k_2 = 0, \cdots, k_r = 0$,于是向量组 $\boldsymbol{a}_1, \boldsymbol{a}_2, \cdots, \boldsymbol{a}_r$ 线性无关.

此定理的逆命题一般不成立,但在下面我们可以找到使它们正交化的方法:

定理 2 $r(r < n)$ 个两两正交的 n 维非零向量,总可以添上 $n-r$ 个 n 维非零向量,得到由 n 个向量组成的正交向量组,它们恰为向量空间 $\mathbf{R}^n$ 的一个正交基.

由此可见,n 维向量空间 $\mathbf{R}^n$ 中一定存在 n 个非零向量组成的(标准)正交向量组. 由于该向量组是线性无关的,因此可作为 $\mathbf{R}^n$ 的基,这种基称为**标准正交基**.

定义 8 设 n 维向量 $\boldsymbol{e}_1, \boldsymbol{e}_2, \cdots, \boldsymbol{e}_r$ 是向量空间 $V(V \subset \mathbf{R}^n)$ 的一个基,如果 $\boldsymbol{e}_1, \boldsymbol{e}_2, \cdots, \boldsymbol{e}_r$ 都是单位向量且两两正交,则称 $\boldsymbol{e}_1, \boldsymbol{e}_2, \cdots, \boldsymbol{e}_r$ 是 V 的一个**规范正交基**.

定义 9 若向量组 $\boldsymbol{a}_1, \boldsymbol{a}_2, \cdots, \boldsymbol{a}_r$ 为正交向量组,且 $\|\boldsymbol{a}_i\| = 1, (i = 1, 2, \cdots, r)$,则称此向量组为**标准正交向量组**.

设 $\boldsymbol{a}_1, \boldsymbol{a}_2, \cdots, \boldsymbol{a}_r$ 是 V 的一个基,要由此求出 V 的一个规范正交基,即要找一组两两正交的单位向量 $\boldsymbol{e}_1, \boldsymbol{e}_2, \cdots, \boldsymbol{e}_r$,使 $\boldsymbol{e}_1, \boldsymbol{e}_2, \cdots, \boldsymbol{e}_r$ 与 $\boldsymbol{a}_1, \boldsymbol{a}_2, \cdots, \boldsymbol{a}_r$ 等价,我们称这一问题为把基 $\boldsymbol{a}_1, \boldsymbol{a}_2, \cdots, \boldsymbol{a}_r$ 正交规范化.

把基 $\boldsymbol{a}_1, \boldsymbol{a}_2, \cdots, \boldsymbol{a}_r$ 正交规范化的方法为:

(1)正交化,即取

$$\boldsymbol{\beta}_1 = \boldsymbol{\alpha}_1;$$

$$\boldsymbol{\beta}_2 = \boldsymbol{\alpha}_2 - \frac{[\boldsymbol{\beta}_1, \boldsymbol{\alpha}_2]}{[\boldsymbol{\beta}_1, \boldsymbol{\beta}_1]}\boldsymbol{\beta}_1;$$

$$\boldsymbol{\beta}_3 = \boldsymbol{\alpha}_3 - \frac{[\boldsymbol{\beta}_1, \boldsymbol{\alpha}_3]}{[\boldsymbol{\beta}_1, \boldsymbol{\beta}_1]}\boldsymbol{\beta}_1 - \frac{[\boldsymbol{\beta}_2, \boldsymbol{\alpha}_3]}{[\boldsymbol{\beta}_2, \boldsymbol{\beta}_2]}\boldsymbol{\beta}_2;$$

$$\cdots\cdots$$

$$\boldsymbol{\beta}_r = \boldsymbol{\alpha}_r - \frac{[\boldsymbol{\beta}_1, \boldsymbol{\alpha}_r]}{[\boldsymbol{\beta}_1, \boldsymbol{\beta}_1]}\boldsymbol{\beta}_1 - \frac{[\boldsymbol{\beta}_2, \boldsymbol{\alpha}_r]}{[\boldsymbol{\beta}_2, \boldsymbol{\beta}_2]}\boldsymbol{\beta}_2 - \cdots - \frac{[\boldsymbol{\beta}_{r-1}, \boldsymbol{\alpha}_r]}{[\boldsymbol{\beta}_{r-1}, \boldsymbol{\beta}_{r-1}]}\boldsymbol{\beta}_{r-1}.$$

易验知 $\boldsymbol{\beta}_1, \boldsymbol{\beta}_2, \cdots, \boldsymbol{\beta}_r$ 两两正交,且与 $\boldsymbol{a}_1, \boldsymbol{a}_2, \cdots, \boldsymbol{a}_r$ 等价.

(2)单位化,即取 $\boldsymbol{e}_1 = \dfrac{1}{\|\boldsymbol{\beta}_1\|}\boldsymbol{\beta}_1, \cdots, \boldsymbol{e}_r = \dfrac{1}{\|\boldsymbol{\beta}_r\|}\boldsymbol{\beta}_r$,则得 V 的一个正交规范基.

上述从线性无关向量组 $\boldsymbol{a}_1, \boldsymbol{a}_2, \cdots, \boldsymbol{a}_r$ 导出正交向量组 $\boldsymbol{\beta}_1, \boldsymbol{\beta}_2, \cdots, \boldsymbol{\beta}_r$ 的过程称为**施密特(Schimidt)正交化**过程.

【例 2】 已知 $\boldsymbol{a}_1 = (-1, 1, -1)^{\mathrm{T}}$,求一组非零向量 $\boldsymbol{a}_2, \boldsymbol{a}_3$ 使 $\boldsymbol{a}_1, \boldsymbol{a}_2, \boldsymbol{a}_3$ 两两正交.

解　因为 a_2, a_3 与 a_1 正交，故 a_2, a_3 应满足方程 $\boldsymbol{\alpha}_1 \boldsymbol{x} = \boldsymbol{0}$，即 $-x_1 + x_2 - x_3 = 0$，

其基础解系为 $\boldsymbol{\xi}_1 = \begin{pmatrix} 1 \\ 1 \\ 0 \end{pmatrix}, \boldsymbol{\xi}_2 = \begin{pmatrix} -1 \\ 0 \\ 1 \end{pmatrix}$，将其正交化，取 $\boldsymbol{\alpha}_2 = \boldsymbol{\xi}_1, \boldsymbol{\alpha}_3 = \boldsymbol{\xi}_2 - \dfrac{[\boldsymbol{\xi}_1, \boldsymbol{\xi}_2]}{[\boldsymbol{\xi}_1, \boldsymbol{\xi}_1]}\boldsymbol{\xi}_1$，

由于 $[\boldsymbol{\xi}_1, \boldsymbol{\xi}_2] = -1, [\boldsymbol{\xi}_1, \boldsymbol{\xi}_1] = 2$，于是 $\boldsymbol{\alpha}_2 = \begin{pmatrix} 1 \\ 1 \\ 0 \end{pmatrix}, \boldsymbol{\alpha}_3 = \begin{pmatrix} -1 \\ 0 \\ 1 \end{pmatrix} + \dfrac{1}{2}\begin{pmatrix} 1 \\ 1 \\ 0 \end{pmatrix} = \dfrac{1}{2}\begin{pmatrix} -1 \\ 1 \\ 2 \end{pmatrix}$.

此外，若将 a_1, a_2, a_3 再单位化，得到 $\boldsymbol{e}_1 = \begin{pmatrix} -\frac{1}{\sqrt{3}} \\ \frac{1}{\sqrt{3}} \\ -\frac{1}{\sqrt{3}} \end{pmatrix}, \boldsymbol{e}_2 = \begin{pmatrix} \frac{1}{\sqrt{2}} \\ \frac{1}{\sqrt{2}} \\ 0 \end{pmatrix}, \boldsymbol{e}_3 = \begin{pmatrix} \frac{1}{\sqrt{6}} \\ \frac{1}{\sqrt{6}} \\ \frac{2}{\sqrt{6}} \end{pmatrix}$

则 $\boldsymbol{e}_1, \boldsymbol{e}_2, \boldsymbol{e}_3$ 是 R^3 的一个正交规范基．

定义 10　若 n 阶实矩阵 $\boldsymbol{A}$ 满足 $\boldsymbol{A}^{\mathrm{T}}\boldsymbol{A} = \boldsymbol{E}$ 或 $\boldsymbol{A}\boldsymbol{A}^{\mathrm{T}} = \boldsymbol{E}$（即 $\boldsymbol{A}^{-1} = \boldsymbol{A}^{\mathrm{T}}$），则称 $\boldsymbol{A}$ 为**正交矩阵**．上式用 $\boldsymbol{A}$ 的列向量表示，

$$\begin{pmatrix} \alpha_1^{\mathrm{T}} \\ \alpha_2^{\mathrm{T}} \\ \vdots \\ \alpha_n^{\mathrm{T}} \end{pmatrix} (\alpha_1, \alpha_2, \alpha_3, \alpha_4) = \boldsymbol{E}, \text{即} [\alpha_i, \alpha_j] = \delta_{ij}, \text{其中 } \delta_{ij} = \begin{cases} 1 & \text{当 } i = j \\ 0 & \text{当 } i \neq j \end{cases} \quad (i, j = 1, 2, \cdots, n).$$

由此得知，方阵 $\boldsymbol{A}$ 为正交矩阵的充分必要条件是 $\boldsymbol{A}$ 的列向量组是正交单位向量组．因为 $\boldsymbol{A}^{\mathrm{T}}\boldsymbol{A} = \boldsymbol{E}$ 等价于 $\boldsymbol{A}\boldsymbol{A}^{\mathrm{T}} = \boldsymbol{E}$，故上述结论对 $\boldsymbol{A}$ 的行向量组也成立．可见，正交矩阵 $\boldsymbol{A}$ 的 n 个列（行）向量构成向量空间 $\mathbf{R}^n$ 的一个正交规范基．

【例 3】　验证矩阵 $\boldsymbol{P} = \begin{pmatrix} -\frac{1}{\sqrt{3}} & \frac{1}{\sqrt{2}} & -\frac{1}{\sqrt{6}} \\ \frac{1}{\sqrt{3}} & \frac{1}{\sqrt{2}} & \frac{1}{\sqrt{6}} \\ -\frac{1}{\sqrt{3}} & 0 & \frac{2}{\sqrt{6}} \end{pmatrix}$ 是正交矩阵．

解　（法一）$\boldsymbol{P}^{\mathrm{T}}\boldsymbol{P} = \boldsymbol{E}$．

（法二）$\boldsymbol{P}$ 的每个列向量都是单位向量，且两两正交，故 $\boldsymbol{p}$ 是正交矩阵．

正交矩阵有下述性质：

性质 1　若 $\boldsymbol{A}$ 为正交矩阵，则 $\boldsymbol{A}^{-1} = \boldsymbol{A}^{\mathrm{T}}$ 也是正交矩阵，且 $|\boldsymbol{A}| = 1$ 或 -1；

证　因为 $\boldsymbol{A}^{\mathrm{T}}\boldsymbol{A} = \boldsymbol{E}$，所以 $\boldsymbol{A}^{-1} = \boldsymbol{A}^{\mathrm{T}}$．　$(\boldsymbol{A}^{-1})^{\mathrm{T}}\boldsymbol{A}^{-1} = (\boldsymbol{A}^{\mathrm{T}})^{\mathrm{T}}\boldsymbol{A}^{\mathrm{T}} = \boldsymbol{A}\boldsymbol{A}^{\mathrm{T}} = \boldsymbol{E}$，
$|\boldsymbol{A}^{\mathrm{T}}\boldsymbol{A}| = |\boldsymbol{A}|^2 = 1$，所以 $|\boldsymbol{A}| = 1$ 或 (-1)．

性质 2 若 $\boldsymbol{A}$ 和 $\boldsymbol{B}$ 都是正交矩阵,则 $\boldsymbol{AB}$ 也是正交矩阵.

证 因为 $\boldsymbol{A}^{\mathrm{T}}\boldsymbol{A}=\boldsymbol{E},\boldsymbol{B}^{\mathrm{T}}\boldsymbol{B}=\boldsymbol{E}$,所以 $(\boldsymbol{AB})^{\mathrm{T}}(\boldsymbol{AB})=\boldsymbol{B}^{\mathrm{T}}\boldsymbol{A}^{\mathrm{T}}\boldsymbol{AB}=\boldsymbol{E}$.

性质 3 若 $\boldsymbol{A}$ 是正交矩阵,则 $\boldsymbol{A}^*$ 也是正交矩阵.

证 $(\boldsymbol{A}^*)^{\mathrm{T}}\boldsymbol{A}^*=(|\boldsymbol{A}|\boldsymbol{A}^{-1})^{\mathrm{T}}|\boldsymbol{A}|\boldsymbol{A}^{-1}=|\boldsymbol{A}|^2(\boldsymbol{AA}^{\mathrm{T}})=\boldsymbol{E}$.

定义 11 若 $\boldsymbol{P}$ 为正交矩阵,则线性变换 $\boldsymbol{y}=\boldsymbol{Px}$ 称为**正交变换**.

对正交变换 $\boldsymbol{y}=\boldsymbol{Px}$ 有 $\|\boldsymbol{y}\|=\sqrt{\boldsymbol{y}^{\mathrm{T}}\boldsymbol{y}}=\sqrt{\boldsymbol{x}^{\mathrm{T}}\boldsymbol{P}^{\mathrm{T}}\boldsymbol{Px}}=\sqrt{\boldsymbol{x}^{\mathrm{T}}\boldsymbol{x}}=\|\boldsymbol{x}\|$,说明正交变换不改变向量的长度,这是正交变换的优良特性.

习题 9.1

1. 设 $V_1=\{\boldsymbol{x}=(x_1,x_2,\cdots,x_n)^{\mathrm{T}}\mid x_1+x_2+\cdots+x_n=0,x_1,\cdots,x_n\in\mathbf{R}\}$,$V_2=\{\boldsymbol{x}=(x_1,x_2,\cdots,x_n)^{\mathrm{T}}\mid x_1+x_2+\cdots+x_n=1,x_1,\cdots,x_n\in\mathbf{R}\}$,问 V_1,V_2 是不是向量空间?为什么?

2. 设 $\boldsymbol{\alpha}=(1,2,-1,1)^{\mathrm{T}},\boldsymbol{\beta}=(2,3,1,-1)^{\mathrm{T}}$,求

(1) $[\boldsymbol{\alpha},\boldsymbol{\beta}],[3\boldsymbol{\alpha}-2\boldsymbol{\beta},2\boldsymbol{\alpha}-3\boldsymbol{\beta}]$;(2) $\|\boldsymbol{\alpha}\|,\|\boldsymbol{\beta}\|$;(3) $\boldsymbol{\alpha}$ 与 $\boldsymbol{\beta}$ 的夹角.

3. 试用施密特法把下列向量组正交化:

(1) $\boldsymbol{\alpha}_1=(1,1,1)^{\mathrm{T}},\boldsymbol{\alpha}_2=(1,2,3)^{\mathrm{T}},\boldsymbol{\alpha}_3=(1,4,9)^{\mathrm{T}}$;

(2) $\boldsymbol{\alpha}_1=(1,0,-1,1)^{\mathrm{T}},\boldsymbol{\alpha}_2=(1,-1,0,1)^{\mathrm{T}},\boldsymbol{\alpha}_3=(-1,1,0,0)^{\mathrm{T}}$.

4. 下列矩阵是不是正交阵:

(1) $\begin{pmatrix} 1 & -\frac{1}{2} & \frac{1}{3} \\ -\frac{1}{2} & 1 & \frac{1}{2} \\ \frac{1}{3} & \frac{1}{2} & -1 \end{pmatrix}$; (2) $\begin{pmatrix} \frac{1}{9} & -\frac{8}{9} & -\frac{4}{9} \\ -\frac{8}{9} & \frac{1}{9} & -\frac{4}{9} \\ -\frac{4}{9} & -\frac{4}{9} & \frac{7}{9} \end{pmatrix}$.

§9.2 矩阵的特征值与特征向量

9.2.1 方阵的特征值与特征向量

定义 1 设 $\boldsymbol{A}$ 是 n 阶方阵,含有数 λ 的矩阵 $\lambda\boldsymbol{E}-\boldsymbol{A}$ 称为 $\boldsymbol{A}$ 的**特征矩阵**. $\boldsymbol{A}$ 的特征矩阵 $\lambda\boldsymbol{E}-\boldsymbol{A}$ 对应的行列式 $|\lambda\boldsymbol{E}-\boldsymbol{A}|$ 称为 $\boldsymbol{A}$ 的**特征多项式**. 它是一个首项系数为 1 的 n 次多项式 $f(\lambda)=\lambda^n+a_1\lambda^{n-1}+\cdots+a_n$.

定义 2 设 $\boldsymbol{A}$ 是 n 阶方阵,若存在数 λ 和 n 维非零向量 λ 使关系式 $\boldsymbol{Ax}=\lambda\boldsymbol{x}$(1)成立,将(1)式改写成 $(\lambda\boldsymbol{E}-\boldsymbol{A})\boldsymbol{x}=\boldsymbol{0}$,或 $(\boldsymbol{A}-\lambda\boldsymbol{E})\boldsymbol{x}=\boldsymbol{0}$ (2),得到一个含 n 个未知数 n 个方程的齐次

线性方程组，它有非零解的充分必要条件是其系数行列式 $|\lambda \boldsymbol{E}-\boldsymbol{A}|=0$，即

$$|\lambda \boldsymbol{E}-\boldsymbol{A}|=\begin{vmatrix}\lambda-a_{11} & -a_{12} & \cdots & -a_{1n}\\ -a_{21} & \lambda-a_{22} & \cdots & -a_{2n}\\ \vdots & \vdots & & \vdots\\ -a_{n1} & -a_{n2} & \cdots & \lambda-a_{nn}\end{vmatrix}.$$

这个以 λ 为未知数的一元 n 次方程 $|\lambda \boldsymbol{E}-\boldsymbol{A}|=0$ 称为方阵 $\boldsymbol{A}$ 的**特征方程**，特征方程的根称为 $\boldsymbol{A}$ 的**特征值**；由代数学基本定理知：在复数范围内，n 阶方阵有 n 个特征值. 设 λ_0 是 $\boldsymbol{A}$ 的一个特征值，则 $|\lambda_0\boldsymbol{E}-\boldsymbol{A}|=0$，构造齐次线性方程组 $(\lambda_0\boldsymbol{E}-\boldsymbol{A})\boldsymbol{x}=0$，则此方程组的任意一个非零解 $\boldsymbol{\xi}$ 称为 $\boldsymbol{A}$ 的对应于特征值 λ_0 的**特征向量**.

【例 1】 求 $\boldsymbol{A}=\begin{pmatrix}3&1\\1&3\end{pmatrix}$ 的特征值和特征向量.

解 因为 $\boldsymbol{A}$ 的特征多项式为 $\begin{vmatrix}3-\lambda & 1\\ 1 & 3-\lambda\end{vmatrix}=(3-\lambda)^2-1=\lambda^2-6\lambda+8$，解特征方程 $\lambda^2-6\lambda+8=0$，得 $\boldsymbol{A}$ 的特征值为 $\lambda_1=2,\lambda_2=4$.

当 $\lambda_1=2$ 时，对应的特征向量满足 $\begin{pmatrix}3-2 & 1\\ 1 & 3-2\end{pmatrix}\begin{pmatrix}x_1\\x_2\end{pmatrix}=\begin{pmatrix}0\\0\end{pmatrix}$ 即 $\begin{cases}x_1+x_2=0\\x_1+x_2=0\end{cases}$，该方程组的基础解系为 $\boldsymbol{p}_1=\begin{pmatrix}-1\\1\end{pmatrix}$，故 $k_1\boldsymbol{p}_1(k_1\neq0)$ 是对应于 $\lambda_1=2$ 的全部特征向量.

当 $\lambda_2=4$ 时，求得方程组 $\begin{pmatrix}3-4 & 1\\ 1 & 3-4\end{pmatrix}\begin{pmatrix}x_1\\x_2\end{pmatrix}=\begin{pmatrix}0\\0\end{pmatrix}$ 的基础解系 $\boldsymbol{p}_2=\begin{pmatrix}1\\1\end{pmatrix}$，所以对应于 $\lambda_2=4$ 的全部特征向量为 $k_2\boldsymbol{P}_2(k_2\neq0)$.

【例 2】 求矩阵 $\boldsymbol{A}=\begin{pmatrix}3&1&0\\-4&-1&0\\4&-8&-2\end{pmatrix}$ 的特征值和特征向量.

解 先写出特征多项式，尽量化为因式积的形式

$$|\boldsymbol{A}-\lambda\boldsymbol{E}|=\begin{vmatrix}3-\lambda & 1 & 0\\ -4 & -1-\lambda & 0\\ 4 & -8 & -2-\lambda\end{vmatrix}=(\lambda+2)\begin{vmatrix}3-\lambda & 1\\ 4 & 1+\lambda\end{vmatrix}$$
$$=-(\lambda-1)(\lambda+2).$$

$\boldsymbol{A}$ 的特征值为 $\lambda_1=\lambda_2=1,\lambda_3=-2$.

当 $\lambda_1=\lambda_2=1$ 时，解方程 $(\boldsymbol{A}-\boldsymbol{E})\boldsymbol{x}=\boldsymbol{0}$，由

$$\boldsymbol{A}-\boldsymbol{E}=\begin{pmatrix}2&1&0\\-4&-2&0\\4&-8&-3\end{pmatrix}\backsim\begin{pmatrix}2&1&0\\0&10&3\\0&0&0\end{pmatrix}$$

得基础解系 $\boldsymbol{p}_1=\begin{pmatrix}3\\-6\\20\end{pmatrix}$,故对应于 $\lambda_1=\lambda_2=1$ 的全部特征向量为 $k_1\boldsymbol{p}_1(k_1\neq 0)$.

当 $\lambda_3=-2$ 时,解方程组 $(\boldsymbol{A}-(-2)\boldsymbol{E})\boldsymbol{x}=\boldsymbol{0}$,由

$$\boldsymbol{A}+2\boldsymbol{E}=\begin{pmatrix}5&1&0\\-4&1&0\\4&-8&0\end{pmatrix}\to\begin{pmatrix}5&1&0\\0&1&0\\0&0&0\end{pmatrix}.$$

得基础解系 $\boldsymbol{p}_2=\begin{pmatrix}0\\0\\1\end{pmatrix}$,故对应于 $\lambda_3=-2$ 的全部特征向量为 $k_2\boldsymbol{p}_2(k_2\neq 0)$.

由此,得到方阵 $\boldsymbol{A}$ 的特征值与特征向量的求法:

(1)写出方阵 $\boldsymbol{A}$ 的特征方程 $|\lambda\boldsymbol{E}-\boldsymbol{A}|=0$,它的根就是 $\boldsymbol{A}$ 的全部特征值.

(2)对每个特征值 λ_0,齐次线性方程组(2)的每一个非零解都是 $\boldsymbol{A}$ 的对应于 λ_0 的特征向量,只要求出(2)的一个基础解系,它们的线性组合(为非零向量时)就是 $\boldsymbol{A}$ 的对应于 λ_0 的全部的特征向量.

从定义 2 不难看出:

定理 1 设非零列向量 $\boldsymbol{\xi}$ 是方阵 $\boldsymbol{A}$ 的对应于特征值 λ_0 的特征向量,则 $(\lambda_0\boldsymbol{E}-\boldsymbol{A})\boldsymbol{\xi}=\boldsymbol{0}$,即 $\lambda_0\boldsymbol{\xi}=\boldsymbol{A}\boldsymbol{\xi}$. 并且 $k\boldsymbol{\xi}$ ($k\neq 0$ 为常数)也是 $\boldsymbol{A}$ 的对应于 λ_0 的特征向量,即对应于一个特征值有无穷多个特征向量. 反之,不同的特征值所对应的特征向量不相等,即一个特征向量只能属于一个特征值.

定理 2 设非零列向量 $\boldsymbol{\xi}$ 是方阵 $\boldsymbol{A}$ 的对应于特征值 λ_0 的特征向量,则

(1) $k\lambda_0$ 为矩阵 $k\boldsymbol{A}$ 的特征值(k 为常数);

(2) ${\lambda_0}^k$ 为矩阵 $\boldsymbol{A}^k$ 的特征值($k\geqslant 1$ 为正整数);

(3) 若 $\boldsymbol{A}$ 可逆,λ_0^{-1} 为 $\boldsymbol{A}^{-1}$ 的特征值;

(4) 若 $\boldsymbol{A}$ 可逆,$\lambda_0^{-1}|\boldsymbol{A}|$ 为 $\boldsymbol{A}^*$ 的特征值.

定理 3 n 阶方阵 $\boldsymbol{A}$ 与其转置矩阵 $\boldsymbol{A}^{\mathrm{T}}$ 有相同的特征值.

定理 4 若 $g(x)$ 是一个 m 次多项式 $g(x)=b_mx^m+b_{m-1}x^{m-1}+\cdots+b_1x+b_0$,则矩阵多项式 $g(\boldsymbol{A})=b_m\boldsymbol{A}^m+b_{m-1}\boldsymbol{A}^{m-1}+\cdots+b_1\boldsymbol{A}+b_0\boldsymbol{E}$ 的特征值为

$$g(\lambda)=b_m\lambda^m+b_{m-1}\lambda^{m-1}+\cdots+b_1\lambda+b_0.$$

特别地,若 $g(\boldsymbol{A})=b_m\boldsymbol{A}^m+b_{m-1}\boldsymbol{A}^{m-1}+\cdots+b_1\boldsymbol{A}+b_0\boldsymbol{E}=0$,则

$$g(\lambda)=b_m\lambda^m+b_{m-1}\lambda^{m-1}+\cdots+b_1\lambda+b_0=0.$$

【例 3】 设 $\boldsymbol{A}=\begin{pmatrix}1&2\\0&3\end{pmatrix}$,求 $\boldsymbol{B}=\boldsymbol{A}^2-2\boldsymbol{A}+3\boldsymbol{E}$ 的特征值.

解 因为三角矩阵的特征值是它的对角元素,所以 $\boldsymbol{A}$ 的特征值为 $\lambda_1=1,\lambda_2=3$,

$$f(1)=2, f(3)=6.$$

9.2.2 特征值的性质

由于特征多项式 $f(\lambda)=|\lambda\boldsymbol{E}-\boldsymbol{A}|=\lambda^n+a_1\lambda^{n-1}+\cdots+a_n$ 是一个 n 次多项式，由代数学基本定理知它在复数域内必有 n 个根．由一元 n 次方程根与系数的关系，得到：

定理 5 若 n 阶方阵 $\boldsymbol{A}$ 的特征值为 $\lambda_1,\lambda_2,\cdots,\lambda_n$，则

(1) $\prod\limits_{i=1}^{n}\lambda_i=\lambda_1\lambda_2\cdots\lambda_n=|\boldsymbol{A}|$； (2) $\sum\limits_{i=1}^{n}\lambda_i=\sum\limits_{i=1}^{n}a_{ii}=\mathrm{Tr}(A)$．

矩阵 $\boldsymbol{A}$ 的主对角线上元素的和称为矩阵 $\boldsymbol{A}$ 的**迹**，记为 $\mathrm{Tr}(\boldsymbol{A})$．

利用此定理给出的 $\boldsymbol{A}$ 的迹 $\mathrm{Tr}(\boldsymbol{A})$ 与其特征值的关系式，常常可以帮助我们求矩阵的特征值．

例如，若已知矩阵 $\boldsymbol{A}=\begin{pmatrix}1&-2&0\\-2&2&-2\\0&-2&3\end{pmatrix}$ 的特征值 $\lambda_1=1,\lambda_2=2$，则 $\boldsymbol{A}$ 的第三个特征值 λ_3 应满足 $\lambda_1+\lambda_2+\lambda_3=a_{11}+a_{22}+a_{33}=1+2+3=6$，故 $\lambda_3=6-\lambda_1-\lambda_2=3$.

推论 1 n 阶方阵 $\boldsymbol{A}$ 可逆的充分必要条件是 $\boldsymbol{A}$ 的特征值不等于零．

证 因为 $|\boldsymbol{A}|=\lambda_1\lambda_2\cdots\lambda_n$，若 $\lambda_i\neq 0$，则 $|\boldsymbol{A}|\neq 0\Leftrightarrow\boldsymbol{A}$ 可逆．

定理 6 特征多项式的展开式为

$$|\lambda\boldsymbol{E}-\boldsymbol{A}|=\lambda^n-\sum_{i=1}^{n}a_{ii}\lambda^{n-1}+\cdots+(-1)^kS_k\lambda^{n-k}+\cdots+(-1)^n|\boldsymbol{A}|,$$

其中 S_k 是 $\boldsymbol{A}$ 的全体 k 阶主子式的和．

例如 $n=3$ 时，$|\lambda\boldsymbol{E}-\boldsymbol{A}|=\lambda^3-(a_{11}+a_{22}+a_{33})\lambda^2+$

$$\left(\begin{vmatrix}a_{11}&a_{12}\\a_{21}&a_{22}\end{vmatrix}+\begin{vmatrix}a_{11}&a_{13}\\a_{31}&a_{33}\end{vmatrix}+\begin{vmatrix}a_{22}&a_{23}\\a_{32}&a_{33}\end{vmatrix}\right)\lambda-|\boldsymbol{A}|.$$

定理 7 矩阵 $\boldsymbol{A}$ 关于同一个特征值 λ_i 的任意两个特征向量 $\boldsymbol{p}_1,\boldsymbol{p}_2$ 的非零线性组合 $k_1\boldsymbol{p}_1+k_2\boldsymbol{p}_2$（$k_1,k_2$ 不全为零），也是 $\boldsymbol{A}$ 的对应于特征值 λ_i 的特征向量．

证 因为 $A\boldsymbol{p}_1=\lambda_i\boldsymbol{p}_1, A\boldsymbol{p}_2=\lambda_i\boldsymbol{p}_2$，所以 $\forall$ 不全为零的 k_1,k_2，

$$A(k_1\boldsymbol{p}_1+k_2\boldsymbol{p}_2)=k_1A\boldsymbol{p}_1+k_2A\boldsymbol{p}_2=k_1\lambda_1\boldsymbol{p}_1+k_2\lambda_2\boldsymbol{p}_2=\lambda_i(k_1\boldsymbol{p}_1+k_2\boldsymbol{p}_2).$$

推论 2 矩阵 $\boldsymbol{A}$ 关于同一个特征值 λ_i 的任意 m 个特征向量 $\boldsymbol{p}_1,\boldsymbol{p}_2,\cdots,\boldsymbol{p}_m$ 的非零线性组合 $k_1\boldsymbol{p}_1+k_2\boldsymbol{p}_2+\cdots+k_m\boldsymbol{p}_m$（$k_1,k_2,\cdots,k_m$ 不全为零），也是 $\boldsymbol{A}$ 的对应于特征值 λ_i 的特征向量．

定理 8 若向量 $\boldsymbol{p}_1,\boldsymbol{p}_2$ 分别是方阵 $\boldsymbol{A}$ 的对应于不同特征值 λ_1,λ_2 的特征向量，则 $\boldsymbol{p}_1,\boldsymbol{p}_2$ 线性无关．

证 若 $\boldsymbol{p}_1,\boldsymbol{p}_2$ 线性相关，则存在不全为零的 k_1,k_2，使得 $k_1\boldsymbol{p}_1+k_2\boldsymbol{p}_2=0$，从而若 $k_2\neq 0$，$\boldsymbol{p}_2=-\dfrac{k_1}{k_2}\boldsymbol{p}_1=k\boldsymbol{p}_1$，即 $\boldsymbol{p}_2$ 也是 $\boldsymbol{A}$ 的对应于 λ_1 的特征向量，与已知条件矛盾，所以 $\boldsymbol{p}_1,\boldsymbol{p}_2$

线性无关.

定理 9 设 $\lambda_1,\lambda_2,\cdots,\lambda_n$ 是方阵 $\boldsymbol{A}$ 的 n 个特征值，$\boldsymbol{p}_1,\boldsymbol{p}_2,\cdots,\boldsymbol{p}_n$ 依次是与之对应的特征向量，如果 $\lambda_1,\lambda_2,\cdots,\lambda_n$ 各不相等，则 $\boldsymbol{p}_1,\boldsymbol{p}_2,\cdots,\boldsymbol{p}_n$ 线性无关.

定理 10 矩阵 $\boldsymbol{A}$ 的 r 个不同特征值所对应的 r 组线性无关的特征向量组并在一起仍然是线性无关的.

习题 9.2

1. 求下列矩阵的特征值和特征向量：

(1) $\begin{pmatrix}1 & -1\\ 2 & 4\end{pmatrix}$；　(2) $\begin{bmatrix}1 & 2 & 3\\ 2 & 1 & 3\\ 3 & 3 & 6\end{bmatrix}$；　(3) $\begin{bmatrix}a_1\\ a_2\\ \vdots\\ a_n\end{bmatrix}(a_1\quad a_2\quad\cdots\quad a_n),(a_1\neq 0)$.

2. 设 n 阶方阵 $\boldsymbol{A}$ 满足等式 $\boldsymbol{A}^2=\boldsymbol{E}$，求 $\boldsymbol{A}$ 的特征值.

3. 已知三阶方阵 $\boldsymbol{A}$ 的三个特征值为 $\lambda_1=1,\lambda_2=2,\lambda_3=3$，分别求矩阵 $\boldsymbol{A}^2,(2\boldsymbol{A})^{-1},\boldsymbol{A}^*$ 的特征值.

4. 已知三阶方阵 $\boldsymbol{A}$ 的三个特征值为 $\lambda_1=1,\lambda_2=-1,\lambda_3=2$，求矩阵 $\boldsymbol{B}=\boldsymbol{A}^2+3\boldsymbol{A}+2\boldsymbol{E}$ 的特征值和行列式的值.

§9.3 相似矩阵

定义 1 设 $\boldsymbol{A}$、$\boldsymbol{B}$ 均为 n 阶方阵，若有可逆方阵 $\boldsymbol{P}$，使 $\boldsymbol{P}^{-1}\boldsymbol{A}\boldsymbol{P}=\boldsymbol{B}$，则称 $\boldsymbol{B}$ 是 $\boldsymbol{A}$ 的**相似矩阵**，或者说矩阵 $\boldsymbol{A}$ 与 $\boldsymbol{B}$ 相似，对 A 进行运算 $\boldsymbol{P}^{-1}\boldsymbol{A}\boldsymbol{P}$ 称为对 $\boldsymbol{A}$ 进行**相似变换**，可逆矩阵 $\boldsymbol{P}$ 称为把 $\boldsymbol{A}$ 变成 $\boldsymbol{B}$ 的**相似变换矩阵**.

相似是方阵之间的一种关系，不难证明这种关系具有以下性质：

(1) 自反性：对任意方阵 $\boldsymbol{A}$，$\boldsymbol{A}$ 与 $\boldsymbol{A}$ 相似.

(2) 对称性：对任意方阵 $\boldsymbol{A}$、$\boldsymbol{B}$，若 $\boldsymbol{A}$ 与 $\boldsymbol{B}$ 相似，则 $\boldsymbol{B}$ 与 $\boldsymbol{A}$ 相似.

(3) 传递性：对任意方阵 $\boldsymbol{A}$、$\boldsymbol{B}$、$\boldsymbol{C}$，若 $\boldsymbol{A}$ 与 $\boldsymbol{B}$ 相似且 $\boldsymbol{B}$ 与 $\boldsymbol{C}$ 相似，则 $\boldsymbol{A}$ 与 $\boldsymbol{C}$ 相似.

定理 1 若 n 阶方阵 $\boldsymbol{A}$ 与 $\boldsymbol{B}$ 相似，则(1) $r(\boldsymbol{A})=r(\boldsymbol{B})$；(2) $|\boldsymbol{A}|=|\boldsymbol{B}|$；(3)$\boldsymbol{A}$ 与 $\boldsymbol{B}$ 的特征多项式相同，因而 $\boldsymbol{A}$ 与 $\boldsymbol{B}$ 的特征值也相同；(4) $\sum\limits_{i=1}^{n}a_{ii}=\sum\limits_{i=1}^{n}\lambda_i=\sum\limits_{i=1}^{n}b_{ii}$，即 $\boldsymbol{A}$ 与 $\boldsymbol{B}$ 有相同的迹.

证 (1)因为 n 阶方阵 $\boldsymbol{A}$ 与 $\boldsymbol{B}$ 相似，所以 $\boldsymbol{P}^{-1}\boldsymbol{A}\boldsymbol{P}=\boldsymbol{B}$；

(2) 因为 $|\boldsymbol{P}^{-1}||\boldsymbol{A}||\boldsymbol{P}|=|\boldsymbol{B}|$，所以 $|\boldsymbol{P}|^{-1}|\boldsymbol{A}||\boldsymbol{P}|=|\boldsymbol{A}|=|\boldsymbol{B}|$；

(3)因 $\boldsymbol{A}$ 与 $\boldsymbol{B}$ 相似，即有可逆矩阵 $\boldsymbol{P}$，使 $\boldsymbol{P}^{-1}\boldsymbol{A}\boldsymbol{P}=\boldsymbol{B}$，故

$|B-\lambda E|=|P^{-1}AP-P^{-1}(\lambda E)P|=|P^{-1}(A-\lambda E)P|=|P^{-1}||A-\lambda E||P|=|A-\lambda E|$.

(4)因为 A 与 B 有相同的特征值,所以它们的迹相同.

推论1 若 n 阶方阵 A 与对角阵 $B=\begin{pmatrix}\lambda_1 & & \\ & \ddots & \\ & & \lambda_n\end{pmatrix}$ 相似,则 $\lambda_1,\lambda_2,\cdots,\lambda_n$ 是 A 的 n 个特征值.

定义2 对于 n 阶方阵 A,若存在可逆矩阵 P,使 $P^{-1}AP=B=\begin{pmatrix}\lambda_1 & & \\ & \ddots & \\ & & \lambda_n\end{pmatrix}$,则称 A **相似于对角矩阵,或 A 可相似对角化,或称 B 是 A 的相似标准形.**

定理2 n 阶方阵 A 与对角矩阵相似(即 A 能对角化)的充分必要条件是 A 有 n 个线性无关的特征向量.

证 必要性 如果方阵 A 相似于对角阵 $B=\begin{pmatrix}\lambda_1 & & \\ & \ddots & \\ & & \lambda_n\end{pmatrix}$,即存在可逆矩阵 $P=(p_1,p_2,\cdots,p_n)$(其中 p_i 是 P 的第 i 个列向量,$i=1,2,\cdots,n$)使 $P^{-1}AP=B$,即 $AP=PB$,

$$(Ap_1,Ap_2,\cdots,Ap_n)=(p_1,p_2,\cdots,p_n)\begin{pmatrix}\lambda_1 & & \\ & \ddots & \\ & & \lambda_n\end{pmatrix}=(\lambda_1 p_1,\lambda_2 p_2,\cdots,\lambda_n p_n),$$

从而 $Ap_i=\lambda_i p_i(i=1,2,\cdots,n)$. 因为 P 可逆,p_i 当然不是零向量,故 $p_i(i=1,2,\cdots,n)$ 都是 A 的特征向量,且 $p_1,p_2,\cdots,p_n$ 是线性无关的.(不论特征值是互不相同或有重根,由上节定理10知,r 个不同特征值所对应的 r 组线性无关的特征向量组并在一起仍然是线性无关的)

充分性 如果 A 有 n 个线性无关的特征向量 $p_1,p_2,\cdots,p_n$,它们所对应的特征值依次为 $\lambda_1,\lambda_2,\cdots,\lambda_n$,即 $Ap_i=\lambda_i p_i(i=1,2,\cdots,n)$. 用 $p_1,p_2,\cdots,p_n$ 为列向量作一个矩阵 P:$P=(p_1,p_2,\cdots,p_n)$. 由于 $p_1,p_2,\cdots,p_n$ 是线性无关的,则 $|P|\neq 0$,故 P 是可逆矩阵,而且

$AP=P\begin{pmatrix}\lambda_1 & & \\ & \ddots & \\ & & \lambda_n\end{pmatrix}$,即 $P^{-1}AP=B$, 证毕.

由定理的证明过程知,若 A 相似于对角阵,则相似变换矩阵 P 由 A 的 n 个线性无关的特征向量组成.

推论2 如果 n 阶矩阵 A 的 n 个特征值互不相等,则 A 与对角阵相似.

注:A 可对角化,则 A 可有不同特征值,或有重根特征值;当 A 的特征方程有重根时,就不一定有 n 个线性无关的特征向量,从而不一定能对角化.

定理 3 n 阶方阵$\boldsymbol{A}$ 相似于对角矩阵的充分必要条件是$\boldsymbol{A}$ 的每一个 t_i 重特征值λ_i 对应 t_i 个线性无关的特征向量.

【例 1】 设 $\boldsymbol{A}=\begin{pmatrix}0&0&1\\1&1&a\\1&0&0\end{pmatrix}$,问 a 取何值时,矩阵$\boldsymbol{A}$ 能对角化?

解 $|\lambda\boldsymbol{E}-\boldsymbol{A}|=\begin{vmatrix}\lambda&0&-1\\-1&\lambda-1&-a\\-1&0&\lambda\end{vmatrix}=(\lambda-1)\begin{vmatrix}\lambda&-1\\-1&\lambda\end{vmatrix}=(\lambda-1)^2(\lambda+1)$,则 $\lambda_1=-1,\lambda_2=\lambda_3=1$.

对于单根 $\lambda_1=-1$,可求得线性无关的特征向量恰有一个,故$\boldsymbol{A}$ 可对角化的充要条件是重根 $\lambda_2=\lambda_3=1$ 有两个线性无关的特征向量,即方程 $(\boldsymbol{E}-\boldsymbol{A})x=0$ 有两个线性无关的解,即 $\boldsymbol{E}-\boldsymbol{A}$ 的秩 $R(\boldsymbol{E}-\boldsymbol{A})=1$. 由 $\boldsymbol{E}-\boldsymbol{A}=\begin{pmatrix}1&0&-1\\-1&0&-a\\-1&0&1\end{pmatrix}\backsim\begin{pmatrix}1&0&-1\\0&0&a+1\\0&0&0\end{pmatrix}$. 要 $R(\boldsymbol{E}-\boldsymbol{A})=1$ 得$a+1=0$,即 $a=-1$,因此当 $a=-1$ 时矩阵$\boldsymbol{A}$ 能对角化.

§9.4 对称矩阵的对角化

将实二次型化为标准形的问题,其实质是将实对称矩阵经过合同变换化为对角阵的问题,人们自然地会提出这样一个问题:能否将一般的 n 阶方阵 A 经过某种变换(如相似变换)后化为对角阵?本节将给出 n 阶方阵相似于对角阵的充要条件(一个 n 阶矩阵具备什么条件才能对角化?),然后,对于可对角化的矩阵 A,寻找相似变换矩阵 P,使 $P^{-1}AP=B$ 为对角阵,或者说将 A 对角化.

定理 1 对称矩阵的特征值为实数.

定理 2 λ_1,λ_2 是对称矩阵$\boldsymbol{A}$ 的两个特征值,$\boldsymbol{p}_1,\boldsymbol{p}_2$ 是对应的特征向量,若 $\lambda_1\neq\lambda_2$,则 $\boldsymbol{p}_1,\boldsymbol{p}_2$ 正交.

证 因为 $\lambda_1\boldsymbol{p}_1=\boldsymbol{A}\boldsymbol{p}_1,\lambda_2\boldsymbol{p}_2=\boldsymbol{A}\boldsymbol{p}_2,\lambda_1\neq\lambda_2$,$\boldsymbol{A}$ 对称,故 $\boldsymbol{A}=\boldsymbol{A}^{\mathrm{T}}$. 所以 $\lambda_1\boldsymbol{p}_1^{\mathrm{T}}=(\lambda_1\boldsymbol{p}_1)^{\mathrm{T}}=(\boldsymbol{A}\boldsymbol{p}_1)^{\mathrm{T}}=\boldsymbol{p}_1^{\mathrm{T}}\boldsymbol{A}^{\mathrm{T}}=\boldsymbol{p}_1^{\mathrm{T}}\boldsymbol{A}$,于是 $\lambda_1\boldsymbol{p}_1^{\mathrm{T}}\boldsymbol{p}_2=\boldsymbol{p}_1^{\mathrm{T}}\boldsymbol{A}\boldsymbol{p}_2=\boldsymbol{p}_1^{\mathrm{T}}(\lambda_2\boldsymbol{p}_2)=\lambda_2\boldsymbol{p}_1^{\mathrm{T}}\boldsymbol{p}_2$,$(\lambda_1-\lambda_2)\boldsymbol{p}_1^{\mathrm{T}}\boldsymbol{p}_2=0$,又 $\lambda_1\neq\lambda_2$,所以 $\boldsymbol{p}_1^{\mathrm{T}}\boldsymbol{p}_2=0$.

定理 3 设$\boldsymbol{A}$ 为 n 阶对称矩阵,则必有正交矩阵$\boldsymbol{P}$,使 $\boldsymbol{P}^{-1}\boldsymbol{A}\boldsymbol{P}=\boldsymbol{B}=\begin{pmatrix}\lambda_1&&\\&\ddots&\\&&\lambda_n\end{pmatrix}$,其中 $\lambda_1,\lambda_2,\cdots,\lambda_n$ 是$\boldsymbol{A}$ 的特征值.

推论 1 设$\boldsymbol{A}$ 为 n 阶对称矩阵,λ 是$\boldsymbol{A}$ 的特征方程的 k 重根,则矩阵 $\boldsymbol{A}-\lambda\boldsymbol{E}$ 的秩 $R(\boldsymbol{A}-\lambda\boldsymbol{E})=n-k$,从而对应特征值 λ 恰有 k 个线性无关的特征向量.

对角化的步骤：

(1) 求出 A 的全部互不相等的特征值 $\lambda_1,\cdots,\lambda_s$，它们的重数依次记为 $k_1,\cdots,k_s$，$k_1+\cdots+k_s=n$；

(2) 对每个 k_i 重特征值 λ_i，求 $(\boldsymbol{A}-\lambda_i\boldsymbol{E})x=0$ 的基础解系，得 k_i 个线性无关的特征向量；

(3) 对特征向量正交化；

(4) 对正交化后的特征向量单位化；

(5) 构造列正交矩阵 $\boldsymbol{P}$，使 $\boldsymbol{P}^{-1}\boldsymbol{AP}=\boldsymbol{B}=\boldsymbol{P}^{\mathrm{T}}\boldsymbol{AP}$.

【例 1】 设实对称矩阵 $\boldsymbol{A}=\begin{pmatrix}2&-2&0\\-2&1&-2\\0&-2&0\end{pmatrix}$，求正交变换 $\boldsymbol{T}$，使 $\boldsymbol{T}^{-1}\boldsymbol{AT}$ 为对角阵.

解 (1) 求 $\boldsymbol{A}$ 的特征值. 由 $|\lambda\boldsymbol{E}-\boldsymbol{A}|=\begin{vmatrix}\lambda-2&2&0\\2&\lambda-1&2\\0&2&\lambda\end{vmatrix}=(\lambda-4)(\lambda-1)(\lambda+2)=0$，得 $\lambda_1=4,\lambda_2=1,\lambda_3=-2$.

(2) 由 $(\lambda_i\boldsymbol{E}-\boldsymbol{A})\boldsymbol{x}=\boldsymbol{0}$，求出 $\boldsymbol{A}$ 的特征向量.

对 $\lambda_1=4$，由 $(4\boldsymbol{E}-\boldsymbol{A})\boldsymbol{x}=\boldsymbol{0}$，得 $\begin{cases}2x_1+2x_2=0\\2x_1+3x_2+2x_3=0\\2x_2+4x_3=0\end{cases}$，解之得基础解系 $\boldsymbol{\alpha}_1=\begin{pmatrix}-2\\2\\1\end{pmatrix}$.

对 $\lambda_2=1$，由 $(\boldsymbol{E}-\boldsymbol{A})\boldsymbol{x}=\boldsymbol{0}$，得 $\begin{cases}-x_1+2x_2=0\\2x_1+2x_3=0\\2x_2+x_3=0\end{cases}$，解之得基础解系 $\boldsymbol{\alpha}_2=\begin{pmatrix}2\\1\\-2\end{pmatrix}$.

对 $\lambda_3=-2$，由 $(-2\boldsymbol{E}-\boldsymbol{A})\boldsymbol{x}=\boldsymbol{0}$，得 $\begin{cases}-4x_1+2x_2=0\\2x_1-3x_2+2x_3=0\\2x_2-2x_3=0\end{cases}$，解之得基础解系 $\boldsymbol{\alpha}_3=\begin{pmatrix}1\\2\\2\end{pmatrix}$.

(3) 将特征向量正交化. 因为 $\boldsymbol{\alpha}_1,\boldsymbol{\alpha}_2,\boldsymbol{\alpha}_3$ 是属于 $\boldsymbol{A}$ 的 3 个不同特征值的特征向量，故它们必两两正交.

(4) 将特征向量单位化. 令 $\boldsymbol{\eta}_i=\dfrac{\boldsymbol{\alpha}_i}{\|\boldsymbol{\alpha}_i\|}$，$i=1,2,3$，得 $\boldsymbol{\eta}_1=\begin{pmatrix}-\frac{2}{3}\\\frac{2}{3}\\-\frac{1}{3}\end{pmatrix}$，$\boldsymbol{\eta}_2=\begin{pmatrix}\frac{2}{3}\\\frac{1}{3}\\-\frac{2}{3}\end{pmatrix}$，$\boldsymbol{\eta}_3=\begin{pmatrix}\frac{1}{3}\\\frac{2}{3}\\\frac{2}{3}\end{pmatrix}$.

作 $T=(\boldsymbol{\eta}_1,\boldsymbol{\eta}_2,\boldsymbol{\eta}_3)=\frac{1}{3}\begin{pmatrix}-2&2&1\\2&1&2\\-1&-2&2\end{pmatrix}$,则 $T^{-1}AT=\begin{pmatrix}4&0&0\\0&1&0\\0&0&-2\end{pmatrix}$.

【例 2】 设 $A=\begin{pmatrix}0&2&0\\2&3&0\\0&0&4\end{pmatrix}$,求一个正交矩阵 P,使 $P^{-1}AP=B$ 为对角矩阵,

解 $|\lambda E-A|=\begin{vmatrix}\lambda&-2&0\\-2&\lambda-3&0\\0&0&\lambda-4\end{vmatrix}=(\lambda-4)^2(\lambda+1)=0$,特征值为 $\lambda_1=\lambda_2=4,\lambda_3=-1$.

当 $\lambda_1=\lambda_2=4$ 时,由 $\begin{pmatrix}4&-2&0\\-2&1&0\\0&0&0\end{pmatrix}\begin{pmatrix}x_1\\x_2\\x_3\end{pmatrix}=\begin{pmatrix}0\\0\\0\end{pmatrix}$ 解得 $\begin{pmatrix}x_1\\x_2\\x_3\end{pmatrix}=k_1\begin{pmatrix}1\\2\\0\end{pmatrix}+k_2\begin{pmatrix}0\\0\\1\end{pmatrix}$,基础解系中二向量恰好正交,单位化即得两个正交的单位特征向量 $\boldsymbol{p}_1=\frac{1}{\sqrt{5}}\begin{pmatrix}1\\2\\0\end{pmatrix}$,$\boldsymbol{p}_2=\begin{pmatrix}0\\0\\1\end{pmatrix}$.

当 $\lambda_3=-1$ 时,由 $\begin{pmatrix}-1&-2&0\\-2&-4&0\\0&0&-5\end{pmatrix}\begin{pmatrix}x_1\\x_2\\x_3\end{pmatrix}=\begin{pmatrix}0\\0\\0\end{pmatrix}$ 解得 $\begin{pmatrix}x_1\\x_2\\x_3\end{pmatrix}=k\begin{pmatrix}-2\\1\\0\end{pmatrix}$.

单位特征向量取 $\boldsymbol{p}_3=\frac{1}{\sqrt{5}}\begin{pmatrix}-2\\1\\0\end{pmatrix}$,故得正交矩阵 $P=(\boldsymbol{p}_1,\boldsymbol{p}_2,\boldsymbol{p}_3)=\begin{pmatrix}\frac{1}{\sqrt{5}}&0&-\frac{2}{\sqrt{5}}\\\frac{2}{\sqrt{5}}&0&\frac{1}{\sqrt{5}}\\0&1&0\end{pmatrix}$,

且有 $P^{-1}AP=P^{\mathrm{T}}AP=B=\begin{pmatrix}4&&\\&4&\\&&-1\end{pmatrix}$.

注意:对于特征值有重根的情形,如果相应于为 r 重根的特征值,所求得的基础解系的 r 个向量不正交,则只要将此基础解系正交规范化,即可得到 r 个两两正交的单位特征向量.

注:上例中对应于 $\lambda=4$,可求得另一个基础解系 $\boldsymbol{\xi}_1=\begin{pmatrix}1\\2\\1\end{pmatrix}$,$\boldsymbol{\xi}_2=\begin{pmatrix}-1\\-2\\1\end{pmatrix}$,正交化取 $\boldsymbol{\eta}_1=\boldsymbol{\xi}_1$,$\boldsymbol{\eta}_2=\boldsymbol{\xi}_2-k\boldsymbol{\xi}_1$,由 $\boldsymbol{\eta}_1^{\mathrm{T}}\boldsymbol{\eta}_2=\mathbf{0}$,即 $\boldsymbol{\xi}_1^{\mathrm{T}}\boldsymbol{\xi}_2-k\boldsymbol{\xi}_1^{\mathrm{T}}\boldsymbol{\xi}_1=\mathbf{0}$ 得

$$k=\frac{\boldsymbol{\xi}_1^{\mathrm{T}}\boldsymbol{\xi}_2}{\boldsymbol{\xi}_1^{\mathrm{T}}\boldsymbol{\xi}_1}=\frac{[\boldsymbol{\xi}_1,\boldsymbol{\xi}_2]}{[\boldsymbol{\xi}_1,\boldsymbol{\xi}_1]}=-\frac{2}{3}$$，故 $\boldsymbol{\eta}_2=\begin{pmatrix}-1\\-2\\1\end{pmatrix}+\frac{2}{3}\begin{pmatrix}1\\2\\1\end{pmatrix}=\begin{pmatrix}-\frac{1}{3}\\-\frac{2}{3}\\\frac{5}{3}\end{pmatrix}$，单位化得 $\boldsymbol{p}_1=\frac{\boldsymbol{\eta}_1}{\|\boldsymbol{\eta}_1\|}=$ $\frac{1}{\sqrt{6}}\begin{pmatrix}1\\2\\1\end{pmatrix}$，$\boldsymbol{p}_2=\frac{\boldsymbol{\eta}_2}{\|\boldsymbol{\eta}_2\|}=-\frac{1}{\sqrt{30}}\begin{pmatrix}1\\2\\-5\end{pmatrix}$　于是 $\boldsymbol{P}=\begin{pmatrix}\frac{1}{\sqrt{6}}&-\frac{1}{\sqrt{30}}&-\frac{2}{\sqrt{5}}\\\frac{2}{\sqrt{6}}&-\frac{2}{\sqrt{30}}&\frac{1}{\sqrt{5}}\\\frac{1}{\sqrt{6}}&\frac{5}{\sqrt{30}}&0\end{pmatrix}$

可知仍有 $\boldsymbol{P}^{-1}\boldsymbol{AP}=\boldsymbol{B}$.

从该例中可以知道，使得 $\boldsymbol{P}^{-1}\boldsymbol{AP}=\boldsymbol{B}$ 为对角阵的正交矩阵 $\boldsymbol{P}$ 不唯一.

习题 9.4

1. 设方阵 $\boldsymbol{A}=\begin{pmatrix}1&-2&-4\\-2&x&-2\\-4&-2&1\end{pmatrix}$ 与 $\boldsymbol{B}=\begin{pmatrix}5&0&0\\0&y&0\\0&0&-4\end{pmatrix}$ 相似，求 x,y.

2. 设 $\boldsymbol{A},\boldsymbol{B}$ 都是 n 阶方阵，且 $|\boldsymbol{A}|\neq 0$，证明 $\boldsymbol{AB}$ 与 $\boldsymbol{BA}$ 相似.

3. 设 3 阶方阵 $\boldsymbol{A}$ 的特征值为 $\lambda_1=1,\lambda_2=0,\lambda_3=-1$；对应的特征向量依次为 $\boldsymbol{p}_1=\begin{pmatrix}1\\2\\2\end{pmatrix}$，$\boldsymbol{p}_2=\begin{pmatrix}2\\-2\\1\end{pmatrix}$，$\boldsymbol{p}_3=\begin{pmatrix}-2\\-1\\2\end{pmatrix}$，求 $\boldsymbol{A}$.

4. 试求一个正交的相似变换矩阵，将下列对称矩阵化为对角矩阵：

(1) $\begin{pmatrix}2&-2&0\\-2&1&-2\\0&-2&0\end{pmatrix}$；(2) $\begin{pmatrix}2&2&-2\\2&5&-4\\-2&-4&5\end{pmatrix}$.

§9.5　二次型及其标准形

9.5.1　二次型及其标准形

二次型的理论起源于解析几何中对二次曲线和二次曲面的研究. 在解析几何中，代数方程 $ax^2+bxy+cy^2=1$ 表示的是一条二次曲线，但它是怎样的一条二次曲线？又有怎样的几何性质？为了便于研究上述问题，通常选择适当的坐标旋转变换：

$$\begin{cases}x=x'\cos\theta-y'\sin\theta\\y=x'\sin\theta+y'\cos\theta\end{cases}.$$

将方程化为"标准形" $mx'^2 + ny'^2 = 1$，从而可根据系数 m,n 来获知其几何性质．

$ax^2 + bxy + cy^2 = 1$ 的左边是一个含两个变量的二次齐次多项式(每项未知量指数和相等)，而 $mx'^2 + ny'^2 = 1$ 式的左边也是二次齐次多项式，所不同的是后者只含平方项．从代数的观点看，化标准形的过程就是通过变量的线性变换化简一个二次齐次多项式，使它只含有平方项．在许多理论和实际问题中，常常需要把这类问题一般化，下面就来讨论 n 个变量的二次齐次多项式的化简问题．

定义 1 含有 n 个变量 $x_1,x_2,\cdots,x_n$ 的二次齐次多项式

$$\begin{aligned} f(x_1,x_2,\cdots,x_n) = {} & a_{11}x_1^2 + a_{22}x_2^2 + \cdots + a_{nn}x_n^2 \\ & + 2a_{12}x_1x_2 + 2a_{13}x_1x_3 + \cdots + 2a_{n-1,n}x_{n-1}x_n \end{aligned} \quad (1)$$

称为 n **元二次型**，简称为**二次型**．

取 $a_{ji} = a_{ij}$，则 $2a_{ij}x_ix_j = a_{ij}x_ix_j + a_{ji}x_jx_i$，于是(1)式可写为

$$\begin{aligned} f(x_1,x_2,\cdots,x_n) = {} & a_{11}x_1^2 + a_{12}x_1x_2 + \cdots + a_{1n}x_1x_n \\ & + a_{12}x_2x_1 + a_{22}x_2^2 + \cdots + a_{2n}x_2x_n \\ & + \cdots\cdots \\ & + a_{n1}x_nx_1 + a_{n2}x_nx_2 + \cdots a_{nn}x_n^2 \end{aligned} \quad (2)$$

对于二次型，我们讨论的主要问题是寻找可逆的线性变换

$$\begin{cases} x_1 = c_{11}y_1 + c_{12}y_2 + \cdots + c_{1n}y_n \\ x_2 = c_{21}y_1 + c_{22}y_2 + \cdots + c_{2n}y_n \\ \cdots\cdots \\ x_n = c_{n1}y_1 + c_{n2}y_2 + \cdots + c_{nn}y_n \end{cases} \text{或 } x = \boldsymbol{C}y,$$

其中 $x = \begin{pmatrix} x_1 \\ x_2 \\ \vdots \\ x_n \end{pmatrix}, \boldsymbol{C} = \begin{pmatrix} c_{11} & c_{12} & \cdots & c_{1n} \\ c_{21} & c_{22} & \cdots & c_{2n} \\ \vdots & \vdots & & \vdots \\ c_{n1} & c_{n2} & \cdots & c_{nn} \end{pmatrix}, y = \begin{pmatrix} y_1 \\ y_2 \\ \vdots \\ y_n \end{pmatrix}$.

将所给的二次型化为只含平方项的形式，即用 $x = \boldsymbol{C}y$ 代入(1)，能使

$$f(x_1,x_2,\cdots,x_n) = k_1y_1^2 + k_2y_2^2 + \cdots + k_ny_n^2,$$

称这种只含平方项的二次型为**二次型的标准形**．

当 a_{ij} 为复数时，f 称为**复二次型**；a_{ij} 为实数时，f 称为**实二次型**，本章我们仅讨论实二次型，所求线性变换(2)的系数也仅为实数．

9.5.2 二次型的矩阵表示

对二次型 $f = \sum_{i,j=1}^{n} a_{ij}x_ix_j$，根据矩阵的运算，可将二次型表示为

$$f = x_1(a_{11}x_1 + \cdots + a_{1n}x_n) + x_2(a_{21}x_1 + \cdots + a_{2n}x_n) + \cdots + x_n(a_{n1}x_1 + \cdots + a_{nn}x_n)$$

$$= (x_1, x_2, \cdots, x_n)\begin{pmatrix} a_{11}x_1 + \cdots + a_{1n}x_n \\ a_{21}x_1 + \cdots + a_{2n}x_n \\ \vdots \qquad \vdots \\ a_{n1}x_1 + \cdots + a_{nn}x_n \end{pmatrix} = (x_1, x_2, \cdots, x_n)\begin{pmatrix} a_{11} & a_{12} & \cdots & a_{1n} \\ a_{21} & a_{22} & \cdots & a_{2n} \\ \vdots & \vdots & & \vdots \\ a_{n1} & a_{n2} & \cdots & a_{nn} \end{pmatrix}\begin{pmatrix} x_1 \\ x_2 \\ \vdots \\ x_n \end{pmatrix}$$

令 $\boldsymbol{A} = \begin{pmatrix} a_{11} & a_{12} & \cdots & a_{1n} \\ a_{21} & a_{22} & \cdots & a_{2n} \\ \vdots & \vdots & & \vdots \\ a_{n1} & a_{n2} & \cdots & a_{nn} \end{pmatrix}$，$\boldsymbol{x} = \begin{pmatrix} x_1 \\ x_2 \\ \vdots \\ x_n \end{pmatrix}$，则 $f = \boldsymbol{x}^{\mathrm{T}}\boldsymbol{A}\boldsymbol{x}$ 即为二次型 f 的矩阵表示，矩阵 $\boldsymbol{A}$ 是由 f 的系数所确定的，它被称为**二次型 f 的矩阵**，矩阵 $\boldsymbol{A}$ 的秩称为**二次型的秩**．由于 f 的系数满足 $a_{ji} = a_{ij}, i, j = 1, \cdots, n$，所以二次型的矩阵 $\boldsymbol{A}$ 是对称矩阵．任给一个二次型，唯一地确定一个对称矩阵；反之，一个对称矩阵也可由 $f = \boldsymbol{x}^{\mathrm{T}}\boldsymbol{A}\boldsymbol{x}$ 唯一地确定一个二次型，因此二次型与对称矩阵之间存在着一一对应的关系，这样就可以通过二次型的矩阵（对称矩阵）来研究二次型．

例如：二次型 $f = x^2 + 2y^2 + 5z^2 + 2xy + 6yz + 2xz$ 用矩阵表示，就是

$$f = (x, y, z)\begin{pmatrix} 1 & 1 & 1 \\ 1 & 2 & 3 \\ 1 & 3 & 5 \end{pmatrix}\begin{pmatrix} x \\ y \\ z \end{pmatrix}$$

现在讨论二次型的性质．

在可逆变换 $\boldsymbol{x} = \boldsymbol{C}\boldsymbol{y}$ 的作用下，二次型变为

$$f = \boldsymbol{x}^{\mathrm{T}}\boldsymbol{A}\boldsymbol{x} = (\boldsymbol{C}\boldsymbol{y})^{\mathrm{T}}\boldsymbol{A}\boldsymbol{C}\boldsymbol{y} = \boldsymbol{y}^{\mathrm{T}}(\boldsymbol{C}^{\mathrm{T}}\boldsymbol{A}\boldsymbol{C})\boldsymbol{y} = \boldsymbol{y}^{\mathrm{T}}\boldsymbol{B}\boldsymbol{y}$$

其中 $\boldsymbol{C}^{\mathrm{T}}\boldsymbol{A}\boldsymbol{C} = \boldsymbol{B}$，那么二次型 f 的矩阵 $\boldsymbol{A}, \boldsymbol{B}$ 之间究竟有何更深刻的关系？下面的定理说明经可逆变换 $\boldsymbol{x} = \boldsymbol{C}\boldsymbol{y}$ 后，二次型的矩阵由 $\boldsymbol{A}$ 变为 $\boldsymbol{C}^{\mathrm{T}}\boldsymbol{A}\boldsymbol{C} = \boldsymbol{B}$ 且其秩不变．

定义 2　一般地，对 n 阶方阵 $\boldsymbol{A}$ 和 $\boldsymbol{B}$，若存在可逆矩阵 $\boldsymbol{C}$，使得 $\boldsymbol{C}^{\mathrm{T}}\boldsymbol{A}\boldsymbol{C} = \boldsymbol{B}$，则称 $\boldsymbol{A}$ 与 $\boldsymbol{B}$ **是合同的**．

定理 1　任给可逆矩阵 $\boldsymbol{C}$，令 $\boldsymbol{C}^{\mathrm{T}}\boldsymbol{A}\boldsymbol{C} = \boldsymbol{B}$，若 $\boldsymbol{A}$ 为对称矩阵，则 $\boldsymbol{B}$ 亦为对称矩阵，且 $R(\boldsymbol{B}) = R(\boldsymbol{A})$．

证　因为 $\boldsymbol{A}$ 为对称矩阵，故 $\boldsymbol{B}^{\mathrm{T}} = (\boldsymbol{C}^{\mathrm{T}}\boldsymbol{A}\boldsymbol{C})^{\mathrm{T}} = \boldsymbol{C}^{\mathrm{T}}\boldsymbol{A}^{\mathrm{T}}(\boldsymbol{C}^{\mathrm{T}})^{\mathrm{T}} = \boldsymbol{C}^{\mathrm{T}}\boldsymbol{A}^{\mathrm{T}}\boldsymbol{C} = \boldsymbol{B}$，即 $\boldsymbol{B}$ 为对称矩阵．因为 $\boldsymbol{C}$ 为可逆矩阵，故存在有限个初等方阵 $\boldsymbol{P}_1, \cdots, \boldsymbol{P}_m$ 使得 $\boldsymbol{C} = \boldsymbol{P}_1\boldsymbol{P}_2\cdots\boldsymbol{P}_m$，于是 $\boldsymbol{B} = \boldsymbol{C}^{\mathrm{T}}\boldsymbol{A}^{\mathrm{T}}\boldsymbol{C} = (\boldsymbol{P}_1\boldsymbol{P}_2\cdots\boldsymbol{P}_m)^{\mathrm{T}}\boldsymbol{A}(\boldsymbol{P}_1\boldsymbol{P}_2\cdots\boldsymbol{P}_m) = \boldsymbol{P}_m{}^{\mathrm{T}}\boldsymbol{P}_{m-1}{}^{\mathrm{T}}\cdots\boldsymbol{P}_2{}^{\mathrm{T}}\boldsymbol{P}_1{}^{\mathrm{T}}\boldsymbol{A}\boldsymbol{P}_1\boldsymbol{P}_2\cdots\boldsymbol{P}_{m-1}\boldsymbol{P}_m$，即 $\boldsymbol{B}$ 是 $\boldsymbol{A}$ 经过一系列初等行变换及初等列变换而得，因为矩阵的初等变换不改变矩阵的秩，所以有 $R(\boldsymbol{B}) = R(\boldsymbol{A})$．

合同是方阵之间一种特殊的等价关系．显然，它也具有自反性、对称性及传递性．

注：两个相似的方阵必等价，两个合同的方阵也必等价．但反之都不成立，等价的方阵

未必相似,也未必合同.

要使二次型 f 经可逆变换 $\boldsymbol{x}=\boldsymbol{C}\boldsymbol{y}$ 化为标准形,就是要使

$$f=\boldsymbol{x}^{\mathrm{T}}\boldsymbol{A}\boldsymbol{x}=\boldsymbol{y}^{\mathrm{T}}(\boldsymbol{C}^{\mathrm{T}}\boldsymbol{A}\boldsymbol{C})\boldsymbol{y}=k_1y_1^2+k_2y_2^2+\cdots+k_ny_n^2$$

$$=(y_1,y_2,\cdots,y_n)\begin{pmatrix}k_1&&&\\&k_2&&\\&&\ddots&\\&&&k_n\end{pmatrix}\begin{pmatrix}y_1\\y_2\\\vdots\\y_n\end{pmatrix}$$

也就是要使 $\boldsymbol{C}^{\mathrm{T}}\boldsymbol{A}\boldsymbol{C}$ 成为对角阵,因此,我们所要讨论的主要问题等价于以下问题:对于对称矩阵 $\boldsymbol{A}$,寻求可逆矩阵 $\boldsymbol{C}$,使得 $\boldsymbol{C}^{\mathrm{T}}\boldsymbol{A}\boldsymbol{C}$ 为对角矩阵(或使 $\boldsymbol{A}$ 与对角阵合同),我们有如下定理

定理 2 秩为 r 的二次型 $f=\boldsymbol{x}^{\mathrm{T}}\boldsymbol{A}\boldsymbol{x}(\boldsymbol{A}^{\mathrm{T}}=\boldsymbol{A})$ 可用可逆线性变换化为如下标准形 $f=k_1y_1^2+k_2y_2^2+\cdots+k_ry_r^2(k_{i\neq 0},i=1,2,\cdots,r)$ 。

推论 1 任给 n 元二次型 $f(x)=\boldsymbol{x}^{\mathrm{T}}\boldsymbol{A}\boldsymbol{x}(\boldsymbol{A}^{\mathrm{T}}=\boldsymbol{A})$,总有可逆变换 $\boldsymbol{x}=\boldsymbol{c}\boldsymbol{z}$,使 $f(\boldsymbol{c}\boldsymbol{z})$ 为规范二次型.

常用的化二次形为标准形的方法有(1)正交变换法;(2)拉格朗日配方法;(3)合同变换法.

9.5.3 利用正交变换化二次型为标准形

现在,我们可以得到求正交的相似变换矩阵 $\boldsymbol{P}$ 的具体步骤如下:

(1) 求出 $\boldsymbol{A}$ 的全部互不相等的特征值 $\lambda_1,\cdots,\lambda_s$,它们的重数依次记为 $k_1,\cdots,k_s,k_1+\cdots+k_s=n$;

(2) 对每个 k_i 重特征值 λ_i,求 $(\boldsymbol{A}-\lambda_i\boldsymbol{E})\boldsymbol{x}=\boldsymbol{0}$ 的基础解系,得 k_i 个线性无关的特征向量;

(3) 对特征向量正交化;

(4) 对正交化后的特征向量单位化;

(5) 构造列正交阵 $\boldsymbol{P}$,使 $\boldsymbol{P}^{-1}\boldsymbol{A}\boldsymbol{P}=\boldsymbol{B}=\boldsymbol{P}^{\mathrm{T}}\boldsymbol{A}\boldsymbol{P}$,则 $\boldsymbol{P}$ 即为所求的正交矩阵.

【例 1】 求一个正交变换 $\boldsymbol{x}=\boldsymbol{P}\boldsymbol{y}$,把二次型 $f=x_1^2+4x_2^2+x_3^2-4x_1x_2-8x_1x_3-4x_2x_3$ 化为标准形.

解 二次型的矩阵为 $\boldsymbol{A}=\begin{pmatrix}1&-2&-4\\-2&4&-2\\-4&-2&1\end{pmatrix}$,$\boldsymbol{A}$ 的特征多项式

$$|\lambda\boldsymbol{E}-\boldsymbol{A}|=\begin{vmatrix}\lambda-1&2&4\\2&\lambda-4&2\\4&2&\lambda-1\end{vmatrix}=\lambda^3-6\lambda^2-15\lambda+100$$

$$=(\lambda^3-5\lambda^2)-(\lambda^2+15\lambda-100)=(\lambda-5)^2(\lambda+4)=0,$$

故 $\boldsymbol{A}$ 的特征值是 $\lambda_1=\lambda_2=5,\lambda_3=-4$.

对于 $\lambda_1=\lambda_2=5$，解齐次线性方程组 $(5\boldsymbol{E}-\boldsymbol{A})\boldsymbol{x}=\boldsymbol{0}$，求得一个基础解系为 $\boldsymbol{p}_1=\begin{pmatrix}1\\-2\\0\end{pmatrix}$，$\boldsymbol{p}_2=\begin{pmatrix}1\\0\\-1\end{pmatrix}$.

先正交化 $\boldsymbol{\xi}_1=\boldsymbol{p}_1=\begin{pmatrix}1\\-2\\0\end{pmatrix}$，$\boldsymbol{\xi}_2=\boldsymbol{p}_2-\dfrac{[\boldsymbol{p}_2,\boldsymbol{\xi}_1]}{[\boldsymbol{\xi}_1,\boldsymbol{\xi}_1]}=\begin{pmatrix}1\\0\\-1\end{pmatrix}-\dfrac{1}{5}\begin{pmatrix}1\\-2\\0\end{pmatrix}=\begin{pmatrix}\frac{4}{5}\\\frac{2}{5}\\-1\end{pmatrix}$；

再单位化 $\boldsymbol{\eta}_1=\dfrac{\boldsymbol{\xi}_1}{\|\boldsymbol{\xi}_1\|}=\begin{pmatrix}\frac{1}{5}\sqrt{5}\\-\frac{2}{5}\sqrt{5}\\0\end{pmatrix}$，$\boldsymbol{\eta}_2=\dfrac{\boldsymbol{\xi}_2}{\|\boldsymbol{\xi}_2\|}=\begin{pmatrix}\frac{4}{15}\sqrt{5}\\\frac{2}{15}\sqrt{5}\\-\frac{1}{3}\sqrt{5}\end{pmatrix}$.

对于 $\lambda_3=-4$，解方程组 $(-4\boldsymbol{E}-\boldsymbol{A})\boldsymbol{x}=\boldsymbol{0}$，求得其一个基础解系为 $\boldsymbol{p}_3=\begin{pmatrix}2\\1\\2\end{pmatrix}$，单位化得 $\boldsymbol{\eta}_3=\dfrac{1}{\|\boldsymbol{p}_3\|}\boldsymbol{p}_3=\begin{pmatrix}\frac{2}{3}\\\frac{1}{3}\\\frac{2}{3}\end{pmatrix}$，故得正交变换为

$$\begin{pmatrix}x_1\\x_2\\x_3\end{pmatrix}=\begin{pmatrix}\frac{1}{5}\sqrt{5} & \frac{4}{15}\sqrt{5} & \frac{2}{3}\\-\frac{2}{5}\sqrt{5} & \frac{2}{15}\sqrt{5} & \frac{1}{3}\\0 & -\frac{1}{3}\sqrt{5} & \frac{2}{3}\end{pmatrix}\begin{pmatrix}y_1\\y_2\\y_3\end{pmatrix},$$

并且有 $f=5y_1^2+5y_2^2-4y_3^2$.

利用正交变换化二次型为标准形的实质：对给定的 n 阶实对称矩阵 $\boldsymbol{A}$，寻求正交矩阵 $\boldsymbol{P}$，使得 $\boldsymbol{P}^{-1}\boldsymbol{AP}$ 成为对角阵，即 $\boldsymbol{P}^{-1}\boldsymbol{AP}=\boldsymbol{B}$.

化二次型为标准形除了正交变换法，还有拉格朗日配方法(它完全类似于中学代数中的配方法，而且我们可以从中找到将二次型化为标准形的可逆线性变换)，矩阵初等变换法. 下面举例说明拉格朗日配方法.

9.5.4 用配方法化二次型为标准形

【例 2】 化二次型 $f=x_1^2+2x_2^2+x_3^2+4x_1x_2+2x_1x_3+3x_2x_3$ 为标准形，并求所用线性变换的矩阵．

解 因 f 中含有 x_1 的平方项，故先把含 x_1 的项归并起来，再配方得

$$\begin{aligned}f&=x_1^2+4x_1x_2+2x_1x_3+2x_2^2+x_3^2+3x_2x_3\\&=(x_1+2x_2+x_3)^2-4x_2x_3-4x_2^2+2x_2^2+3x_2x_3.\end{aligned}$$

上式右端除第一项外已不再含 x_1，再把含 x_2 的项归并起来，继续配方得

$$f=(x_1+2x_2+x_3)^2-2(x_2+\frac{1}{4}x_3)^2+\frac{1}{8}x_3^2.$$

令 $\begin{cases}y_1=x_1+2x_2+x_3\\y_2=x_2+\dfrac{1}{4}x_3\\y_3=x_3\end{cases}$ 或 $\begin{cases}x_1=y_1-2y_2-\dfrac{1}{2}y_3\\x_2=y_2-\dfrac{1}{4}y_3\\x_3=y_4\end{cases}$，

则把 f 化为标准形 $f=y_1^2-2y_2^2+\frac{1}{8}y_3^2$，所用线性变换的矩阵为 $\begin{pmatrix}1&-2&-\frac{1}{2}\\0&1&-\frac{1}{4}\\0&0&1\end{pmatrix}$．

【例 3】 化二次型 $f=-4x_1x_2+2x_1x_3+2x_2x_3$ 为标准形，并求所用线性变换的矩阵．

解 f 中不含平方项，由于含有乘积项 x_1x_2，故令 $\begin{cases}x_1=y_1+y_2\\x_2=y_1-y_2\\x_3=y_3\end{cases}$，代入可得

$f=-4y_1^2+4y_2^2+4y_1y_3$．再配方得 $f=-4(y_1^2-y_1y_3)+4y_2^2=-4\left(y_1-\frac{1}{2}y_3\right)^2+4y_2^2+y_3^2$．

令 $\begin{cases}z_1=y_1-\dfrac{1}{2}y_3\\z_2=y_2\\z_3=y_3\end{cases}$，即 $\begin{cases}y_1=z_1+\dfrac{1}{2}z_3\\y_2=z_2\\y_3=z_3\end{cases}$，则有 $f=-4z_1^2+4z_2^2+z_3^2$，所用线性变换

的矩阵为 $C=\begin{pmatrix}1&1&0\\1&-1&0\\0&0&1\end{pmatrix}\begin{pmatrix}1&0&\frac{1}{2}\\0&1&0\\0&0&1\end{pmatrix}=\begin{pmatrix}1&1&\frac{1}{2}\\1&-1&\frac{1}{2}\\0&0&1\end{pmatrix}$ $(\,|C|=-2\neq 0)$．

习题 9.5

1. 用矩阵表示下列二次型：

(1) $f = x^2 + 4xy + 4y^2 + 2xz + z^2 + 4yz$；

(2) $f = x^2 + y^2 - 7z^2 - 2xy - 4xz - 4yz$；

(3) $f = x_1^2 + x_2^2 + x_3^2 + x_4^2 - 2x_1x_2 + 4x_1x_3 - 2x_1x_4 + 6x_2x_3 - 4x_2x_4$.

2. 求一个正交变换将下列二次型化成标准形：

(1) $f = 2x_1^2 + 3x_2^2 + 3x_3^2 + 4x_2x_3$；

(2) $f = x_1^2 + x_2^2 + x_3^2 + x_4^2 + 2x_1x_2 - 2x_1x_4 - 2x_2x_3 + 2x_3x_4$.

3. 用配方法化二次型为标准形：

(1) $f = x_1^2 + 2x_2^2 + 5x_3^2 + 2x_1x_2 + 2x_1x_3 + 6x_2x_3$；

(2) $f = x_1x_2 + 4x_1x_3 + x_2x_3$.

§9.6　正定二次型

二次型的标准形不是唯一的，但是标准形中所含项数是确定的(即二次型的秩)．不仅如此，在限定变换为实变换时，标准形中正系数的个数(正惯性指数)是不变的，从而负系数的个数(负惯性指数)也不变．在实二次型中，正定二次型占有特殊的地位，它在许多问题中应用十分广泛．

定义 1　所有平方项的系数均为 1，−1 或 0 的标准二次型称为**规范二次型**．

9.6.1　惯性定理

定理 1　设秩为 r 的实二次型 $f = \boldsymbol{x}^{\mathrm{T}}\boldsymbol{A}\boldsymbol{x}$，经两个实可逆变换 $\boldsymbol{x} = \boldsymbol{C}\boldsymbol{y}, \boldsymbol{x} = \boldsymbol{B}\boldsymbol{z}$ 化为标准形 $f = k_1y_1^2 + \cdots + k_ry_r^2 (k_i \neq 0, i = 1, \cdots, r)$ 及 $f = \lambda_1z_1^2 + \cdots + \lambda_rz_r^2 (\lambda_i \neq 0, i = 1, \cdots, r)$，则 $k_1, k_2, \cdots, k_r$ 中正数的个数与 $\lambda_1, \lambda_2, \cdots, \lambda_r$ 中正数的个数相等．

一个二次型经过可逆线性变换化为标准形，其标准形正负项的个数是唯一确定的，它们的和等于该二次型的秩．

对二次型的标准形中系数全为正或全为负的情形，称之为**正定二次型**．

9.6.2　正定二次型及其判定

定义 2　设有实二次型 $f = \boldsymbol{x}^{\mathrm{T}}\boldsymbol{A}\boldsymbol{x}$，

(1) 如果对任何 $\boldsymbol{x} \neq \boldsymbol{0}$，都有 $f(\boldsymbol{x}) > 0$，则称 f 为**正定二次型**，并称对称矩阵 $\boldsymbol{A}$ 是**正定矩阵**；

(2) 如果对任何 $\boldsymbol{x} \neq \boldsymbol{0}$，都有 $f(\boldsymbol{x}) \geqslant 0$，则称 f 为**半正定二次型**，并称对称矩阵 $\boldsymbol{A}$ 是半

正定矩阵;

(3) 如果对任何 $\boldsymbol{x} \neq \boldsymbol{0}$,都有 $f(\boldsymbol{x}) < 0$,则称 f 为**负定二次型**,并称对称矩阵 $\boldsymbol{A}$ 是**负定矩阵**.

(4) 如果对任何 $\boldsymbol{x} \neq \boldsymbol{0}$,都有 $f(\boldsymbol{x}) \leqslant 0$,则称 f 为**半负定二次型**,并称对称矩阵 $\boldsymbol{A}$ 是**半负定矩阵**.

(5) 其他的实二次型称为不定二次型,其他的实对称矩阵称为**不定矩阵**.

定理 2 实二次型 $f = \boldsymbol{x}^{\mathrm{T}}\boldsymbol{A}\boldsymbol{x}$ 为正定的充分必要条件是:它的标准形的 n 个系数全为正,即它的正惯性指数等于 n.

实二次型 $f = \boldsymbol{x}^{\mathrm{T}}\boldsymbol{A}\boldsymbol{x}$ 正定的充要条件是矩阵的 n 个特征值都是正数或正惯性指数等于 n;实二次型 $f = \boldsymbol{x}^{\mathrm{T}}\boldsymbol{A}\boldsymbol{x}$ 负定的充要条件是矩阵的 n 个特征值都是负数或负惯性指数等于 n.

推论 1 对称矩阵 $\boldsymbol{A}$ 为正定的充分必要条件是:$\boldsymbol{A}$ 的特征值全为正;负定的充分必要条件是:$\boldsymbol{A}$ 的特征值全为负.

推论 2 若矩阵 $\boldsymbol{A}$ 正定,则 $\boldsymbol{A}^{-1}$ 正定.

证 $\boldsymbol{A}$ 正定,则 $\boldsymbol{A}$ 的特征值 $\lambda_i > 0$,所以 $\boldsymbol{A}^{-1}$ 的特征值 $\lambda_i^{-1} > 0$,则 $\boldsymbol{A}^{-1}$ 正定.

定理 3 对称矩阵 $\boldsymbol{A}$ 正定的充分必要条件是:$\boldsymbol{A}$ 的各阶主子式都为正,即

$$a_{11} > 0, \begin{vmatrix} a_{11} & a_{12} \\ a_{21} & a_{22} \end{vmatrix} > 0, \cdots, \begin{vmatrix} a_{11} & \cdots & a_{1n} \\ \vdots & & \vdots \\ a_{n1} & \cdots & a_{nn} \end{vmatrix} > 0.$$

对称矩阵 $\boldsymbol{A}$(或二次型 $f = \boldsymbol{x}^{\mathrm{T}}\boldsymbol{A}\boldsymbol{x}$)负定的充要条件是:奇数阶主子式为负,而偶数阶主子式为正,即 $(-1)^r \begin{vmatrix} a_{11} & \cdots & a_{1r} \\ \vdots & & \vdots \\ a_{r1} & \cdots & a_{rr} \end{vmatrix} > 0, (r = 1, 2, \cdots, n)$ ——**霍尔维茨定理**.

【例 1】 判别矩阵 $\begin{pmatrix} 2 & 1 & 2 \\ 1 & 2 & 1 \\ 2 & 1 & 3 \end{pmatrix}$ 的正定性.

解 $a_{11} = 2 > 0, \begin{vmatrix} a_{11} & a_{12} \\ a_{21} & a_{22} \end{vmatrix} = \begin{vmatrix} 2 & 1 \\ 1 & 2 \end{vmatrix} = 3 > 0, \begin{vmatrix} 2 & 1 & 2 \\ 1 & 2 & 1 \\ 2 & 1 & 3 \end{vmatrix} = 3 > 0$,

故由定理 3 知 $\boldsymbol{A}$ 为正定矩阵.

【例 2】 判别二次型 $f = -3x^2 - 5y^2 - 7z^2 + 4xy + 4xz$ 的正定性.

解 f 的矩阵为

$$\boldsymbol{A} = \begin{pmatrix} -3 & 2 & 2 \\ 2 & -5 & 0 \\ 2 & 0 & -7 \end{pmatrix},$$

$$a_{11}=-3<0,\begin{vmatrix}a_{11}&a_{12}\\a_{21}&a_{22}\end{vmatrix}=\begin{vmatrix}-3&2\\2&-5\end{vmatrix}=11>0,\ |\boldsymbol{A}|=-57<\mathbf{0}.$$

故由定理3知 f 为负定.

推论3　n 阶实对称矩阵 $\boldsymbol{A}$ 正定的充分必要条件是:存在可逆矩阵 $\boldsymbol{B}$,使 $\boldsymbol{A}=\boldsymbol{B}^{\mathrm{T}}\boldsymbol{B}$.

证　因为 $\boldsymbol{A}=(\boldsymbol{U}^{\mathrm{T}})^{-1}\boldsymbol{U}^{-1}$,取 $\boldsymbol{B}=\boldsymbol{U}^{-1}$ 可证.

推论4　若 $\boldsymbol{A}$ 正定,则 $|\boldsymbol{A}|\neq 0$.

证　因为 $\boldsymbol{U}^{\mathrm{T}}\boldsymbol{A}\boldsymbol{U}=\boldsymbol{E}$,所以 $|\boldsymbol{U}|^2\,|\boldsymbol{A}|=1$,可证.

定理4　同阶正定矩阵之和必为正定矩阵.

证　设 $\boldsymbol{A}$ 和 $\boldsymbol{B}$ 是两个同阶正定矩阵,则对任何 $x\neq 0$ 必有

$$\boldsymbol{x}^{\mathrm{T}}(\boldsymbol{A}+\boldsymbol{B})\boldsymbol{x}=\boldsymbol{x}^{\mathrm{T}}\boldsymbol{A}\boldsymbol{x}+\boldsymbol{x}^{\mathrm{T}}\boldsymbol{B}\boldsymbol{x}>0.$$

习题 9.6

1. 判别下列二次型的正定性:

(1) $f=-2x_1^2-6x_2^2-4x_3^2+2x_1x_2+2x_1x_3$;

(2) $f=x_1^2+3x_2^2+9x_3^2+19x_4^2-2x_1x_2+4x_1x_3+2x_1x_4-6x_2x_4-12x_3x_4$;

(3) $f=2x_1^2+x_2^2-4x_1x_2-4x_2x_3$.

2. 判断下列矩阵的正定性:

(1) $\begin{pmatrix}5&2&-4\\2&1&-2\\-4&-2&5\end{pmatrix}$;　　(2) $\begin{pmatrix}6&2&1\\2&-6&0\\1&0&-6\end{pmatrix}$.

3. t 为何值时,矩阵 $\begin{pmatrix}1&1&2\\1&t&0\\2&0&t\end{pmatrix}$ 是正定的?

自　测　题

1. 单项选择题

(1) 若 n 阶方阵 $\boldsymbol{A}$ 的的任意一行 n 个元素的和都是 a,则 $\boldsymbol{A}$ 的一个特征值为(　　)

A. a　　B. $-a$　　C. 0　　D. a^{-1}

(2) 下列矩阵中,不能相似对角化的是(　　)

A. $\begin{pmatrix}1&2&-1\\2&4&3\\-1&3&5\end{pmatrix}$　B. $\begin{pmatrix}0&0&0\\0&0&0\\1&2&3\end{pmatrix}$　C. $\begin{pmatrix}0&0&0\\0&1&0\\0&2&3\end{pmatrix}$　D. $\begin{pmatrix}0&0&0\\1&0&0\\0&2&1\end{pmatrix}$

(3) 已知 $f(x)=x^2-2x-1$,方阵 $\boldsymbol{A}$ 的特征值为 1,0,−1,则 $f(\boldsymbol{A})$ 的特征值为(　　)

A. −2,−1,2　　B. −2,−1,−2　　C. 2,1,−2　　D. 2,0,−2

(4) 已知 $\boldsymbol{A}$ 的特征值为 1,−1,向量 $\boldsymbol{\alpha}$ 是属于 1 的特征向量,$\boldsymbol{\beta}$ 是属于 −1 的特征向量,则下列论断正确的是(　　)

A. $\boldsymbol{\alpha}+\boldsymbol{\beta}$ 是 $\boldsymbol{A}$ 的特征向量　　B. $\boldsymbol{\alpha}$ 和 $\boldsymbol{\beta}$ 线性无关

C. $\boldsymbol{\alpha}$ 和 $\boldsymbol{\beta}$ 必正交　　D. $\boldsymbol{\alpha}$ 和 $\boldsymbol{\beta}$ 线性相关

(5) 设 $\boldsymbol{A}$ 是 n 阶矩阵,$\boldsymbol{C}$ 是 n 阶正交矩阵,且 $\boldsymbol{B}=\boldsymbol{C}^{\mathrm{T}}\boldsymbol{AC}$,则下述结论(　　)不成立.

A. $\boldsymbol{A}$ 与 $\boldsymbol{B}$ 相似　　B. $\boldsymbol{A}$ 与 $\boldsymbol{B}$ 等价

C. $\boldsymbol{A}$ 与 $\boldsymbol{B}$ 有相同的特征值　　D. $\boldsymbol{A}$ 与 $\boldsymbol{B}$ 有相同的特征向量

(6) 若 $\boldsymbol{A}$ 相似 $\boldsymbol{B}$,则(　　)

A. $\lambda\boldsymbol{E}-\boldsymbol{A}=\lambda\boldsymbol{E}-\boldsymbol{B}$

B. $|\boldsymbol{A}|=|\boldsymbol{B}|$

C. 对于相同的特征值,$\boldsymbol{A}$,$\boldsymbol{B}$ 有相同的特征向量

D. $\boldsymbol{A}$,$\boldsymbol{B}$ 均与同一个对角矩阵相似

(7) 实二次型 $f(x_1,x_2,\cdots,x_n)=\boldsymbol{x}^{\mathrm{T}}\boldsymbol{Ax}$ 为正定的充要条件是(　　)

A. f 的秩为 n　　B. f 的正惯性指数为 n

C. f 的正惯性指数等于 f 的秩　　D. f 的负惯性指数为 n

(8) 实二次型 $f(x_1,x_2,\cdots,x_n)$ 的秩为 3,符号差为 −1,则 f 的标准形可能为(　　)

A. $y_1^2-2y_2^2+y_3^2$　　B. $y_1^2+2y_2^2-y_3^2$

C. $-y_1^2+y_2^2-y_3^2$　　D. $-y_1^2$

2. 设 $\boldsymbol{A}=\begin{pmatrix}1&0\\-1&2\end{pmatrix}$,计算 $\boldsymbol{A}^{10}$.

3. 判断下列矩阵是否相似于对角阵,如能,求出这个对角阵和变换矩阵 $\boldsymbol{P}$.

(1) $\boldsymbol{A}=\begin{pmatrix}-1&4&-2\\-3&4&0\\-3&1&3\end{pmatrix}$;(2) $\boldsymbol{A}=\begin{pmatrix}0&0&0\\0&0&0\\3&0&1\end{pmatrix}$;(3) $\boldsymbol{A}=\begin{pmatrix}19&-9&-6\\25&-11&-9\\17&-9&-4\end{pmatrix}$.

4. 设二次型 $f(x_1,x_2,x_3)=2x_1^2+x_2^2+4x_3^2+2x_1x_2+2tx_2x_3$ 是正定型,求 t 满足的条件.

下篇 离散数学

第 10 章

数理逻辑

数理逻辑是用数学的方法来研究人类推理过程的一门数学学科．其显著特征是符号化和形式化，即把逻辑所涉及的“概念、判断、推理”用符号来表示，用公理体系来刻划，并基于符号串形式的演算来描述推理过程的一般规律．现代数理逻辑可分为逻辑演算、证明论、公理集合论、递归论和模型论．本章介绍的是数理逻辑最基本的内容，也是与计算机科学关系最为密切的：命题逻辑和谓词逻辑（一阶逻辑）．

§10.1 命题与命题联结词

10.1.1 命题及其表示法

在说明命题的含义之前，请看下面的例句．

(1) 北京是中国的首都．

(2) 雪是黑色的．

(3) $3\times5=15$．

(4) 把门关上．

(5) 今年十月一日是晴天．

(6) 这朵花多好看呀！

(7) 明天下午你有课吗？

(8) 能整除 7 的正整数只有 1 和 7 本身．

(9) 地球外的星球上也有人．

(10) 我学英语，或者我学日语．

(11) 本语句是假的．

上面的例句很多，但大体上可以分为两类．一类如例句(4)、(6)、(7)，他们分别是祈使句、感叹句和疑问句，无所谓真假；或者如例句(11)是悖论，无论如何解释都出现矛盾．另一类例句(1)、(2)、(3)、(5)、(8)、(9)、(10)，它们都是陈述句，所陈述的事实非真则假，而且其或真或假是客观存在的.

定义 1 一个陈述句,如果其表达的含义非真则假,就称为**命题**.

陈述句为真或为假的这种性质,称为命题的**真值**。命题仅有两种可能的真值—真和假,且二者只能居其一.真用 1 或 T 表示,假用 0 或 F 表示.由于命题只有两种真值,所以称这种逻辑为**二值逻辑**.命题的真值是具有客观性质的,而不是由人的主观决定的.

【例 1】 P:现代物理学的两大基石是量子力学和相对论.

Q:陆地的面积没有海洋大.

R:$x+y>5$.

上例中 P、Q 代表的命题具有确定的内容,称为**命题常元**,R 代表的命题没有赋予确定的内容(因为 x、y 不确定),称为**命题变元**.命题常元有确定的真值,命题变元只有被特定命题取代后,其真值才确定.

如果一陈述句再也不能分解成更为简单的语句,由它构成的命题称为**原子命题**.原子命题是命题逻辑的基本单位.

命题分为两类:

第一类是原子命题,原子命题用大写英文字母 P,Q,R 等或带下标的大写字母 $P_i,Q_i,R_i,\cdots$ 表示.

第二类是复合命题,它由原子命题、命题联结词和圆括号组成.

10.1.2 命题联结词

1. 否定联结词"$\neg$"

定义 2 设 P 表示一个命题,由命题联结词"$\neg$"和命题 P 连接成的新命题"$\neg P$"称为 P 的**否命题**,"$\neg P$"读"非 P",并称"$\neg$"为**否定联结词**.

$\neg P$ 为真,当且仅当 P 为假;$\neg P$ 为假,当且仅当 P 为真.否定联结词"$\neg$"的定义可由表 1 表示之.由于否定修改了命题,它是对单个命题进行操作,称它为**一元联结词**.

【例 2】 P:11 是素数.

$\neg P$:11 不是素数.

P 真值为 1,$\neg P$ 真值为 0.

表 1

P	Q
1	0
0	1

2. 合取联结词"$\wedge$"

定义 3 设 P 和 Q 为两个命题,由命题联结词"$\wedge$"将 P 和 Q 连接成"$P\wedge Q$",称"$P\wedge Q$"为命题 P 和 Q 的**合取式复合命题**,"$P\wedge Q$"读做"P 与 Q"或"P 且 Q",并称"$\wedge$"为**合取联结词**.

当且仅当 P 和 Q 的真值同为真，命题“$P\wedge Q$”的真值才为真；否则，“$P\wedge Q$”的真值为假．合取联结词 $\wedge$ 的定义由表2表示之．

表 2

P	Q	$P\wedge Q$
0	0	0
0	1	0
1	0	0
1	1	1

【例3】 P：小明是三好生；Q：小林是三好生. 则小明和小林是三好生表示为 $P\wedge Q$.

3. 析取联结词“$\vee$”

定义4　设 P 和 Q 为两个命题，由命题联结词“$\vee$”把 P 和 Q 连接成“$P\vee Q$”，称“$P\vee Q$”为命题 P 和 Q 的**析取式复合命题**，“$P\vee Q$”读做“P 或 Q”，并称“$\vee$”为**析取联结词**．

当且仅当 P 和 Q 的真值同为假，“$P\vee Q$”的真值为假；否则，“$P\vee Q$”的真值为真．析取联结词“$\vee$”的定义由表3表示之．

表 3

P	Q	$P\vee Q$
0	0	0
0	1	1
1	0	1
1	1	1

【例4】 P：小明学过英语；Q：小明学过日语. 则小明学过英语或日语可表示为 $P\vee Q$.

注意：$P\vee Q$ 是相容的或，允许 P，Q 同真，即小明可能既学过英语又学过日语．（不相容的或，也称排斥或，指 P，Q 中恰有一个成立．如：小明学过英语或日语中的一门，应表示为 $(P\wedge\neg Q)\vee(\neg P\wedge Q)$.

4. 蕴涵联结词“$\rightarrow$”

定义5　设 P 和 Q 为两个命题，由命题联结词“$\rightarrow$”把 P 和 Q 连接成“$P\rightarrow Q$”，称“$P\rightarrow Q$”为命题 P 和 Q 的**蕴涵式复合命题**，并称 P 为蕴涵式的前件，Q 为后件．“$P\rightarrow Q$”读做“P 蕴涵 Q”或者“如果 P，则 Q”. 称“$\rightarrow$”为**蕴涵联结词**．

表 4

P	Q	$P\rightarrow Q$
0	0	1
0	1	1
1	0	0
1	1	1

当且仅当 P 的真值为真且 Q 的真值为假时，命题 $P\rightarrow Q$ 的真值为假；否则，$P\rightarrow Q$ 的真值为真．条件联结词 $\rightarrow$ 的定义由表4表示之．

【例5】 P：我上街；Q：我去书店. 则如果我上街，我就去书店可表示为 $P\rightarrow Q$.

为了对蕴涵式真值表有进一步了解，请看下例．

【例6】 一位父亲对儿子说：“如果我去书店，就一定给你买本《幼儿画报》.”问：什么情况下父亲食言？

解　可能情况有四种：

(1) 父亲去了书店，给儿子买了《幼儿画报》.

(2) 父亲去了书店，却没给儿子买《幼儿画报》.

(3) 父亲没去书店,却给儿子买了《幼儿画报》.

(4) 父亲没去书店,也没给儿子买《幼儿画报》.

显然,(1)、(3)父亲没有食言,(4)与父亲的许诺没有抵触,当然也没有食言,只有(2)算食言,而这种情况正好对应蕴涵式为假的"前件真后件假"的条件.

5. 等价联结词"↔"

定义 6 设 P、Q 是两个命题,命题联结词"↔"把 P,Q 连接成"$P \leftrightarrow Q$",称"$P \leftrightarrow Q$"为命题 P 和 Q 的**等价式复合命题**,"$P \leftrightarrow Q$"读做"P 当且仅当 Q",或"P 等价 Q"。称"↔"为**等价联结词**.

当且仅当 P 和 Q 的真值相同时,$P\leftrightarrow Q$ 的真值为真;否则,$P\leftrightarrow Q$ 的真值为假. 等价联结词"↔"的定义由表 5 表示之.

表 5

P	Q	$P\leftrightarrow Q$
0	0	1
0	1	0
1	0	0
1	1	1

【例 7】 P: 2+2=4,Q: 3 是奇数.

(1) 2+2=4 当且仅当 3 是奇数可表示为 $P\leftrightarrow Q$;

(2) 2+2=4 当且仅当 3 不是奇数可表示为 $P\leftrightarrow \neg Q$;

(3) 2+2≠4 当且仅当 3 是奇数可表示为 $\neg P\leftrightarrow Q$;

(4) 2+2≠4 当且仅当 3 不是奇数可表示为 $\neg P\leftrightarrow \neg Q$.

再考虑其真值,因为 P 真,Q 真,所以 $P\leftrightarrow Q$,$\neg P\leftrightarrow \neg Q$ 真值为 1,而 $P\leftrightarrow \neg Q$,$\neg P \leftrightarrow Q$ 真值为 0.

以上介绍的 5 种常用联结词也称为**逻辑联结词**或**真值联结词**. 在命题逻辑中,可用这些联结词将各种复合命题符号化,具体步骤如下:

(1) 分析出各简单命题,并将它们符号化;

(2) 选择合适的联结词,将简单命题逐个联结起来,即得复合命题的符号化表示.

【例 8】 将下列命题符号化:

(1) 小王是游泳冠军或百米赛跑冠军.

(2) 小王现在在宿舍或在图书馆.

(3) 选小王或小李中的一人当班长.

(4) 如果我上街,我就去书店看看,除非我很累.

(5) 小丽是计算机系的学生,她生于 1990 或 1992 年,她是三好生.

解 各命题符号化如下

(1) $P\vee Q$,其中,P:小王是游泳冠军;Q:小王是百米赛跑冠军.

(2) $P\vee Q$,其中,P:小王在宿舍;Q:小王在图书馆.

(3) $(P\wedge \neg Q)\vee(\neg P\wedge Q)$,其中,$P$:选小王当班长;$Q$:选小李当班长.

(4) $\neg R \to (P \to Q)$，其中，P：我上街；Q：我去书店看看；R：我很累．

此句中的联结词"除非"相当于"如果不……"的意思，因此$\neg R$应为$P \to Q$的前件．事实上，此命题亦可以叙述为"如果我不累并且我上街，则我就会去书店看看"，因而也可以符号化为$(\neg R \wedge P) \to Q$.

(5) $P \wedge (Q \vee R) \wedge S$. 其中，$P$：小丽是计算机系的学生；$Q$：小丽生于1990年；$R$：小丽生于1992年；$S$：小丽是三好生．

在本节结束时，应强调指出的是：复合命题的真值只取决于各原子命题的真值，而与它们的内容、含义无关，与原子命题之间是否有关系无关．理解和掌握这一点是至关重要的，请读者认真去领会．

§10.2 命题公式及分类

10.2.1 命题合式公式

通常把含有命题变元的断言称为命题公式．但这没能指出命题公式的结构，因为不是所有由命题变元、联结词和括号所组成的字符串都能成为命题公式．为此常使用递归定义命题公式，以便构成的公式有规则可循．由这种定义产生的公式称为**命题合式公式**．

定义1 单个命题变元和命题常元称为**原子命题公式**，简称**原子公式**．

定义2 **命题合式公式**是由下列规则生成的公式：

① 单个原子公式是命题合式公式．

② 若A是一个命题合式公式，则$\neg A$也是一个命题合式公式．

③ 若A、B是命题合式公式，则$A \wedge B$、$A \vee B$、$A \to B$和$A \leftrightarrow B$都是命题合式公式．

④ 只有有限次使用①、②和③生成的公式才是命题合式公式．

当命题合式公式比较复杂时，常常使用很多圆括号，为了减少圆括号的使用量，可作以下约定：

① 规定联结词的优先级由高到低的次序为：$\neg$、$\wedge$、$\vee$、$\to$、$\leftrightarrow$．

② 相同的联结词按从左至右次序计算时，圆括号可省略．

③ 最外层的圆括号可以省略．

为方便计，命题合式公式也简称为**合式公式**或**公式**．

【例1】 判断以下字符串中哪些是命题公式：

(1) $P \wedge \neg(Q \vee \neg R)$；

(2) $P \to \neg(Q \to \neg R)$；

(3) $PQ \to R$；

(4) $P \vee \to Q$；

(5) $P \wedge (Q \leftrightarrow \neg R)$.

解 (1)、(2)、(5)是公式，(3)、(4)不是．

10.2.2 公式的真值表

公式的真值取决于各命题变元的真值，当所有命题变元的真值给定，该公式的真值也就唯一确定．对一个公式的解释和赋值定义如下：

设 A 为一个命题公式，$P_1,P_2,\cdots,P_n$ 为出现在 A 中的所有的命题变元．给 $P_1,P_2,\cdots,P_n$ 指定一组真值，称为对 A 的一个**赋值**或**解释**．若指定的一组真值使 A 的真值为真，则称这组赋值为 A 的**成真赋值**，若使 A 的真值为假，则称这组赋值为 A 的**成假赋值**．

定义 3 对于公式中命题变元的每一种可能的真值指派，以及由它们确定出的公式真值所列成的表，称为该公式的**真值表**．

用归纳法不难证明，对于含有 n 个命题变元的公式，有 2^n 个真值指派，即在该公式的真值表中有 2^n 行．

为方便构造真值表，特约定如下：

① 命题变元按字典序排列．

② 对每个指派，以二进制数从小到大或从大到小顺序列出．

③ 若公式较复杂，可先列出各子公式的真值(若有括号，则应从里层向外层展开)，最后列出所求公式的真值．

【例 2】 求下列命题公式的真值表．

(1) $\neg(Q\rightarrow P)\wedge P$

(2) $(\neg P\rightarrow Q)\rightarrow(Q\rightarrow\neg P)$

(3) $(P\leftrightarrow(R\rightarrow\neg P))\vee((\neg Q\rightarrow P)\leftrightarrow R)$

解 (1)

P	Q	$Q\rightarrow P$	$\neg(Q\rightarrow P)$	$\neg(Q\rightarrow P)\wedge P$
0	0	1	0	0
0	1	0	1	0
1	0	1	0	0
1	1	1	0	0

(2)

P	Q	$\neg P$	$\neg P\rightarrow Q$	$Q\rightarrow\neg P$	$(\neg P\rightarrow Q)\rightarrow(Q\rightarrow\neg P)$
0	0	1	0	1	1
0	1	1	1	1	1
1	0	0	1	1	1
1	1	0	1	0	0

(3)

P	Q	R	$\neg P$	$R\to\neg P$	$P\leftrightarrow(R\to\neg P)$	$\neg Q$	$\neg Q\to P$	$(\neg Q\to P)\leftrightarrow R$	原式
0	0	0	1	1	0	1	0	1	1
0	0	1	1	1	0	1	0	0	0
0	1	0	1	1	0	0	1	0	0
0	1	1	1	1	0	0	1	1	1
1	0	0	0	1	1	1	1	0	1
1	0	1	0	0	0	1	1	1	1
1	1	0	0	1	1	0	1	0	1
1	1	1	0	0	0	0	1	1	1

10.2.3 公式的分类

定义 4 设 A 为一个命题公式.

(1) 若 A 在它的各种赋值下真值均为真,则称 A 为**重言式**或**永真式**.

(2) 若 A 在它的各种赋值下真值均为假,则称 A 为**矛盾式**或**永假式**.

(3) 若 A 至少存在一组赋值是成真赋值,则称 A 为**可满足式**.

由定义易知,重言式必为可满足式,反之不真.

那么,如何判定给定公式的类型呢?显然,公式的赋值是有限的,因而,可以用真值表来判断公式的类型.在一个公式 A 的真值表中,由最后一列的值而定,若全为 1,则 A 为重言式;若全为 0,则 A 为矛盾式;既有 0 又有 1,则 A 为非重言式的可满足式.所以,上面例 2 中(1)为矛盾式,(2)(3)为非重言式的可满足式.另外,(1)的否定$\neg(\neg(Q\to P)\wedge P)$为重言式.在后面两节中还会讲到判断公式类型的其他方法.

§10.3 等值演算

10.3.1 等值式

先看下面例子.

【例 1】 (1)她不是合唱队员或舞蹈队员,(2)她既不是合唱队员也不是舞蹈队员.试分析(1)、(2)两个语句之间的联系.

解 从语句的意思来看,它们表示相同的意思,则有相同的真值.我们通过真值表也可以说明这一点.设 P:她是合唱队员.Q:她是舞蹈队员.则符号化后两个命题依次为$\neg$

$(P\vee Q)$和$\neg P\wedge\neg Q$. 相应的真值表如下表示.

P	Q	$\neg P$	$\neg Q$	$P\vee Q$	$\neg(P\vee Q)$	$\neg P\wedge\neg Q$
0	0	1	1	0	1	1
0	1	1	0	1	0	0
1	0	0	1	1	0	0
1	1	0	0	1	0	0

由上表可知两命题在各种赋值下的真值均相同,即同真同假.

事实上这种结果并非偶然. 给定n个命题变元,按命题公式的生成方式可以生成无数个命题公式,但真值表的个数却是有限的,故必然有些命题公式有相同的真值表,即有相同的真值. 如$n=2$时,只能生成$2^{2^2}=16$个不同真值的命题公式.

定义1 设A和B是两个命题公式,如果A、B在其任意指派下,其真值都是相同的,则称A和B是**等值的**,或**逻辑相等**,记作$A\Leftrightarrow B$,称$A\Leftrightarrow B$为**等值式**.

显然,若公式A和B的真值表是相同的,则A和B等值. 因此,验证两公式是否等值,只需做出它们的真值表即可. 由上例知,$\neg(P\vee Q)\Leftrightarrow\neg P\wedge\neg Q$.

注意,$\leftrightarrow$是逻辑联结词,它出现在命题公式中;$\Leftrightarrow$不是逻辑联结词,表示两个命题公式的一种关系,不属于这两个公式的任何一个公式中的符号.

由定义不难看出,A和B等值的充要条件为$A\leftrightarrow B$为重言式.

等值式有下列性质:

① 自反性,即对任意公式A,有$A\Leftrightarrow A$.

② 对称性,即对任意公式A和B,若$A\Leftrightarrow B$,则$B\Leftrightarrow A$.

③ 传递性,即对任意公式A、B和C,若$A\Leftrightarrow B$、$B\Leftrightarrow C$,则$A\Leftrightarrow C$.

10.3.2 基本等值式——命题定律

在判定公式间是否等值,有一些简单而又经常使用的等值式,称为基本等值式或称为命题定律. 牢固地记住它并能熟练运用,是学好数理逻辑的关键之一,读者应该注意到这一点. 现将这些命题定律列出如下:

(1) 双重否定律: $\neg\neg A\Leftrightarrow A$.

(2) 交换律: $A\wedge B\Leftrightarrow B\wedge A$, $A\vee B\Leftrightarrow B\vee A$.

(3) 结合律: $(A\wedge B)\wedge C\Leftrightarrow A\wedge(B\wedge C)$,

$(A\vee B)\vee C\Leftrightarrow A\vee(B\vee C)$.

(4) 分配律: $A\wedge(B\vee C)\Leftrightarrow(A\wedge B)\vee(A\wedge C)$,

$A\vee(B\wedge C)\Leftrightarrow(A\vee B)\wedge(A\vee C)$.

(5) 德·摩根律：$\neg(A\wedge B)\Leftrightarrow\neg A\vee\neg B$，$\neg(A\vee B)\Leftrightarrow\neg A\wedge\neg B$.

(6) 等幂律：$A\wedge A\Leftrightarrow A$，$A\vee A\Leftrightarrow A$.

(7) 同一律：$A\wedge 1\Leftrightarrow A$，$A\vee 0\Leftrightarrow A$.

(8) 零　律：$A\wedge 0\Leftrightarrow 0$，$A\vee 1\Leftrightarrow 1$.

(9) 吸收律：$A\wedge(A\vee B)\Leftrightarrow A$，$A\vee(A\wedge B)\Leftrightarrow A$.

(10) 矛盾律：$A\wedge\neg A\Leftrightarrow 0$.

(11) 排中律：$A\vee\neg A\Leftrightarrow 1$.

(12) 蕴涵等值式：$A\rightarrow B\Leftrightarrow\neg A\vee B$.

(13) 等价等值式：$A\leftrightarrow B\Leftrightarrow(A\rightarrow B)\wedge(B\rightarrow A)$

(14) 假言易位律：$A\rightarrow B\Leftrightarrow\neg B\rightarrow\neg A$

(15) 等价否定等值式：$A\leftrightarrow B\Leftrightarrow\neg A\leftrightarrow\neg B$.

(16) 归谬律：$(A\rightarrow B)\wedge(A\rightarrow\neg B)\Leftrightarrow\neg A$.

上面这些定律，即是通常所说的布尔代数或逻辑代数的重要组成部分，它们的正确性利用真值表是不难给出证明的，在此从略.

10.3.3 等值演算

在定义命题公式时，已看到了逻辑联结词能够从已知公式推出新的公式，从这个意义上可把逻辑联结词看成运算. 除逻辑联结词外，还要介绍"代入"和"替换"，它们也有从已知公式得到新的公式的作用，因此有人也将它们看成运算，这不无道理，而且在今后讨论中，它们的作用也是不容忽视的.

1. 代入规则

定理1 在一个永真式 A 中，任何一个原子命题变元 R 出现的每一处，用另一个公式代入，所得公式 B 仍是永真式. 本定理称为**代入规则**.

2. 替换规则

定理2 设 A_1 是命题公式 A 的子公式，若 $A_1\Leftrightarrow B_1$，并且将 A 中的 A_1 用 B_1 替换得到公式 B，则 $A\Leftrightarrow B$. 称该定理为**替换规则**.

代入和替换有两点区别：

(1) 代入是对原子命题变元而言的，而替换可对命题公式实行.

(2) 代入必须是处处代入，替换则可部分替换，亦可全部替换.

【例2】 验证下列等值式.

(1) $P\rightarrow(Q\rightarrow R)\Leftrightarrow(P\wedge Q)\rightarrow R$；

(2) $(P\wedge(Q\wedge R))\vee(\neg P\wedge(Q\wedge R))\Leftrightarrow Q\wedge R$；

(3) $Q\vee\neg((\neg P\vee Q)\wedge P)\Leftrightarrow 1$.

解 (1) $P\rightarrow(Q\rightarrow R)$

$\Leftrightarrow P\to(\neg Q\vee R)$　　蕴涵等值式

$\Leftrightarrow \neg P\vee(\neg Q\vee R)$　　蕴涵等值式

$\Leftrightarrow(\neg P\vee\neg Q)\vee R$　　结合律

$\Leftrightarrow\neg(P\wedge Q)\vee R$　　德·摩根律

$\Leftrightarrow(P\wedge Q)\to R$　　蕴涵等值式

(2) $(P\wedge(Q\wedge R))\vee(\neg P\wedge(Q\wedge R))$

$\Leftrightarrow((Q\wedge R)\wedge P)\vee((Q\wedge R)\wedge\neg P)$　　交换律

$\Leftrightarrow(Q\wedge R)\wedge(P\vee\neg P)$　　分配律

$\Leftrightarrow(Q\wedge R)\wedge 1$　　排中律

$\Leftrightarrow Q\wedge R$　　同一律

(3) $Q\vee\neg((\neg P\vee Q)\wedge P)$

$\Leftrightarrow Q\vee\neg((\neg P\wedge P)\vee(Q\wedge P))$　　分配律

$\Leftrightarrow Q\vee\neg(0\vee(Q\wedge P))$　　矛盾律

$\Leftrightarrow Q\vee\neg(Q\wedge P)$　　同一律

$\Leftrightarrow Q\vee(\neg Q\vee\neg P)$　　德·摩根律

$\Leftrightarrow(Q\vee\neg Q)\vee\neg P$　　结合律

$\Leftrightarrow 1\vee\neg P$　　排中律

$\Leftrightarrow 1$　　零律

由以上例子可知,我们可以利用等值演算来化简命题公式,亦可以利用等值演算来判断命题公式的类型.

§10.4　范式

10.4.1　对偶式

在上节介绍的命题定律中,多数是成对出现的,这些成对出现的定律就是对偶性质的反映,即**对偶式**. 利用对偶式的命题定律,可以扩大等值式的个数,也可减少证明的次数.

定义1　在给定的仅使用联结词$\neg$、$\wedge$和$\vee$的命题公式A中,若把$\wedge$和$\vee$互换,0和1互换而得到一个命题公式A^*,则称A^*为A的**对偶式**.

显然,A也是A^*的对偶式. 可见A与A^*互为对偶式.

例如,$P\wedge Q$与$P\vee Q$,$\neg(P\vee Q)$与$\neg(P\wedge Q)$,$\neg(P\wedge Q)\vee R$与$\neg(P\vee Q)\wedge R$等均为相互对偶式.

定理1　(**对偶定理**)设A和A^*互为对偶式,$P_1,P_2,\cdots,P_n$是出现A和A^*中的原子命题变元,则

① $\neg A(P_1,P_2,\cdots,P_n)\Leftrightarrow A^*(\neg P_1,\neg P_2,\cdots,\neg P_n)$

② $A(\neg P_1,\neg P_2,\cdots,\neg P_n)\Leftrightarrow\neg A^*(P_1,P_2,\cdots,P_n)$

① 表明公式 A 的否定等值于其命题变元否定的对偶式；②表明命题变元否定的公式等值于对偶式的否定．

例如，
$$A(P,Q,R)\Leftrightarrow\neg(P\wedge Q)\vee R, \tag{1}$$
则
$$A^*(P,Q,R)\Leftrightarrow\neg(P\vee Q)\wedge R. \tag{2}$$

由(1)知，$\neg A(P,Q,R)\Leftrightarrow(P\wedge Q)\wedge\neg R$；

由(2)$A^*(\neg P,\neg Q,\neg R)\Leftrightarrow\neg(\neg P\vee\neg Q)\wedge\neg R\Leftrightarrow(P\wedge Q)\wedge\neg R$.

即有　$\neg A(P,Q,R)\Leftrightarrow A^*(\neg P,\neg Q,\neg R)$.

类似地，$A(\neg P,\neg Q,\neg R)\Leftrightarrow\neg A^*(P,Q,R)$.

定理 2　设 A 和 B 为两个命题公式，若 $A\Leftrightarrow B$ 则 $A^*\Leftrightarrow B^*$.

有了等值式、代入规则、替换规则和对偶定理，便可以得到更多的永真式，证明更多的等值式，使化简命题公式更为方便．

10.4.2　简单合取式与简单析取式

定义 2　(1) 仅由有限个命题变元或其否定构成的合取式，称为**简单合取式**．

(2) 仅由有限个命题变元或其否定构成的析取式，称为**简单析取式**．

例如，公式 $P,\neg Q,P\wedge Q$ 和 $\neg P\wedge Q\wedge R$ 等都是简单合取式；公式 $P,\neg Q,P\vee Q,\neg P\vee Q\vee R$ 等都是简单析取式．

注意，一个命题变元或其否定既可以是简单合取式，也可是简单析取式，如例中 $P,\neg Q$ 等.

由定义不难看出以下两点：

(1) 简单合取式为永假式的充要条件是：它同时含有某个命题变元及其否定．

(2) 简单析取式为永真式的充要条件是：它同时含有某个命题变元及其否定．

10.4.3　析取范式与合取范式

定义 3　(1) 仅由有限个简单合取式构成的析取式称为**析取范式**；

(2) 仅由有限个简单析取式构成的合取式称为**合取范式**．

定理 3　对于任何一命题公式，都存在与其等值的析取范式和合取范式．

求范式算法：

① 使用命题定律，消去公式中除 $\wedge$、$\vee$ 和 $\neg$ 以外公式中出现的所有联结词；

② 使用 $\neg(\neg P)\Leftrightarrow P$ 和德・摩根律，将公式中出现的联结词 $\neg$ 都移到命题变元之前；

③ 利用结合律、分配律等将公式化成析取范式或合取范式．

【例 1】　求公式 $((P\vee Q)\rightarrow R)\rightarrow P$ 的析取范式和合取范式．

解　原式

$\Leftrightarrow\neg(\neg(P\vee Q)\vee R)\vee P$　　　　消去→

$\Leftrightarrow(\neg(\neg(P\vee Q))\wedge\neg R)\vee P$　　　　¬内移

$\Leftrightarrow((P\vee Q)\wedge\neg R)\vee P$　　　　消去双重否定

$\Leftrightarrow(P\wedge\neg R)\vee(Q\wedge\neg R)\vee P$　　　　分配律(∧对∨分配)

上式即原式的析取范式,再利用第三步的结论,即:

原式 $\Leftrightarrow((P\vee Q)\wedge\neg R)\vee P$

$\Leftrightarrow((P\vee Q\vee P)\wedge(\neg R\vee P)$　　　　分配律(∨对∧分配)

即原式的合取范式.

10.4.4 主范式

范式基本解决了公式的判定问题．但由于范式的不唯一性,对判断公式间是否等值带来一定困难,而公式的主范式解决了这个问题．下面将分别讨论主范式中的主析取范式和主合取范式.

1. 主析取范式

(1) 极小项的概念和性质

定义 4 在含有 n 个命题变元的简单合取式中,若每个命题变元与其否定不同时存在,而二者之一出现一次且仅出现一次,则称该简单合取式为**极小项**.

例如,两个命题变元 P 和 Q,其构成的极小项有 $P\wedge Q,P\wedge\neg Q,\neg P\wedge Q$ 和 $\neg P\wedge\neg Q$;而三个命题变元 P、Q 和 R,其构成的极小项有 $P\wedge Q\wedge R,P\wedge Q\wedge\neg R,P\wedge\neg Q\wedge R,P\wedge\neg Q\wedge\neg R,\neg P\wedge Q\wedge R$,$\neg P\wedge Q\wedge\neg R,\neg P\wedge\neg Q\wedge R,\neg P\wedge\neg Q\wedge\neg R$.

可以证明,n 个命题变元共形成 2^n 个极小项.

由定义不难看出,每个极小项都有一个并且只有一个成真赋值．我们可以写出任意一个极小项的成真赋值．如:极小项 $P\wedge Q,P\wedge\neg Q,\neg P\wedge Q$ 和 $\neg P\wedge\neg Q$ 的成真赋值分别为 11,10,01,00,成真赋值对应的十进制数分别为 3,2,1,0. 既然极小项的成真赋值唯一,则用成真赋值来表示极小项未为不可．即上面极小项表示为 m_3,m_2,m_1,m_0. 而 n 个命题变元共形成的 2^n 个极小项分别记为 $m_0,m_1,m_2,\cdots,m_{2^n-1}$.

极小项有如下性质:

a. 没有两个极小项是等值的,即是说各极小项的真值表都是不同的.

b. 任意两个不同的极小项的合取式是永假的,即 $m_i\wedge m_j\Leftrightarrow 0,i\neq j$.

c. 所有极小项之析取为永真.

(2) 主析取范式定义及求解

定义 5 在给定公式的析取范式中,若其简单合取式都是极小项,则称该范式为**主析取范式**.

定理 4 任意含 n 个命题变元的非永假命题公式 A 都存在与其等值的主析取范式,且主析取范式唯一．

求给定命题公式 A 的主析取范式的步骤如下：

(1) 求 A 的析取范式 A'.

(2) 删除析取范式中所有为永假的简单合取式.

(3) 用等幂律化简简单合取式中同一命题变元的重复出现，如 $P\land P\Leftrightarrow P$.

(4) 用同一律补进简单合取式中未出现的所有命题变元，如 Q，则 $P\Leftrightarrow P\land(\neg Q\lor Q)$，并用分配律展开之，将相同的简单合取式的多次出现化为一次出现，这样得到了给定公式的主析取范式．

(5) 将极小项按从小到大的顺序排列，并用符号"$\sum$"表示，(如 $m_5\lor m_1\lor m_2$ 排序为 $m_1\lor m_2\lor m_5$，用 $\sum(1,2,5)$ 表示).

【例 2】 求公式 $A=((P\lor Q)\to R)\to P$ 的主析取范式．

解 由例 1，A 的析取范式为 $(P\land\neg R)\lor(Q\land\neg R)\lor P$

$A\Leftrightarrow(Q\land\neg R)\lor P$ $\qquad$ ($(P\land\neg R)\lor P\Leftrightarrow P$ 吸收律)

$Q\land\neg R\Leftrightarrow(Q\land\neg R)\land(P\lor\neg P)$

$\Leftrightarrow(Q\land\neg R\land P)\lor(Q\land\neg R\land\neg P)$

$\Leftrightarrow(P\land Q\land\neg R)\lor(\neg P\land Q\land\neg R)$

$\Leftrightarrow m_6\lor m_2$

$P\Leftrightarrow P\land(Q\lor\neg Q)\land(R\lor\neg R)$

$\Leftrightarrow(P\land Q\land R)\lor(P\land\neg Q\land R)\lor(P\land Q\land\neg R)\lor(P\land\neg Q\land\neg R)$

$\Leftrightarrow m_7\lor m_5\lor m_6\lor m_4$

所以，$A\Leftrightarrow m_2\lor m_4\lor m_5\lor m_6\lor m_7\Leftrightarrow\sum(2,4,5,6,7)$

2. 主合取范式

1) 极大项的概念和性质

定义 6 在 n 个命题变元的简单析取式中，若每个命题变元与其否定不同时存在，而二者之一必出现一次且仅出现一次，则称该简单析取式为**极大项**．

例如，由两个命题变元 P 和 Q，构成的极大项有 $P\lor Q$，$P\lor\neg Q$，$\neg P\lor Q$，$\neg P\lor\neg Q$；三个命题变元 P，Q 和 R，构成 $P\lor Q\lor R$，$P\lor Q\lor\neg R$，$P\lor\neg Q\lor R$，$P\lor\neg Q\lor\neg R$，$\neg P\lor Q\lor R$，$\neg P\lor Q\lor\neg R$，$\neg P\lor\neg Q\lor R$，$\neg P\lor\neg Q\lor\neg R$.

不难证明，n 个命题变元共有 2^n 个极大项．

由定义不难看出，每个极大项都有一个并且仅有一个成假赋值．我们可以写出任意一个极大项的成假赋值．如：极大项 $P\lor Q$，$P\lor\neg Q$，$\neg P\lor Q$ 和 $\neg P\lor\neg Q$ 的成假赋值分别为 00，01，10，11，成假赋值对应的十进制数分别为 0，1，2，3. 既然极大项的成假赋值唯一，同样可以用成假赋值来表示极大项．即上面极大项表示为 M_0，M_1，M_2，M_3．而 n 个命题变元共形成的 2^n 个极大项分别记为 M_0，M_1，$M_2\cdots$，M_{2^n-1}．

极大项有如下性质：

(1) 没有两个极大项是等值的．

(2) 任何两个不同极大项之析取是永真的，即 $M_i \vee M_j \Leftrightarrow 1, i \neq j$.

(3) 所有极大项之合取为永假．

2) 主合取范式的定义及求解

定义 7 在给定公式的合取范式中，若其所有简单析取式都是极大项，称该范式为主合取范式．

定理 5 任意含有 n 个命题变元的非永真命题公式 A，都存在与其等值的主合取范式，且其主合取范式是唯一的．

求给定命题公式 A 的主合取范式的步骤如下：

(1) 求 A 的合取范式 A'；

(2) 删除合取范式中所有为永真的简单合取式；

(3) 用等幂律化简简单析取式中同一命题变元的重复出现，如 $P \vee P \Leftrightarrow P$.

(4) 用同一律补进简单析取式中未出现的所有命题变元，如 Q，则 $P \Leftrightarrow P \vee (\neg Q \wedge Q)$，并用分配律展开之，将相同的简单析取式的多次出现化为一次出现，这样得到了给定公式的主合取范式．

(5) 将极大项按下标从小到大的顺序排列，并用符号"Π"表示，(如 $M_5 \wedge M_1 \wedge M_2$ 排序为 $M_1 \wedge M_2 \wedge M_5$，用 $\prod(1,2,5)$ 表示).

【例 3】 求公式 $A=((P \vee Q) \to R) \to P$ 的主合取范式.

解 由例 1，A 的合取范式为 $(P \vee Q \vee P) \wedge (\neg R \vee P)$.

$A \Leftrightarrow (P \vee Q) \wedge (\neg R \vee P)$ $\qquad$ ($(P \vee Q \vee P \Leftrightarrow P \vee Q$ 等幂律)

$\Leftrightarrow ((P \vee Q) \vee (R \wedge \neg R)) \wedge ((\neg R \vee P) \vee (Q \wedge \neg Q))$

$\Leftrightarrow (P \vee Q \vee R) \wedge (P \vee Q \vee \neg R) \wedge (\neg R \vee P \vee Q) \wedge (\neg R \vee P \vee \neg Q)$

$\Leftrightarrow (P \vee Q \vee R) \wedge (P \vee Q \vee \neg R) \wedge (P \vee \neg Q \vee \neg R)$

$\Leftrightarrow M_0 \wedge M_1 \wedge M_3$

$\Leftrightarrow \prod(0,1,3)$.

3. 主析取范式与主合取范式之间的关系

从极小项和极大项的定义，可知两者有下列关系：$\neg m_i \Leftrightarrow M_i$，$\neg M_i \Leftrightarrow m_i$.

由于主范式是由极小项或极大项构成，因此，主析取范式和主合取范式有着"互补"关系，即由给定公式的主析取范式可以求出其主合取范式．

从 A 的主析取范式求其主合取范式的步骤为：

(1) 求出 A 的主析取范式中所有未出现的极小项．

(2) 求出所有与(a)中极小项的下标相同的极大项．

(3) 做(b)中极大项之合取，即为 A 的主合取范式．

例如，$(P\to Q)\wedge Q\Leftrightarrow m_1\vee m_3$，则$(P\to Q)\wedge Q\Leftrightarrow M_0\wedge M_2$.

4. 主范式的应用

利用主范式可以求解公式类型的判定问题，可以证明等值式成立，也可以求出公式的所有成真赋值和成假赋值．

(1) 判定问题

根据主范式的定义和定理，可以判定含 n 个命题变元的公式，其关键是先求出给定公式的主范式 A；其次按下列条件判定之：

a. 若 $A\Leftrightarrow 1$，或 A 可化为与其等值的、含 2^n 个极小项的主析取范式，则 A 为永真式．

b. 若 $A\Leftrightarrow 0$，或 A 可化为与其等值的、含 2^n 个极大项的主合取范式，则 A 为永假式．

c. 若 A 不与 1 或者 0 等值，且又不含 2^n 个极小项或者极大项，则 A 为可满足的．

(2) 证明等值式成立

由于任一公式的主范式是唯一的，所以将给定的公式分别求出其主范式，若主范式相同，则给定两公式是等值的．

(3) 求成真(假)赋值，只需将极小(大)项的角码转换成二进制数即可．

【例 7】 已知含 3 个命题变元的公式：

$A\Leftrightarrow m_0\vee m_1\vee m_6\vee m_7$ 和 $B\Leftrightarrow M_0\wedge M_1\wedge M_2\wedge M_3\wedge M_4\wedge M_5\wedge M_6\wedge M_7$.

(1) 判断 A，B 的类型．

(2) 判断 A，B 是否等值．

(3) 求 A 的成真赋值和成假赋值．

解 (1)A 为非重言式的可满足式，B 为矛盾式．

(2)A，B 不等值．

(3)A 的成真赋值有 000，001，110，111；

A 的成假赋值有 010，011，100，101.

§10.5　推理理论

在逻辑学中，把从前提(已知的命题公式)出发，依据公认的推理规则，推导出一个结论(新的命题公式)，这一过程称为有效推理或形式证明．所得结论叫做有效结论或逻辑结论，这里最关心的不是结论的真实性而是推理的有效性．前提的实际真值不作为确定推理有效性的依据．但是，如果前提全是真，则有效结论也应该真而绝非假．

在数理逻辑中，集中注意的是研究和提供用来从前提导出结论的推理规则和论证原理，与这些规则有关的理论称为推理理论．

注意：必须把推理的有效性和结论的真实性区别开．有效的推理不一定产生真实的结论，产生真实结论的推理过程未必一定是有效的．再说，有效的推理中可能包含假的前提；

而无效的推理却可能包含真的前提.

10.5.1 推理的基本概念和推理形式

推理也称论证,它是指由已知命题得到新的命题的思维过程,其中已知命题称为推理的前提或假设,推得的新命题称为推理的结论.以下给出由前提$A_1,A_2,\cdots,A_n$推出结论B的严格定义.

定义1 若$(A_1 \land A_2 \land \cdots \land A_n) \to B$为重言式,则称$A_1,A_2,\cdots,A_n$推出结论$B$的推理正确,$B$是$A_1,A_2,\cdots,A_n$的**逻辑结论**或**有效结论**,称$(A_1 \land A_2 \land \cdots \land A_n) \to B$是由前提$A_1$,$A_2,\cdots,A_n$推出结论$B$的推理的**形式结构**.

于是,判断推理是否正确即判断蕴涵式是否重言式,已学过的方法有:等值演算法,真值表法,主范式法.

【例1】 判断下面各推理是否正确.

如果天气凉快,小王就不去游泳.天气凉快,所以小王没去游泳.

解 设P:天气凉快;Q:小王去游泳.

前提:$P \to \neg Q, P$

结论:$\neg Q$

推理形式结构为:$((P \to \neg Q) \land P) \to \neg Q$

判断此蕴涵式是否为重言式:

(1) 真值表法

其真值表中最后一列全为1(过程略),说明该蕴涵式为重言蕴涵式.所以推理正确.

(2) 等值演算法

$((P \to \neg Q) \land P) \to \neg Q \Leftrightarrow 1$.(过程略)

(3) 主析取范式法

$((P \to \neg Q) \land P) \to \neg Q$

$\Leftrightarrow m_0 \lor m_1 \lor m_2 \lor m_3$(过程略)

$\Leftrightarrow \sum(0,1,2,3)$

主析取范式含全部极小项,所以推理正确.

在推理过程中,若所含命题变元比较多,则以上三种方法都不方便,因而引入构造证明的方法.而这种方法必须在给定的规则下进行,其中有些规则建立在重言蕴涵式(推理定律)的基础之上.

10.5.2 推理规则

在数理逻辑中,从前提推导出结论,要依据事先提供的公认的推理规则,它们是:

(1) P规则(也称前提引入规则):在推导过程中,前提可视需要引入使用.

(2) T 规则(也称结论引入规则):在推导过程中,前面已导出的有效结论都可作为后续推导的前提引入.

(3) 置换规则:在证明的任何步骤上,命题公式的任何子命题公式都可以用与之等值的命题公式置换,例如,可以用 $\neg P\vee Q$ 置换 $P\rightarrow Q$.

10.5.3 推理定律

在推理过程中,除使用推理规则外,还需要使用许多推理定律.下面只给出了由蕴涵式得出的推理定律,它们是:

(1) $P,Q\Rightarrow P$. 化简定律

(2) $P\Rightarrow P\vee Q$. 附加定律

(3) $P,(P\rightarrow Q)\Rightarrow Q$. 假言推理定律

(4) $\neg Q,(P\rightarrow Q)\Rightarrow\neg P$. 拒取式定律

(5) $(P\rightarrow Q),(Q\rightarrow R)\Rightarrow P\rightarrow R$. 假言三段论定律

(6) $\neg P,(P\vee Q)\Rightarrow Q$. 析取三段论定律

(7) $(P\rightarrow Q),(R\rightarrow S),(P\vee R)\Rightarrow Q\vee S$. 构造性二难定律

(8) $P,Q\Rightarrow P\wedge Q$. 合取引入定律

(9) $(P\leftrightarrow Q),(Q\leftrightarrow R)\Rightarrow P\leftrightarrow R$. 等价三段论定律

此外,每个命题逻辑等值式也可以得出两个推理定律,这些请读者补全.

由于推理定律是确定有效结论不可缺少的重要根据,因此要牢记并熟练运用它们.

下面通过例子说明如何用以上规则构造证明.

【例2】 构造下列推理的证明.

(1) 前提:$P\rightarrow R$, $Q\rightarrow S$, $P\vee Q$

结论:$R\vee S$

证明:① $P\rightarrow R$ 前提引入

② $Q\rightarrow S$ 前提引入

③ $P\vee Q$ 前提引入

④ $R\vee S$ ①②③构造性二难

(2) 前提:$P\vee Q$,$P\rightarrow\neg R$,$S\rightarrow T$,$\neg S\rightarrow R$,$\neg T$

结论:Q

证明:① $S\rightarrow T$ 前提引入

② $\neg T$ 前提引入

③ $\neg S$ ①②拒取式

④ $\neg S\rightarrow R$ 前提引入

⑤ R ③④假言推理

⑥ $P\to\neg R$　　前提引入

⑦ $\neg P$　　⑤⑥拒取式

⑧ $P\vee Q$　　前提引入

⑨ Q　　⑦⑧析取三段论

在使用构造证明法进行推理时,常用一些技巧,下面介绍两种常用的技巧.

1. 附加前提证明法

CP 规则(也称附加前提引入规则):若推出有效结论为条件式 $B\to C$ 时,只需将其前件 B 加入到前提中作为附加前提且再去推出后件 C 即可.

CP 规则的正确性可由下面定理得到保证:

定理 1　若 $A_1,A_2,\cdots,A_n,B\Rightarrow C$,则 $A_1,A_2,\cdots,A_n\Rightarrow B\to C$.

证明　要想证明结论只需证明

$(A_1\wedge A_2\wedge\cdots\wedge A_n)\wedge B\to C\Leftrightarrow(A_1\wedge A_2\wedge\cdots\wedge A_n)\to(B\to C)$.

而 $(A_1\wedge A_2\wedge\cdots\wedge A_n)\wedge B\to C\Leftrightarrow\neg(A_1\wedge A_2\wedge\cdots\wedge A_n\wedge B)\vee C$

$\Leftrightarrow(\neg(A_1\wedge A_2\wedge\cdots\wedge A_n)\vee\neg B)\vee C$

$\Leftrightarrow\neg(A_1\wedge A_2\wedge\cdots\wedge A_n)\vee(\neg B\vee C)$

$\Leftrightarrow\neg(A_1\wedge A_2\wedge\cdots\wedge A_n)\vee(B\to C)$

$\Leftrightarrow(A_1\wedge A_2\wedge\cdots\wedge A_n)\to(B\to C)$.

【例 3】 构造下面推理的证明.

前提:$\neg P\to\neg Q, P\to(Q\wedge R)$

结论:$Q\to R$

证明　用附加前提证明:

① Q　　附加前提引入

② $\neg P\to\neg Q$　　前提引入

③ P　　①②拒取式

④ $P\to(Q\wedge R)$　　前提引入

⑤ $Q\wedge R$　　③④假言推理

⑥ R　　⑤化简

由附加前提证明法知推理正确.

2. 归谬法

因为 $C\Leftrightarrow(A_1\wedge A_2\wedge\cdots\wedge A_n)\to B\Leftrightarrow\neg(A_1\wedge A_2\wedge\cdots\wedge A_n\wedge\neg B)$,证明左端为重言式,即证明右端为重言式,即证明 $A_1\wedge A_2\wedge\cdots\wedge A_n\wedge\neg B$ 为矛盾式.

【例 4】 证明下面推理:

前提:$P\to\neg Q,\neg R\vee Q,R$

结论:$\neg P$

证明 用归谬法证明：

① P	否定结论引入
② $P\to\neg Q$	前提引入
③$\neg Q$	①②假言推理
④ $\neg R\lor Q$	前提引入
⑤ $\neg R$	③④析取三段论
⑥ R	前提引入
⑦ $R\land\neg R$	⑤⑥合取

由归谬法知推理正确．

§10.6 谓词与量词

在命题逻辑中，有些问题得不到解决．

例如：判断以下推理是否正确：

凡人都是要死的，

苏格拉底是人，

所以苏格拉底是要死的．

这是著名的“苏格拉底三段论”，若用 P,Q,R 分别表示以上 3 个命题，推理形式为 $(P\land Q)\to R$，该命题公式不是重言式，也就是说用命题逻辑无法解决这个根据常识就可断定的正确推理．因此，有必要研究简单命题的各种成分（个体词，谓词，量词），以及它们的形式结构和逻辑关系，总结出正确的推理形式和规则．这部分内容即一阶逻辑（又称谓词逻辑）．

10.6.1 个体词、谓词

例如：(1)李莉是大学生；(2)3 是有理数；(3)小王比小明高．

个体词是指所研究对象中可以独立存在的具体的或抽象的客体．例如，上例中的李莉，3，小王，小明等都是个体词．

将表示具体或特定的客体的个体词称为**个体常元**，一般用小写英文字母 $a,b,c,\cdots$ 或这些英文字母带下标表示，而将表示抽象或泛指的个体词称为**个体变元**，常用 $x,y,z\cdots$ 或这些英文字母带下标表示．并称个体变元的取值范围为**个体域**或称**论域**．个体域可以是有穷集合，例如，$\{1,2,3\}$，$\{a,b,c,d\}$，$\{a,b,c,\cdots,x,y,z\}$，…，也可以是无穷集合，例如，自然数集合 $\mathbf{N}$，实数集合 $\mathbf{R}$，…．有一个特殊的个体域，它是由宇宙间一切事物组成的，称它为**全总个体域**．

谓词是用来刻画个体词性质及个体词之间相互关系的词．

例如，上例(1)中“…是大学生”；(2)中“…是有理数”；(3)中“…比…高”是谓词．

同个体词一样,谓词也有常元和变元之分. 表示具体性质或关系的谓词称为**谓词常元**,表示抽象的、泛指的性质或关系的谓词称为**谓词变元**. 无论是谓词常元或变元都用大写英文字母 $F,G,H,\cdots$ 或这些英文字母带下标表示,要根据上下文区分. 在上面三个命题中的谓词都是谓词常元,而语句"x 与 y 具有关系 L"中谓词 L 为谓词变元.

一般地,用 $F(a)$ 表示个体常元 a 具有性质 F(F 是谓词常元或谓词变元),用 $F(x)$ 表示个体变元 x 具有性质 F. 而用 $F(a,b)$ 表示个体常元 a,b 具有关系 F,用 $F(x,y)$ 表示个体变元 x,y 具有关系 F. 更一般的,用 $P(x_1,x_2,\cdots,x_n)$ 表示含 $n(n\geqslant 1)$ 个命题变元 $x_1,x_2,\cdots,x_n$ 的 n 元谓词. $n=1$ 时,$P(x_1)$ 表示 x_1 具有性质 P,$n\geqslant 2$ 时,$P(x_1,x_2,\cdots,x_n)$ 表示 $x_1,x_2,\cdots,x_n$ 具有关系 P,实质上,n 元谓词 $P(x_1,x_2,\cdots,x_n)$ 可以看成以个体域为定义域,以 $\{0,1\}$ 为值域的 n 元函数或关系. 它不是命题. 要想使它成为命题,必须用谓词常元取代 P,用个体常元 $a_1,a_2,\cdots,a_n$ 取代 $x_1,x_2,\cdots,x_n$,得 $P(a_1,a_2,\cdots,a_n)$ 是命题.

有时候将不带个体变元的谓词称为 0 元谓词,例如,$F(a)$,$G(a,b)$,$P(a_1,a_2,\cdots,a_n)$ 等都是 0 元谓词。当 F,G,P 为谓词常元时,0 元谓词为命题。这样一来,命题逻辑中的命题均可以表示成 0 元谓词,因而可以将命题看成特殊的谓词.

【例 1】 将下列命题在一阶逻辑中用 0 元谓词符号化,并讨论它们的真值:

(1) 只有 2 是素数,4 才是素数。

(2) 如果 5 大于 4,则 4 大于 6.

解 (1)设一元谓词 $F(x)$:x 是素数,a 表示 2,b 表示 4. (1)中命题符号化为 0 元谓词的蕴涵式:$F(b)\to F(a)$.

由于此蕴涵式前件为假,所以(1)中命题为真.

(2) 二元谓词 $G(x,y)$:x 大于 y,a 表示 4,b 表示 5,c 表示 6. $G(b,a)$,$G(a,c)$是两个 0 元谓词,把(2)中命题符号化为:$G(b,a)\to G(a,c)$. 由于 $G(b,a)$ 为真,而 $G(a,c)$ 为假,所以(2)中命题为假.

10.6.2 量 词

下面考虑以下两个命题在谓词逻辑中的符号化问题.

(1) 所有的人都是要死的.

(2) 有的人能活百岁以上.

上面两个命题中,除了有个体词和谓词外,还有表示数量的词,我们称表示数量的词为**量词**. 量词有两种:

(1) 全称量词:日常生活和数学中所用的"一切的","所有的","每一个","任意的","凡","都"等词可统称为**全称量词**,将它们符号化为"$\forall$". 并用 $\forall x$, $\forall y$ 等表示个体域里的所有个体,而用 $\forall xF(x)$, $\forall yG(y)$ 等分别表示个体域里所有个体都有性质 F 和都有性质 G.

(2) 存在量词:日常生活和数学中所用的"存在","有一个","有的","至少有一个"等词统称为**存在量词**,将它们都符号化为"∃ ". 并用$\exists x$,$\exists y$等表示个体域里有的个体,而用$\exists xF(x)$,$\exists yG(y)$等分别表示个体域里存在个体具有性质F和存在个体具有性质G.

我们称"∀ "为**全称量词符号**,$\forall x$为**全称量词**,x为**指导变元**;同样我们称"∃"为**存在量词符号**,$\exists x$为**存在量词**,x为指导变元.

在量词的定义中都特别提到个体域的概念,这是很重要的,它直接导致了符号化的形式.在符号化时,必须首先明确个体域.

【例2】 符号化下面语句.

①所有的大学生都会说英语.

②有的大学生会说英语.

解 考虑个体域D为所有大学生组成的集合.

$F(x)$:x会说英语.则

(1) 符号化为$\forall xF(x)$,$x\in D$.

(2) 符号化为$\exists xF(x)$,$x\in D$.

【例3】 在个体域分别限制为(a)和(b)条件时,将下面两个命题符号化:

(1) 凡人都呼吸.

(2) 有的人用左手写字.

其中:(a)个体域D_1为人类集合;(b)个体域D_2为全总个体域.

解 (a)令$F(x)$:x呼吸.$G(x)$:x用左手写字.

① 在D_1中除了人外,再无别的东西,因而"凡人都呼吸"应符号化为$\forall xF(x)$.

② 在D_1中的有些个体(人)用左手写字,因而"有的人用左手写字"符号化为$\exists xF(x)$.

(b) D_2中除了有人外,还有万物,因而在(1),(2)符号化时,必须考虑将人分离出来.$M(x)$:x是人.在D_2中,

①可以重述如下:

对于宇宙间一切事物而言,如果事物是人,则他要呼吸.因此它的符号化形式为$\forall x(M(x)\rightarrow F(x))$.

②可以重述如下:在宇宙间存在着个体,她是人并且用左手写字.因此它的符号化形式为$\exists x(M(x)\wedge G(x))$.

由例3可知,命题(1),(2)在不同的个体域D_1和D_2中符号化的形式不一样.主要区别在于,在使用个体域D_2时,要将人与其他事物区分开来.为此引进了谓词$M(x)$,像这样的谓词称为**特性谓词**.在命题符号化时一定要正确使用特性谓词.

注意:在含有量词的命题进行符号化时,有必要指出以下几点:

(1)在不同个体域内,同一个命题的符号化形式可能不同,也可能相同.

(2)同一个命题,在不同个体域中的真值也可能不同.

(3)如果事先没有给出个体域,应以全总个体域作为个体域.

(4)即使不是选取全总个体域,也要考虑是否需要加入特性谓词,并且当需要加入时,要根据其前面的量词选取适当加入形式.请看下例.

【例 4】 符号化下面命题:

① 所有的大学生都会说英语;

② 有的大学生会说英语.

解 $P(x)$:表示 x 会说英语.

① 个体域是大学生,则它们的符号化为:$\forall xP(x)$和$\exists xP(x)$.

② 个体域是所有人的集合.必须引进特性谓词:$S(x)$来表示 x 是大学生.因此它们的符号化为:$\forall x(S(x)\rightarrow P(x))$和$\exists x(S(x)\wedge P(x))$.

(5)个体域和谓词含义确定之后,n 元谓词要转化为命题至少需要 n 个量词.

如:$F(x,y,z)$是个三元谓词.它不能是一个命题.若要让它与一个命题联系起来,需要引进三个量词.如:$\forall x\forall y\exists zF(x,y,z)$.个体域设为自然数集 **N**,$F(x,y,z)$表示 $x+y=z$.则它是一个真命题.

(6) 当个体域为有限集时,如 $D=\{a_1,a_2,\cdots,a_n\}$,对任意谓词 $A(x)$都有:

a. $\forall xA(x)\Leftrightarrow A(a_1)\wedge A(a_2)\wedge\cdots\wedge A(a_n)$;

b. $\exists xA(x)\Leftrightarrow A(a_1)\vee A(a_2)\vee\cdots\vee A(a_n)$.

(7) 多个量词同时出现时,不能随意颠倒它们的顺序,否则将可能改变原命题的含义.

例如,“对任意的 x,存在着 y,使得 $x+y=6$”.取个体域为实数集,符号化为:$\forall x\exists yH(x,y)$,其中 $H(x,y)$表示“$x+y=6$”,显然这是一个真命题.

若将量词的顺序颠倒,即为$\exists y\forall xH(x,y)$,则其含义就变为“存在着 y,对于任意 x,都有 $x+y=6$”,这就和原来的语意背道而驰,根本找不到这样的 y,所以成了假命题.

为了加深印象,再举一例.

【例 5】 设 $H(x,y)$:y 是 x 的父亲;D:人类.则

(1) $\forall x\exists yH(x,y)$意味着对于任何人 x 而言,必然有一个人 y,他是 x 的父亲.显然,这是一个真命题.

(2) $\exists y\forall xH(x,y)$ 意味着至少存在一个人 y,他是任何人 x 的父亲,显然,这很荒谬,是一个假命题.

§10.7 谓词公式的定义

10.7.1 谓词公式的定义

在命题逻辑中我们引入了命题公式的概念,它是由命题常元、命题变元、命题联结词和圆括号按照一定的规律所组成的符号串.谓词逻辑是命题逻辑的进一步延伸,在谓词逻辑中我们也相应地引入原子谓词公式和谓词公式的概念.

定义 1　称 $P(x_1, x_2, \cdots, x_n)$ 为**原子谓词公式**，其中，P 是 n 元谓词，x_i 可以是个体常元或个体变元，也可以是个体变元的函数．

例如，一元谓词 $F(x)$，$G(x)$，二元谓词 $H(x,y)$，$L(x,y)$ 等都是原子谓词公式。若 $f(x,y)$ 是个体变元 x,y 的函数，则 $F(f(x,y))$ 也是原子谓词公式．

定义 2　谓词合式公式通常也简称为**谓词公式**或者**合式公式**，它是指满足下列条件的公式：

(1) 命题公式和原子谓词公式是谓词公式；

(2) 若 A,B 是谓词公式，则 $\neg A$，$\neg B$，$A \land B$，$A \lor B$，$A \to B$，$B \to A$ 也是谓词公式；

(3) 若 A 是谓词公式，x 是 A 中的个体变元，则 $\exists xA$，$\forall xA$ 也是谓词公式；

(4) 只有有限次应用(1)～(3)构成的符号串才是谓词公式．

例如，上节例子中各命题的符号化结果都是谓词公式．诸如：$\forall x \exists y H(x,y)$，$\forall x(S(x) \to P(x))$ 和 $\neg \exists x(S(x) \land P(x))$ 等．

10.7.2　量词的辖域、自由变元和约束变元

我们曾经讲过，公式 $H(x) \to M(x)$ 中的 x 是个体变元，它可以取任何个体，而公式 $\forall x(H(x) \to M(x))$ 中的 x 不再起变元作用，它被量词 $\forall x$ 限制住了．为了区分这两种变元，我们引入自由变元和约束变元的概念．

定义 3　在一个谓词公式中，形如 $\forall xA(x)$ 或 $\exists xA(x)$ 的谓词公式中的 $A(x)$ 部分，称为量词 $\forall x$ 或 $\exists x$ 的**辖域**．

在量词辖域中出现的与指导变元相同的变元称为**约束变元**，相应变元的出现称为**约束出现**；除约束变元外的其它个体变元称为**自由变元**，相应变元的出现称为**自由出现**．

【例 1】　指出下列公式的辖域和变元约束的情况：

(1) $\forall xP(x) \to Q(x,y)$；

(2) $\forall x(P(x) \land \exists yQ(x,y))$；

(3) $\forall xP(x) \land \exists yQ(x,y)$；

(4) $\exists x \forall y(P(x,y) \lor Q(y,z)) \to \forall xP(x,y)$．

解　(1) 量词 $\forall x$ 的辖域是 $P(x)$，这里的 x 是约束出现，$Q(x,y)$ 中的 x 是自由出现．

(2) 量词 $\forall x$ 的辖域是 $(P(x) \land \exists yQ(x,y))$，这里的 x 是约束出现；量词 $\exists y$ 的辖域是 $Q(x,y)$，y 是约束出现．

(3) 量词 $\forall x$ 的辖域是 $P(x)$，这里的 x 是约束出现，$\exists yQ(x,y)$ 中的 x 是自由出现；量词 $\exists y$ 的辖域是 $Q(x,y)$，y 是约束出现．

(4) 量词 $\exists x$ 的辖域是 $P(x,y) \lor Q(y,z)$，其中的 x 是约束出现；量词 $\forall y$ 的辖域是 $P(x,y) \lor Q(y,z)$，其中的 y 是约束出现；而量词 $\exists x$ 的辖域是 $P(x,y)$，其中的 x 是约束出现，y 是自由出现．

从以上例子可知，在一个公式中，某一个体变元既可以约束出现，又可以自由出现，也

可能在不同量词的辖域内同时约束出现．为了研究方便，而不致引起混淆，我们希望一个个体变元在同一个公式中只以一种身份出现，应用下面两条规则可以做到这一点．

1. 约束变元的改名规则

(1) 将量词中的指导变元和该量词辖域中此变元的所有约束出现都用新的变元替换，而公式的其他部分不变．

(2) 改名时，新变元要用在辖域中未曾出现过的变元符号，最好是整个公式中未出现过的变元符号．

在例 1 中，(1) $\forall xP(x)\to Q(x,y)$可以对约束变元 x 改名为 z 得公式：$\forall zP(z)\to Q(x,y)$；

(3) $\forall xP(x)\wedge\exists yQ(x,y)$：对约束变元 x 改名为 z 得公式$\forall zP(z)\wedge\exists yQ(x,y)$；

(4) $\exists x\forall y(P(x,y)\vee Q(y,z))\to\forall xP(x,y)$：对$\exists x$ 中的 x 改名为 s，$\forall y$ 中的 y 改名为 t，得公式$\exists s\forall t(P(s,t)\vee Q(t,z))\to\forall xP(x,y)$.

2. 自由变元的代替规则

(1) 公式中某一个体变元的所有自由出现同时进行代替．

(2) 新变元选用的符号应与原公式中所有个体变元符号不同．

【例 2】 在公式 $\forall x(P(x,y)\to\exists yQ(x,y,z))\wedge S(x,z)$ 中，对约束变元进行改名，或对自由变元进行代替，使各变元只以一种形式出现。

解 公式中的 x,y 都既是约束出现，又是自由出现.

用改名规则将 x,y 的约束出现分别改为 u,v，则得

$$\forall u(P(u,y)\to\exists vQ(u,v,z))\wedge S(x,z).$$

用代替规则将 x,y 的自由出现分别改为 s,t，则得

$$\forall x(P(x,t)\to\exists yQ(x,y,z))\wedge S(s,z).$$

10.7.3 谓词公式的解释

一般情况下，一个谓词公式不是命题，只有将谓词公式中的各种变元用指定的特殊的常元去代替，才能构成一个命题．这种代替就是对公式的一个解释．

定义 4 一个公式 A 的一个解释 I 应由以下四部分组成：

(1) 非空个体域 D；

(2) 公式 A 中的每个个体常元指定为 D 中一个特定元素；

(3) 公式 A 中的 n 元函数指定为 D^n 到 D 的一个特定的函数；

(4) 公式 A 中的 n 元谓词指定为 D^n 到$\{0,1\}$的一个特定的谓词(命题函数).

【例 3】 在下面给定的解释 I 下，计算下列公式的真值．

(1) $\exists xF(x,f(a))\wedge G(b)$；

(2) $F(a,b)\to\forall xG(f(x))$；

给定解释 I 如下：

① 个体域为 $D=\{2,3,4\}$；

② 公式 A 中的两个个体常元指定为：$a=2,b=3$；

③ 公式 A 中的函数 f 指定为 D 到 D 的特定函数：$f(2)=2,f(3)=3,f(4)=4$；

④ 指定公式 A 中的二元谓词 F 为 D^2 到 $\{0,1\}$ 的谓词：$F(x,y)$ 为 $x=y$，指定 A 中的一元谓词 G 为 D 到 $\{0,1\}$ 的特定谓词：$G(2)=1,G(3)=G(4)=0$。

解　在解释 I 下，公式(1)(2)的真值分别为：

(1) $\exists xF(x,f(a))\wedge G(b)$

$\Leftrightarrow(F(2,f(2))\vee F(3,f(2))\vee F(4,f(2)))\wedge G(3)$

$\Leftrightarrow(F(2,2)\vee F(3,2)\vee F(4,2))\wedge 0$

$\Leftrightarrow 1\wedge 0$

$\Leftrightarrow 0$

(2) $F(a,b)\rightarrow\forall xG(f(x))$

$\Leftrightarrow F(2,3)\rightarrow(G(f(2))\wedge G(f(3))\wedge G(f(4)))$

$\Leftrightarrow 0\rightarrow(1\wedge 0\wedge 0)$

$\Leftrightarrow 1$

10.7.4　谓词公式的类型

在谓词逻辑中同在命题逻辑中一样，有的公式在任何解释下均为真，有些公式在任何解释下均为假，而又有些公式既存在成真的解释，又存在成假的解释．下面给出公式类型的定义．

定义 5　设 A 为一个谓词公式，如果 A 在任何解释下都是真的，则称 A 为**逻辑有效式**或称为**永真式**；如果 A 在任何解释下都是假的，则称 A 为**矛盾式**或称为**永假式**；若至少存在一个解释使 A 为真，则称 A 为**可满足式**．

目前，如何判断一个谓词公式的类型还没有一个有效的具体算法，但有些特殊的公式是容易判断其类型的．

【例 4】　讨论下列公式的类型：

(1) $\forall xF(x)\rightarrow\exists xF(x)$；

(2) $\forall x\neg G(x)\wedge\exists xG(x)$.

解　(1) 公式 $\forall xF(x)\rightarrow\exists xF(x)$ 在任何解释 I 下的含义是：如果个体域 D_I 中的每个元素 x 均有性质 F，则 D_I 中的某些元素 x 必有性质 F．前件 $\forall xF(x)$ 为真时，后件 $\exists xF(x)$ 永远为真，所以公式 $\forall xF(x)\rightarrow\exists xF(x)$ 是永真式．

(2) 公式 $\forall x\neg G(x)\wedge\exists xG(x)$ 在任何解释 I 下的含义是：个体域 D_I 中的每个元素 x 均不具有性质 G，且 D_I 中的某些元素 x 具有性质 G．这是两个互相矛盾的命题，不可能同时成立,所以公式:$\forall x \neg G(x) \wedge \exists xG(x)$是永假式.

定义 6 设A_0是含命题变元$P_1, P_2, \cdots, P_n$的命题公式,$A_1, A_2, \cdots, A_n$是n个谓词公式,用$A_i(1 \leqslant i \leqslant n)$处处代换$P_i$,所得公式$A$称为$A_0$的代换实例.

例如,$F(x) \to G(x)$,$\forall xF(x) \to \forall xG(x)$等均为$P \to Q$的代换实例.而$\forall x(F(x) \to G(x))$等不是$P \to Q$的代换实例.

可以证明,命题公式中的重言式的代换实例在谓词逻辑中都是逻辑有效式或永真式,有时仍可称为**重言式**;命题公式中的矛盾式的代换实例仍为**矛盾式**.

【例 5】 讨论下列公式的类型:

(1) $\forall xF(x) \to (\forall x \exists yG(x,y) \to \forall xF(x))$.

易知该公式是命题公式$P \to (Q \to P)$的代换实例,而该命题公式是重言式,所以B是永真式.

(2) $\neg(\forall xF(x) \to \exists yG(y)) \wedge \exists yG(y)$.

该公式是命题公式$\neg(P \to Q) \wedge Q$的代换实例,而该命题公式是矛盾式,所以D是矛盾式.

§10.8 谓词公式等值式

10.8.1 谓词逻辑等值式

定义 1 设A、B是谓词逻辑中任意的两谓词公式,若$A \leftrightarrow B$为逻辑有效式,则称A与B是**等值的**,记作$\boldsymbol{A \Leftrightarrow B}$,称"$A \Leftrightarrow B$"为**谓词逻辑等值式**.

由定义可以知道,判断公式A和B是否等值,等价于判断公式$A \leftrightarrow B$是否为永真式,这是一阶逻辑中的判断问题,也是个未解问题,同命题逻辑中的等值式一样,人们还是证明出了一些重要的等值式.

由于重言式及其代换实例都是逻辑有效式,因而命题逻辑中所提到的等值式及其代换实例都是谓词逻辑中的等值式.

例如,$\forall xF(x) \Leftrightarrow \forall xF(x) \wedge \forall xF(x)$,对应于$A \Leftrightarrow A \wedge A$;

$\neg \forall xF(x) \to \exists xG(x) \Leftrightarrow \forall xF(x) \vee \exists xG(x)$对应于$A \to B \Leftrightarrow \neg A \vee B$.

除了命题逻辑推广而成的谓词逻辑等值式,还有如下一些重要等值式.

1. 消去量词等值式

设个体域为有限集$D=\{a_1, a_2, \cdots, a_n\}$,则有

(1) $\forall xA(x) \Leftrightarrow A(a_1) \wedge A(a_2) \wedge \cdots \wedge A(a_n)$;

(2) $\exists xA(x) \Leftrightarrow A(a_1) \vee A(a_2) \vee \cdots \vee A(a_n)$.

2. 量词否定等值式

先看一个例子.

【例 1】 试将下面命题符号化．

(1) 所有人都健康；

(2) 没有人不健康．

解　设个体域 D:所有人的集合，$P(x)$:x 是健康的，则上面两个命题符号化为：

(1) $\forall xP(x)$；(2) $\neg\exists x\neg P(x)$．

在此例中，有两个问题值得我们思考．第一个，这两个命题存在何种关系；第二个，全称量词与存在量词间是否可以建立某种联系．

通过思考不难得出，上例中两个命题的含义是相同的．因此符号化的结果应该等值，即 $\forall xP(x)\Leftrightarrow\neg\exists x\neg P(x)$．

另一个方面，"不是所有的人都健康"与"存在不健康的人"具有相同含义．故有，$\neg\forall xA(x)\Leftrightarrow\exists x\neg A(x)$．

一般地，设 $A(x)$是任意的含自由出现个体变元 x 的公式，则

(1) $\neg\forall xA(x)\Leftrightarrow\exists x\neg A(x)$；

(2) $\neg\exists xA(x)\Leftrightarrow\forall x\neg A(x)$．

这个式子的直观解释是容易的，对于(1)式子，"并不是所有的 x 都有性质 A"与"存在 x 没有性质 A"是一回事；

对于(2)式子，"不存在有性质 A 的 x"与"所有 x 都没有性质 A"是一回事．

3. 量词辖域收缩与扩张等值式

设有 $A(x)$是任意的含自由出现个体变元 x 的公式，B 中不含 x 的出现，则

(1) $\forall x(A(x)\vee B)\Leftrightarrow\forall xA(x)\vee B$；

$\forall x(A(x)\wedge B)\Leftrightarrow\forall xA(x)\wedge B$；

$\forall x(A(x)\rightarrow B)\Leftrightarrow\exists xA(x)\rightarrow B$；

$\forall x(B\rightarrow A(x))\Leftrightarrow B\rightarrow\forall xA(x)$．

(2) $\exists x(A(x)\vee B)\Leftrightarrow\exists xA(x)\vee B$；

$\exists x(A(x)\wedge B)\Leftrightarrow\exists xA(x)\wedge B$；

$\exists x(A(x)\rightarrow B)\Leftrightarrow\forall xA(x)\rightarrow B$；

$\exists x(B\rightarrow A(x)\Leftrightarrow\exists B\rightarrow\exists xA(x)$．

4. 量词分配等值式

设 $A(x)$，$B(x)$是任意的含自由出现个体变元 x 的公式，则

(1) $\forall x(A(x)\wedge B(x))\Leftrightarrow\forall xA(x)\wedge\forall xB(x)$；

(2) $\exists x(A(x)\vee B(x))\Leftrightarrow\exists xA(x)\vee\exists xB(x)$．

5. 量词移位等值式

(1) $\forall x\forall yA(x,y)\Leftrightarrow\forall y\forall xA(x,y)$；

(2) $\exists x\exists yA(x,y)\Leftrightarrow\exists y\exists xA(x,y)$．

注意:不同名量词间的次序是不可随意变更的.

如,$\forall x\exists yA(x,y)\nLeftrightarrow\exists y\forall xA(x,y)$. 事实上,有 $\exists y\forall xA(x,y)\Rightarrow\forall x\exists yA(x,y)$,而 $\forall x\exists yA(x,y)\nRightarrow\exists y\forall xA(x,y)$.

进行等值演算,除记住以上重要的等值式外,还要记住以下三条规则:

置换规则 设 $\Phi(A)$ 是含公式 A 的公式,$\Phi(B)$ 是用公式 B 取代 $\Phi(A)$ 中所有的 A 之后的公式,若 $A\Leftrightarrow B$,则 $\Phi(A)\Leftrightarrow\Phi(B)$.

谓词逻辑中的置换规则和命题逻辑中的置换规则形式上完全相同,这里 A,B 是谓词逻辑公式.

另两条规则即为上节中所讲的约束变元的**改名规则**以及自由变元的**代替规则**.以上给出的重要等值式及三个变换规则在谓词逻辑等值演算中均起重要作用,因而必须记住它们并且会灵活运用.

【例 2】 证明下列等值式.

(1) $\neg\forall x(F(x)\rightarrow G(x))\Leftrightarrow\exists x(F(x)\wedge\neg G(x))$;

(2) $\neg\exists x\forall y(F(x)\wedge G(y)\wedge\neg H(x,y))\Leftrightarrow\forall x\exists y((F(x)\wedge G(y))\rightarrow H(x,y))$.

证明

(1) $\neg\forall x(F(x)\rightarrow G(x))$

$\Leftrightarrow\exists x\neg(F(x)\rightarrow G(x))$

$\Leftrightarrow\exists x\neg(\neg F(x)\vee G(x))$

$\Leftrightarrow\exists x(F(x)\wedge\neg G(x))$.

(2) $\neg\exists x\forall y(F(x)\wedge G(y)\wedge\neg H(x,y))$

$\Leftrightarrow\forall x\exists y\neg(F(x)\wedge G(y)\wedge\neg H(x,y))$

$\Leftrightarrow\forall x\exists y(\neg(F(x)\wedge G(y))\vee H(x,y))$

$\Leftrightarrow\forall x\exists y((F(x)\wedge G(y))\rightarrow H(x,y))$

10.8.2 前束范式

定义 2 设 A 为谓词公式,若 A 具有如下形式

$$Q_1x_1Q_2x_2\cdots Q_kx_kB$$

则称 A 为**前束范式**.其中 $Q_i(1\leqslant i\leqslant k)$ 是量词符 $\forall$ 或 $\exists$,$x_i(1\leqslant i\leqslant k)$ 是变元符,B 是不含量词的公式.

例如,$\forall x\forall y(F(x)\wedge G(y)\rightarrow H(x,y))$,$\forall x\forall y\exists z(F(x)\wedge G(y)\wedge H(z)\rightarrow L(x,y,z))$ 等公式都是前束范式,而

$$\forall x(F(x)\exists\rightarrow y(G(y)\wedge H(x,y))),\exists x(F(x)\wedge\forall y(G(y)\rightarrow H(x,y)))$$

等都不是前束范式.

在谓词逻辑推理中,可以将公式化成与之等值的前束范式.

定理1(前束范式存在定理) 谓词逻辑中的任何公式都存在与之等值的前束范式.

该定理说明,任何公式的前束范式都是存在的,但一般来讲,前束范式并不唯一. 利用前面介绍的等值公式以及三条变换规则(置换规则,换名规则,代替规则)就可以求出与公式等值的前束范式.

【例3】 求公式 $A=\forall xF(x)\wedge\neg\exists xG(x)$ 的前束范式.

解 $\forall xF(x)\wedge\neg\exists xG(x)$

$\Leftrightarrow\forall xF(x)\wedge\neg\forall yG(y)$

$\Leftrightarrow\forall xF(x)\wedge\exists y\neg G(y)$

$\Leftrightarrow\forall x(F(x)\wedge\forall y\neg G(y))$

$\Leftrightarrow\forall x\forall y(F(x)\wedge\neg G(y))$

或者 $\forall xF(x)\wedge\neg\exists xG(x)\Leftrightarrow\forall xF(x)\wedge\forall x\neg G(x)\Leftrightarrow\forall x(F(x)\wedge\neg G(x))$

由此可知,公式 A 的前束范式是不唯一的.

任何一个谓词公式均可等值演算成前束范式,化归过程如下:

(1) 消去除$\neg$、$\wedge$、$\vee$之外的联结词;

(2) 将否定符$\neg$移到量词符后;

(3) 换名使各变元不同名;

(4) 扩大辖域使所有量词处在最前面.

习题10.1

1. 指出下述语句哪些是命题,哪些不是命题,若是命题,指出其真值.

(1) 离散数学是计算机专业的一门必修课.

(2) 你上网了吗?

(3) 不存在偶素数.

(4) 明天我们去郊游.

(5) $x\leqslant 6$.

(6) 我们要努力学习.

(7) 如果太阳从西方升起,你就可以长生不老.

(8) 这个理发师给一切不自己理发的人理发.

(9) 这朵花真香啊.

(10) 吃一堑,长一智.

2. 将下列命题符号化.

(1) 逻辑学不是枯燥无味的.

(2) 小王边看书边听音乐.

(3) 现在没下雨,也没出太阳.

(4) 鱼和熊掌不可兼得.

(5) 小王要么住在 203 室要么住在 205 室.

(6) 小刘总是在图书馆自习,除非他病了或图书馆不开门.

(7) 他只要用功,成绩就会好.

(8) 他只有用功,成绩才会好.

(9) 如果你来了,那么她唱不唱歌将看你是否伴奏而定.

3. 求下列公式在赋值 0011 下的真值.

(1) $P\vee(Q\wedge R)\to S$

(2) $(P\vee R)\wedge(\neg S\vee Q)$

(3) $(P\wedge(Q\vee R))\vee((P\vee Q)\wedge R\wedge S)$

(4) $(Q\vee\neg P)\to(\neg R\vee S)$

4. 用真值表判断下列公式的类型.

(1) $(P\to(Q\to P))$

(2) $\neg(P\to Q)\wedge\neg Q$

(3) $((P\to Q)\to(P\to R))\to(P\to(Q\to R))$

(4) $\neg(P\vee(Q\wedge R))\leftrightarrow((P\vee Q)\wedge(P\vee R))$

5. 证明下列等值式.

(1) $(P\to Q)\wedge(P\to\neg Q)\Leftrightarrow\neg P$

(2) $\neg(P\leftrightarrow Q)\Leftrightarrow(P\vee Q)\wedge\neg\Leftrightarrow P\wedge Q)$

(3) $P\to(Q\vee R)\Leftrightarrow\neg R\to(P\to Q)$

(4) $(P\leftrightarrow Q)\Leftrightarrow(\neg P\leftrightarrow\neg Q)$

6. 公安人员审一件盗窃案. 已知:

(1) 甲或乙盗窃了电脑.

(2) 若甲盗窃了电脑,则作案时间不能发生在午夜前.

(3) 若乙证词正确,则在午夜时屋里灯光未灭.

(4) 若乙证词不正确,则作案时间发生在午夜前.

(5) 午夜时屋里灯光灭了.

问:谁是盗窃犯?

7. 用构造证明法证明下列推理的正确性.

(1) 前提:$\neg(P\wedge\neg Q),\neg Q\vee R,\neg R$

结论:$\neg P$

(2) 前提:$P\to(Q\to R),S\to P,Q$

结论:$S\to R$

8. 设 A、B、C 为任意的命题公式.

(1) 已知 $A\vee C\Leftrightarrow B\vee C$,问:$A\Leftrightarrow B$ 一定成立吗?

(2) 已知 $A\wedge C\Leftrightarrow B\wedge C$,问:$A\Leftrightarrow B$ 一定成立吗?

(3) 已知 $\neg A\Leftrightarrow\neg B$,问:$A\Leftrightarrow B$ 一定成立吗?

9. 在个体域 $D=\{a, b, c\}$ 消去公式 $\forall x(F(x)\wedge\exists yG(y))$ 的量词.

自 测 题

1. 选择题

(1) 从集合分类的角度看,命题公式可分为(　　)

A. 永真式、矛盾式　　B. 永真式、可满足式、矛盾式

C. 可满足式、矛盾式　　D. 永真式、可满足式

(2) 使命题公式 $P\rightarrow(P\wedge Q)$ 为假的赋值是 P,Q 分别为(　　)

A. $\{0,0\}$　　B. $\{0,1\}$　　C. $\{1,0\}$　　D. $\{1,1\}$

(3) 下列语句中不是命题的只有(　　)

A. 这个语句是假的.　　B. $1+1=1.0$

C. 飞碟来自地球外的星球.　　D. 凡石头都可练成金.

(4) 在公式 $\forall x\exists y(P(x, y)\rightarrow Q(z))\wedge\forall yP(y, z)$ 中变元 y 是(　　)

A. 自由变元　　B. 约束变元

C. 既是自由变元,又是约束变元　　D. 既不是自由变元,又不是约束变元

(5) 下列等值式正确的是(　　)

A. $\neg\forall xA\Leftrightarrow\forall x\neg A$

B. $\exists x\exists yA\Leftrightarrow\forall x\exists yA$

C. $\neg\exists xA\Leftrightarrow\forall x\neg A$

D. $\exists x(A(x)\rightarrow B(x))\Leftrightarrow\exists xA(x)\rightarrow\exists xB(x)$

(6) 设有如下命题

1)如果地上有水,则天上下雨;2)如果天上下雨,则地上有水;

3)如果地上没有水,则天上不下雨;4)如果天上不下雨,则地上没有水

哪些命题是等价的(　　)

A. 1)与2)等价　　B. 1)与3)等价　　C. 1)与4)等价　　D. 3)与4)等价

2. 确定下面公式的类型.

(1) $((P\rightarrow Q)\wedge(Q\rightarrow R))\rightarrow(P\rightarrow R)$;(2) $\neg\exists xP(x)\rightarrow\forall xP(x)$

3. 确定公式 $P\wedge(P\rightarrow\neg Q)\vee(Q\rightarrow R)$ 的主析取范式.

4. 证明下列推理: $P\rightarrow Q\vee R, Q\rightarrow\neg P, S\rightarrow\neg R\Rightarrow P\rightarrow\neg S$

第 11 章

数学语言

数学语言是数学特有的形式化符号体系,依靠这种语言进行思维能够在可见的形式下再现出来.数学语言包括文字语言、符号语言和图形语言.而在学习时就要将这些语言进行"互化".一是将这些普通语言译为数学符号语言,也就是通常所说的"数学化",例如方程是把文字表达的条件改用数学符号,这是利用数学知识来解决实际问题的必要程序.二是将数学语言译为普通语言.数学实践告诉我们,凡是学生能用普通语言复述概念的定义和解释概念所揭示的本质属性,那么他们对概念的理解就深刻.由于数学语言是一种抽象的人工符号系统,不适于口头表达,因此也只有翻译成普通语言使之"通俗化"才便于交流.

在众多的数学语言中,本章着重介绍在计算机科学与工程中应用极为广泛的关于集合、关系和函数的理论.其中前三节介绍集合的表示法、集合的运算和集合的笛卡儿积;第四节和第五节介绍关系的概念和表示、闭包、等价和偏序关系;最后两节介绍函数的定义及性质、复合函数和反函数.

§11.1 集合论的基本概念

一些不同的对象的全体称为**集合**,通常用大写的英文字母来标记.例如,**N**:全体自然数的集合; **Z**:全体整数的集合; $\mathbf{Z}^+$:全体正整数的集合; $\mathbf{Z}^-$:全体负整数的集合; **E**:非负偶数的集合; **O**:非负奇数的集合; **Q**:全体有理数的集合; **R**:全体实数的集合; **C**:全体复数的集合.

集合有三个特性:确定性、互异性和无序性.

(1) **确定性**:对任何对象 a 和任何集合 A, $a \in A$ 或者 $a \notin A$,两者必居其一且仅居其一.

(2)**互异性**:集合$\{3,4,5\}$和$\{3,4,4,4,5\}$是同一个集合.

(3)**无序性**:集合$\{3,4,5\}$和$\{5,4,3\}$是同一个集合.

集合 A 中不同元素的数目,可称为集合 A 的**基数**或者**势**,记为 $|A|$.

基数有限的集合称为**有穷集合**,否则称为**无穷集合**.

11.1.1 集合的表示法

常用的表示集合的方法有四种.

1　列举法

把集合的全部元素写在一对花括号内,中间用逗号隔开. 例如 $A=\{a,b,c,d\}$,其中 a 是 A 的元素,记作 $a\in A$,但 e 不是 A 的元素,可记作 $e\notin A$.

2. 部分列举法

依照任意一种次序,不重复的列举出集合的一部分元素. 这部分元素能充分的体现出该集合的元素在上述次序下的构造规律,未列举出的元素用"…"代替. 部分列举法仅适用于元素的构造规律比较明显、简单的集合,可以是无限集,也可以是元素个数较多的有限集.

【例 1】　(1) $A=\{2,4,6,8,\cdots\}$;　(2) $B=\{1,3,5,7,\cdots,199\}$.

3. 描述法

用谓词来概括该集合中元素的属性,集合 $C=\{x\mid p(x)\}$ 表示 C 由 $p(x)$ 为真的全体 x 构成. 例如 $C=\{x\mid x\in \mathbf{Z}\wedge 3<x\leqslant 6\}$,则 $C=\{4,5,6\}$.

4. Venn 图(维思图)表示法

这是一种形象直观的表示方法,具体内容在本章第二节详细介绍.

一般来说,集合的元素可以是任何类型的事物,一个集合也可以作为另一个集合的元素. 例如,集合 $A=\{a,\{b,c\},d,\{\{d\}\}\}$,其中 $a\in A,\{b,c\}\in A,d\in A,\{\{d\}\}\in A$,但 $b\notin A,\{d\}\notin A$.

可以用一种树形结构把集合和它的元素之间的关系表示出来. 在每一个层次上,都把集合作为一个结点,它的元素则作为它的儿子. A 集合的结构如图 11-1 所示. 可以看出,A 有 4 个儿子,所以 A 有 4 个元素,而 b、c 和 $\{d\}$ 都是 A 的元素的元素,但不是 A 的元素.

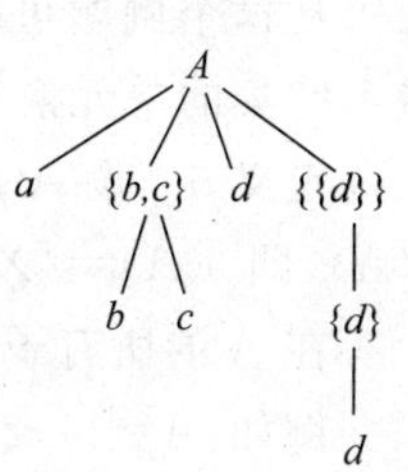

图 11-1

11.1.2　集合之间的关系

定义 1　设 A、B 为集合,如果集合 A 中的每一个元素都是集合 B 中的元素,则称 A 是 B 的**子集**,也可以说 A 包含于 B,或者 B 包含 A,这种关系写作

$$A\subseteq B \text{ 或 } B\supseteq A.$$

如果 A 不是 B 的子集,即在 A 中至少有一个元素不属于 B 时,称 B 不包含 A,记作 $B\not\supseteq A$ 或 $A\not\subseteq B$. 例如,$A=\{0,1,2\}$,$B=\{0,1\}$,$C=\{1,2\}$,则有 $B\subseteq A$,$C\subseteq A$,但 $B\not\subseteq C$. 因为 $0\in B$,但 $0\notin C$.

定义 2　如果两个集合 A 和 B 的元素完全相同,则称这两个集合**相等**,记作 $A=B$.

例如:$A=\{x\mid x$ 是小于等于 3 的素数$\}$,$B=\{x\mid x=2\vee x=3\}$,$C=\{x\mid x$ 是英文字母且 x 是元音$\}$,$D=\{a,e,i,o,u\}$. 显然有 $A=B$,$C=D$.

定理 1　集合 A 和集合 B 相等的充分必要条件是 $A\subseteq B$ 且 $B\subseteq A$.

定义 3　如果集合 A 是集合 B 的子集,但 A 和 B 不相等,也就是说在 B 中至少有一个元素不属于 A,则称 A 是 B 的**真子集**,记作

$$A \subset B \text{ 或 } B \supset A.$$

例如:集合 $A=\{1,2\}$,$B=\{1,2,3\}$,那么 A 是 B 的真子集.

定义 4 没有任何元素的集合称为**空集合**,简称**空集**,记为$\varnothing$.

空集是客观存在的,例如 $A=\{x \mid x \in \mathbf{R} \wedge x^2+1=0\}$ 是方程 $x^2+1=0$ 的实数解集.因为该方程没有实数解,所以 $A=\varnothing$.

定理 2 空集是任何集合的子集,对任何集合 A,$\varnothing \subseteq A$.

证明 因 $x \in \varnothing$ 恒假,故 $\forall x(x \in \varnothing \rightarrow x \in A)$ 恒真,即 $\varnothing \subseteq A$ 恒真.

推论 空集是唯一的.

证明 设有空集 $\varnothing_1$,$\varnothing_2$.根据定理 1、2,应有 $\varnothing_1 \subseteq \varnothing_2$ 和 $\varnothing_2 \subseteq \varnothing_1$,从而有定理 1 知 $\varnothing_1=\varnothing_2$.由推论知,空集无论以什么形式出现,它们都是相等的.

例 2 确定下列命题是否为真.

(1)$\varnothing \subseteq \varnothing$;(2)$\varnothing \subseteq \{\varnothing\}$;(3)$\varnothing \in \varnothing$;(4)$\varnothing \in \{\varnothing\}$.

解 (1)、(2)、(4)为真,(3)为假.

从这个例题可以看出 $\varnothing$ 与$\{\varnothing\}$ 的区别,前者是没有元素的集合,后者是含有一个元素—空集的单元素集.所以 $\varnothing \neq \{\varnothing\}$.

定义 5 设 A 是有限集,由 A 的所有子集作为元素而构成的集合称为 A 的**幂集**,记作 $\rho(A)$,即 $\rho(A)=\{X \mid X \subseteq A\}$.

在 A 的所有子集中,A 和$\varnothing$这两个子集又叫**平凡子集**.

例如:$A=\{1,2,3\}$,则 $\rho(A)=\{\varnothing,\{1\},\{2\},\{3\},\{1,2\},\{1,3\},\{2,3\},\{1,2,3\}\}$

定理 3 设 A 是有限集,$|A|=n$,则 A 的幂集 $\rho(A)$的基为 2^n.

例 3 计算以下幂集:(1)$\rho(\varnothing)$;(2)$\rho(\{\varnothing\})$;(3)$\rho(\{1,\{2,3\}\})$;(4)$\rho(\{\varnothing,\{\varnothing\}\})$;

解 (1)$\rho(\varnothing)=\{\varnothing\}$;(2)$\rho(\{\varnothing\})=\{\varnothing,\{\varnothing\}\}$;

(3)$\rho(\{1,\{2,3\}\})=\{\varnothing,\{1\},\{\{2,3\}\},\{\{1,\{2,3\}\}\}$;

(4)$\rho(\{\varnothing,\{\varnothing\}\})=\{\varnothing,\{\varnothing\},\{\{\varnothing\}\},\{\varnothing,\{\varnothing\}\}\}$.

定义 6 若集合 E 包含我们所讨论的每一个集合,则称 E 是所讨论问题的**完全集**,简称**全集**.记作 E(或 U).

因为全集包含我们讨论的所有集合,具有相对性,所研究的问题不同,所取的全集也不同,即全集不是唯一的.为方便起见,在以后的讨论中我们总是假定有一个足够大的集合作为全集 E,至于全集是什么,我们有时不关心.

§11.2 集合上的运算及元素的计数

11.2.1 Venn 图

Venn(Joan Venn,英国数学家,1834—1883 年)图是一种表示集合的图形,集合在其中被表示为平面上的闭区域. 全集 E 由矩形表示，而其他集合则由位于矩形中的各自不同的圆表示. 如果 $A \subset B$，则表示 B 的圆在表示 A 的圆内，如图 11-2 中的 $A \subset B$ 所示. 如果 A 与 B 不交，即它们没有公共元素，则表示 A 和 B 的两个圆在图中是分离的，如图 11-2 中的 $A \cap B = \varnothing$ 所示. 然而，如果 A 与 B 是任意两个集合，则有可能某些元素在 A 中但不在 B 中；某些元素在 B 中但不在 A 中，而有些元素可能同时属于 A 与 B；有些元素可能既不在 A 中也不在 B 中，如图 11-2 中的 $A \cap B$ 所示.

11.2.2　集合的运算

运算是数学上常用的手段. 集合也可以进行运算，给定 n 个集合，按照一定规则，通过集合的 n 元运算可以得到一个新的集合，下面我们引入几个基本的集合运算，它们是二元运算 $\cup$、$\cap$、—、$\oplus$ 及一元运算 $\sim$. 我们可以从简单集合出发，用运算构造大量新集合，类似于用逻辑联结词构造出大量合式公式. 故集合的运算式是表示集合的另一种方法. 这种表示方法不仅简捷，而且利用运算的性质可以简化一些证明.

定义 1　对于任意两个集合 A、B，

(1) 由所有既属于 A 又属于 B 的元素构成的集合，称作 A 与 B 的**交集**，见图 11-2 中 $A \cap B$ 的阴影部分，记为 $A \cap B$. 即 $A \cap B = \{x \mid x \in A \wedge x \in B\}$；

(2) 由所有属于 A 或者属于 B 的元素在一起构成的集合称为 A 和 B 的**并集**，见图 11-2 中 $A \cup B$ 的阴影部分，记为 $A \cup B$.，即 $A \cup B = \{x \mid x \in A \vee x \in B\}$；

(3) 从集合 A 中去掉集合 B 的元素得到的集合称为 A 和 B 的**差集**，见 11-2 中 $A—B$ 的阴影部分，也称为 B 相对于 A 的相对补集，记为 $A—B$，即 $A—B = \{x \mid x \in A \wedge x \notin B\}$；

(4) 由属于 A 而不属于 B，或者属于 B 不属于 A 的元素组成的集合，见图 11-2 中 $A \oplus B$ 的阴影部分，称作 A 和 B 的**对称差**，记作 $A \oplus B$. 即 $A \oplus B = (A \cup B) - (A \cap B)$.

当然，我们也可以画出如图 11-2 中 $A \cap B - C$.

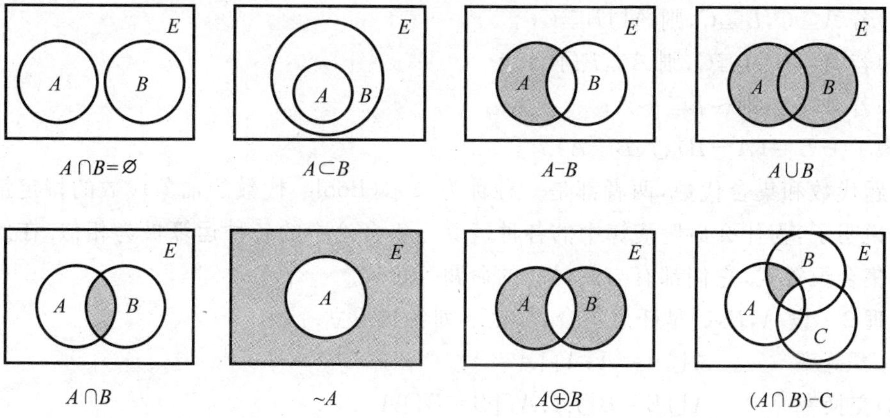

图 11-2

定义 2 设 A 为任意集合，E 是全集. 对于 E 和 A 所进行的差运算称为 A 的**补集**(complement set)，有时也称为 A 对 E 的**相当补集**，A 的**绝对补集**，或 A 的**补集**，见图 11-2 中 $\sim A$ 的阴影部分，记为 $\sim A$. 即 $\sim A = E - A = \{x \mid x \notin A\}$

例如，$U=\{x \mid x$ 是计算机学院的全体学生$\}$；

$A=\{x \mid x$ 是计算机学院的全体女学生$\}$.

则

$\sim A=\{x \mid x$ 是计算机学院的全体男学生$\}$.

"$\sim$"称为补运算，它是一元运算，是差运算的特例.

根据定义很容易证明如下定理(读者可画出 Venn 图以得到直观的解释).

【例 1】 设 $E=\{1, 2, 3, 4, 5\}$，$A=\{1,2,3,4\}$，$B=\{2,3,5\}$，求 $A\cap B$、$A\cup B$、$A-B$、$B-A$、$\sim A$、$\sim B$、$A\oplus B$ 和 $B\oplus A$.

解 $A\cap B=\{2, 3\}$；$A\cup B=\{1, 2, 3, 4, 5\}$；$A-B=\{1, 4\}$；$B-A=\{5\}$

$\sim A=\{5\}$；$\sim B=\{1, 4\}$；$A\oplus B=\{1, 2, 3, 4, 5\}-\{2, 3\}=\{1, 4, 5\}$；

$B\oplus A=\{1, 2, 3, 4, 5\}-\{2, 3\}=\{1, 4, 5\}$

【例 2】 设 $A\subseteq B$，求证 $A\cap C\subseteq B\cap C$.

证明 若 $x\in A$ 则 $x\in B$，对 $\forall x\in A\cap C$，则 $x\in A$ 且 $x\in C$，即 $x\in B$ 且 $x\in C$，故 $x\in B\cap C$. 因此，$A\cap C\subseteq B\cap C$.

定理 1 设 A,B,C 是任意集合，则

(1) $A\subseteq A\cup B$，$B\subseteq A\cup B$；

(2) $A\cap B\subseteq A$，$A\cap B\subseteq B$；

(3) $A-B\subseteq A$；

(4) $A-B=A\cap\sim B$；

(5) $A-B=A-(A\cap B)$；

(6) 若 $A\subseteq C$，$B\subseteq C$，则 $A\cup B\subseteq C$；

(7) 若 $A\subseteq B$，$A\subseteq C$，则 $A\subseteq B\cap C$；

(8) 若 $A\subseteq B$，则 $\sim B\subseteq\sim A$；

(9) $A\oplus B=(A-B)\cup(B-A)$.

命题代数和集合代数，两者都是一种称为布尔(Boole)代数的抽象代数的特定情况. 这个事实说明了，为什么命题演算中的各种运算与集合论中的各种运算极为相似. 在此，将列举若干集合恒等式，它们都有与其对应的命题等价式.

定理 2 设 A,B,C 是任意集合，那么下列各式成立.

(1) 幂等率　$A\cup A=A$；$A\cap A=A$

(2) 交换率　$A\cup B=B\cup A$；$A\cap B=B\cap A$

(3) 结合律　$(A\cup B)\cup C=A\cup(B\cup C)$；$(A\cap B)\cap C=A\cap(B\cap C)$

(4)同一律 $A\cup\varnothing=A \quad A\cap E=A$

(5)零律 $A\cap\varnothing=\varnothing \quad A\cup E=E$

(6)分配率 $A\cup(B\cap C)=(A\cup B)\cap(A\cup C)$

$A\cap(B\cup C)=(A\cap B)\cup(A\cap C)$

(7)吸收率 $A\cap(A\cup B)=A;A\cup(A\cap B)=A$

(8)双重否定律 $\sim(\sim A)=A;\sim E=\varnothing;\sim\varnothing=E$

(9)排中律 $A\cup\sim A=E$

(10)矛盾律 $A\cap\sim A=\varnothing$

(11)对偶律 $\sim(A\cup B)=\sim A\cap\sim B;\sim(A\cap B)=\sim A\cup\sim B$

$A-(B\cup C)=(A-B)\cap(A-C);A-(B\cap C)=(A-B)\cup(A-C)$

定理 3 对任意集合 A,B,若它们满足 $A\cup B=E$ 和 $A\cap B=\varnothing$,那么 $B=\sim A$.

定理 4 对任意集合 A,B,C,有

(1)$(A\oplus E)=\sim A$;

(2)$\sim A\oplus\sim B=A\oplus B$;

(3)$\sim A\oplus B=A\oplus\sim B=\sim(A\oplus B)$.

11.2.3 集合元素的计数

前面我们已经介绍过基数及有穷集合的概念,下面我们来介绍有穷集合的计数问题.

定理 5 (**基本运算的基数**)假设 A,B 均是有穷集合,其基数分别是 $|A|,|B|$,则(1)$|A\cup B|\leqslant|A|+|B|$;(2)$|A\cap B|\leqslant\min(|A|,|B|)$;(3)$|A-B|\geqslant|A|-|B|$;(4)$|A\oplus B|=|A|+|B|-2|A\cap B|$.

定理 6 设 A、B 为有限集合,$|A|$、$|B|$ 为其基数,则 $|A\cup B|=|A|+|B|-|A\cap B|$.

这个结论称作**包含排斥原理**.

证明 (1) 若 $A\cap B=\varnothing$,则 $|A\cup B|=|A|+|B|$;

(2)若 $A\cap B\neq\varnothing$,则 $|A|=|A\cap\sim B|+|A\cap B|,|B|=|\sim A\cap B|+|A\cap B|$,

所以,$|A|+|B|=|A\cap\sim B|+|A\cap B|+|\sim A\cap B|+|A\cap B|$

$=|A\cap\sim B|+|\sim A\cap B|+2|A\cap B|$,

但 $$|A\cap\sim B|+|\sim A\cap B|+|A\cap B|=|A\cup B|,$$

因此 $|A\cup B|=|A|+|B|-|A\cap B|$. 得证.

【例 3】 假设某班有 20 名学生,其中有 10 人英语成绩为优,有 8 人数学成绩为优,又知有 6 人英语和数学成绩都为优. 问两门课都不为优的学生有几名?

解 设英语成绩是优的学生组成的集合是 A,数学成绩是优的学生组成的集合是 B,因此两门课成绩都是优的学生组成的集合是 $A\cap B$. 由题意可知

$$|A|=10,|B|=8,|A\cap B|=6,$$

由包含排斥原理可得：

$$|A\cup B|=|A|+|B|-|A\cap B|=10+8-6=12,$$

所以，两门课都不是优的学生数为：$20-|A\cup B|=8$.

此定理可以推广到 n 个集合的情形. 若 $n\in\mathbf{N}$ 且 $n>1$，$A_1,A_2,\cdots,A_n$ 是有限集合，则用数学归纳法可证下面的定理.

定理 7 设 $A_1,A_2,\cdots,A_n$ 为有限集合，$|A_1|,|A_2|,\cdots,|A_n|$ 为其基数，则

$$|A_1\cup A_2\cup\cdots\cup A_n|=\sum_{i=1}^{n}|A_i|-\sum_{1\leqslant i<j\leqslant n}|A_i\cap A_j|+\sum_{1\leqslant i<j<k\leqslant n}|A_i\cap A_j\cap A_k|+\cdots$$
$$+(-1)^{n-1}|A_1\cap A_2\cap\cdots\cap A_n|$$

【例 4】 一个班里有 50 个学生，在第一次考试中有 26 人得 5 分，在第二次考试中有 21 人得 5 分. 如果两次考试中都没得 5 分的有 17 人，那么两次考试都得 5 分的有多少人？

解 设 A、B 分别表示在第一次和第二次考试中得 5 分的学生的集合，那么有

$$|S|=50,|A|=26,|B|=21,|\overline{A}\cap\overline{B}|=17.$$

由包含排斥原理有

$$|\overline{A}\cap\overline{B}|=|S|-(|A|+|B|)+|A\cap B|,$$

即 $|A\cap B|=|\overline{A}\cap\overline{B}|-|S|+|A|+|B|$

$$=17-50+26+21=14.$$

有 14 人两次考试都得 5 分.

借助文氏图法可以很方便地解决有限集合的计数问题. 首先根据已知条件画出相应的文氏图. 如果没有特殊说明，两个集合一般都画成相交的，然后将已知的集合基数填入维恩图中的相应区域，用 x 等字母来表示未知区域，根据题目中的条件，列出相应的方程或方程组，解出未知数即可得出所需求的集合基数.

【例 5】 计算中心需安排 Pascal、Visual Basic、C 三门课程的上机. 三门课程的学生分别有 110 人、98 人、75 人，同时学 Pascal 和 Visual Basic 的有 35 人，同时学 Pascal 和 C 的有 50 人，三门都学的有 6 人，同时学 Visual Basic 和 C 的有 19 人. 求共有多少学生.

解 设 x 是同时选 Pascal 和 Visual Basic 但没有选 C 的学生人数，y 是同时选 Pascal 和 C，但没有选 Visual Basic 的学生人数，z 是同时选 C 和 Visual Basic 但没有选 Pascal 的学生人数，设 P 是仅选 Pascal 的学生人数，B 是仅选 Visual Basic 的学生人数，C 是仅选 C 课程的学生人数. 根据题意设有

$x+6=35$ 所以 $x=29$

$y+6=50$ 所以 $y=44$

$z+6=19$ 所以 $z=13$

$x+y+6=110-P$ 所以 $P=31$

$x+z+6=98-B$ 所以 $B=50$

$y+z+6=75-C$ 所以 $C=12$

总计 $= 31 + 29 + 50 + 44 + 6 + 13 + 12 = 185$

其维恩图解法参见图 11-3.

由此可以看出用文氏图与用包含排斥原理方法所得的结论一致.

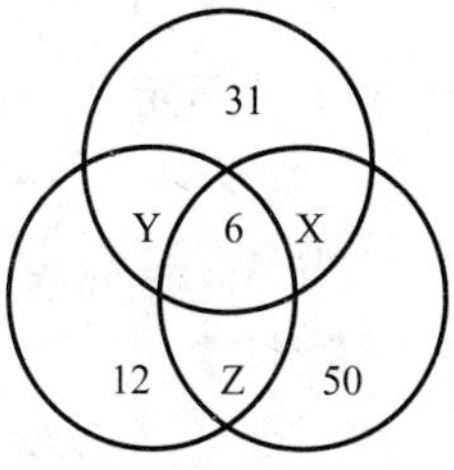

图 11-3

§11.3　集合的笛卡儿乘积

为了讨论关系,我们首先引入序偶和笛卡儿积.

11.3.1　序偶

笛卡儿积是集合论的基本概念之一,是一种集合二元运算,在后面的内容中,将经常使用这个概念.在阐述笛卡儿积之前,先来研究有序 n 元组.一组元素中元素的次序往往是重要的,由于集合是无序的,必须用不同的结构来表示有序的一组元素.这个结构由有序的 n 元组来提供.

定义 1　由两个元素 x 和 y 按一定次序排列组成的二元组,称为一个**有序对**或**序偶**,记为 $\langle x,y\rangle$,其中 x,y 分别称为序偶的**第一、二分量**(或称**第一、二元素**).注意,第一、第二元素未必不同.

如平面直角坐标系中的任意一点坐标 (x,y) 均是序偶,而全体这种实数对的集合 $\{(x,y)\mid x\in\mathbf{R}\wedge y\in\mathbf{R}\}$ 就表示整个平面.

定理 1　两序偶 $\langle a,b\rangle$,$\langle c,d\rangle$ 是相等的,当且仅当 $a=c,b=d$;记作 $\langle a,b\rangle=\langle c,d\rangle$.

【例 1】　设有序对 $\langle 2x+y,6\rangle=\langle x-2y,x+2y\rangle$,那么根据有序对相等的充分条件有 $2x+y=x-2y$ 和 $6=x+2y$,因此得到 $x=18,y=-6$.

有序对的概念可以进一步推广到多元有序组.

定义 2　若 $n\in\mathbf{N}$ 且 $n>1$,$x_1,x_2,\cdots,x_n$ 是 n 个元素,则有序 n 元组定义为 $\langle x_1,x_2,\cdots,x_n\rangle$,$x_i$ 称为第 i 个元素.

有序 n 元组有如下性质:

$\langle x_1,x_2,\cdots,x_n\rangle=\langle y_1,y_2,\cdots,y_n\rangle$ 的充要条件是 $x_1=y_1,x_2=y_2,\cdots,x_n=y_n$.

11.3.2　笛卡儿积

前面提到,一个序偶 $\langle x,y\rangle$ 的两个元素可来自不同的集合,若第一个元素取自集合 A,第二个集合取自集合 B,则由 A、B 中的元素,可得若干个序偶,这些序偶构成的集合,描绘出集合 A 和 B 的一种特征,称为**笛卡儿乘积**.其具体定义如下:

定义 3　给定两个集合 A 和 B,如果序偶的第一个分量是 A 中的一个元素,第二个分量是 B 中的一个元素,则所有这种序偶的集合,称为集合 A 和 B 的**笛卡儿积**,**简称为卡氏积**或**直积**,记为 $A\times B$,即

$$A\times B=\{\langle x,y\rangle \mid x\in A\wedge y\in B\}.$$

定义 4 设集合 $A_1,A_2,\cdots,A_n$，其中 $n\in\mathbf{N}$，且 $n>1$，它们的 n 阶笛卡儿积记作 $A_1\times A_2\times\cdots\times A_n$，定义为：

$$A_1\times A_2\times\cdots\times A_n=\{\langle x_1,x_2,\cdots x_n\rangle \mid x_1\in A_1\wedge x_2\in A_2\wedge\cdots\wedge x_n\in A_n\}$$

当 $A_1=A_2=\cdots=A_n$ 时，$A_1\times A_2\times\cdots\times A_n$ 简记为 A^n.

【例 2】 (1) $A=\{a,b\}$，$B=\{c,d\}$，求 $A\times B$.

(2) $A=\{a,b\}$，$B=\{c,d\}$，求 $B\times A$.

(3) $A=\{a,b\}$，$B=\{1,2\}$，$C=\{c\}$，求 $(A\times B)\times C$ 和 $A\times(B\times C)$.

解 (1) $A\times B=\{a,b\}\times\{c,d\}=\{\langle a,c\rangle,\langle a,d\rangle,\langle b,c\rangle,\langle b,d\rangle\}$.

(2) $B\times A=\{c,d\}\times\{a,b\}=\{\langle c,a\rangle,\langle c,b\rangle,\langle d,a\rangle,\langle d,b\rangle\}$.

(3) $(A\times B)=\{a,b\}\times\{1,2\}=\{\langle a,1\rangle,\langle a,2\rangle,\langle b,1\rangle,\langle b,2\rangle\}$.

$(A\times B)\times C=\{\langle\langle a,1\rangle,c\rangle,\langle\langle a,2\rangle,c\rangle,\langle\langle b,1\rangle,c\rangle,\langle\langle b,2\rangle,c\rangle\}=\{\langle a,1,c\rangle,\langle a,2,c\rangle,\langle b,1,c\rangle,\langle b,2,c\rangle\}$.

$B\times C=\{1,2\}\times\{c\}=\{\langle 1,c\rangle,\langle 2,c\rangle\}$.

$A\times(B\times C)=\{\langle a,\langle 1,c\rangle\rangle,\langle a,\langle 2,c\rangle\rangle,\langle b,\langle 1,c\rangle\rangle,\langle b,\langle 2,c\rangle\rangle\}$.

【例 3】 设 $A=\{1,2\}$，$B=\{a,b,c\}$，则

(1) $A^2=\{\langle 1,1\rangle,\langle 1,2\rangle,\langle 2,1\rangle,\langle 2,2\rangle\}$；

(2) $B^2=\{\langle a,a\rangle,\langle a,b\rangle,\langle a,c\rangle,\langle b,a\rangle,\langle b,b\rangle,\langle b,c\rangle,\langle c,a\rangle,\langle c,b\rangle,\langle c,c\rangle\}$；

(3) $\mathbf{R}^2=\{\langle x,y\rangle \mid x\in\mathbf{R}\wedge y\in\mathbf{R}\}$，$\mathbf{R}^2$ 为笛卡儿平面. 显然 $\mathbf{R}^3$ 为三维笛卡儿空间.

定理 2 设 A,B 是任意有限集合，则有 $|A\times B|=|A|\cdot|B|$.

该定理由排列组合的知识不难证明.

定理 3 对任意有限集合 $A_1,A_2,\cdots,A_n$，则有

$$|A_1\times A_2\times\cdots\times A_n|=|A_1|\cdot|A_2|\cdot\cdots\cdot|A_n|.$$

§11.4 二元关系的基本概念

关系作为日常生活的一部分以及在数学中的一个基本概念，我们已经相当熟悉. 如在日常生活中的兄弟关系、上下级关系、位置关系等. 数学中关系可表示为集合中元素间的关系，如小于关系、平行关系等；元素与集合之间有属于关系；计算机科学中程序间有调用关系. 由此可见，无论在数学上或是在计算机科学中关系都有着重要的地位.

11.4.1 关系及表示

在众多的关系中，最基本的是涉及两个事物之间的关系，即二元关系. 首先，给出二元关系的定义.

定义 1 设 A,B 是两个任意集合，一个从 A 到 B 的一个**二元关系**是 $A\times B$(即 A 与 B 的笛卡儿积)的一个子集. 即若 R 是集合 A 与 B 之间的一个二元关系，则 $R\subseteq A\times B$.

若 $a\in A$、$b\in B$、$\langle a,b\rangle\in R$，则称 a 与 b 之间有**关系** R，记为 aRb. 相反，若 $\langle a,b\rangle\notin R$，则称 a 与 b 之间没有关系 R，记为 $a\not R b$. 若 $A=B$，则称 R 为 A 上的**二元关系**(或 A 上的关系). 若 $R=A\times B$，则称 R 是 A 到 B 的**全域关系**；若 $R=\varnothing$，则称 R 是 A 到 B 的**空关系**.

定义 2 设 R 是一个从集合 A 到集合 B 的二元关系，R 的**定义域** dom(R)定义为：

$$\mathrm{dom}(R)=\{x\,|\,x\in A \text{ 且存在 } y\in B \text{ 满足} \langle x,y\rangle\in R\};$$

R 的**值域** ran (R)定义为：

$$\mathrm{ran}(R)=\{y\,|\,y\in B \text{ 且存在 } x\in A \text{ 满足} \langle x,y\rangle\in R\};$$

R 的定义域和值域一起称作 R 的**域**，定义为 $\mathrm{fld}(R)=\mathrm{dom}(R)\cup\mathrm{ran}(R)$.

一般地，若 R 是 A 到 B 的二元关系，则有 $\mathrm{dom}\,R\subseteq A$，$\mathrm{ran}\,R\subseteq B$.

【例 1】 设 $A=\{a,b,c,d,e\}$，$B=\{1,2,3\}$，$R=\{\langle a,2\rangle,\langle b,3\rangle,\langle c,2\rangle\}$，求 R 的定义域和值域.

解 $\mathrm{dom}\,R=\{a,b,c\}$，$\mathrm{ran}\,R=\{2,3\}$.

【例 2】 设 $A=\{1,3,5,7,9\}$，R 是 A 上的二元关系，当 $a,b\in A$ 且 $a<b$ 时，$\langle a,b\rangle\in R$，求 R 和它的定义域和值域.

解 $R=\{\langle 1,3\rangle,\langle 1,5\rangle,\langle 1,7\rangle,\langle 1,9\rangle,\langle 3,5\rangle,\langle 3,7\rangle,\langle 3,9\rangle,\langle 5,7\rangle,\langle 5,9\rangle,\langle 7,9\rangle\}$

$\mathrm{dom}\,R=\{1,3,5,7\}$，$\mathrm{ran}\,R=\{3,5,7,9\}$.

【例 3】 设 $A=\{1,2,3,4,5,6\}$，R 是 A 上的二元关系，当 $a,b\in A$ 且 a 整除 b 时，$\langle a,b\rangle\in R$，求 R 和它的定义域和值域.

解 $R=\{\langle 1,1\rangle,\langle 1,2\rangle,\langle 1,3\rangle,\langle 1,4\rangle,\langle 1,5\rangle,\langle 1,6\rangle,\langle 2,2\rangle,\langle 2,4\rangle,\langle 2,6\rangle,\langle 3,3\rangle,\langle 3,6\rangle,\langle 4,4\rangle,\langle 5,5\rangle,\langle 6,6\rangle\}$

$\mathrm{dom}\,R=\{1,2,3,4,5,6\}$，$\mathrm{ran}\,R=\{1,2,3,4,5,6\}$

通常集合 A 上不同关系的数目依赖于 A 的基数. 如果 $|A|=n$，那么 $|A\times A|=n^2$. $A\times A$ 的子集有 2^{n^2} 个，每一个子集代表一个 A 上的关系，所以 A 上有 2^{n^2} 个不同的二元关系. 例如，$A=\{0,1,2\}$，则 A 上可定义 $2^{3^2}=512$ 个不同的关系. 当然，大部分的关系没有什么实际意义. 但是，对于任何集合 A 都有 3 中特殊的关系. 其中之一就是空集$\varnothing$，它是 $A\times A$ 的子集，也是 A 上的关系，称作空关系. 另外两种就是**全域关系** E_A 和**恒等关系** I_A.

定义 3 对任何集合 A，$E_A=\{\langle x,y\rangle\,|\,x\in A\wedge y\in A\}=A\times A$，$I_A=\{\langle x,x\rangle\,|\,x\in A\}$.

以上给出的关系都是用集合表达式来定义的. 对于有穷集 A 上的关系 R，还可以用关系矩阵和关系图来给出. 先看一个简单的例子.

设 $A=\{1,2,3,4\}$，$R=\{\langle 1,1\rangle,\langle 1,2\rangle,\langle 2,3\rangle,\langle 2,4\rangle,\langle 4,2\rangle\}$ 是 A 上的关系. R 的关系矩阵为

$$\begin{pmatrix} 1 & 1 & 0 & 0 \\ 0 & 0 & 1 & 1 \\ 0 & 0 & 0 & 0 \\ 0 & 1 & 0 & 0 \end{pmatrix}$$

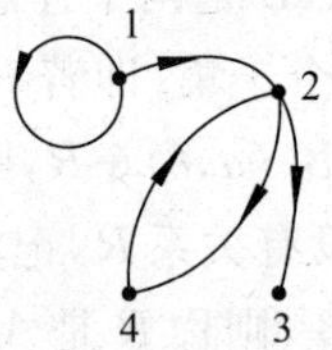

图 11-4

关系图如图 11-4 所示.

下面给出关系矩阵和关系图的一般定义.

设 $A=\{x_1,x_2,\cdots,x_n\}$,R 是 A 上的关系,令

$$r_{ij}=\begin{cases}1 & 若\ x_iRx_j \\ 0 & 若\ x_i \not R x_j\end{cases} \quad (i,j=1,2,\cdots,n)$$

则$(r_{ij})_{n\times n}$是 R 的关系矩阵.

$$(r_{ij})=\begin{pmatrix} r_{11} & r_{12} & \cdots & r_{1n} \\ r_{21} & r_{22} & \cdots & r_{2n} \\ \vdots & \vdots & & \vdots \\ r_{n1} & r_{n2} & \cdots & r_{nn} \end{pmatrix}$$

设 V 是顶点的集合,E 是有向边的集合,令 $V=A=\{x_1,x_2,\cdots,x_n\}$,如果 x_iRx_j,则有向边$\langle x_i,x_j\rangle\in E$,那么 $G=\langle V,E\rangle$就是 R 的关系图.

在上面的例子中,图的顶点集是$\{1,2,3,4\}$,由$\langle 1,1\rangle$、$\langle 1,2\rangle\in R$ 可知在图中有一条从 1 到 1 的边(过 1 的环),还有一条从 1 到 2 的边.类似地可以作出对应于其余 3 个有序对的边,请参看图 11-4.

11.4.2 关系的运算

A 到 B 的二元关系 R 是 $A\times B$ 的子集,亦即关系是序偶的集合.故在同一个集合上的关系,可以进行集合的所有运算.作为集合对关系作并、交、差、补运算是适合的.设 R,S 都是集合 A 到 B 的两个关系,则

$R\cup S=\{\langle x,y\rangle \mid (xRy)\vee xSy\}$;　　$R\cap S=\{\langle x,y\rangle \mid (xRy)\wedge xSy\}$

$R-S=\{\langle x,y\rangle \mid (xRy)\wedge x\not S y\}$;　　$\overline{R}=\{\langle x,y\rangle \mid (x\not R y)\}$

根据定义,由于 $A\times B$ 是相对于 R 的全集,所以,$\overline{R}=A\times B-R$ 且 $\overline{R}\cup R=A\times B$,$\overline{R}\cap R=\varnothing$.

【例 4】 设 $A=\{a,b,c\}$,$B=\{1,2\}$,$R=\{\langle a,1\rangle,\langle b,2\rangle,\langle c,1\rangle\}$,

$S=\{\langle a,1\rangle,\langle b,1\rangle,\langle c,1\rangle\}$,则

$R\cup S=\{\langle a,1\rangle,\langle b,2\rangle,\langle c,1\rangle,\langle b,1\rangle\}$,

$R\cap S=\{\langle a,1\rangle,\langle c,1\rangle,\}$,

$R-S=\{\langle b,2\rangle\}$,

$\overline{R}=A\times B-R=\{\langle a,2\rangle,\langle b,1\rangle,\langle c,2\rangle\}$.

除了以上的一般集合运算以外，由于关系是特殊的集合，它本身还具有下面两种特殊的运算.

定义4 设R是从集合A到集合B上的二元关系，S是从集合B到集合C上的二元关系，则$R\cdot S$称为R和S的**复合关系**，表示为

$R\cdot S=\{\langle x,z\rangle \mid x\in A\wedge z\in C\wedge y\in B\wedge\langle x,y\rangle\in R\wedge\langle y,z\rangle\in S\}$

从R,S得到$R\cdot S$的运算称为关系的**复合运算**(也称为**合成运算**)(Composite Operation).

注意：如果对任意的$x\in A$和$z\in C$，不存在$y\in B$，使得xRy和ySz同时成立，则$R\cdot S$为空，否则为非空.

【例5】 (1)$A=\{1,2,3,4\}$，$B=\{3,5,7\}$，$C=\{1,2,3\}$，$R=\{\langle 2,7\rangle,\langle 3,5\rangle,\langle 4,3\rangle\}$，$S=\{\langle 3,3\rangle,\langle 7,2\rangle\}$,

则$R\cdot S=\{\langle 2,2\rangle,\langle 4,3\rangle\}$. 如图11-5所示.

(2)设R,S都是A上的关系，$A=\{1,2,3,4\}$.

$R=\{\langle 1,2\rangle,\langle 1,3\rangle,\langle 3,4\rangle\}$，$S=\{\langle 1,1\rangle,\langle 2,2\rangle,\langle 3,3\rangle,\langle 4,4\rangle\}$，即$S$为$A$上的恒等关系，则$R\cdot S=S\cdot R=R$. 如图11-6所示：

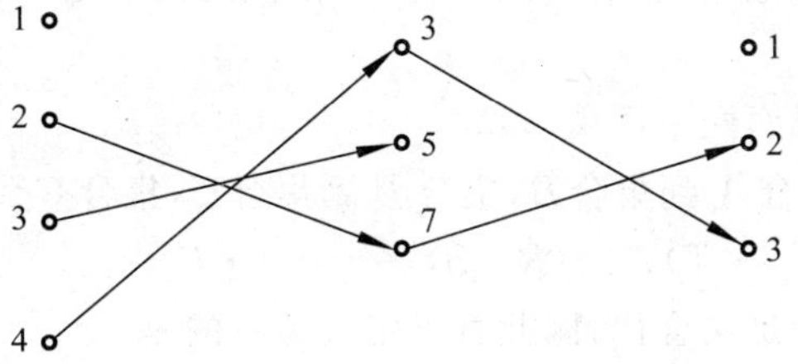

图11-5

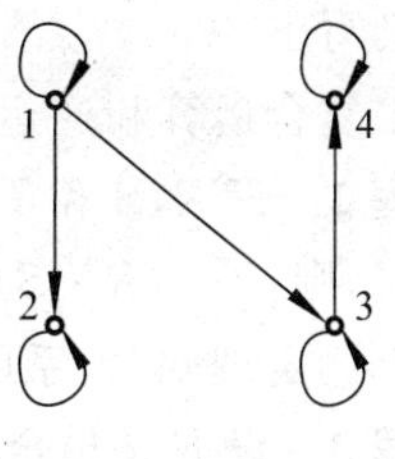

图11-6

(3)设R是A上的关系，S为A上的空关系，即$S=\varnothing$，则$R\cdot S=S\cdot R=\varnothing$.

定理1 设R是从A到B的关系，S是从B到C的关系，其中$A=(a_1,a_2,\cdots,a_m)$，$B=(b_1,b_2,\cdots,b_n)$，$C=(c_1,c_2,\cdots,c_t)$. 而M_R,M_S和$M_{R\cdot S}$分别为关系R,S和$R\cdot S$的关系矩阵，则有$M_{R\cdot S}=M_R\cdot M_S$.

【例6】 给定集合$A=\{a,b,c,d,e\}$，在集合A上有两个关系，$R=\{\langle a,b\rangle,\langle c,d\rangle,\langle b,b\rangle\}$，$S=\{\langle d,b\rangle,\langle b,e\rangle,\langle a,c\rangle,\langle c,a\rangle\}$，求$R\cdot S$和$S\cdot R$的关系矩阵.

解 $$\boldsymbol{M}_{R\cdot S}=\begin{pmatrix}0&1&0&0&0\\0&1&0&0&0\\0&0&0&1&0\\0&0&0&0&0\\0&0&0&0&0\end{pmatrix}\cdot\begin{pmatrix}0&0&1&0&0\\0&0&0&0&1\\1&0&0&0&0\\0&1&0&0&0\\0&0&0&0&0\end{pmatrix}=\begin{pmatrix}0&0&0&0&1\\0&0&0&0&1\\0&1&0&0&0\\0&0&0&0&0\\0&0&0&0&0\end{pmatrix}.$$

$$M_{S\cdot R}=\begin{pmatrix}0&0&1&0&0\\0&0&0&0&1\\1&0&0&0&0\\0&1&0&0&0\\0&0&0&0&0\end{pmatrix}\cdot\begin{pmatrix}0&1&0&0&0\\0&1&0&0&0\\0&0&0&1&0\\0&0&0&0&0\\0&0&0&0&0\end{pmatrix}=\begin{pmatrix}0&0&0&1&0\\0&0&0&0&0\\0&1&0&0&0\\0&1&0&0&0\\0&0&0&0&0\end{pmatrix}.$$

定义 5 设 R 是从集合 A 到集合 B 的二元关系,则从 B 到 A 的关系 $R^{-1}=\{\langle b,a\rangle \mid \langle a,b\rangle\in R\}$ 称为 R 的**逆关系**.

我们有 $\mathrm{dom}\,R=\mathrm{ran}\,R^{-1}$,$\mathrm{dom}\,R^{-1}=\mathrm{ran}\,R$.

关系是一种集合,逆关系也是一种集合,因此,如果 R 是一个关系,则 R^{-1} 和 $\overline{R}$ 都是关系,但 R^{-1} 和 $\overline{R}$ 是完全不同的两种关系,千万不要混淆.

【例 7】 设 $A=\{a, b, c, d\}$,$B=\{1, 2, 3\}$,R 是从 A 到 B 的一个关系.

$$R=\{\langle a,1\rangle,\langle c,2\rangle,\langle b,3\rangle,\langle d,2\rangle\}$$

则
$$R^{-1}=\{\langle 1,a\rangle,\langle 2,c\rangle,\langle 3,b\rangle,\langle 2,d\rangle\},$$

$$\overline{R}=\{\langle a,2\rangle,\langle a,3\rangle,\langle c,1\rangle,\langle c,3\rangle,\langle b,1\rangle,\langle b,2\rangle,\langle d,1\rangle,\langle d,3\rangle\}.$$

如用关系图表示逆关系,则仅将关系图中的有向边的方向改变成反方向.如用关系矩阵表示逆关系,则 $M_{R^{-1}}=M_R^{\mathrm{T}}$($M_R$ 的转置矩阵)。关于 R,R^{-1} 和 $\overline{R}$ 的关系矩阵和关系图请读者自己写出.

关于复合运算和逆运算,我们有下面两个性质.

定理 2 设 R,S 和 T 分别是从集合 A 到集合 B,集合 B 到集合 C,集合 C 到集合 D 的二元关系,则:(1)$(R\cdot S)\cdot T=R\cdot(S\cdot T)$;(2)$(R\cdot S)^{-1}=S^{-1}\cdot R^{-1}$.

由上述定理知,关系的复合运算满足结合律,因此可以定义关系的幂.

定理 3 设 R 是集合 A 上的二元关系,则可定义 R 的 n 次幂 R^n,该 R^n 也是 A 上的二元关系,定义如下:(1)$R^0=I_A=\{<a,a>\mid a\in A\}$;(2)$R^1=R$;(3)$R^{n+1}=R^n\cdot R=R\cdot R^n$,显然,$R^n\cdot R^m=R^m\cdot R^n=R^{n+m}$.

【例 8】 设 $A=\{0,1,2,3,4\}$,定义在 A 上的关系 $R=\{\langle 0,0\rangle,\langle 0,1\rangle,\langle 1,3\rangle,\langle 2,4\rangle,\langle 3,1\rangle,\langle 4,4\rangle\}$,则

$R^2=\{\langle 0,0\rangle,\langle 0,1\rangle,\langle 0,3\rangle,\langle 1,1\rangle,\langle 2,4\rangle,\langle 3,3\rangle,\langle 4,4\rangle\}$

$R^3=\{\langle 0,0\rangle,\langle 0,1\rangle,\langle 0,3\rangle,\langle 1,3\rangle,\langle 2,4\rangle,\langle 3,1\rangle,\langle 4,4\rangle\}$

$R^4=\{\langle 0,0\rangle,\langle 0,1\rangle,\langle 0,3\rangle,\langle 1,1\rangle,\langle 2,4\rangle,\langle 3,3\rangle,\langle 4,4\rangle\}=R^2$

读者可对 $n>4$ 继续求 R^n,会发现一些规律,由此也可以得出一个结论:

定理 4 设 A 是有限集合,且 $|A|=n$,R 是 A 上的二元关系,那么存在自然数 i、j 使得 $R^i=R^j(0\leqslant i\leqslant j\leqslant 2^{n^2})$.

11.4.3 关系的性质

前面已经看到,在一个很小的集合上就可以定义很多个不同的关系.但是真正有实际

意义的只是其中很少的一部分，它们一般都是有着某些性质的关系.

定义6 设R是集合A上的二元关系，即$R\subseteq A\times A$.

(1)称R是**自反的**，如果对于每个$x\in A$，都有$\langle x,x\rangle\in R$. 即R在A上是自反的$\Leftrightarrow\forall x(x\in A\rightarrow\langle x,x\rangle\in R)$

(2)称R是**反自反的**，如果对于每个$x\in A$，都有$\langle x,x\rangle\notin R$. 即$R$在$A$上是反自反的$\Leftrightarrow\forall x(x\in A\rightarrow\langle x,x\rangle\notin R)$

(3)称R是**对称的**，如果对于每个$x,y\in A$，当$\langle x,y\rangle\in R$，就有$\langle y,x\rangle\in R$. 即R在A上是对称的$\Leftrightarrow\forall x\forall y(x\in A\wedge y\in A\wedge\langle x,y\rangle\in R\rightarrow\langle y,x\rangle\in R)$

(4)称R是**反对称的**，如果对于每个$x,y\in A$，当$\langle x,y\rangle\in R$和$\langle y,x\rangle\in R$时，必有$x=y$. 即R在A是反对称的$\Leftrightarrow\forall x\forall y(x\in A\wedge y\in A\wedge\langle x,y\rangle\in R\wedge\langle y,x\rangle\in R\rightarrow x=y)$

(5)称R是**传递的**，如果对于任意$x,y,z\in A$，当$\langle x,y\rangle\in R$，$\langle y,z\rangle\in R$，就有$\langle x,z\rangle\in R$. 即R在A上是传递的$\Leftrightarrow\forall x\forall y\forall z(x\in A\wedge y\in A\wedge z\in A\wedge\langle x,y\rangle\in R\wedge\langle y,z\rangle\in R\rightarrow\langle x,z\rangle\in R)$.

【例9】 设$A=\{a,b,c\}$，R,S,T是A上的二元关系，其中：

$R=\{\langle a,a\rangle,\langle b,b\rangle\}$，

$S=\{\langle a,a\rangle,\langle b,b\rangle,\langle c,c\rangle,\langle a,b\rangle\}$，

$T=\{\langle a,b\rangle,\langle b,c\rangle\}$.

说明R,S,T是否为A上的自反关系、反自反关系.

解 S是A上的自反关系，T是A上的反自反关系，R既不是A上的自反关系也不是A上的反自反关系.

【例10】 设$A=\{a,b,c\}$，R,S,T是A上的二元关系，其中：

$R=\{\langle a,a\rangle,\langle b,b\rangle,\langle a,c\rangle\}$；

$S=\{\langle a,b\rangle,\langle b,c\rangle,\langle c,c\rangle\}$；

$T=\{\langle a,b\rangle\}$.

说明R,S,T是否为A上的传递关系.

解 根据传递性的定义知，R和T是A上的传递关系，S不是A上的传递关系，因为$\langle a,b\rangle\in R$，$\langle b,c\rangle\in R$，但$\langle a,c\rangle\notin R$.

判断一个关系是否具有上述某种的性质，除直接用定义，还有下面的充要条件.

定理5 设R是集合A上的关系，

(1) R是自反关系的充要条件是$I_A\subseteq R$.

(2) R是反自反关系的充要条件是$I_A\cap R=\varnothing$.

(3) R是对称关系的充要条件是$R^{-1}=R$.

结论可以减弱为$R^{-1}\subseteq R$，因$R^{-1}\subseteq R\Rightarrow R^{-1}=R$.

(4) R是A上反对称关系的充要条件是$R^{-1}\cap R\subseteq I_A$.

(5) R 是传递关系的充要条件是 $R\cdot R\subseteq R$.

关系的基本性质与关系图、关系矩阵有怎样的联系呢？综合以上定义和性质，得表 11-1.

表 11-1

关系特性	自反	反自反	对称	反对称	传递
表达式	$I_A\subseteq R$	$R\cap I_A=\varnothing$	$R=R^{-1}$	$R\cap R^{-1}\subseteq I_A$	$R\cdot R\subseteq R$
关系矩阵	主对角线元素全是1	主对角线元素全是0	矩阵是对称矩阵	若 $r_{ij}=1$，且 $i\neq j$，则 $r_{ji}=0$	$r_{ij}=1$ 且 $r_{jk}=1$ 必有 $r_{ik}=1,i,j=1,2\cdots,n$
关系图	每个顶点都有环	每个顶点都没有环	如果两个顶点之间有边，是一对方向相反的边(无单边)	如果两点之间有边，是一条有向边(无双向边)	如果顶点 x_i 连通到 x_k，则从 x_i 到 x_k 有边

【例 11】 设 $A=\{a, b, c\}$，以下各关系 R_i $(i=1, 2,3 , 4)$均为 A 上二元关系.

(1) $R_1=\{\langle a,a\rangle,\langle a,c\rangle,\langle b,b\rangle,\langle c,c\rangle\}$是自反的，反对称的，传递的.

(2) $R_2=\{\langle a,c\rangle,\langle c,a\rangle\}$不是自反的，是反自反的，是对称的，但不是反对称的，也不是传递的.

(3) $R_3=\{\langle a, a\rangle\}$它不是自反的，也不是反自反的，是对称的，也是反对称的，还是传递的.

(4) $R_4=\varnothing$，显然 A 上的$\varnothing$关系是反自反的，不是自反的，是对称的，也是反对称的，而且是传递的.

可是值得注意的是，当 $A=\varnothing$时(这时 A 上只有一个关系 A 上空关系 5 种性质都具有，因为 $A=\varnothing$使定义中的前提总为假.

§11.5 关系的闭包

闭包运算是关系运算中一种比较重要的特殊运算，是对原关系的一种扩充. 在实际应用中，有时会遇到这样的问题，给定了的某一关系并不具有某种性质，要使其具有这一性质，就需要对原关系进行扩充，而所进行的扩充又是“最小”的. 这种关系的扩充就是对原关系的这一性质的闭包运算.

定义 1 设 R 是非空集合 A 上的二元关系，如果 A 上有另一个关系 R'满足：

(1) R'是**自反的**(对称的、传递的)；

(2) $R'\supseteq R$；

(3)对于任何自反的(对称的、传递的)关系，如果有 $R''\supseteq R$，就有 $R''\supseteq R'$. 则称关系 R' 为 R 的**自反**(对称、传递)**闭包**.

一般将 R 的自反闭包记作 $r(R)$，对称闭包记作 $s(R)$，传递闭包记作 $t(R)$. 它们分别是具有自反性或对称性或传递性的 R 的"最小"集合. 称 r、s、t 为闭包运算，它们作用于关系 R 后，分别产生包含 R 的、最小的具有自反性、对称性、传递性的二元关系. 这三个闭包运算也可由下述定理来构造.

定理 1　设 R 是集合 A 上的二元关系，则

(1) $r(R)=I_A\cup R$；

(2) $s(R)=R\cup R^{-1}$；

(3) $t(R)=\bigcup\limits_{i=1}^{\infty}R^i$.

【例 1】　设 $A=\{1,2,3\}$，定义 A 上的二元关系 R 为：

$$R=\{\langle 1,2\rangle,\langle 2,3\rangle,\langle 3,1\rangle\}$$

试求：$r(R)$，$s(R)$，$t(R)$.

解　$r(R)=I_A\cup R=\langle 1,2\rangle,\langle 2,3\rangle,\langle 3,1\rangle,\langle 1,1\rangle,\langle 2,2\rangle,\langle 3,3\rangle\}$

$s(R)=R\cup R^{-1}=\{\langle 1,2\rangle,\langle 2,3\rangle,\langle 3,1\rangle,\langle 2,1\rangle,\langle 3,2\rangle,\langle 1,3\rangle\}$.

以下求 $t(R)$：

$$R^2=R\cdot R=\{\langle 1,3\rangle,\langle 2,1\rangle,\langle 3,2\rangle\},$$
$$R^3=R^2\cdot R=\{\langle 1,1\rangle,\langle 2,2\rangle,\langle 3,3\rangle\}=I_A,$$
$$R^4=R^3\cdot R=I_A\cdot R=R,$$

继续这个运算，则有

$$R=R^4=R^7=\cdots=R^{3n+1}=\cdots$$
$$R^2=R^5=R^8=\cdots=R^{3n+2}=\cdots$$
$$R^3=R^6=R^9=\cdots=R^{3n+3}=\cdots$$

其中 n 是任意的自然数.

$$t(R)=\bigcup_{i=1}^{\infty}R^i=\{\langle 1,1\rangle,\langle 1,2\rangle,\langle 1,3\rangle,\langle 2,1\rangle,\langle 2,2\rangle,\langle 2,3\rangle,\langle 3,1\rangle,\langle 3,2\rangle,\langle 3,3\rangle\}.$$

从以上讨论可以看出，传递闭包的求取是很复杂的. 但是，当集合 A 为有限集合时，A 上二元关系的传递闭包的求取便可大大简化.

推论　A 为非空有限集合，$|A|=n$，R 是 A 的关系，则存在正整数 $k\leqslant n$，使得

$$t(R)=R\cup R^2\cup\cdots\cup R^k.$$

【例 2】　设 $A=\{1,2,3\}$，定义 A 上的二元关系 R 为：$R=\{\langle 1,2\rangle,\langle 2,3\rangle,\langle 3,1\rangle\}$ 试用关系矩阵求 $r(R)$，$s(R)$，$t(R)$.

解　(1) 用关系矩阵求 $t(R)$ 的方法如下：

$$\boldsymbol{M}_{R^2}=\boldsymbol{M}_R\cdot\boldsymbol{M}_R=\begin{pmatrix}0&1&0\\0&0&1\\1&0&0\end{pmatrix}\cdot\begin{pmatrix}0&1&0\\0&0&1\\1&0&0\end{pmatrix}=\begin{pmatrix}0&0&1\\1&0&0\\0&1&0\end{pmatrix};$$

$$\boldsymbol{M}_{R^3}=\boldsymbol{M}_{R^2}\cdot\boldsymbol{M}_R=\begin{pmatrix}0&0&1\\1&0&0\\0&1&0\end{pmatrix}\cdot\begin{pmatrix}0&1&0\\0&0&1\\1&0&0\end{pmatrix}=\begin{pmatrix}1&0&0\\0&1&0\\0&0&1\end{pmatrix};$$

$$\boldsymbol{M}_{t(R)}=\boldsymbol{M}_R\vee\boldsymbol{M}_{R^2}\vee\boldsymbol{M}_{R^3}=\begin{pmatrix}1&1&1\\1&1&1\\1&1&1\end{pmatrix}.$$

其中,$\vee$表示矩阵的对应元素进行析取运算.

即 $t(R)=\{\langle1,1\rangle,\langle1,2\rangle,\langle1,3\rangle,\langle2,1\rangle,\langle2,2\rangle,\langle2,3\rangle,\langle3,1\rangle,\langle3,2\rangle,\langle3,3\rangle\}$.

(2) 用关系矩阵求 $r(R)$的方法如下:由于 $r(R)=I_A\cup R$,所以 $\boldsymbol{M}_{r(R)}=\boldsymbol{M}_{I_A}\vee\boldsymbol{M}_R$.

$$\boldsymbol{M}_{r(R)}=\begin{pmatrix}1&0&0\\0&1&0\\0&0&1\end{pmatrix}\vee\begin{pmatrix}0&1&0\\0&0&1\\1&0&0\end{pmatrix}=\begin{pmatrix}1&1&0\\0&1&1\\1&0&1\end{pmatrix}$$

即 $t(R)=\{\langle1,1\rangle,\langle1,2\rangle,\langle2,2\rangle,\langle2,3\rangle,\langle3,1\rangle,\langle3,3\rangle\}$.

(3)由于 $s(R)=R\cup R^{-1}$,所以 $\boldsymbol{M}_{r(R)}=\boldsymbol{M}_R\vee\boldsymbol{M}_R{}^{-1}\boldsymbol{M}_{s(R)}=\boldsymbol{M}_{R^{-1}}\vee\boldsymbol{M}_R$.

$$\boldsymbol{M}_{r(R)}=\begin{pmatrix}1&0&0\\0&1&0\\0&0&1\end{pmatrix}\vee\begin{pmatrix}0&1&0\\0&0&1\\1&0&0\end{pmatrix}=\begin{pmatrix}1&1&0\\0&1&1\\1&0&1\end{pmatrix},$$

即 $s(R)=\{\langle1,2\rangle,\langle1,3\rangle,\langle2,1\rangle,\langle2,3\rangle,\langle3,1\rangle,\langle3,2\rangle\}$.

当然,本题也可不用关系矩阵,直接用定理1来做,请读者自己完成.

【例3】 设 R 是集合 $A=\{a,b,c,d\}$上的二元关系,$R=\{\langle a,b\rangle,\langle b,a\rangle,\langle b,c\rangle,\langle c,d\rangle\}$,求 R 的闭包:$r(R)$、$s(R)$、$t(R)$,并画出对应的关系图.

解 $r(R)=\{\langle a,b\rangle,\langle b,a\rangle,\langle b,c\rangle,\langle c,d\rangle,\langle a,a\rangle,\langle b,b\rangle,\langle c,c\rangle,\langle d,d\rangle\}$;

$s(R)=\{\langle a,b\rangle,\langle b,a\rangle,\langle b,c\rangle,\langle c,d\rangle,\langle c,b\rangle,\langle d,c\rangle\}$;

$r(R)=\{\langle a,b\rangle,\langle b,a\rangle,\langle b,c\rangle,\langle c,d\rangle,\langle a,a\rangle,\langle b,b\rangle,\langle a,c\rangle,\langle b,d\rangle,\langle a,d\rangle\}$.

其对应的关系图分别如图 11-7 (a)、(b)、(c)所示.

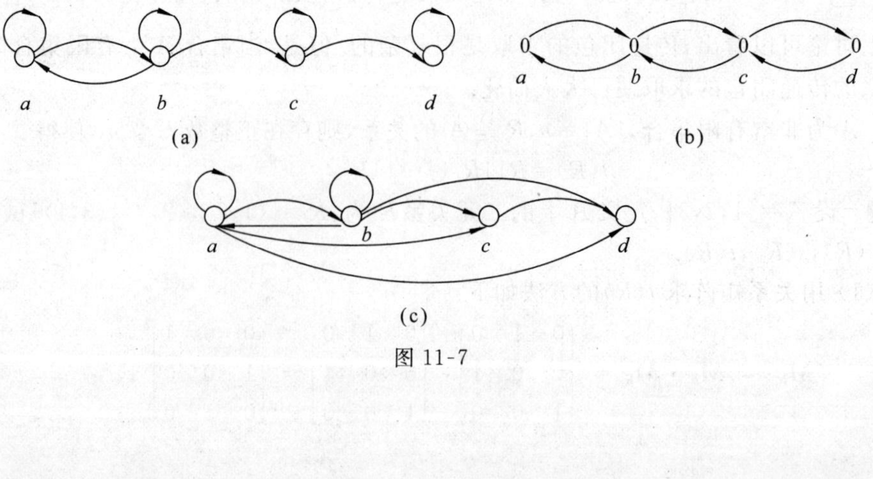

图 11-7

§ 11.6　等价关系

等价关系和偏序关系是两种重要的关系，它们都具有良好的性质和广泛的应用. 等价关系是可以对集合中元素进行分类的一种重要的二元关系，关于偏序关系，由于篇幅有限，在这里我们就不在讨论了.

定义 1　设 R 为非空集合上的关系. 如果 R 是自反的、对称的和传递的，则称 R 为 A 上的**等价关系**. 设 R 是一个等价关系，若 $\langle x,y\rangle\in R$，称 x 等价于 y，记做 $x\sim y$.

【例 1】　设 $A=\{1,2,\cdots,8\}$，如下定义 A 上的关系 R：

$$R=\{\langle x,y\rangle \mid x,y\in A\wedge x\equiv y(\mathrm{mod}\ 3)\}.$$

其中 $x\equiv y(\mathrm{mod}\ 3)$ 叫做 x 与 y 模 3 相等，即 x 除以 3 的余数与 y 除以 3 的余数相等. 验证模 3 相等关系 R 为 A 上的等价关系，因为

$\forall x\in A$，有 $x\equiv x(\mathrm{mod}\ 3)$ $\forall x, y\in A$，

若 $x\equiv y(\mathrm{mod}\ 3)$，则有 $y\equiv x(\mathrm{mod}\ 3)$.

$\forall x, y, z\in A$，若 $x\equiv y(\mathrm{mod}\ 3)$，$y\equiv z(\mathrm{mod}\ 3)$，则有 $x\equiv z(\mathrm{mod}\ 3)$.

自反性、对称性、传递性得到验证. 它的关系图如图 11-8 所示，其中 $1\sim4\sim7$，$2\sim5\sim8$，$3\sim6$.

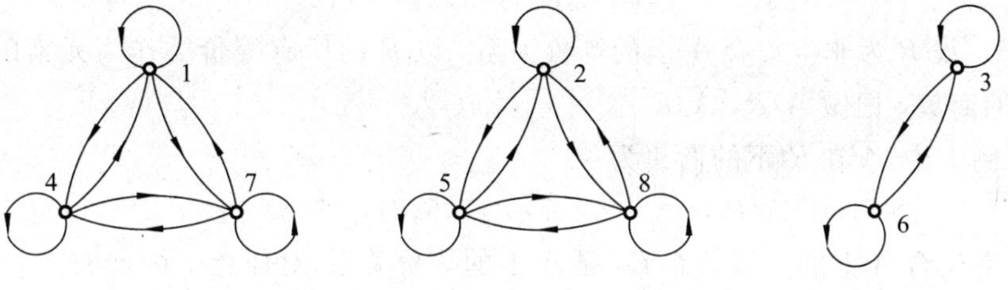

图 11-8

再看一些等价关系的例子.

【例 2】　(1) 在一群人的集合上年龄相等的关系是等价关系，而朋友关系不一定是等价关系，因为它可能不是传递的. 一般称这种自反的对称的关系为相容关系. 显然等价关系都是相容关系，但相容关系不一定是等价关系.

(2) 动物是按种属分类的，“具有相同种属”的关系是动物集合上的等价关系.

(3) 集合上的恒等关系和全域关系是等价关系.

(4) 在同一平面上三角形之间的相似关系是等价关系，但直线间的平行关系不是等价关系，因为它不是自反的.

设 R 是非空集合 A 上的等价关系，则 A 上互相等价的元素构成了 A 的若干个子集，叫做等价类. 下面给出等价类的一般定义.

定义 2　设 R 为非空集合 A 上的等价关系，$\forall x\in A$，令

$$[x]_R=\{\ y \mid y\in A\wedge xRy\ \}$$

称 $[x]_R$ 为 x 关于 R 的**等价类**，简称为 x 的等价类，简记为 $[x]$.

在例 1 中有

$$[1]=[4]=[7]=\{1,4,7\},$$
$$[2]=[5]=[8]=\{2,5,8\},$$
$$[3]=[6]=\{3,6\}.$$

等价类具有下面的性质.

定理 1 设 R 是非空集合 A 上的等价关系，则

(1) $[x]\neq\varnothing$，且 $[x]\subseteq A$；

(2) $\forall x,\ y\in A$，如果 $x\,R\,y$，则 $[x]=[y]$；

(3) $\forall x,\ y\in A$，如果 $x\not R y$，则 $[x]$ 与 $[y]$ 不交；

(4) $\bigcup\limits_{x\in A}[x]=A$，即所有等价类的并集就是 A.

我们不准备证明这个定理，只解释一下它的含义.(1)表明任何等价类都是集合 A 的非空子集.在例 1 中 3 个等价类都是 A 的子集.(2)和(3)说的是在 A 中任取两个元素，它们的等价类或是相等，或是不交.比如，在例 1 中，1、4 和 7 的等价类彼此相等，都是$\{1,4,7\}$.但 1 和 2 的等价类彼此不交.(4)表示所以等价类的并集就是 A.在例 1 中就是

$$\{1,4,7\}\cup\{2,5,8\}\cup\{3,6\}=\{1,2,\cdots,8\}$$

定义 3 设 R 为非空集合 A 上的等价关系，以 R 的所有等价类作为元素的集合称为 A 关于 R 的**商集**，记做 A/R，$A/R=\{[x]_R\mid x\in A\}$.

(1)在例 1 中，A 在 R 下的商集为

$$A/R=\{\{1,4,7\},\{2,5,8\},\{3,6\}\};$$

(2)非空集合 A 上的全域关系 E_A 是 A 上的等价关系，对任意 $x\in A$ 有 $[x]=A$，商集 $A/E_A=\{A\}$；

(3)非空集合 A 上的恒等关系 I_A 是 A 上的等价关系，对任意 $x\in A$ 有 $[x]=\{x\}$，商集 $A/I_A=\{\{x\}\mid x\in A\}$.

定义 4 设 A 为非空集合，若 A 的子集族 π($\pi\subseteq P(A)$) 满足下面条件：

(1) $\varnothing\notin\pi$，

(2) π 中任意两个元素不交，

(3) π 中所有元素的并集等于 A，

则称 π 是 A 的一个**划分**，称 π 中的元素为 A 的**划分块**.

【例 3】 考虑集合 $A=\{a,\ b,\ c,\ d\}$ 的下列子集族：

(1) $\{\{a\},\ \{b,\ c\},\ \{d\}\}$；

(2) $\{\{a,\ b,\ c,\ d\}\}$；

(3) $\{\{a,\ b\},\ \{c\},\ \{a,\ d\}\}$；

(4) $\{\varnothing,\ \{a,\ b\},\ \{c,d\}\}$；

(5)$\{\{a\}, \{b, c\}\}$.

则(1)、(2)都是 A 的划分. 但(3)不是 A 的划分,因为其中的子集 $\{a, b\}$ 与 $\{a, d\}$ 有交. (4)不是 A 的划分,因为 $\varnothing$ 在其中. (5)也不是 A 的划分,因为所有子集的并集不等于 A.

由商集和划分的定义不难看出,非空集合 A 上定义等价关系 R,由它产生的等价类都是 A 的非空子集,不同的等价类之间不交,并且所有等价类的并集就是 A. 因此,所有等价类的集合,即商集 A/R,就是 A 的一个划分,称为由 R 所诱导的划分. 反之,在非空集合 A 上给定一个划分 π,则 A 被分割成若干个划分块. 如下定义 A 上二元关系 R,对任何元素 $x,y \in A$,如果 x 和 y 在同一划分块中,则 xRy. 那么,可以证明 R 是 A 上的等价关系,称为由划分 π 所诱导的等价关系,且该等价关系的商集就等于 π. 所以集合 A 上的等价关系与集合 A 的划分是一一对应的.

【例 4】 给出 $A=\{1,2,3\}$ 上所有的等价关系.

求解思路:先做出 A 的所有划分, 如图 11-9 所示, 然后根据划分写出对应的等价关系. 等价关系与划分之间的对应:

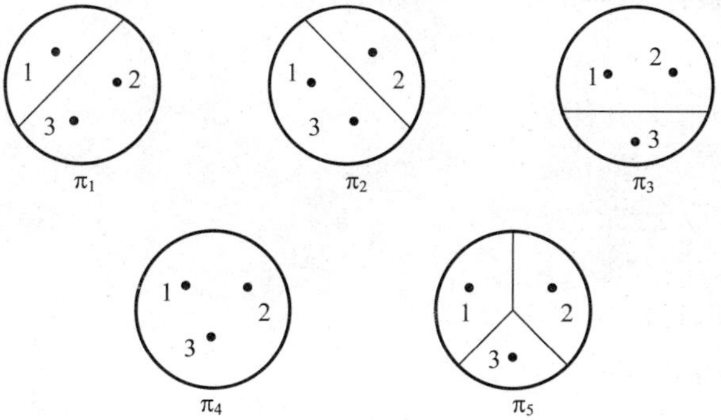

图 11-9

π_5 对应于恒等关系 $I_A=\{\langle 1, 1\rangle, \langle 2, 2\rangle, \langle 3, 3\rangle\}$;

π_4 对应于全域关系 $E_A=\{\langle 1, 2\rangle, \langle 1, 3\rangle, \langle 2, 1\rangle, \langle 2, 3\rangle, \langle 3, 1\rangle, \langle 3,2\rangle\} \cup I_A$;

π_1, π_2, π_3 分别对应等价关系 R_1, R_2, R_3;

$R_1=\{\langle 2,3\rangle, \langle 3,2\rangle\} \cup I_A$, $R_2=\{\langle 1,3\rangle, \langle 3,1\rangle\} \cup I_A$, $R_3=\{\langle 1,2\rangle, \langle 2,1\rangle\} \cup I_A$.

§11.7 函数的定义和性质

函数概念是最基本的数学概念之一,也是最重要的数学工具. 初中数学中函数定义为"对自变量每一确定值都有一确定的值与之对应"的因变量;高中数学中函数又被定义为两集合元素之间的映射. 现在,我们要把后一个定义作进一步的深化,用一个特殊关系来具体规定这一映射,称这个特殊关系为函数,因为关系是一个集合,从而又将函数作为集合来研究.

定义1 设 F 为二元关系，若 $\forall x \in \mathrm{dom}F$ 都存在唯一的 $y \in \mathrm{ran}F$ 使 xFy 成立，则称 F 为**函数**. 对于函数 F，如果有 xFy，则记作 $y=F(x)$，并称 y 为 F 在 x 的值.

例如,关系 $F_1=\{\langle x_1,y_1\rangle,\langle x_2,y_1\rangle,\langle x_3,y_2\rangle\}$ 是函数,而关系

$$F_2=\{\langle x_1,y_1\rangle,\langle x_1,y_2\rangle,\langle x_2,y_1\rangle,\langle x_3,y_2\rangle\}$$

不是函数,因为对于 $x_1 \in \mathrm{dom}F$ 有 x_1Fy_1 和 x_1Fy_2 同时成立.

因为函数是集合,所以,两个函数 f 和 g 相等就是它们的集合表达式相等,即

$$f=g \Leftrightarrow f \subseteq g \wedge g \subseteq f$$

换句话说就是 $\mathrm{dom}f=\mathrm{dom}g$,且对任意的 $x \in \mathrm{dom}f=\mathrm{dom}g$ 有 $f(x)=g(x)$.

从定义知,函数是一种特殊的关系,它与一般的关系有一定的区别.

$A \times B$ 的任何一个子集,都是 A 到 B 的关系,因此,从 A 到 B 的不同的关系有 $2^{|A| \times |B|}$ 个;但从 A 到 B 的不同的函数却仅有 $|B|^{|A|}$ 个.

【例1】 设 $A=\{a,b\}$,$B=\{1,2\}$,则 $A \times B=\{\langle a,1\rangle,\langle a,2\rangle,\langle b,1\rangle,\langle b,2\rangle\}$,此时从 A 到 B 的不同关系有 $2^4=16$ 个. 分别如下:

$R_0=\varnothing$,

$R_1=\{\langle a,1\rangle\}$,

$R_2=\{\langle a,2\rangle\}$,

$R_3=\{\langle b,1\rangle\}$,

$R_4=\{\langle b,2\rangle\}$,

$R_5=\{\langle a,1\rangle,\langle b,1\rangle\}$,

$R_6=\{\langle a,1\rangle,\langle b,2\rangle\}$,

$R_7=\{\langle a,2\rangle,\langle b,1\rangle\}$,

$R_8=\{\langle a,2\rangle,\langle b,2\rangle\}$,

$R_9=\{\langle a,1\rangle,\langle a,2\rangle\}$,

$R_{10}=\{\langle b,1\rangle,\langle b,2\rangle\}$,

$R_{11}=\{\langle a,1\rangle,\langle a,2\rangle,\langle b,1\rangle\}$

$R_{12}=\{\langle a,1\rangle,\langle a,2\rangle,\langle b,2\rangle\}$,

$R_{13}=\{\langle a,1\rangle,\langle b,1\rangle,\langle b,2\rangle\}$,

$R_{14}=\{\langle a,2\rangle,\langle b,1\rangle,\langle b,2\rangle\}$,

$R_{15}=\{\langle a,1\rangle,\langle a,2\rangle,\langle b,1\rangle,\langle b,2\rangle\}$.

从 A 到 B 的不同函数仅有 $2^2=4$ 个. 分别如下:

$f_1=\{\langle a,1\rangle,\langle b,1\rangle\}$ $f_2=\{\langle a,1\rangle,\langle b,2\rangle\}$,

$f_3=\{\langle a,2\rangle,\langle b,1\rangle\}$ $f_4=\{\langle a,2\rangle,\langle b,2\rangle\}$.

常将从 A 到 B 的一切函数构成的集合记为 B^A:

$$B^A = \{f \mid f:A \to B\}.$$

定义 2　设 $f:A \to B$,

(1)若 $\operatorname{ran} f = B$, 则称 $f:A \to B$ 是**满射的**.

(2)若 $\forall y \in \operatorname{ran} f$ 都存在唯一的 $x \in A$ 使得 $f(x)=y$, 则称 $f:A \to B$ 是**单射的**.

(3)若 $f:A \to B$ 既是满射又是单射的, 则称 $f:A \to B$ 是**双射的**.

f 满射意味着: $\forall y \in B$, 都存在 $x \in A$ 使得 $f(x) = y$;

f 单射意味着: $f(x_1) = f(x_2) \Rightarrow x_1 = x_2$.

【例 2】　判断下面函数是否为单射, 满射, 双射的, 为什么?

(1) $f:\mathbf{R} \to \mathbf{R}$, $f(x) = -x^2 + 2x - 1$;

(2) $f: \mathbf{Z}^+ \to \mathbf{R}$, $f(x) = \ln x$, $\mathbf{Z}^+$ 为正整数集

(3) $f:\mathbf{R} \to \mathbf{Z}$, $f(x) = [x]$;

(4) $f:\mathbf{R} \to \mathbf{R}$, $f(x) = 2x+1$;

(5) $f:\mathbf{R}^+ \to \mathbf{R}^+$, $f(x) = \dfrac{(x^2+1)}{x}$, 其中 $\mathbf{R}^+$ 为正实数集.

解　(1) $f:\mathbf{R} \to \mathbf{R}$, $f(x) = -x^2 + 2x - 1$.

在 $x=1$ 取得极大值 0, 所以必存在 $x_1 \neq x_2$, $x_1 < 1 < x_2$, 且 $f(x_1) = f(x_2)$, 既不是单射也不满射.

(2) $f:\mathbf{Z}^+ \to \mathbf{R}$, $f(x) = \ln x$.

单调上升, 是单射. 但不满射, $\operatorname{ran} f = \{\ln 1, \ln 2, \cdots\}$.

(3) $f:\mathbf{R} \to \mathbf{Z}$, $f(x) = [x]$.

满射, 但不单射, 例如 $f(1.5) = f(1.2) = 1$.

(4) $f:\mathbf{R} \to \mathbf{R}$, $f(x) = 2x+1$.

满射、单射、双射, 因为它是单调的并且 $\operatorname{ran} f = \mathbf{R}$.

(5) $f:\mathbf{R}^+ \to \mathbf{R}^+$, $f(x) = \dfrac{(x^2+1)}{x}$

有极小值 $f(1)=2$. 该函数既不单射也不满射.

下面的例子给出几个常用的函数.

【例 3】　(1) 设 $f:A \to B$, 若存在 $c \in B$ 使得 $\forall x \in A$ 都有 $f(x) = C$, 则称 $f:A \to B$ 是常函数.

(2) 称 A 上的恒等关系 I_A 为 A 上的恒等函数, 对所有的 $x \in A$ 都有 $I_A(x) = x$.

(3) 设 $f:\mathbf{R} \to \mathbf{R}$, 如果对任意的 $x_1, x_2 \in \mathbf{R}$, $x_1 < x_2$, 就有 $f(x_1) \leqslant f(x_2)$, 则称 f 为单调递增的; 如果对任意的 $x_1, x_2 \in \mathbf{R}$, $x_1 < x_2$, 就有 $f(x_1) < f(x_2)$, 则称 f 为严格单调递增的.

类似可以定义单调递减和严格单调递减的函数.

(4)设 A 为集合, 对于任意的 $A' \subseteq A$, A' 的特征函数 $x_{A'}: A \to \{0,1\}$ 定义为

$$x_{A'}=\begin{cases}1 & 当\ a\in A'\\ 0 & 当\ a\in A-A'\end{cases}.$$

例如,$A=\{a,b,c\}$,$A'=\{a\}$,则有

$$x_{A'}(a)=1,x_{A'}(b)=0,x_{A'}(c)=0.$$

(5) 设 R 是 A 上的等价关系,令

$g:A\to A/R\ g(a)=[a]$,$\forall a\in A$(把 A 中的元素 a 映到 a 的等价类$[a]$)称 g 是从 A 到商集 A/R 的自然映射.

例如,$A=\{1,2,3\}$,$R=\{\langle 1,2\rangle,\langle 2,1\rangle\}\cup I_A$,则有

$$g(1)=g(2)=\{1,2\},\ g(3)=\{3\}.$$

§11.8 函数的复合和反函数

函数是特殊的二元关系,两个函数的复合本质上就是两个关系的合成,以前给出的有关关系合成的所有定理都适用于函数的复合.

定理 1 设 F, G 是函数,则 $F\cdot G$ 也是函数,且满足

(1) $\mathrm{dom}(F\cdot G)=\{x\mid x\in \mathrm{dom}G\wedge G(x)\in \mathrm{dom}F\}$,

(2) $\forall x\in \mathrm{dom}(F\cdot G)$ 有 $F\cdot G(x)=F(G(x))$.

该定理首先说明两个函数 F 和 G 复合以后仍旧是一个函数,其定义域可能比 G 的定义域要小,而函数值 $F\cdot G(x)=F(G(x))$. 例如,

$$G:\mathbf{R}\to\mathbf{R},G(x)=x+1,$$

$$F:\mathbf{R}^+\to\mathbf{R},F(x)=\ln x,$$

则有 $$\mathrm{dom}G=\mathrm{ran}G=R,\mathrm{dom}F=R^+,\mathrm{ran}F=R.$$

$F\cdot G$ 是函数,但它的定义域不是整个实数集,只能是实数区间 $(-1,+\infty)$,且有

$$F\cdot G(x)=F(G(x))=\ln(x+1).$$

推论 1 设 F, G, H 为函数,则 $(F\cdot G)\cdot H$ 和 $F\cdot(G\cdot H)$ 都是函数,且 $(F\cdot G)\cdot H=F\cdot(G\cdot H)$.

推论 2 设 $f:A\to B$, $g:B\to C$, 则 $f\cdot g:A\to C$, 且$(x\in A$ 都有 $f\cdot g(x)=f(g(x))$.

在 11.7 节我们讨论了函数的单射、满射和双射的性质. 这些性质经过复合运算后还能保持吗? 答案是肯定的. 请看定理 2

定理 2 设 $f:B\to C$, $g:A\to B$.

(1) 如果 $f:B\to C$, $g:A\to B$ 都是满射的, 则 $f\cdot g:A\to C$ 也是满射的.

(2) 如果 $f:B\to C$, $g:A\to B$ 都是单射的, 则 $f\cdot g:A\to C$ 也是单射的.

(3) 如果 $f:B\to C$, $g:A\to B$ 都是双射的, 则 $f\cdot g:A\to C$ 也是双射的.

证明 (1) $\forall c \in C$，由 $f:B \to C$ 的满射性，$\exists b \in B$ 使得 $f(b)=c$. 对这个 b，由 $g:A \to B$ 的满射性，$\exists a \in A$ 使得 $g(a)=b$. 由合成定理有 $f \cdot g(a)=f(g(a))=f(b)=c$. 从而证明了 $f \cdot g:A \to C$ 是满射的.

(2) 假设存在 $x_1, x_2 \in A$ 使得 $f \cdot g(x_1) = f \cdot g(x_2)$. 由合成定理有 $f(g(x_1)) = f(g(x_2))$. 因为 $f:B \to C$ 是单射的，故 $g(x_1) = g(x_2)$. 又由于 $g:A \to B$ 也是单射的，所以 $x_1 = x_2$. 从而证明 $f \cdot g:A \to C$ 是单射的.

(3)由(1)和(2)得证.

关于函数的求逆运算,其定义完全与一般关系是一样的. 任一关系均存在逆关系,但对函数而言,就略有不同. 由于在函数中一定要求 $\mathrm{dom}f=A$ 和 A 中每一个元素有唯一的对应值,所以求逆时,若逆仍然满足函数定义的话,这就要求一定满足满射的要求. 另外,对任意 $b \in B$,也必有唯一的 $a \in A$ 与之对应. 因此,要求一定是单射. 为此,并非一切函数都一定存在逆函数.

任给函数 F，它的逆 F^{-1} 不一定是函数，是二元关系.

例如,$F=\{\langle a,b\rangle, \langle c,b\rangle\}$, $F^{-1}=\{\langle b,a\rangle, \langle b,c\rangle\}$.

任给单射函数 $f:A \to B$，则 f^{-1} 是函数，且是从 $\mathrm{ran}f$ 到 A 的双射函数，但不一定是从 B 到 A 的双射函数.

例如,$f:N \to N, f(x)=2x, f^{-1}: \mathrm{ran}f \to N, f^{-1}(x)=\dfrac{x}{2}$.

定理3 设 $f:A \to B$ 是双射的，则 $f^{-1}:B \to A$ 也是双射的.

证明 因为 f 是函数，所以 f^{-1}是关系，且 $\mathrm{dom}f^{-1} = \mathrm{ran}f = B$, $\mathrm{ran}f^{-1} = \mathrm{dom}f = A$,对于任意的 $y \in B = \mathrm{dom}f^{-1}$，假设有 $x_1, x_2 \in A$ 使得 $\langle y,x_1\rangle \in f^{-1} \wedge \langle y,x_2\rangle \in f^{-1}$ 成立，则由逆的定义有$\langle x_1,y\rangle \in f \wedge \langle x_2,y\rangle \in f$.

根据 f 的单射性可得 $x_1=x_2$，从而证明了 f^{-1}是函数,且是满射的.

下面证明 f^{-1} 的单射性.

若存在 $y_1, y_2 \in B$ 使得 $f^{-1}(y_1)=f^{-1}(y_2)=x$，从而有

$$\langle y_1,x\rangle \in f^{-1} \wedge \langle y_2, x\rangle \in f^{-1}$$
$$\Rightarrow \langle x,y_1\rangle \in f \wedge \langle x,y_2\rangle \in f \Rightarrow y_1=y_2.$$

证明完毕.

可以证明对任何双射函数 $f:A \to B$ 和它的反函数 $f^{-1}:B \to A$,它们的复合函数都是恒等函数,且满足 $f^{-1} \cdot f = I_B$, $f \cdot f^{-1} = I_A$.

【例1】 设 R 是实数集,f,g,h 都是 R 到 R 的函数,其中：

$$f(x)=x+2, \ g(x)=x-2, \ h(x)=3x.$$

求 $g \cdot f, h \cdot (g \cdot f), (h \cdot g) \cdot f$.

解 $g \cdot f(x)=g(x+2)=(x+2)-2=x$;

$h \cdot (g \cdot f)(x)=h(g \cdot f(x))=h(x)=3x$;

$$(h\cdot g)\cdot f(x)=(h\cdot g)(f(x))=h(g(f(x)))=h(g(x+2))$$
$$=h((x+2)-2)=h(x)=3x.$$

【例 2】 设 $X=\{1,2,3\}$,$Y=\{a,b,c\}$,f 是 X 到 Y 的双射函数,且 $f=\{<1,a>,<2,c>,<3,b>\}$,求 f^{-1} 和 $f\cdot f^{-1}$ 和 $f^{-1}\cdot f$.

解 由于 f 是双射函数,因此由逆函数的定义可直接得

$$f^{-1}=\{\langle a,1\rangle,\langle c,2\rangle,\langle b,3\rangle\}.$$

同样可得

$$f\cdot f^{-1}=\{\langle a,a\rangle,\langle c,c\rangle,\langle b,b\rangle\}.$$
$$f^{-1}\cdot f=\{\langle 1,1\rangle,\langle 2,2\rangle,\langle 3,3\rangle\}.$$

【例 3】 $f:\mathbf{R}\to\mathbf{R}$, $g:\mathbf{R}\to\mathbf{R}$

$$f(x)=\begin{cases}x^2 & \text{当 } x\geqslant 3\\ -2 & \text{当 } x<3\end{cases},g(x)=x+2.$$

求 $f\cdot g$,$g\cdot f$.如果 f 和 g 存在反函数,求出它们的反函数.

解 $f\cdot g:\mathbf{R}\to\mathbf{R}$ $g\cdot f:\mathbf{R}\to\mathbf{R}$

$$f\cdot g(x)=\begin{cases}(x+2)^2 & \text{当 } x\geqslant 1\\ -2 & \text{当 } x<1\end{cases};g\cdot f(x)=\begin{cases}x^2+2 & \text{当 } x\geqslant 3\\ 0 & \text{当 } x<3\end{cases}$$

$f:\mathbf{R}\to\mathbf{R}$ 不是双射的,不存在反函数;

$g:\mathbf{R}\to\mathbf{R}$ 是双射的,它的反函数是 $g^{-1}:\mathbf{R}\to\mathbf{R}$, $g^{-1}(x)=x-2$.

习题 11.1

1. 判断下列各题的正确与错误,并简要说明之.

(1) $\{x\}\subseteq\{x\}$; (2) $\{x\}\in\{x\}$;

(3) $\{x\}\in\{x,\{x\}\}$; (4) $\{x\}\subseteq\{x,\{x\}\}$;

(5) $\varnothing\subseteq\varnothing$; (6) $\varnothing\in\varnothing$;

(7) $\varnothing\subseteq\{\varnothing\}$; (8) $\varnothing\in\{\varnothing\}$.

2. 设 A、B、C 为任意集合,下面命题的真值是否为真,说明理由.

(1)若 $A\in B$,$B\subseteq C$,则 $A\in C$; (2)若 $A\in B$,$B\subseteq C$,则 $A\subseteq C$;

(3)若 $A\subseteq B$,$B\in C$,则 $A\in C$; (4)若 $A\subseteq B$,$B\in C$,则 $A\subseteq C$;

(5)若 $(A\in B)\vee(B\in C)$,则 $A\in C$; (6)若 $(A\in B)\wedge(B\in C)$,则 $A\in C$;

(7)若 $(A\subseteq B)\wedge(B\in C)$,则 $A\in C$; (8)若 $(A\subseteq B)\wedge(B\subset C)$,则 $A\subseteq C$;

(9) $\varnothing\subset A$; (10) $\varnothing\in A$.

3. 试求下列各集合的幂集.

(1) $\{\{\varnothing\}\}$; (2) $\{\varnothing,a,\{b\}\}$;

(3) $\{1,\{2,3\}\}$；　　(4) $\{\{1,2\},\{2,1,1\},\{2,1,1,2\}\}$.

4. 设 A、B、C 为集合，证明：$(A-B)-C=(A-C)-(B-C)$.

5. 设 A、B、C 为集合，证明：$A-(B-C)=(A-B)\cup(A\cap C)$.

6. 设全集 $E=\{a,b,c,d,e,f,g\}$，子集 $A=\{a,b,d,e\}$，$B=\{c,d,f,g\}$，$C=\{c,e\}$，求下面集合：(1) $\sim A\cup\sim B$；(2) $\sim(A\oplus B)$；(3) $(A\cap B)\cup(A\cap C)$.

7. 设某班有25个学生，其中14人会打篮球，12人会打排球，6人会打篮球和排球，5人会打篮球和网球，还有2人会打这3种球. 而6个会打网球的人都会达另外一种球（指篮球和排球），求不会打这三种球的人数.

8. 用列举法表达下列 $A\times B$ 上的二元关系 S：

(1) $A=\{0,1,2\}$，$B=\{0,2,4\}$，$S=\{\langle x,y\rangle \mid x,y\in A\cap B\}$；

(2) $A=\{1,2,3,4,5\}$，$B=\{1,2,3\}$，$S=\{\langle x,y\rangle \mid x=y^2\wedge x\in A\wedge y\in B\}$.

9. 设 $A=\{0,1,2,3,4\}$，试用列举法表达由下列谓词确定的 A 上的 n 元关系. 如果是二元关系，并画出其关系图. (1) $P(x)\Leftrightarrow x\leqslant 1$；(2) $P(x)\Leftrightarrow 2>3$；(3) $P(x,y)\Leftrightarrow\{x<2\wedge x\leqslant y\}$；(4) $P(x,y,z)\Leftrightarrow x^2+y=z$.

10. 设 $A=\{1,2\}$，$B=\{a,b,c\}$，$C=\{\varnothing\}$，求：(1) $A\times B$；(2) $B\times A$；(3) $A\times B\times C$；(4) A^2；(5) B^2.

11. 设 R_1 和 R_2 是集合 $A=\{a,b,c,d\}$ 上的关系，$R_1=\{\langle b,b\rangle,\langle b,c\rangle,\langle c,a\rangle\}$，$R_2=\{\langle b,a\rangle,\langle c,a\rangle,\langle c,d\rangle,\langle d,c\rangle\}$，找出 R_1R_2，R_2R_1，R_1^2，R_2^3.

12. 求集合 $A=\{1,2,3,4\}$ 上的恒等关系、全域关系和小于关系，并画出他们的关系图.

13. 设 $A=\{1,2,3,4,5\}$，$R=\{\langle 1,2\rangle,\langle 3,4\rangle,\langle 2,2\rangle\}$，$S=\{\langle 4,2\rangle,\langle 2,5\rangle,\langle 3,1\rangle,\langle 1,3\rangle\}$，试求出 $\mathbf{M}_{R\cdot S}$.

14. 设 R 是 $A=\{1,2,3,4\}$ 上的二元关系，其关系矩阵是

$$\boldsymbol{M}_R=\begin{pmatrix}1&0&1&0\\0&0&1&1\\1&0&1&0\\1&0&1&0\end{pmatrix}$$

试求出：(1) $\boldsymbol{M}_{r(R)}$；(2) $\boldsymbol{M}_{s(R)}$；(3) $\boldsymbol{M}_{R^2}$，$\boldsymbol{M}_{R^3}$，$\boldsymbol{M}_{R^4}$ 和 $\boldsymbol{M}_{t(R)}$.

自测题

1. 写出下列集合的表达式.

(1) 所有一元一次方程的解组成的集合；　(2) x^6-1 在实数域中的因式集；

(3) 能被5整除的整数集；　(4) 小于5的非负整数集；

(5) 小于65的12的正倍数集合；　(6) 直角坐标系中，单位圆内的点集；

(7)极坐标系中,单位圆外的点集;　　(8)10与20之间的素数集合.

2. 试求下列各集合的幂集.

(1) $\{\varnothing\}$;　　(2) $\{\varnothing,\{\varnothing\}\}$;　　(3) $\{1, 2, 3\}$;　　(4) $\{\{1, \{2, 3\}\}\}$.

3. 设 A、B、C 为集合,证明:$(A-B)-C=A-(B\cup C)$.

4. 一个班里有50个学生,在第一次考试中有26人得5分,在第二次考试中有21人得5分.如果两次考试中都没得5分的有17人,那么两次考试都得5分的有多少人?

5. 设 $A=\{0,1,2,3,4\}$,试用列举法表达由下列谓词确定的 A 上的 n 元关系.如果是二元关系,并画出其关系图.(1)$P(x)\Leftrightarrow 3>2$;(2)$P(x,y)\Leftrightarrow x+y=4$;(3)$P(x,y)\Leftrightarrow x=0 \vee 2x<3$.

6. 设 R_1 是集合 $A=\{a, b, c, d\}$ 上的关系,这里 $R_1=\{\langle b, b\rangle, \langle b, c\rangle, \langle c, a\rangle\}$,找出 R_1^2, R_1^3.

7. 设 $A=\{1,2,3,4\}$,若 $R=\left\{\langle x,y\rangle \,\middle|\, \frac{(x-y)}{2}\text{是整数}, x,y\in A\right\}$,$R=\left\{\langle x,y\rangle \,\middle|\, \frac{(x-y)}{3}\text{是整数}, x,y\in A\right\}$,求 $R\cup S$, $R\cap S$, $S-R$, $\sim R$, $R\oplus S$.

第 12 章

代数系统

以前学过许多代数，如：初等代数、线性代数、集合代数等等，它们研究的对象分别是整数、有理数、实数、矩阵、集合等，以及这些对象上的各种运算. 我们发现不同对象上的运算，可能有共同的性质. 例如，集合代数与命题代数，尽管研究的对象不同，但是它们的性质完全一样，都有交换律、结合律、分配律、吸收律、德·摩根定律、同一律、零律、互补律等. 这些促使我们将代数的研究引导到更高的层次，即抛开具体对象的代数研究代数的共性.

§12.1 代数系统的基本概念

12.1.1 基本概念

所谓代数结构(系统)，无非是有一个运算对象的集合和若干个运算，构成的系统.

定义 1 设$\circ$是定义在集合 A 上的二元运算，如果对任意的 $x,y\in A$ 都有 $x\circ y\in A$，则称二元运算$\circ$是**封闭的**.

定义 2 设 S 为集合，函数 $f:S\times S\to S$ 称为 S 上的一个**二元运算**，简称为二元运算.

例如，$f:N\times N\to N$，$f(\langle x,y\rangle)=x+y$. 但普通的减法不是自然数集合上的二元运算，因为两个自然数相减可能得负数，而负数不属于 N. 这时也称集合 N 对减法运算不封闭.

定义 3 设 X 是一集合，$f:X^n\to X$ 是个映射，则称 f 是 X 上的 ***n* 元运算**.(其中 $X^n=X\times X\times\cdots\times X$——$n$ 个 X 的笛卡尔积)

例如，任意集合的幂集上的补运算，整数集合上的取相反数运算都是一元运算；整数集合上的乘法运算是二元运算⋯. 但减法不是自然数集合上的二元运算；除法不是整数集合上的二元运算；除法÷不是实数集合上的二元运算.

通常用·、※、◆、⊗、∘、★、+等表示抽象的二元运算. 本书中采用符号∘表示抽象的二元运算，我们主要讨论二元运算.

定义 4 X 是非空集合，X 上的 m 个运算 $f_1,f_2,\cdots,f_m$构成代数系统 U，记作 $U=\langle X,f_1,f_2,\cdots f_m\rangle$ $(m\geqslant 1)$.

注意：这 m 个运算 $f_1,f_2,\cdots f_m$的元数可能不同，比如 f_1是一元运算，f_2是二元运算，

$\cdots, f_m$是 k 元运算.

例如 $<N,+,\times>$,$<P(E),\sim,\cup,\cap,\oplus>$均为代数系统.

12.1.2 二元运算的性质

根据运算的性质我们将代数系统分成半群、独异点、群、交换群、环、域、格、布尔代数等,这些性质多数是大家所熟悉的.

1. 交换律

设$\circ$是 X 上的二元运算,如果对任何 $x,y\in X$,有

$$x\circ y=y\circ x$$

则称$\circ$是**可交换的**.

众所周知,加法、乘法、交、并、对称差是可交换.

另外,我们也可以直接由运算表看交换性. 即满足交换性的运算其运算表是以主对角线为对称的表. 例如,表 12-1、表 12-2 所示运算满足交换性.

表 12-1

$\cap$	$\varnothing$	$\{a\}$	$\{b\}$	$\{a,b\}$
$\varnothing$	$\varnothing$	$\varnothing$	$\varnothing$	$\varnothing$
$\{a\}$	$\varnothing$	$\{a\}$	$\varnothing$	$\{a\}$
$\{b\}$	$\varnothing$	$\varnothing$	$\{b\}$	$\{b\}$
$\{a,b\}$	$\varnothing$	$\{a\}$	$\{b\}$	$\{a,b\}$

表 12-2

$\circ$	S	R	A	L
S	S	R	A	L
R	R	A	L	S
A	A	L	S	R
L	L	S	R	A

2. 幂等元、幂等律

设$\circ$是 X 上的二元运算,如果有 $a\in X$,$a\circ a=a$,则称 a 是**幂等元**,如果对任何 $x\in X$,都有 $x\circ x=x$,则称$\circ$有**幂等律**.

从运算表看幂等律:主对角线的元素与上表头(或左表头)对应元素相同,则该运算具有幂等性。表 1 中运算表所示的$\cap$有幂等律.

3. 结合律

设$\circ$是 X 上的二元运算,如果对任何 $x,y,z\in X$,有$(x\circ y)\circ z=x\circ(y\circ z)$,则称$\circ$满足结合律.

数值的加法、乘法,集合的交、并、对称差,关系的复合、函数的复合,命题的合取、析取都满足结合律.

4. 分配律

设$\star$和$\circ$都是 X 上的二元运算,若对任何 $x,y,z\in X$,有

$x\star(y\circ z)=(x\star y)\circ(x\star z)$ 或 $(x\circ y)\star z=(x\star z)\circ(y\star z)$

则称★对∘**可分配**.

例如，乘法对加法可分配；集合的∪与∩互相可分配；命题的∧与∨互相可分配.

5. 吸收律

设★和∘都是 X 上的二元运算，若对任何 $x, y \in X$，有

$$x \bigstar (x \circ y) = x \text{ 和 } x \circ (x \bigstar y) = x$$

则★与∘满足吸收律.

例如，集合的∪与∩满足吸收律；命题的∧与∨满足吸收律.

12.1.3 代数系统的特殊元素

1. 幺元（单位元、恒等元）

设∘是 X 上的二元运算，如果有 $e_L \in X$，使得对任何 $x \in X$，有 $e_L \circ x = x$，则称 e_L 是相对∘的**左幺元**. 如果有 $e_R \in X$，使得对任何 $x \in X$，有 $x \circ e_R = x$，则称 e_R 是相对∘的**右幺元**. 如果 $e_L = e_R = e$，对任何 $x \in X$，有 $e \circ x = x \circ e = x$，称 e 是相对∘的**幺元**.

例如，集合 A 幂集上的并运算∪，幺元是∅；集合 A 幂集上的交运算∩，幺元是全集 E.

从运算表找左幺元 e_L：e_L 所在行的各元素均与上表头元素相同. 如上表 2 中 S 行，所以 S 是左幺元 . 从运算表找右幺元 e_R，e_R 所在列的各元素均与左表头元素相同. 如上表 2 中 S 列，所以 S 是右幺元.

定理 1 设∘是 X 上的二元运算，如果有左幺元 $e_L \in X$，也有右幺元 $e_R \in X$，则 $e_L = e_R = e$，且幺元 e 是唯一的.

证明 因为 e_L 是左幺元，又 $e_R \in X$，所以 $e_L \circ e_R = e_R$，

又因为 e_R 是右幺元，又 $e_L \in X$，所以 $e_L \circ e_R = e_L$，于是 $e_L = e_R = e$.

下面证明幺元的唯一性.

假设有两个幺元 e_1、e_2，

因为 e_1 是幺元，又 $e_2 \in X$，所以 $e_1 \circ e_2 = e_2$

又因为 e_2 是幺元，又 $e_1 \in X$，所以 $e_1 \circ e_2 = e_1$

则 $e_1 = e_2 = e$. 所以幺元是唯一的.

2. 零元

设∘是 X 上的二元运算，如果有 $\theta_L \in X$，使得对任何 $x \in X$，有 $\theta_L \circ x = \theta_L$，则称 θ_L 是相对∘的**左零元**. 如果有 $\theta_R \in X$，使得对任何 $x \in X$，有 $x \circ \theta_R = \theta_R$，则称 θ_R 是相对∘的**右零元**. 如果 $\theta_L = \theta_R = \theta$，对任何 $x \in X$，有 $\theta \circ x = x \circ \theta = \theta$，称 θ 是相对∘的**零元**.

例如，集合 A 幂集上的并运算∪，零元是全集 E，集合 A 幂集上的交运算∩，零元是∅.

定理 2 设∘是 X 上的二元运算，如果有左零元 $\theta_L \in X$，也有右零元 $\theta_R \in X$，则 $\theta_L = \theta_R = \theta$，且零元 θ 是唯一的.

证明的方法与前定理类似,从略.

3. 逆元

设∘是 X 上有幺元 e 的二元运算,$x\in X$,如果有 $x_L{}^{-1}\in X$,使得,$x_L{}^{-1}\circ x=e$,则称 $x_L{}^{-1}$ 是 x 相对∘的**左逆元**. 如果有 $x_R{}^{-1}\in X$,使得 $x_R\circ x^{-1}=e$,则称 $x_R{}^{-1}$ 是 x 相对∘的**右逆元**. 如果 $x_L{}^{-1}=x_R{}^{-1}=x^{-1}$,有 $x^{-1}\circ x=x\circ x^{-1}=e$, 称 x^{-1} 是 x 相对∘的**逆元**. 也称 x^{-1} 与 x 互为**逆元**.

例如,实数集合 **R** 上的+和×,$x\in\mathbf{R}$,

对加+:$x^{-1}=-x\ (e=0)$, 对乘×:$x^{-1}=\dfrac{1}{x}\ (x\neq 0)\ (e=1)$.

定理 3 设∘是 X 上有幺元 e 且可结合的二元运算,如果 $x\in X$,x 的左、右逆元都存在,则 x 的左、右逆元必相等,且 x 的逆元是唯一的。

证明 设 $x_L{}^{-1}$、$x_R{}^{-1}$ 分别是 x 的左、右逆元,于是有 $x_L{}^{-1}\circ x=x\circ x_R{}^{-1}=e$,

$x_R{}^{-1}=e\circ x_R{}^{-1}=(x_L{}^{-1}\circ x)\circ x_R{}^{-1}=x_L{}^{-1}\circ(x\circ x_R{}^{-1})=x_L{}^{-1}\circ e=x_L{}^{-1}$.

假设 x 有两个逆元 x_1、x_2, 所以 $x_1\circ x=e=x\circ x_2$,

$x_2=e\circ x_2=(x_1\circ x)\circ x_2=x_1\circ(x\circ x_2)=x_1\circ e=x_1$.

所以 x 的逆元是唯一的.

定理 4 设∘是 X 上有幺元 e 且可结合的二元运算,如果对任意的 $x\in X$,都存在左逆元,则 x 的左逆元也是它的右逆元.

证明 任取 $a\in X$,$b\in X$,$b\circ a=e$,$c\in X$, $c\circ b=e$, 于是有

$a\circ b=e\circ(a\circ b)=(c\circ b)\circ(a\circ b)=c\circ(b\circ a)\circ b=c\circ e\circ b=c\circ b=e$.

所以 b 也是 a 的右逆元.

定理 5 设∘是 S 上的二元运算,e 为幺元,θ 为零元,并且 $|S|\geqslant 2$,那么 θ 无左(右)逆元.

证明 首先,$\theta\neq e$,否则 S 中另有元素 a,a 不是幺元和零元,从而

$\theta=\theta\circ a=e\circ a=a$. 与 a 不是零元矛盾,故 $\theta\neq e$ 得证.

再用反证法证 θ 无左(右)逆元,即可设 θ 有左(右)逆元 x,那么

$$\theta=x\circ\theta=e\ (\theta=\theta\circ x=e).$$

与 $\theta\neq e$ 矛盾,故 θ 无左(右)逆元. 得证.

12.1.4 子代数、积代数

定义 5 设 $V=\{S,f_1,f_2,\cdots,f_k\}$ 是代数系统,B 是 S 的子集且 B 不是空集,如果 B 对 $f_1,f_2,\cdots,f_k$ 都是封闭的, 则称 $\{B,f_1,f_2,\cdots,f_k\}$ 是 V 的**子代数系统**,简称**子代数**.

例如,⟨**N**,+⟩是⟨**Z**,+⟩的子代数,因为 **N** 对+是封闭的.

对任何代数系统 V,其子代数一定存在,最大的子代数就是 V 本身.

【例1】 设$V=\langle \mathbf{Z},+,0\rangle$,令$n\mathbf{Z}=\{nz \mid z$取$\mathbf{Z}$中的元素$\}$,$n$为自然数,那么$n\mathbf{Z}$是$V$的子代数.

证明 任取$n\mathbf{Z}$中的两个元素nz_1和nz_2,其中$z_1,z_2\in\mathbf{Z}$,则有$nz_1+nz_2=n(z_1+z_2)$是$n\mathbf{Z}$中的元素,即$n\mathbf{Z}$对+运算是封闭的,并且$0=0*n$是$n\mathbf{Z}$中的元素所以,$n\mathbf{Z}$是$\langle \mathbf{Z},+,0\rangle$的子代数.

定义6 (积代数):设$V_1=\langle S_1,\circ\rangle$,$V_2=\langle S_2,*\rangle$是代数系统,$\circ$和$*$为二元运算,$V_1$和$V_2$的积代数$V_1\times V_2$是含有一个二元运算※的代数系统,即$V_1\times V_2=\langle S,※\rangle$,其中$S=S_1\times S_2$,且对任意的$\langle x_1,y_1\rangle$,$\langle x_2,y_2\rangle$属于$S_1\times S_2$有

$\langle x_1,y_1\rangle ※ \langle x_2,y_2\rangle=\langle x_1\circ x_2,y_1 * y_2\rangle$.

§12.2 代数系统的同态和同构

代数系统多种多样,但是,有些代数系统表面上看不同,实际它们运算的性质相似、或完全一样,这就是代数系统间的同态、同构问题.

【例1】 $\langle \mathbf{R}^+,\times\rangle$:是正实数$\mathbf{R}^+$上的乘法×;$\langle \mathbf{R},+\rangle$:是实数$\mathbf{R}$上的加法+.表面上看这两个代数系统完全不同,实际它们运算的性质却完全一样,都满足:可交换、可结合、有幺元、每个元素都有逆元.

那么如何反映它们间的相同性呢?

通过一个映射$f:\mathbf{R}^+\to\mathbf{R}$任何$x\in\mathbf{R}^+$,$f(x)=\lg x$(易知$f$是双射)

定义1 设$\langle X,*\rangle$,$\langle Y,\circ\rangle$是两个代数系统,$*$和$\circ$都是二元运算,如果存在映射$f:X\circ Y$,使得对任何$x_1,x_2\in X$,有

$f(x_1*x_2)=f(x_1)\circ f(x_2)$(此式叫**同态(同构)关系式**)

则称f是从$\langle X,*\rangle$到$\langle Y,\circ\rangle$的**同态映射**,简称这两个代数系统同态,记作$X\backsim Y$.并称$\langle f(X),\circ\rangle$为$\langle X,*\rangle$的**同态像**.

如果f是满射,称此同态f是满同态;如果f是单射,称此同态f是单同态;如果f是双射,称$\langle X,*\rangle$与$\langle Y,\circ\rangle$同构,记作$X\cong Y$.若f是$\langle X,*\rangle$到$\langle X,*\rangle$的同态(同构),称之为**自同态(自同构)**.

例如上边例子$\langle \mathbf{R}^+,\times\rangle$与$\langle \mathbf{R},+\rangle$同构,$f(x)=\lg x$是它们的同构映射.

【例2】 设f: $\mathbf{R}\to\mathbf{R}$为$f(x)=e^x$($\mathbf{R}$为实数集),那么,f为$\langle \mathbf{R},+\rangle$到$\langle \mathbf{R},\cdot\rangle$的同态.因为对任意实数$x,y$,有$f(x+y)=e^{x+y}=e^x\cdot e^y=f(x)\cdot f(y)$.

由f的定义还可知f为单同态.

但是当f: $\mathbf{R}\to\mathbf{R}^+$为$f(x)=e^x$($\mathbf{R}^+$为正实数集),那么$f$为$\langle \mathbf{R},+\rangle$到$\langle \mathbf{R}^+,\cdot\rangle$的同构映射,换言之,$\langle \mathbf{R},+\rangle$与$\langle \mathbf{R}^+,\cdot\rangle$同构.

【例3】 设h: $\mathbf{R}\to\mathbf{R}$为$h(x)=2x$,那么h为$\langle \mathbf{R},+\rangle$到$\langle \mathbf{R},+\rangle$的自同态,因为对任何实

数 x,y,有 $h(x+y)=2(x+y)=2x+2y=h(x)+h(y)$. 由于 h 为双射,所以 h 为$\langle \mathbf{R},+\rangle$ 上的自同构.

§ 12.3 半群与群

半群与群都是具有一个二元运算的代数系统,群是半群的特殊例子.事实上,群是历史上最早研究的代数系统,它比半群复杂一些,而半群概念是在群的理论发展之后才引进的.

定义 1 设$\langle S,\circ\rangle$是代数系统,$\circ$是二元运算,如果$\circ$运算满足结合律,则称它为**半群**.

换言之,$\forall x,y,z\in S$,若$\circ$是 S 上的封闭运算且满足$(x\circ y)\circ z=x\circ(y\circ z)$,则$\langle S,\circ\rangle$是半群.

许多代数系统都是半群. 例如,$\langle N,+\rangle$,$\langle Z,\times\rangle$均是半群,但$\langle Z,-\rangle$不是半群.

【例 1】 $S=\left\{\begin{pmatrix} a & b \\ 0 & 0 \end{pmatrix}\right\}\mid a,b\in \mathbf{R},a\neq 0)$,则$\langle S,\cdot\rangle$是半群,这里$\cdot$代表普通的矩阵乘法运算.

证明 对任意的 $\begin{pmatrix} a_1 & b_1 \\ 0 & 0 \end{pmatrix}\in S,\begin{pmatrix} a_2 & b_2 \\ 0 & 0 \end{pmatrix}\in S,a_1,a_2\neq 0$,由于 $\begin{pmatrix} a_1 & b_1 \\ 0 & 0 \end{pmatrix}\cdot\begin{pmatrix} a_2 & b_2 \\ 0 & 0 \end{pmatrix}=\begin{pmatrix} a_1a_2 & a_1b_2 \\ 0 & 0 \end{pmatrix}$,且 $a_1a_2\neq 0$,所以 $\begin{pmatrix} a_1a_2 & a_1b_2 \\ 0 & 0 \end{pmatrix}\in S$.

因此,$\cdot$运算封闭. 又因为矩阵乘法运算满足结合律,所以$\langle S,\cdot\rangle$是半群.

定义 2 如果半群$\langle S,\circ\rangle$中二元运算$\circ$是**可交换的**,则称$\langle S,\circ\rangle$是**可交换半群**.

例如,$\langle \mathbf{Z},+\rangle$,$\langle \mathbf{Z},\times\rangle$,$\langle P(S),\oplus\rangle$均是可交换半群.

定义 3 含有关于$\circ$运算的幺元的半群$\langle S,\circ\rangle$,称它为**独异点**,或**含幺半群**,常记为$\langle S,\circ,e\rangle$(e 是幺元).

例如,$\langle \mathbf{N},+\rangle$,$\langle \mathbf{Z},+\rangle$,$\langle \mathbf{Q},+\rangle$,$\langle \mathbf{R},+\rangle$都是半群和独异点,其中$+$表示普通加法. 幺元是 0. 可记作$\langle \mathbf{N},+,0\rangle$,$\cdots$,$\langle \mathbf{R},+,0\rangle$. $\langle P(S),\oplus\rangle$也是独异点,幺元为$\varnothing$. 可记作$\langle P(S),\oplus,\varnothing\rangle$.

独异点中含有幺元. 前面曾提到,对于含有幺元的运算可考虑元素的逆元,并不是每个元素均有逆元的,这一点引出了一个特殊的**独异点**——群.

定义 4 如果代数系统$\langle G,\circ\rangle$满足

(1)$\langle G,\circ\rangle$为一半群;

(2)$\langle G,\circ\rangle$中有幺元 e;

(3)$\langle G,\circ\rangle$中每一元素 $x\in G$ 都有逆元 x^{-1}.

则称代数系统$\langle G,\circ\rangle$为**群**. 或者说,群是每个元素都可逆的独异点. 群的基集常用字母 G 表示,因而字母 G 也常用于表示群.

【例2】 (1)$\langle \mathbf{Z},+\rangle$(整数集与数加运算)为一群(加群),数0为其幺元;$\langle \mathbf{Z},\times\rangle$不是群,因为除幺元1外所有整数都没有逆元.

(2)$A\neq\varnothing$,$\langle P(A),\cap\rangle$是半群,幺元为A,非空集合无逆元,所以不是群.

(3)$A\neq\varnothing$,$\langle P(A),\oplus\rangle$的幺元为$\varnothing$,$S\in P(A)$,$S$的逆元是$S$,所以是群.

(4)$\langle Q^+,\cdot\rangle$(正有理数集合与数乘运算)为一群,1为其幺元.$\langle Q,\cdot\rangle$(有理数集合与数乘运算)不是群,因为数0无逆元.

注意:因为零元无逆元,所以含有零元的代数系统就不会是群.

【例3】 设$G=\{a,b,c,d\}$,$*$为G上的二元运算,它由下表给出,不难证明G是一个群.且e是G中的幺元;G中任何元素的逆元就是它自已.在a,b,c三个元素中,任何两个元素运算的结果都等于另一个元素,这个群称为**klein四元群**.

$*$	e	a	b	c
e	e	a	b	c
a	a	e	c	b
b	b	c	e	a
c	c	b	a	e

定义5 设$\langle G,*\rangle$为群,$H\neq\varnothing$,如果$\langle H,*\rangle$为G的子代数,且$\langle H,*\rangle$为一群,则称$\langle H,*\rangle$为G的**子群**,记作$H\leqslant G$.

【例4】 (1)$\langle \mathbf{Z},+\rangle$是$\langle \mathbf{Q},+\rangle$的子群;$\langle \mathbf{Q},+\rangle$是$\langle \mathbf{R},+\rangle$的子群;$\langle \mathbf{R},+\rangle$是$\langle \mathbf{C},+\rangle$的子群.

(2)设E为偶数集,I为整数集.那么$\langle E,+\rangle$为$\langle I,+\rangle$的子群;M为奇数集,但$\langle M,+\rangle$不是$\langle I,+\rangle$的子群。

显然,对任何群G,$\langle\{e\},*\rangle$及$\langle G,*\rangle$均为其子群,称为**平凡子群**,其它子群则称为**非平凡子群**或**真子群**.

【例5】 在例3中Klein四元群,$\langle\{e\},*\rangle$,$\langle\{e,a\},*\rangle$,$\langle\{e,b\},*\rangle$,$\langle\{e,c\},*\rangle$均是其子群.

§12.4 格与布尔代数

布尔代数是计算机逻辑设计的基础,它是由格引出的,格又是从偏序集引出的.

12.4.1 格的定义

定义1 $\langle A,\leqslant\rangle$是偏序集,如果任何$a,b\in A$,使得$\{a,b\}$都有最大下界和最小上界,则

称$\langle A,\leqslant\rangle$是格.

下图的三个偏序集,$\langle A,\leqslant\rangle$不是格,因为$\{24,36\}$无最小上界.

$\langle B,\leqslant\rangle$、$\langle C,\leqslant\rangle$是格.

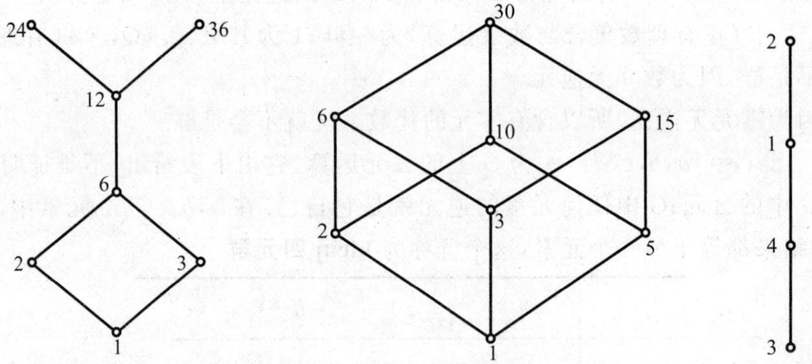

$\langle A,\leqslant\rangle$ $\langle B,\leqslant\rangle$ $\langle C,\leqslant\rangle$

12.4.2 格的对偶原理

设$\langle A,\leqslant\rangle$是格,"$\leqslant$"的逆关系记作"$\geqslant$","$\geqslant$"也是偏序关系. $\langle A,\geqslant\rangle$也是格,$\langle A,\geqslant\rangle$的 Hasse 图是将$\langle A,\leqslant\rangle$的 Hasse 图颠倒 180°即可.

格的对偶原理:设 P 是对任何格都为真的命题,如果将 P 中的"$\leqslant$"换成"$\geqslant$","$\wedge$"换成"$\vee$","$\vee$"换成"$\wedge$",就得到命题 P', 称 P'为 P 的对偶命题,则 P'对任何格也是为真的命题.

例如:P: $a\wedge b\leqslant a$　　　　P': $a\vee b\geqslant a$

　　$\{a,b\}$的最大下界$\leqslant a$　　　　$\{a,b\}$的最小上界$\geqslant a$

12.4.3 格的性质

$\langle A,\vee,\wedge\rangle$是由格$\langle A,\leqslant\rangle$诱导的代数系统. $\forall a,b,c,d\in A$. 下面性质成立:

性质 1　$a\leqslant a\vee b$;　$b\leqslant a\vee b$;　$a\wedge b\leqslant a$;　$a\wedge b\leqslant b$.

此性质由运算$\vee$和$\wedge$的定义直接得证.

性质 2　如果 $a\leqslant b, c\leqslant d$,则 $a\vee c\leqslant b\vee d, a\wedge c\leqslant b\wedge d$.

证明　如果 $a\leqslant b$,又 $b\leqslant b\vee d$, 由传递性得 $a\leqslant b\vee d$, 类似由 $c\leqslant d$, $d\leqslant b\vee d$,由传递性得 $c\leqslant b\vee d$,这说明 $b\vee d$ 是 a,c 的上界,而 $a\vee c$ 是 a,c 的最小上界,所以 $a\vee c\leqslant b\vee d$.

类似可证 $a\wedge c\leqslant b\wedge d$.

推论　在一个格中,对任何 $a,b,c\in A$,如果 $b\leqslant c$,则

$$a\vee b\leqslant a\vee c, a\wedge b\leqslant a\wedge c.$$

此性质称为格的保序性.

性质 3　$\vee$ 和 $\wedge$ 都满足交换律. 即 $a\vee b=b\vee a$, $a\wedge b=b\wedge a$.

此性质由运算 $\vee$ 和 $\wedge$ 的定义直接得证.

性质 4　$\vee$ 和 $\wedge$ 都满足幂等律；即 $a\vee a=a$, $a\wedge a=a$.

证明　由性质 1 得 $a\leqslant a\vee a$.

下证 $a\vee a\leqslant a$. 由 $\leqslant$ 自反得 $a\leqslant a$，这说明 a 是 a 的上界，而 $a\vee a$ 是 a 的最小上界，所以 $a\vee a\leqslant a$. 最后由反对称得 $a\vee a=a$.

由对偶原理得 $a\wedge a=a$.

性质 5　$\vee$ 和 $\wedge$ 都满足结合律. 即

$(a\vee b)\vee c=a\vee(b\vee c)$，　　　$(a\wedge b)\wedge c=a\wedge(b\wedge c)$.

证明　先证明 $(a\vee b)\vee c\leqslant a\vee(b\vee c)$.

所以 $a\leqslant a\vee(b\vee c)$，　　　$b\leqslant b\vee c\leqslant a\vee(b\vee c)$.

因为 $(a\vee b)\leqslant a\vee(b\vee c)$，　　　因为 $c\leqslant b\vee c\leqslant a\vee(b\vee c)$，

所以 $(a\vee b)\vee c\leqslant a\vee(b\vee c)$.

同理可证 $a\vee(b\vee c)\leqslant(a\vee b)\vee c$.

最后由反对称得 $(a\vee b)\vee c=a\vee(b\vee c)$.

类似可证 $(a\wedge b)\wedge c=a\wedge(b\wedge c)$.

性质 6　$\vee$ 和 $\wedge$ 都满足吸收律. 即 $a\vee(a\wedge b)=a$，$a\wedge(a\vee b)=a$.

证明　显然有 $a\leqslant a\vee(a\wedge b)$.

下证 $a\vee(a\wedge b)\leqslant a$.

因为 $a\leqslant a$，　　$a\wedge b\leqslant a$，　　　所以 $a\vee(a\wedge b)\leqslant a$.

最后由反对称得 $a\vee(a\wedge b)=a$.

类似可证 $a\wedge(a\vee b)=a$.

性质 7　$\langle A,\vee,\wedge\rangle$ 是代数系统，如果 $\vee$ 和 $\wedge$ 是满足吸收律的二元运算，则 $\vee$ 和 $\wedge$ 必满足幂等律.

证明　任取 $a,b\in A$ 因为 $\vee$ 和 $\wedge$ 是满足吸收律.

所以，有 $a\vee(a\wedge b)=a$　①　　　$a\wedge(a\vee b)=a$　②.

由于上式中的 b 是任意的，可以令 $b=a\vee b$ 并代入(1)式得

$a\vee(a\wedge(a\vee b))=a$.

由(2)式得 $a\vee a=a$.

同理可证 $a\wedge a=a$.

性质 8　$\vee$ 和 $\wedge$ 不满足分配律. 但有分配不等式：

$a\vee(b\wedge c)\leqslant(a\vee b)\wedge(a\vee c)$,

$(a\wedge b)\vee(a\wedge c)\leqslant a\wedge(b\vee c)$. 证明略.

12.4.4 布尔代数

定义 2 设 $\langle A,\leqslant\rangle$ 是格,若存在元素 $a\in A$,使对任意 $x\in A$,都有 $a\leqslant x(x\leqslant a)$,则称 a 为格 $\langle A,\leqslant\rangle$ 的**全下界(全上界)**,并记全下界为 0,全上界为 1.

定义 3 在有全下界和全上界的格 $\langle A,\leqslant\rangle$ 中,若对 $a\in A$,存在 $b\in A$,使得 $a\vee b=1$ 且 $a\wedge b=0$,则称 b 为 a 的**补元**.

定义 4 至少有两个元素的有补分配格,称为**布尔代数**.

其中′是取补元运算.

如果 A 是有限集合,则称它是**有限布尔代数**.

例如:令 $B=\{0,1\}$,$\wedge$ 表示交,$\vee$ 并,$\neg$ 否定,$\langle B,\vee,\wedge,\neg\rangle$ 就是个布尔代数.

布尔代数通常用序组 $\langle B,\wedge,\vee,',0,1\rangle$ 来表示. 其中′为一元求补运算. 为此介绍布尔代数的另一个等价定义.

定义 5 $\langle B,\vee,\wedge,'\rangle$ 是代数系统,B 中至少有两个元素,$\wedge,\vee$ 是 B 上二元运算,′是一元运算,若 $\wedge,\vee$ 满足:

(1)交换律.

(2)分配律.

(3)同一律. 存在 $0,1\in B$,对任意 $a\in B$,有 $a\wedge 1=a,a\vee 0=a$.

(4)补元律. 对 B 中每一元素 a,均存在元素 a',使 $a\wedge a'=0,a\vee a'=1$.

则称 $\langle B,\vee,\wedge,'\rangle$ 是布尔代数.

例如,任意的非空集合 S,$\langle P(S),\cap,\cup,'\rangle$ 是一个布尔代数. 其中 $\cap$ 表示集合的交运算,$\cup$ 表示集合的并运算,′表示集合的为一元求补集的运算(这里的全集是 S).

习题 12.1

1. 设集合 $S=\{1,2,3,4,5,6,7,8,9,10\}$,问下面定义的二元运算 $*$ 关于集合 S 是否封闭?

(1)$x*y=x-y$;

(2)$x*y=x+y-xy$;

(3)$x*y=(x+y)/2$;

(4)$x*y=2xy$;

(5)$x*y=\min(x,y)$;

(6)$x*y=\max(x,y)$;

(7)$x*y=x$;

(8)$x*y=\mathrm{GCD}(x,y)$,$\mathrm{GCD}(x,y)$ 是 x 与 y 的最大公约数;

(9)$x*y=\mathrm{LCM}(x,y)$,$\mathrm{LCM}(x,y)$是 x 与 y 的最小公倍数;

(10)$x*y=$质数 p 的个数,其中 $x\leqslant p\leqslant y$.

2. 试分析下列集合对于给定的运算是否构成群.

(1)集合 $G=\{a^n \mid n\in I,a$ 为给定的大于 0 的实数$\}$,关于数的乘法运算;

(2)正有理数集合,关于数的乘法运算;

(3)一元实系数多项式集合,关于多项式的加法运算;

(4)n 阶方阵的集合,关于矩阵乘法运算.

3. 设 $*$ 和 $+$ 是集合 S 上的两个二元运算,并满足吸收律. 证明:$*$ 和 $+$ 均满足幂等律.

4. 设 $*$ 和 $+$ 是集合 S 上的两个二元运算,若对任意的 $x,y\in S$,均有 $x+y=x$.

证明:$*$ 对于 $+$ 是可分配的.

5. 设$\langle S,*\rangle$为一半群,$z\in S$ 为左(右)零元. 证明:对任意的 $x\in S$,$x*z(z*x)$ 亦为左(右)零元.

6. 设$\langle G,*\rangle$为群,若在 G 上定义运算$\circ$,使得对任何元素 $x,y\in G$,$x\circ y=y*x$.

证明:$\langle G,\circ\rangle$也是群.

7. 图 12-1 所示的偏序集,哪一个是格? 并说明理由.

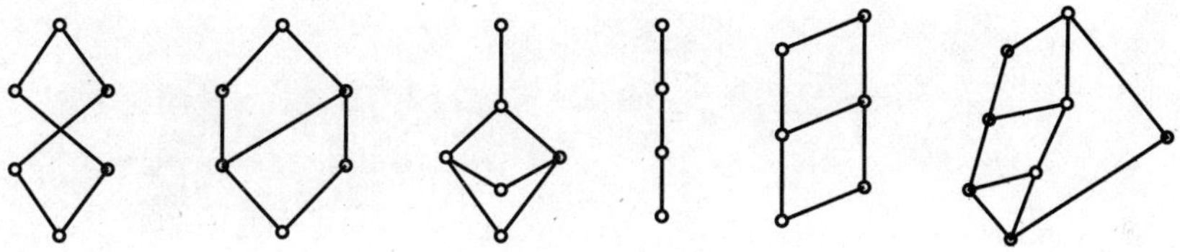

(a) (b) (c) (d) (e) (f)

图 12-1

自测题

1. I 为整数集,下列系统中不是代数系统的有(　　)

A. $(I,\div)$　　B. $(I,+)$　　C. $(I,\times)$　　D. 都不是

2. 设 $V=\langle \mathbf{N},+\rangle$,其中 $\mathbf{N}$ 为自然数集,$+$ 为普通加法。令 $\varphi:\mathbf{N}\to\mathbf{N}$,$\varphi(x)=2x$. 下面四个命题为真的是(　　)

A. φ 是满同态　　B. φ 是单自同态

C. φ 是自同构　　D. A,B 和 C 都不对.

3. 设$\langle \mathbf{N},\cdot\rangle$是代数系统,$\mathbf{N}$ 为自然数集,运算$\cdot$定义为对任 $a,b\in\mathbf{N}$,$a\cdot b=a$

则(　　)

A. $\cdot$是可结合的　　B. $\cdot$是不可结合的

C. • 是可交换的　　　　　　　　　D. **N** 对 • 运算有幺元

4. 凡________都满足消去律.

A. 格　　　B. 半群　　　C. 独异点　　　D. 群

5. 群⟨**R**−{0}, •⟩(• 表示普通数乘运算)与群⟨**R**, +⟩(数的加法运算)之间的关系是(　　)

A. 同态　　　　　　　　　　　B. 同构

C. 前者是后者的子群　　　　　D. 以上都不对

6. 设 ∗ 和 • 是集合 S 上的两个二元运算,并满足吸收律. 证明:∗ 和 • 均满足幂等律.

7. 设 ∗ 和 • 是集合 S 上的两个二元运算,$x,y\in S$,均有 $x\cdot y=x$. 证明:∗ 对于 • 是可分配的.

8. 设⟨A, ∗⟩是一个独异点,B 是 A 中所有有逆元的元素集合,证明:⟨B, ∗⟩构成群.

9. 设⟨S, ∗⟩为一半群,a,b,c 为 S 中给定元素. 证明:若 a,b,c 满足

$a*c=c*a, b*c=c*b$, 则 $(a*b)*c=c*(a*b)$.

第 13 章

图　　论

图论是数学的一个分支，它以图为研究对象.图论中的图是由若干给定的点及连接两点的线所构成的图形，这种图形通常用来描述某些事物之间的某种特定关系，用点表示事物，用连接两点的线表示相应两个事物间的关系.图论有一套完整的体系和广泛的内容，这里只介绍图论的初步知识，其目的在于今后对计算机有关科学知识的学习和研究时，可以以图论的基本知识作为工具.

§13.1　图的基本概念

在集合论中定义了笛卡儿积，为了定义无向图，还需要给出无序积的概念.其中元素可以重复出现的集合，我们称为多重集合.

定义 1　设 A,B 为任意集合，称集合 $A\&B=\{(a,b)\mid a\in A\wedge b\in B\}$ 为 A 与 B 的无序积，(a,b) 称为无序对.与序偶不同，无论 a,b 是否相等，均有 $(a,b)=(b,a)$.

例如，设 $A=\{a,b,c\}$，$B=\{1,2\}$，

$A\&B=\{(a,1),(a,2),(b,1),(b,2),(c,1),(c,2)\}=B\&A$

$B\&B=\{(1,1),(2,2),(3,3)\}$

下面给出关于图的一系列的基本概念.

定义 2　无向图 $G=\langle V,E\rangle$，其中

(1) $V\neq\varnothing$ 为**顶点集**，元素称为**顶点**

(2) E 为 $V\&V$ 的多重子集，其元素称为**无向边**，简称**边**.

例如，$G=\langle V,E\rangle$ 如图 11-1 所示，其中 $V=\{v_1,v_2,v_3,v_4,v_5\}$，

$E=\{(v_1,v_1),(v_1,v_2),(v_2,v_3),(v_2,v_3),(v_2,v_5),(v_1,v_5),(v_4,v_5)\}$.

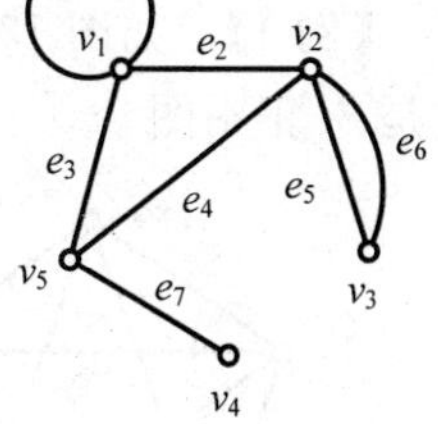

图 13-1

定义 3　有向图 $D=\langle V,E\rangle$，其中(1) V 同无向图的顶点集，元素也称为顶点，

(2) E 为 $V\times V$ 的多重子集，其元素称为**有向边**，简称**边**.

用无向边代替 D 的所有有向边所得到的无向图称作 D 的基图.

例如，$G=\langle V,E\rangle$，如图 13-2 所示，其中，$V=\{a,b,c,d\}$，

$E=\{\langle a,a\rangle,\langle a,b\rangle,\langle a,b\rangle,\langle a,d\rangle,\langle c,b\rangle,\langle d,c\rangle,\langle c,d\rangle\}$.

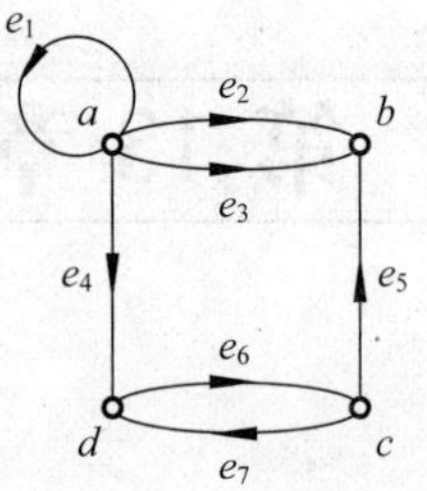

图 13-2

通常用 G 表示无向图，D 表示有向图，也常用 G 泛指无向图和有向图，用 e_k 表示无向边或有向边. $V(G)$，$E(G)$，$V(D)$，$E(D)$ 表示 G 和 D 的顶点集，边集.

下面介绍一些图的基本概念和常用术语.

邻接点:同一条边的两个端点；**孤立顶点**:没有边与之关联的顶点；

n 阶图:n 个顶点的图；**有限图**:V，E 都是有穷集合的图；

空图:$V=\varnothing$ ；**零图**:顶点集 V 非空但边集 E 为空集的图；

平凡图:$|V|=n=1,|E|=m=0$ 的图；

邻接边:关联同一个顶点的两条边；

环:关联同一个顶点的一条边((v,v)或$\langle v,v\rangle$)；

平行边:关联一对顶点的 m 条边($m\geqslant 2$,称重数,若是有向边则应方向相同)；

多重图:含有平行边(无环)的图；**简单图**:不含平行边和环的图；

在图 13-1 中，e_5 和 e_6 是平行边,重数为 2,不是简单图.

在图 13-2 中，e_2 和 e_3 是平行边,重数为 2，e_6 和 e_7 不是平行边,不是简单图.

无向完全图:每对顶点间均有边相连的无向简单图. n 阶无向完全图记作 K_n .

有向完全图:每对顶点间均有一对方向相反的边相连的有向图.

n **阶** k **正则图**:k 的 n 阶无向简单图.

由完全图的定义易知,无向完全图 K_n 的边数为 $|E(K_n)|=C_n^2=\dfrac{1}{2}n(n-1)$.

有向完全图 G 的边数为 $|E(G)|=n(n-1)$.

n 阶 k 正则图的边数为:$m=\dfrac{nk}{2}$.

【例 1】 如图 13-3 ,(1) 为 5 阶完全图 k_5 ；(2) 为 3 阶有向完全图；(3) 为彼得森图，它是 3-正则图 .

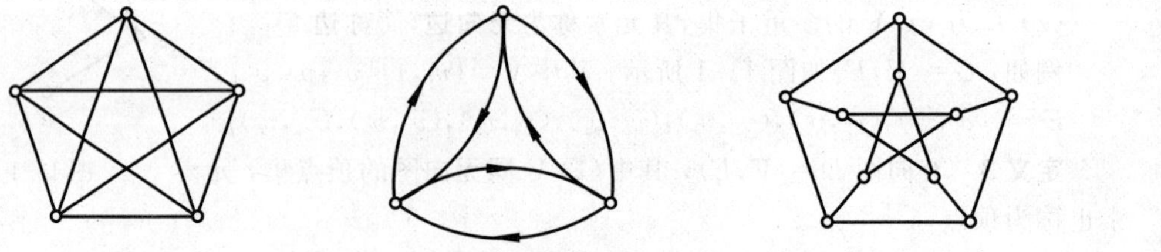

图 13-3

顶点的度数:顶点所关联的边数. 顶点 v 的度数记作 $d(v)$. 在有向图中,以顶点 v 为起点的

边数称顶点 v 的**出度**，记作 $d^+(v)$；以顶点 v 为终点的边数称顶点 v 的**入度**，记作 $d^-(v)$.

悬挂顶点：度数为 1 的顶点；**悬挂边**：与悬挂顶点关联的边；

图 G 的最大度：$\Delta(G)=\max\{d(v)\mid v\in V\}$；

图 G 的最小度：$\delta(G)=\min\{d(v)\mid v\in V\}$；

例如，如图 13-4 所示，$d(v_5)=3$，$d(v_2)=4$，$d(v_1)=4$，$\Delta(G)=4$，$\delta(G)=1$，v_4 是悬挂顶点，e_7 是悬挂边，e_1 是环.

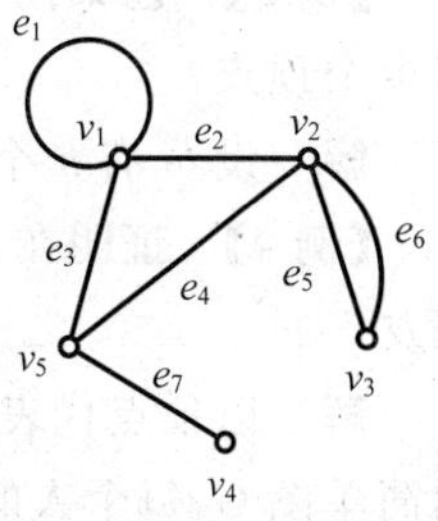

图 13-4

有向图 G 的最大出度：

$$\Delta^+(G)=\max\{d^+(v)\mid v\in V(G)\};$$

有向图 G 的最小出度：

$$\delta^+(G)=\min\{d^+(v)\mid v\in V(G)\};$$

有向图 G 的最大入度：

$$\Delta^-(G)=\max\{d^-(v)\mid v\in V(G)\};$$

有向图 G 的最小入度：

$$\delta^-(G)=\min\{d^-(v)\mid v\in V(G)\};$$

k－正则图：每个顶点的度数均是 k 的无向图.

例如，如图 13-5 所示，

$d^+(a)=4$，$d^-(a)=1$，$d(a)=5$，$d^+(b)=0$，$d^-(b)=3$，$d(b)=3$，

$\Delta^+(D)=4$，$\delta^+(D)=0$，$\Delta^-(D)=3$，$\delta^-(D)=1$，$\delta(D)=5$，$\delta(D)=3$.

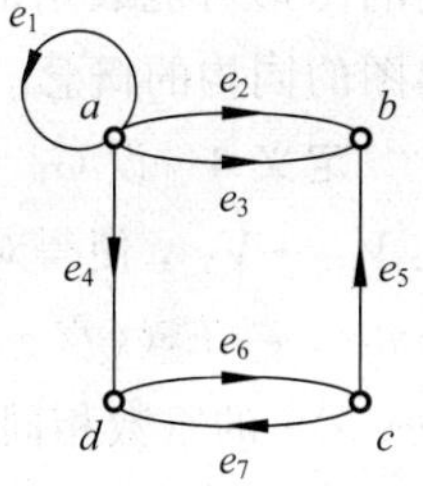

图 13-5

定理 1 （**握手定理**）任意无向图和有向图的所有顶点度数之和都等于边数的 2 倍，并且有向图的所有顶点入度之和等于出度之和等于边数.

证明 G 中每条边(包括环)均有两个端点，所以在计算 G 中各顶点度数之和时，每条边均提供 2 度，m 条边共提供 $2m$ 度. 有向图的每条边提供一个入度和一个出度，故所有顶点入度之和等于出度之和等于边数.

推论 在任何无向图和有向图中，奇度顶点的个数必为偶数.

证明 设 $V_1=\{v\mid d(v)\text{ 为奇数}\}$，$V_2=V-V_1$，则

$$\sum_{v\in V_1}d(v)+\sum_{v\in V_2}d(v)=\sum_{v\in V}d(v)=2m.$$

因为 $\sum\limits_{v\in V_2}d(v)$ 是偶数，$\sum\limits_{v\in V}d(v)$ 也是偶数，所以 $\sum\limits_{v\in V_1}d(v)$ 必是偶数. 而 $d(v)$ 为奇数，故 $|V_1|$ 是偶数.

假设 $V=\{v_1,v_2,,\cdots,v_n\}$ 是 n 阶图 G 的顶点集，称 $d(v_1),d(v_2),\cdots,d(v_n)$ 为 G 的度数列.

例如,无向图 13-4 度数列为:4, 4, 2, 1, 3 ;有向图 13-5 度数列为:5, 3, 3, 3,出度列为:4, 0, 2, 1,入度列为:1, 3, 1, 2.

【例 2】 (3, 3, 3, 4),(2, 3, 4, 6, 8)能成为图的度数列吗?

解 不可能.它们都有奇数个奇度顶点.

【例 3】 已知图 G 有 10 条边,4 个 3 度顶点,其余顶点的度数均小于 2,问 G 至少有多少个顶点?

解 设 G 有 n 个顶点. 由握手定理 $4(3+2\times(n-4)\geqslant 2\times 10$,解得 $n\geqslant 8$.

【例 4】 证明在 $n(n\geqslant 2)$ 个人的团队中,总有两个人在此团队中恰好有相同个数的朋友.

解 以顶点代表人,二人如果是朋友,则在代表他们的顶点间连上一条边,这样可得无向简单图 G,每个人的朋友数即图中代表它的顶点的度数,于是问题转化为:n 阶无向简单图 G 中必有两个顶点的度数相同.

用反证法,设 G 中各顶点的度数均有不同,则度数列为 $0,1,2,\cdots,n-1$,说明图中有孤立顶点,这与有 $n-1$ 度顶点相矛盾(因为是简单图),所以必有两个顶点的度数相同.

由于在画图的图形时,顶点的位置和边的几何形状是无关紧要的,因此表面上完全不同的图形可能表示的是一个图.为了判断不同的图形是否反映同一个图形的性质,我们给出图的同构的概念.

定义 4 设 $G_1=\langle V_1,E_1\rangle,G_2=\langle V_2,E_2\rangle$ 为两个无向图(有向图),若存在双射函数 $f:V_1\rightarrow V_2$,使得对于任意的 $v_i,v_j\in V_1$,$(v_i,v_j)\in E_1$($\langle v_i,v_j\rangle\in E_1$)当且仅当 $(f(v_i),f(v_j))\in E_2$($\langle f(v_i),f(v_j)\rangle\in E_2$),并且,$(v_i,v_j)$($\langle v_i,v_j\rangle$)与 $(f(v_i),f(v_j))$($\langle f(v_i),f(v_j)\rangle$)的重数相同,则称 G_1 与 G_2 是**同构的**,记作 $G_1\cong G_2$.

图之间的同构关系具有自反性、对称性和传递性.到目前为止,判断两图同构还只能从定义出发.我们能找到多条同构的必要条件,但它们都不是充分条件:

① 边数相同,顶点数相同;

② 度数列相同(不计度数的顺序);

③ 对应顶点的关联集及邻域的元素个数相同.

若破坏必要条件,则两图不同构,至今没有找到判断两个图同构的多项式时间算法 .

【例 5】 试画出 4 阶 3 条边的所有非同构的无向简单图

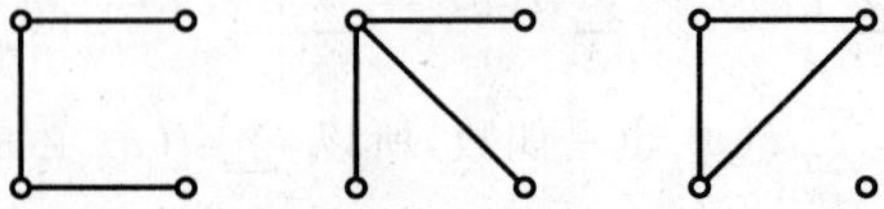

在深入研究图的性质及图的局部性质时,子图的概念是非常重要的.所谓子图,就是适当地去掉一些顶点或一些边后所形成的图,子图的顶点集和边集是原图的顶点集和边集的子集.

定义 5 设 $G=\langle V, E\rangle$，$G'=\langle V', E'\rangle$ 是 2 个图(同为有向或无向).

(1) 若 $V'\subseteq V$ 且 $E'\subseteq E$，则称 G' 为 G 的**子图**，G 为 G' 的**母图**，记作 $G'\subseteq G$.

(2) 若 $G'\subseteq G$ 且 $V'=V$,则称 G' 为 G 的**生成子图**.

(3) 若 $V'\subset V$ 或 $E'\subset E$,称 G' 为 G 的**真子图**.

(4) 设 $V'\subseteq V$ 且 $V'\neq\varnothing$，以 V' 为顶点集，以两端点都在 V' 中的所有边为边集的 G 的子图称作 V 的**导出子图**,记作 $G[V']$.

(5) 设 $E'\subseteq E$ 且 $E'\neq\varnothing$，以 E' 为边集，以 E' 中边关联的所有顶点为顶点集的 G 的子图称作 E 的**导出子图**，记作 $G[E']$.

【例 6】 画出 K_4 的所有非同构的生成子图.

如表 1 所示：

m	0	1	2	3	4	5	6	
	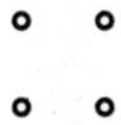	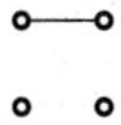	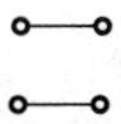	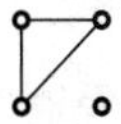	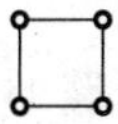	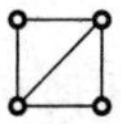	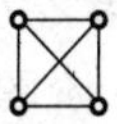	
			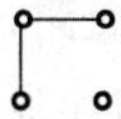	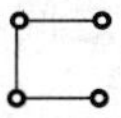	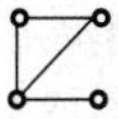			
				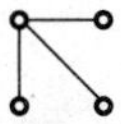				

表 1

定义 6 设 $G=\langle V,E\rangle$ 为 n 阶无向简单图,以 V 为顶点集，所有使 G 成为完全图 k_n 的添加边组成的集合为边集的图,称为 G 的**补图**,记作 $\overline{G}$.

若 $G\cong\overline{G}$ ，则称 G 是**自补图**.

【例 7】 对表 1 中 K_4 的所有非同构子图，请读者指出互为补图的每一对子图，并指出哪些是自补图.

§ 13.2 路径与回路

定义 1 给定图 $G=\langle V,E\rangle$,图中的一条通路是一个点、边交替的序列：$v_{i1}\,e_{i1}\,v_{i2}\,e_{i2}\cdots v_{ip-1}\,e_{ip-1}\,v_{ip}$,其中 $v_{ik}\in V, e_{ik}\in E$（其中 $e_{ik+1}=(v_{ik}, v_{ik+1})$ 或者 $e_{ik+1}=\langle v_{ik}, v_{ik+1}\rangle$）,$v_{i1}$ 和 v_{ip} 分别称为通路的**起点**和**终点**,而通路中包含的边数 p 称为通路的**长度**. 当其重合时通路称为**回路**.

由定义可知,一条通路即是 G 的一个子图,且通路允许经过的顶点或边重复,因此根据不同要求通路可以作如下的划分：

简单通路或链：边不可重复的通路；

初级通路或道路：顶点不可重复的通路；

简单回路(闭链)：边不重复的回路(顶点数大于等于 3)；

初级回路(圈)：顶点不可重复(仅起点、终点重复)的回路.

一般称长度为奇数的圈为奇圈，称长度为偶数的圈为偶圈. 显然，初级通路必是简单通路，非简单通路称为复杂通路. 在应用中，常常只用边的序列表示通路，对于简单图亦可用顶点序列表示通路，这样更方便.

定理 1 在一个 n 阶图中，若从顶点 u 到顶点 $v(u\neq v)$ 存在通路，则必存在从 u 到 v 的初级通路且路长小于等于 $n-1$.

证明 设 $L=ue_1v_1e_2v_2\cdots e_pv$ 是图中从 u 到 v 的通路，若其中顶点没有重复，则 L 是一条初级通路. 否则必有 t、$s(1\leqslant t<s\leqslant p-1)$，使得 $v_t=v_s$，此时从 L 中去掉从 v_t 到 v_s 之间的一段路后，所得仍为从 u 到 v 的通路，重复上述动作直到顶点无重复为止，所得通路即为由 u 到 v 的初级通路. 因为长度为 k 的初级通路上顶点数必为 $k+1$ 个，所以 n 阶图中的初级通路长度至多为 $n-1$.

推论 n 阶图中，任何初级回路的长度不大于 n.

定义 2 在无向图 G 中，若顶点 u 与 v 之间存在通路，则称 u 与 v 是连通的，规定任何顶点自身是连通的. 若 G 是平凡图或 G 中任二顶点均连通，则称 G 是**连通图**，否则称 G 是**非连通图或分离图**.

如果我们在 G 的顶点集 V 上定义一个二元关系 R：

$$R=\{\langle u,v\rangle \mid u、v\in V \text{ 且 } u \text{ 与 } v \text{ 是连通的}\}.$$

容易证明，R 是自反的、对称的、传递的，即 R 是一个等价关系，于是 R 可将 V 划分成若干个非空子集：$V_1,V_2,\cdots,V_k$，它们的导出子图 $G[V_1],G[V_2],\cdots,G[V_k]$ 构成 G 的连通分支，其连通分支的个数记作 $P(G)$. 显然，G 是连通图，当且仅当 $P(G)=1$.

例如，图 13-6 所示的图 G_1 是连通图，$P(G_1)=1$，图 G_2 是一个非连通图，$P(G_2)=3$.

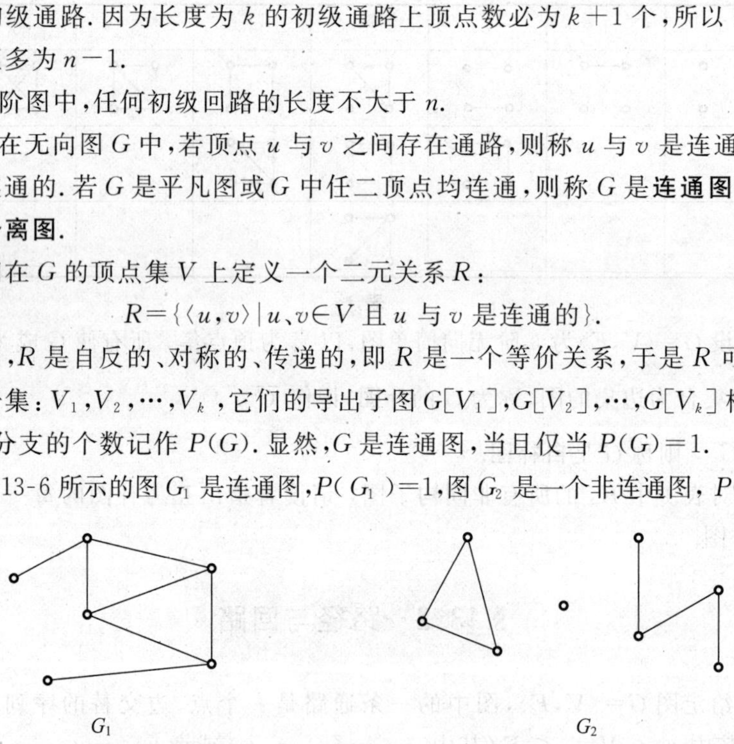

图 13-6

【例 1】 求证：若图中只有两个奇度顶点，则二顶点必连通.

证明 用反证法来证明. 设二顶点不连通，则它们必分属两个不同的连通分支，而对于每个连通分支，作为 G 的子图只有一个奇度数顶点，余者均为偶度数顶点，与握手定理推论矛盾，因此，若图中只有两个奇度数顶点，则二顶点必连通.

【例 2】 在一次国际会议中，由七人组成的小组$\{a,b,c,d,e,f,g\}$中，a 会英语、阿拉伯语；b 会英语、西班牙语；c 会汉语、俄语；d 会日语、西班牙语；e 会德语、汉语和法语；f 会日语、俄语；g 会英语、法语和德语. 问：他们中间任何二人是否均可对话(必要时可通过别人翻译)？

解 用顶点代表人，如果二人会同一种语言，则在代表二人的顶点间连边，于是得到图 2. 问题归结为：在这个图中，任何两个顶点间是否都存在着通路？由于图 13-7 是一个连通图，因此，他们中间任何二人均可对话.

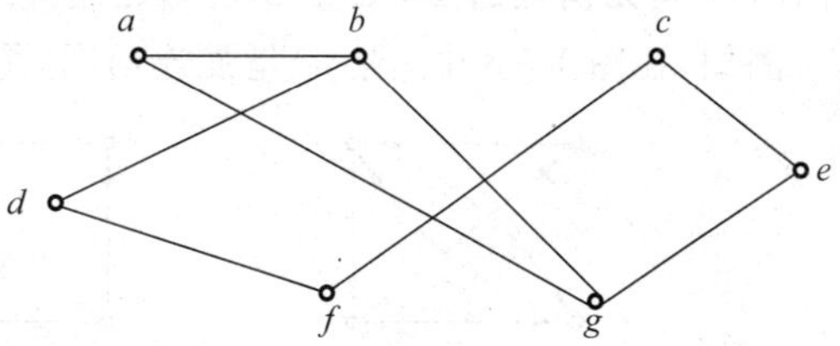

图 13-7

在连通图中，如果删去一些顶点或边，则可能会影响图的连通性. 所谓从图中删去某个顶点 v，就是将顶点 v 和与 v 关联的所有的边均删去，我们用 $G—v$ 记之，并用 $G—V'$ 表示从 G 中删去 V 的子集 V'. 用 $G—e$ 表示删去边 e，用 $G—E'$ 表示从 G 中删去 E 的子集 E'.

例如，在例 2 中，任何一人请假，图 $G—v$ 还连通，小组对话仍可继续进行，但如果 f、g 二人同时不在，$G—\{f,g\}$ 是分离图，则小组中的对话无法再继续进行.

定义 3 设无向图 $G=\langle V,E\rangle$，若存在顶点集 $V'\subset V$，使得 $P(G-V')>P(G)$ 对于任意的 $V''\subset V$，均有 $P(G-V'')=P(G)$(即扩大图的连通分支数，V' 具有极小性)，则称 V' 是 G 的一个**点割集**. 如果 G 的某个点割集中只有一个顶点，则称该点为**割点**.

定义 4 设无向图 $G=\langle V,E\rangle$，若存在边集 $E'\subset E$，使得 $P(G-E')>P(G)$，而对于任意的 $E''\subset E$，均有 $P(G-E'')=P(G)$(即扩大图连通分支数，E' 具有极小性)，则称 E' 是 G 的一个**边割集**. 如果 G 的某个边割集中只有一条边，则称该边为**割边**或**桥**.

例如，在图 13-7 中，$\{f,g\}$，$\{d,g\}$，$\{a,c,d\}$，$\{b,e\}$ 等均是点割集；$\{(c,f),(e,g)\}$，$\{(d,f),(e,g)\}$ 等均是边割集，并且在图 13-7 中，不存在割点和桥.

由定义容易得到下面结论：

(1) n 阶零图既无点割集也无边割集； (2) 完全图 K_n 无点割集；

(3) 若 G 是连通图，则 $P(G-V')\geqslant 2$； (4) 若 G 是连通图，则 $P(G-E')=2$.

一个连通图 G，若存在点割集和边割集，一般并不唯一，且各个点(边)割集中所含的点(边)的个数也不尽相同.

定义 5 设 $G=\langle V,E\rangle$ 是一有向图，$\forall u,v\in V$，若从 u 到 v 存在通路，则称 u 可达 v，规定 u 到自身总是可达的；若 u 可达 v，同时 v 可达 u，则称 u 与 v 相互可达. 若 u 可达 v，其长度最短的通路称 u 到 v 的短程线，短程线的长度称 u 到 v 的距离，记作 $d\langle u,v\rangle$.

有向图中顶点间的可达关系是自反的、传递的，但不一定是对称的，所以不是等价关系. 通常 $d\langle u,v\rangle\geqslant 0$(其中 $d\langle u,v\rangle=0$ 当且仅当 $u=v$)，$d\langle u,v\rangle+d\langle v,w\rangle\geqslant d\langle u,w\rangle$，如果从 u 到 v 不可达，记 $d\langle u,v\rangle=\infty$.

注意，即使 u 与 v 是相互可达的，也可能 $d\langle u,v\rangle\neq d\langle v,u\rangle$.

定义 6 在简单有向图 G 中,若任二顶点间均相互可达,则称 G **为强连通图**;若任二顶点间至少从一个顶点到另一个顶点是可达的,则称 G 是**单向连通图**;若在忽略 G 中各边的方向时 G 是**无向连通图**,则称 G 是**弱连通图**.

例如,在图 13-8 中,图(a)是强连通图,图(b)是单向连通图,图(c)是弱连通图.

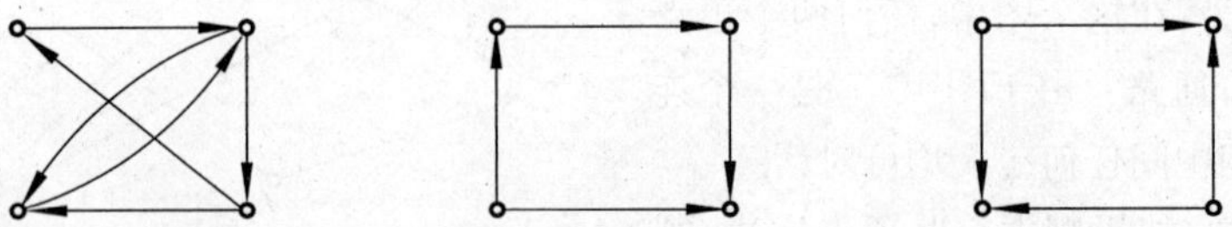

(a) (b) (c)

图 13-8

定理 2 有向图 G 是强连通的,当且仅当 G 中有一条包含每个顶点至少一次的回路.

证明 设 G 中有一回路,它至少包含每个顶点一次,则在此路上 G 的任意两个顶点都是相互可达的,G 是强连通图. 反之,若 G 是强连通图,则任意两个顶点是相互可达的,因此必可作一条回路经过 G 中所有各个顶点. 否则会出现一回路不包含某个顶点 v,这样 v 就与回路上的顶点不是相互可达的,与假设 G 是强连通图矛盾.

定理 3 有向图 G 是单向连通的,当且仅当 G 中有一条包含每个顶点至少一次的通路.

§ 13.3 图的矩阵表示

从前面的讨论可知,一个图可以用数学定义来描述,也可以用图形表示. 另外还可以用矩阵来表示图,这样便于用代数知识来研究图的性质,同时也便于用计算机处理. 由于矩阵的行列有固定的顺序,因此在用矩阵表示图之前,必须将图的顶点和边(如果需要)编号. 本节中,主要讨论图的关联矩阵、有向图的邻接矩阵、有向图的可达矩阵.

13.3.1 无向图的关联矩阵

定义 1 设无向图 $G=\langle V,E\rangle$,$V=\{v_1,v_2,\cdots,v_n\}$,$E=\{e_1,e_2,\cdots,e_m\}$. 令

$$m_{ij}=\begin{cases}0 & \text{若 } v_i \text{ 与 } e_j \text{ 不关联}\\ 1 & \text{若 } v_i \text{ 是 } e_j \text{ 的一个端点}\\ 2 & \text{若 } e_j \text{ 是关联 } v_i \text{ 的一个环}\end{cases}$$

则称 $(m_{ij})_{n\times m}$ 为 G 的**关联矩阵**,记作 $\boldsymbol{M}(G)$.

【例 1】 求图 G(如图 13-9 所示)的关联矩阵.

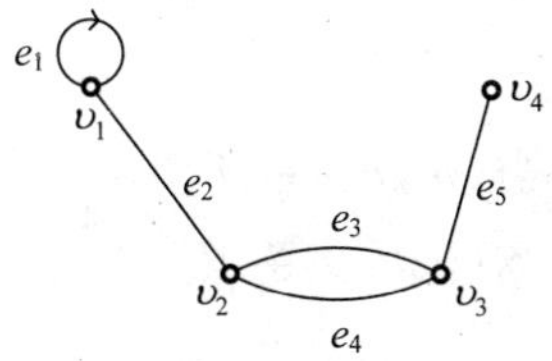

图 13-9

$$
M(G)=\begin{array}{c} \\ v_1 \\ v_2 \\ v_3 \\ v_4 \end{array}\begin{array}{c} \begin{array}{ccccc} e_1 & e_2 & e_3 & e_4 & e_5 \end{array} \\ \begin{pmatrix} 2 & 1 & 0 & 0 & 0 \\ 0 & 1 & 1 & 1 & 0 \\ 0 & 0 & 1 & 1 & 1 \\ 0 & 0 & 0 & 0 & 1 \end{pmatrix} \end{array}
$$

无向图的关联矩阵的特性是很明显的：

(1) $\sum_{i=1}^{n} m_{ij} = 2(j = 1,2,\cdots,m)$，即 $M(G)$每列元素之和为 2,因为每条边恰有两个端点(若是简单图则每列恰有两个 1).

(2) $\sum_{j=1}^{m} m_{ij} = d(v_i)$，$(i = 1,\cdots,n)$，因而全为 0 的行所对应的顶点是孤立顶点.

13.3.2 有向无环图的关联矩阵

定义 2 设 $G=\langle V,E\rangle$是有向无环图，$V=\{v_1,v_2,\cdots,v_n\}$，$E=\{e_1,e_2,\cdots,e_m\}$，令

$$
(m_{ij})=\begin{cases} 1 & 当\ v_i\ 是\ e_j\ 的起点 \\ 0 & 当\ v_i\ 与\ e_j\ 不关联 \\ -1 & 当\ v_i\ 是\ e_j\ 的终点 \end{cases}
$$

则称 $(m_{ij})_{n\times n}$ 为 G 的**关联矩阵**，记作 $M(G)$.

【例 2】 求图 G(如图 13-10 所示)的关联矩阵.

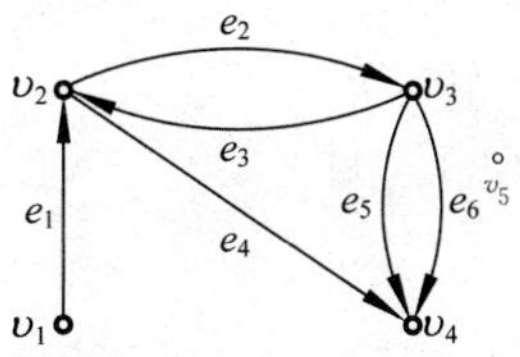

图 13-10

$$
M(G)=\begin{array}{c} \\ v_1 \\ v_2 \\ v_3 \\ v_4 \\ v_5 \end{array}\begin{array}{c} \begin{array}{cccccc} e_1 & e_2 & e_3 & e_4 & e_5 & e_6 \end{array} \\ \begin{bmatrix} 1 & 0 & 0 & 0 & 0 & 0 \\ -1 & 1 & -1 & 1 & 0 & 0 \\ 0 & -1 & 1 & 0 & 1 & 1 \\ 0 & 0 & 0 & -1 & -1 & -1 \\ 0 & 0 & 0 & 0 & 0 & 0 \end{bmatrix} \end{array}
$$

$M(G)$的特性：

(1) $\sum_{i=1}^{n} m_{ij} = 0$（一条边关联两个点：一个起点，一个终点），从而有 $\sum_{j=1}^{m}\sum_{i=1}^{n} m_{ij} = 0$.

(2)每一行中 1 的数目是该点的出度，-1 的数目是该点的入度.

(3)二列相同，当且仅当对应的边是平行边(同向).

(4)全为 0 的行对应孤立顶点.

13.3.3 无向简单图的邻接矩阵

定义 3 设 $V=\{v_1,v_2,\cdots,v_n\}$,令 $a_{ij}=\begin{cases}1 & 当(v_i,v_j)\in \boldsymbol{E}\\ 0 & 当(v_i,v_j)\notin \boldsymbol{E}\end{cases}$,则称 $(a_{ij})_{n\times n}$ 为 G 的**邻接矩阵**,记作 $\boldsymbol{A}(G)$,简记 $\boldsymbol{A}$.

例如,图 13-11 的邻接矩阵为

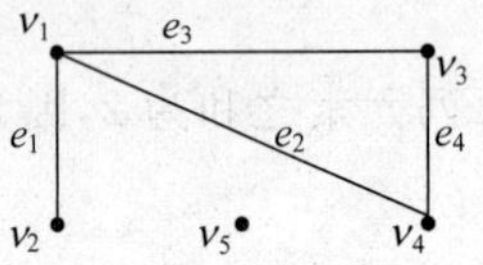

$$\boldsymbol{A}=\begin{pmatrix}0&1&1&1&0\\1&0&0&0&0\\1&0&0&1&0\\1&0&1&0&0\\0&0&0&0&0\end{pmatrix}$$

图 13-11

13.3.4 有向图的邻接矩阵

定义 4 设 $G=\langle V,E\rangle$ 是一有向图,$V=\{a_1,a_2,\cdots a_n\}$,构造一矩阵 $\boldsymbol{A}(G)$:$\boldsymbol{A}(G)=(a_{ij}^{(1)})_{n\times n}$,其中 $a_{ij}{}^{(1)}$ 是顶点 v_i 邻接到顶点 v_j 的条数,称 $\boldsymbol{A}(G)$为图 G 的**邻接矩阵**.

【例 3】 求图 G(如图 13-12 所示)的邻接矩阵.

解

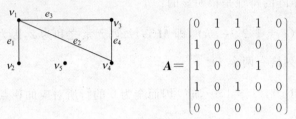

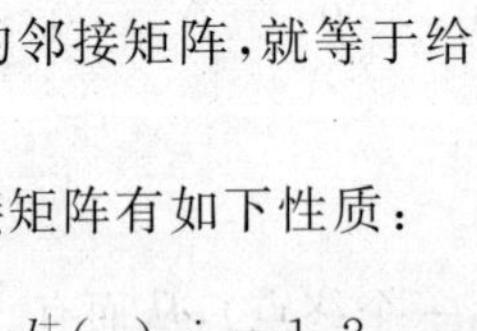

$$\boldsymbol{A}(G)=\begin{bmatrix}1&2&0&0\\0&0&1&0\\1&0&0&1\\0&0&1&0\end{bmatrix}$$

图 13-12

给出了图 G 的邻接矩阵,就等于给出了图 G 的全部信息.图的性质可以由矩阵 A 通过运算而获得.

有向图的邻接矩阵有如下性质:

(1) $\sum\limits_{j=1}^{n}a_{ij}^{(1)}=d^{+}(v_i),i=1,2,\cdots,n$, 于是 $\sum\limits_{i=1}^{n}\sum\limits_{i=1}^{n}a_{ij}^{(1)}=\sum\limits_{i=1}^{n}d^{+}(v_i)=m$;

(2) $\sum\limits_{i=1}^{n}a_{ij}^{(1)}=d^{-}(v_j),j=1,2,\cdots,n$, 于是 $\sum\limits_{j=1}^{n}\sum\limits_{i=1}^{n}a_{ij}^{(1)}=\sum\limits_{j=1}^{n}d^{-}(v_j)=m$;

(3)由(1)、(2)不难看出,$A(G)$中所有元素的和为 G 中长度为 1 的通路个数,而 $\sum\limits_{i=1}^{n}a_{ii}^{(1)}$ 为 G 中长度为 1 的回路(环)的个数.

13.3.5 有向图的可达矩阵

定义 5 设 $G=\langle V, E\rangle$ 是一有向图，$V=\{v_1, v_2, \cdots, v_n\}$，令 $p_{ij}=\begin{cases}1 & v_i \text{ 可达} \\ 0 & \text{否则}\end{cases}$，称 $(p_{ij})_{n\times n}$ 为 G 的**可达矩阵**，记作 $\boldsymbol{P}(G)$.

例如，图 13-13 所示的有向图 D 的可达矩阵为：

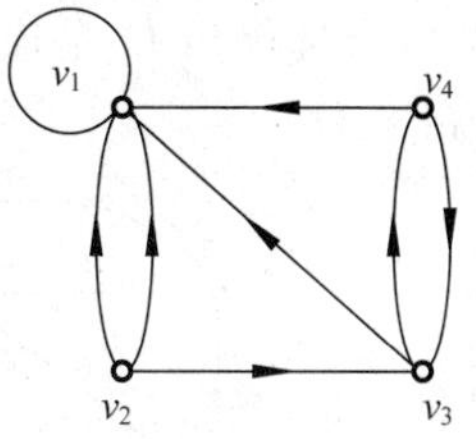

$$\boldsymbol{P}=\begin{pmatrix}1 & 0 & 0 & 0\\ 1 & 1 & 1 & 1\\ 1 & 0 & 1 & 1\\ 1 & 0 & 1 & 1\end{pmatrix}$$

图 13-13

可达矩阵具有如下性质：

(1) $p_{ii}=1$（因为规定任何顶点自身可达）；

(2)所有元素均为 1 的可达矩阵对应强连通图.

§ 13.4 欧拉图和哈密顿图

欧拉图的概念是瑞士数学家欧拉(Leonhard Euler)在研究哥尼斯堡七桥问题时形成的. 在当时的哥尼斯堡城，有七座桥将普莱格尔(Pregel)河中的两个小岛与河岸连接起来(见图 13-14)，当时那里的居民热衷于一个难题：一个散步者从任何一处陆地出发，怎样才能走遍每座桥一次且仅一次，最后回到出发点？

这个问题似乎不难，谁都想试着解决，但没有人成功. 人们的失败使欧拉猜想：也许这样的解是不存在的，1936 年他证明了自己的猜想. 欧拉阐述七桥问题无解的论文通常被认为是图论这门数学学科的起源.

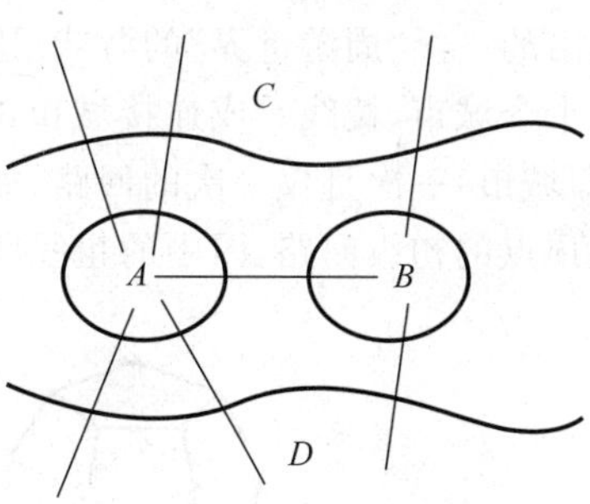

图 13-14

欧拉通路：图中行遍所有顶点且恰好经过每条边一次的通路；

欧拉回路：图中行遍所有顶点且恰好经过每条边一次的回路；

欧拉图：有欧拉回路的图；**半欧拉图**：有欧拉通路而无欧拉回路的图.

几点说明：上述定义对无向图和有向图都适用；规定平凡图为欧拉图；欧拉通路是简单通路，欧拉回路是简单回路；环不影响图的欧拉性.

下面分别给出无向图和有向图是否存在欧拉通路或回路的判别法.

定理 1 无向图 G 具有欧拉通路，当且仅当 G 是连通图且有零个或两个奇度顶点. 若无奇度顶点，则通路为回路；若有两个奇度顶点，则它们是每条欧拉通路的端点.

由此定理容易得出下面的推论.

推论 无向图 G 为欧拉图(具有欧拉回路)当且仅当 G 是连通的，且 G 中无奇度顶点.

定理 2 有向图 D 是欧拉通路，当且仅当 D 连通的，且除了两个顶点外，其余顶点的入度都等于出度. 这两个特殊的顶点中，一个顶点的入度比出度大 1，另一个顶点的入度比出度小 1.

推论 一个有向图 D 是欧拉图(具有欧拉回路)，当且仅当 D 是连通的，且所有顶点的入度等于出度.

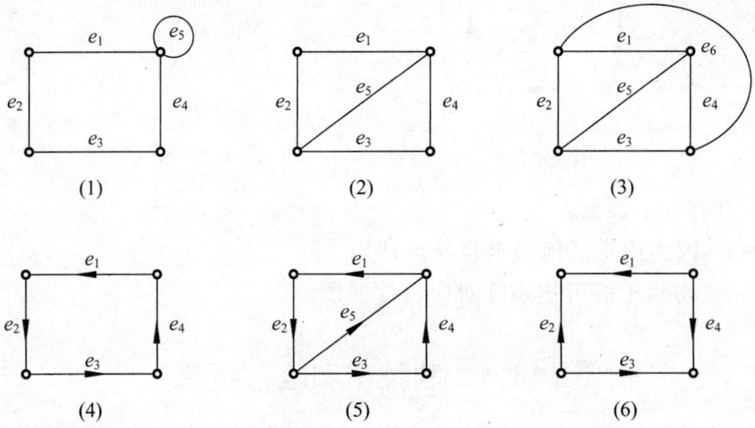

图 13-15

例如，在图 13-15 中，(1)，(4)为欧拉图；(2)，(5)为半欧拉图；(3)，(6)既不是欧拉图，也不是半欧拉图. 读者可自己思考在(3)，(6)中各至少加几条边才能成为欧拉图?

哈密顿图的概念源于 1859 年爱尔兰数学家威廉·哈密顿爵士(Sir Willian Hamilton)提出的一个“周游世界”的游戏. 这个游戏把一个正十二面体的二十个顶点看成是地球上的二十个城市，棱线看成连接城市的道路，要求游戏者沿着棱线走，寻找一条经过所有顶点(即城市)一次且仅一次的回路，如图 13-16(a)所示. 也就是在图 13-16(b)中找一条包含所有顶点的初级回路，图中的粗线所构成的回路就是这个问题的回答.

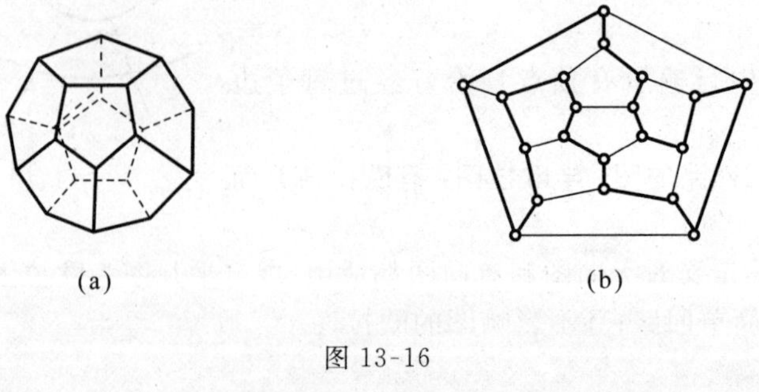

图 13-16

对于任何连通图也有类似的问题.

哈密顿通路:经过图中所有顶点一次且仅一次的通路;

哈密顿回路:经过图中所有顶点一次且仅一次的回路;

哈密顿图:具有哈密顿回路的图;

半哈密顿图:具有哈密顿通路而无哈密顿回路的图.

几点说明:平凡图是哈密顿图;哈密顿通路是初级通路;哈密顿回路是初级回路;环与平行边不影响图的哈密顿性.

例如,在图 13-17 中,(1),(2)是哈密顿图;(3) 是半哈密顿图. (4)既不是哈密顿图,也不是半哈密顿图.

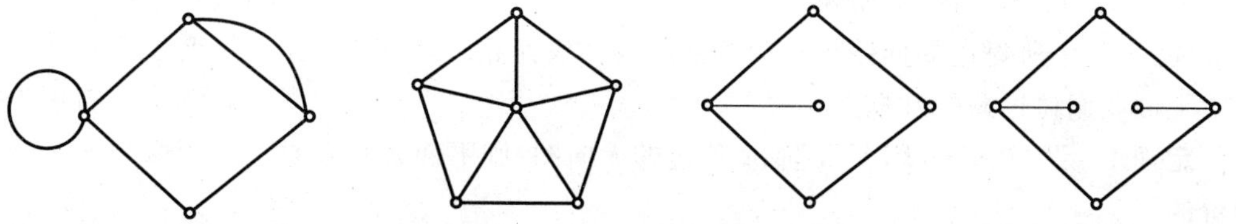

(1)　(2)　(3)　(4)

图 13-17

定理 3　设无向图 $G=\langle V,E\rangle$ 是哈密顿图,则对于任意 $V_1\subset V$ 且 $V_1\neq\varnothing$,均有$(G-V_1)\leqslant|V_1|$,其中 $p(G-V_1)$为从 G 中删除 V_1(删除 V_1 中各顶点及关联的边)后得到的连通分支数.

证明　设 C 为 G 中一条哈密顿回路,有 $p(C-V_1)\leqslant|V_1|$. 又因为 $C\subseteq G$,故 $p(G-V_1)\leqslant p(C-V_1)\leqslant|V_1|$.

需要说明的是,定理中的条件是哈密顿图的必要条件,但不是充分条件. 可利用该定理判断某些图不是哈密顿图.

定理 4　设 G 是 n 阶无向简单图,若任意两个不相邻的顶点的度数之和大于等于 $n-1$,则 G 中存在哈密顿通路.

推论　当 G 是 $n(n\geqslant3)$阶无向简单图,若任意两个不相邻的顶点的度数之和大于等于 n,则 G 中存在哈密顿回路,从而 G 为哈密顿图.

定理和推论中的条件是存在哈密顿通路(回路)的充分条件,但不是必要条件. 例如,设 G 为长度为 $n-1(n\geqslant4)$的路径,它不满足定理中哈密顿通路的条件,但它显然存在哈密顿通路. 设 G 是长为 n 的圈,它不满足定理中哈密顿回路的条件,但它显然是哈密顿图.

由定理,当 $n\geqslant3$ 时,K_n 均为哈密顿图.

判断某图是否为哈密顿图至今还是一个难题.

§13.5 树

无向树:连通无回路的无向图,简称树,常用 T 表示树;

平凡树:平凡图;

森林:连通分支数大于等于 2,且每个连通分支都是树的非连通的无向图;

树叶:树中度数为 1 的顶点;

分支点:树中度数≥2 的顶点;

右图 13-18 为一棵 12 阶树.

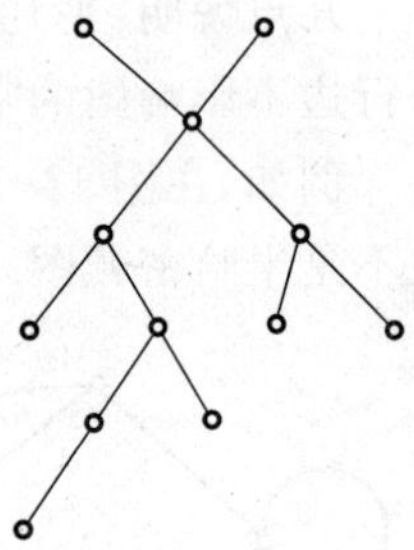

图 13-18

注:本章中所讨论的回路均指简单回路或初级回路.

下面我们讨论树的性质.

定理 1 设 $G=\langle V,E\rangle$ 是 n 阶 m 条边的无向图,则下面各命题是等价的:

(1)G 是树(连通无回路);

(2)G 中任意两个顶点之间存在惟一的路径;

(3)G 中无回路且 $m=n-1$;

(4)G 是连通的且 $m=n-1$;

(5)G 是连通的且 G 中任何边均为桥;

(6)G 中没有回路,但在任何两个不同的顶点之间加一条新边后所得图中有唯一的一个含新边的圈.

定理 2 设 T 是 n 阶非平凡的无向树,则 T 中至少有两片树叶.

证明 设 T 有 x 片树叶,由握手定理及 13.2 节定理 1 可知,

$$2(n-1)=\sum d(v_i)\geqslant x+2(n-x).$$

由上式解出 $x\geqslant 2$.

【例 1】 已知无向树 T 中,有 1 个 3 度顶点,2 个 2 度顶点,其余顶点全是树叶. 试求树叶数,并画出满足要求的非同构的无向树.

解 用树的性质 $m=n-1$ 和握手定理.

设有 x 片树叶,于是 $n=1+2+x=3+x$,

$2m=2(n-1)=2\times 2+x)=1\times 3+2\times 2+x$.

解出 $x=3$,故 T 有 3 片树叶.

T 的度数列为 1, 1, 1, 2, 2, 3.

有 2 棵非同构的无向树,如图 13-19 所示.

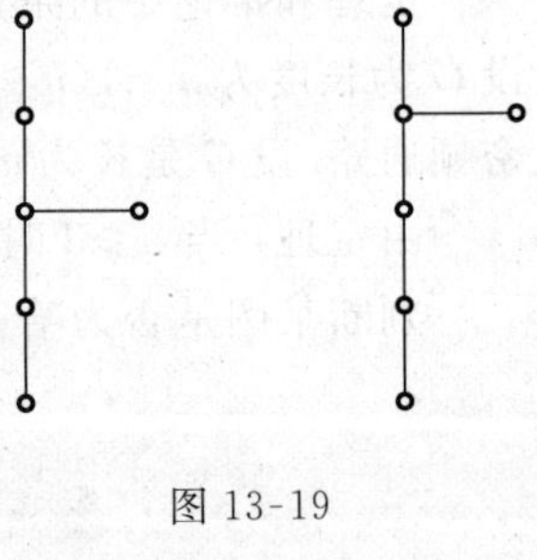

图 13-19

【例 2】 已知无向树 T 有 5 片树叶,2 度与 3 度顶点各 1

个，其余顶点的度数均为 4. 求 T 的阶数 n，并画出满足要求的所有非同构的无向树.

解 设 T 的阶数为 n，则边数为 $n-1$，4 度顶点的个数为 $n-7$. 由握手定理得

$2m=2(n-1)=5\times1+2\times1+3\times1+4(n-7)$

解出 $n=8$，4 度顶点为 1 个.

T 的度数列为 1,1,1,1,1,2,3,4

有 3 棵非同构的无向树，如图 13-20 所示.

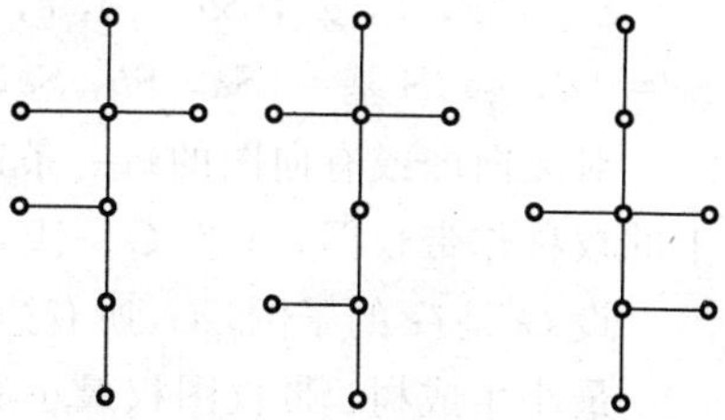

图 13-20

设 G 为无向连通图，

G 的生成树：G 的生成子图并且是树；

生成树 T 的树枝：G 在 T 中的边；

生成树 T 的弦：G 不在 T 中的边；

生成树 T 的余树：所有弦的集合的导出子图.

注意：不一定连通，也不一定不含回路.

定理 3 任何无向连通图都有生成树.

证明 用破圈法. 若图中无圈，则图本身就是自己的生成树. 否则删去圈上的任一条边，这不破坏连通性，重复进行直到无圈为止，剩下的图是一棵生成树.

推论 1 设 n 阶无向连通图有 m 条边，则 $m\geqslant n-1$.

推论 2 设 n 阶无向连通图有 m 条边，则它的生成树的余树有 $m-n+1$ 条边.

推论 3 设 $\overline{T}$ 为 G 的生成树 T 的余树，C 为 G 中任意一个圈，则 C 与 $\overline{T}$ 一定有公共边.

定义 1 设 T 是 n 阶 m 条边的无向连通图 G 的一棵生成树，设 $e_1',e_2',\cdots,e_{m-n+1}'$ 为 T 的弦. 设 C_r 为 T 添加弦 e_r' 产生的 G 中唯一的圈（由 e_r' 和树枝组成），称 C_r 为对应弦 e_r' 的基本回路或基本圈，$r=1,2,\cdots,m-n+1$. 称 $\{C_1,C_2,\cdots,C_{m-n+1}\}$ 为对应 T 的基本回路系统.

求基本回路的算法：设弦 $e=(u,v)$，先求 T 中 u 到 v 的路径（uv，再并上弦 e，即得对应 e 的基本回路.

定义 2 设 T 是 n 阶连通图 G 的一棵生成树，$e_1',e_2',\cdots,e_{n-1}'$ 为 T 的树枝，S_i 是 G 的只含树枝 e_i'. 其他边都是弦的割集，称 S_i 为对应生成树 T 由树枝 e_i' 生成的**基本割集**，$i=1,2,\cdots,n-1$. 称 $\{S_1,S_2,\cdots,S_{n-1}\}$ 为对应 T 的**基本割集系统**.

求基本割集的算法：设 e' 为生成树 T 的树枝，$T-e'$ 由两棵子树 T_1 与 T_2 组成，令 $Se'=\{e\mid e\notin E(G)$ 且 e 的两个端点分别属于 T_1 与 $T_2\}$.

则 Se' 为 e' 对应的**基本割集**.

【例 3】 图 13-21 中红边为一棵生成树，求对应的基本回路系统与基本割集系统.

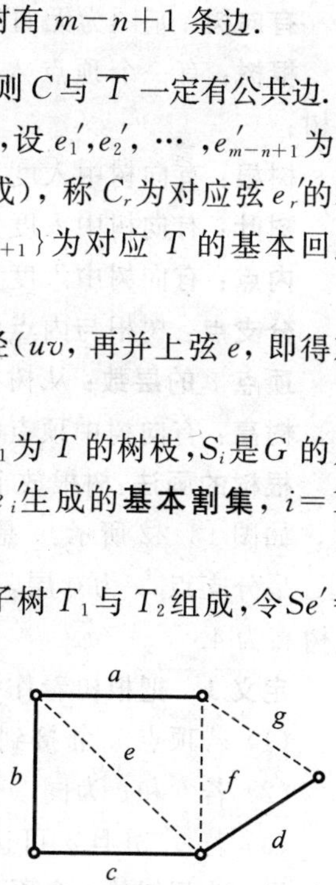

图 13-21

解 弦 e,f,g 对应的基本回路分别为

$Ce=e\ b\ c$，$Cf=f\ a\ b\ c$，$Cg=g\ a\ b\ c\ d$，

C 基$=\{Ce, Cf, Cg\}$.

树枝 a,b,c,d 对应的基本割集分别为

$Sa=\{a, f, g\}$, $Sb=\{b, e, f, g\}$, $Sc=\{c, e, f, g\}$, $Sd=\{d, g\}$, S 基$=\{Sa, Sb, Sc, Sd\}$.

对无向图或有向图的每一条边 e 附加一个实数 $w(e)$，称作边 e 的权. 图连同附加在边上的权称作带权图，记作 $G=\langle V, E, W\rangle$.

设 G' 是 G 的子图，$G($所有边的权的和称作 G' 的权，记作 $W(G')$.

最小生成树：带权图权最小的生成树.

求最小生成树的算法——避圈法.

设 $G=\langle V,E,W\rangle$，将非环边按权从小到大排序：$e_1, e_2, \cdots e_m$.

(1) 取 e_1 在 T 中；

(2) 检查 e_2，若 e_2 与 e_1 不构成回路，则将 e_2 加入 T 中，否则弃去 e_2；

(3) 检查 e_3，…，重复进行直至得到生成树为止.

§13.6 有向树

有向树：基图为无向树的有向图；

根树：有一个顶点入度为 0，其余的入度均为 1 的非平凡的有向树；

树根：有向树中入度为 0 的顶点；

树叶：有向树中入度为 1，出度为 0 的顶点；

内点：有向树中入度为 1，出度大于 0 的顶点；

分支点：树根与内点的总称；

顶点 v 的层数：从树根到 v 的通路长度；

树高：有向树中顶点的最大层数；

根树的画法：树根放上方，省去所有有向边上的箭头.

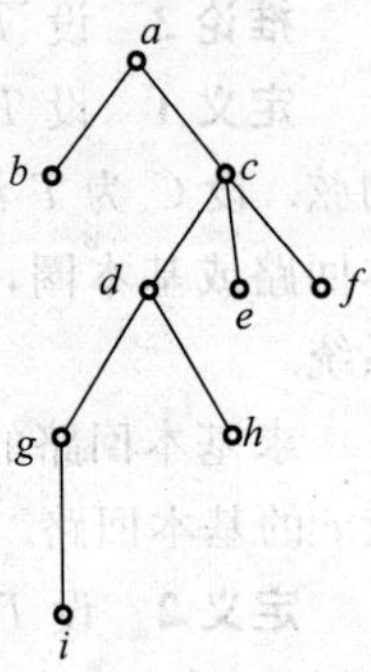

图 13-22

如图 13-22 所示：a 是树根，b,e,f,h,i 是树叶，c,d,g 是内点，a,c,d,g 是分支点，a 为 0 层，1 层有 b,c；2 层有 d,e,f，3 层有 g,h；4 层有 i，树高为 4.

定义 1 把根树看作一棵家族树：

(1) 若顶点 a 邻接到顶点 b，则称 b 是 a 的儿子，a 是 b 的父亲；

(2) 若 b 和 c 为同一个顶点的儿子，则称 b 和 c 是兄弟；

(3) 若 $a\subset b$ 且 a 可达 b，则称 a 是 b 的祖先，b 是 a 的后代.

设 v 为根树的一个顶点且不是树根，称 v 及其所有后代的导出子图为以 v 为根的**根子树**.

有序树：将根树同层上的顶点规定次序；

r 元树：根树的每个分支点至多有 r 个儿子；

r 元正则树：根树的每个分支点恰有 r 个儿子；

r 元完全正则树：树叶层数相同的 r 元正则树；

r 元有序树：有序的 r 元树；

r 元正则有序树：有序的 r 元正则树；

r 元完全正则有序树：有序的 r 元完全正则树.

定义 2 设 2 元树 T 有 t 片树叶 $v_1, v_2, \cdots, v_t$，树叶的权分别为 $w_1, w_2, \cdots, w_t$ 称 为 T 的权，记作 $W(T)$，其中 $l(v_i)$ 是 v_i 的层数. 在所有有 t 片树叶，带权 $w_1, w_2, \cdots, w_t$ 的 2 元树中，权最小的 2 元树称为最优 2 元树.

Huffman 算法：给定实数 $w_1, w_2, \cdots, w_t$，

① 作 t 片树叶，分别以 $w_1, w_2, \cdots, w_t$ 为权；

② 在所有入度为 0 的顶点（不一定是树叶）中选出两个权最小的顶点，添加一个新分支点，以这 2 个顶点为儿子，其权等于这 2 个儿子的权之和；

③ 重复②，直到只有 1 个入度为 0 的顶点为止.

$W(T)$ 等于所有分支点的权之和.

【例 1】 求带权为 1，1，2，3，4，5 的最优树.

解题过程由图 13-23 给出，$W(T)=38$.

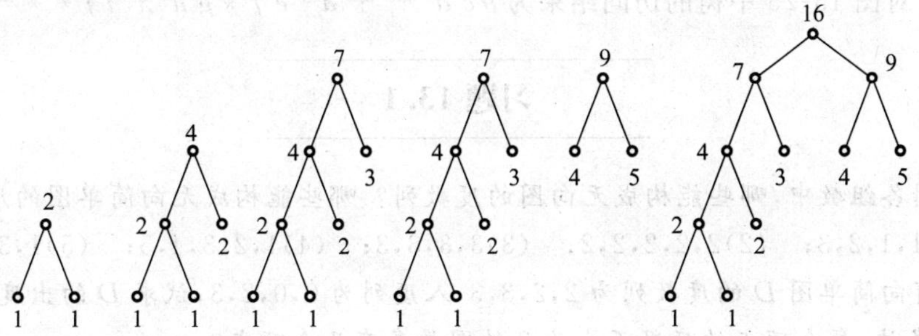

图 13-23

行遍（周游）根树 T：对 T 的每个顶点访问且仅访问一次.

行遍 2 元有序正则树的方式：

① 中序行遍法：左子树、根、右子树；

② 前序行遍法：根、左子树、右子树；

③ 后序行遍法：左子树、右子树、根.

例如，对图 13-24 根树按中序、前序、后序行遍法访问结果分别为：$b\,\underline{a}\,(f\,\underline{d}\,g)\,\underline{c}\,e$，$\underline{a}\,b\,(\underline{c}\,(\underline{d}\,f\,g)\,e)$，$b\,((f\,g\,\underline{d})\,e\,\underline{c})\,\underline{a}$.

带下划线的是(子)树根，一对括号内是一棵子树.

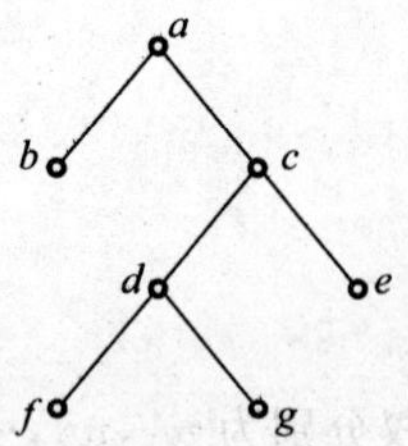

图 13-24

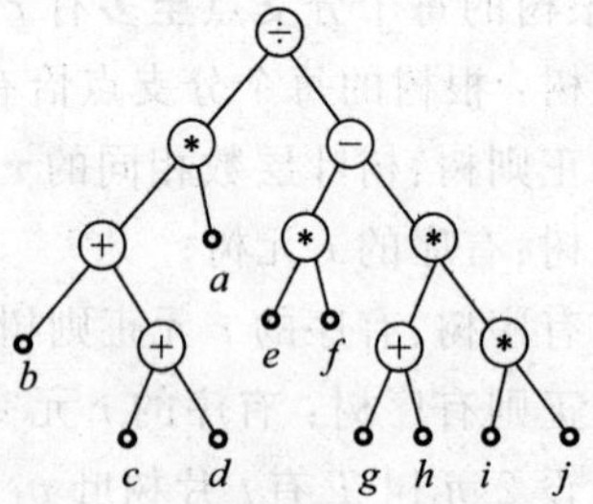

图 13-25

用二元有序正则树表示算式：最高层次运算放在树根上，然后依次将运算符放在根子树的根上，数放在树叶上，规定被除数、被减数放在左子树树叶上.

例如，图 13-25 表示算式$((b+(c+d))*a)\div((e*f)-(g+h)*(i*j))$.

波兰符号法(前缀符号法)：按前序行遍法访问表示.

算式的二元有序正则树，其结果不加括号，规定每个运算符号与其后面紧邻两个数进行运算.

例如，对图 13-25 中树的访问结果为$\div * + b + cda - * ef * * + gh * ij$.

逆波兰符号法(后缀符号法)：按后序行遍法访问，规定每个运算符与前面紧邻两数运算.

例如，对图 13-25 中树的访问结果为$b\ c\ d\ +\ +\ a * ef * gh\ +\ ij * * - \div$.

习题 13.1

1. 下列各组数中，哪些能构成无向图的度数列？哪些能构成无向简单图的度数列？

(1)1,1,1,2,3；（2)2,2,2,2,2；（3)3,3,3,3；（4)1,2,3,4,5；（5)1,3,3,3.

2. 设有向简单图 D 的度数列为 2,2,3,3，入度列为 0,0,2,3，试求 D 的出度列.

3. 35 条边，每个顶点的度数至少为 3 的图最多有几个顶点？

4. 画出完全二部图 $K_{1,3}$，$K_{2,4}$ 和 $K_{2,2}$.

5. 完全二部图 $K_{r,s}$ 的匹配数 β_1 为多少？

6. 在一棵树上有 7 片树叶，3 个 3 度顶点，其余都是 4 度顶点，则该树有几个 4 度顶点？

7. 在图 13-26 所示的连通图中，实边表示的生成子图是生成树，设它为 T.

(1)对应于 T 的基本回路有几个？　　(2)对应于 T 的基本割集有几个？

(3)对应于弦 h 的基本回路是？　　(4)对应于树枝 b 的基本割集为？

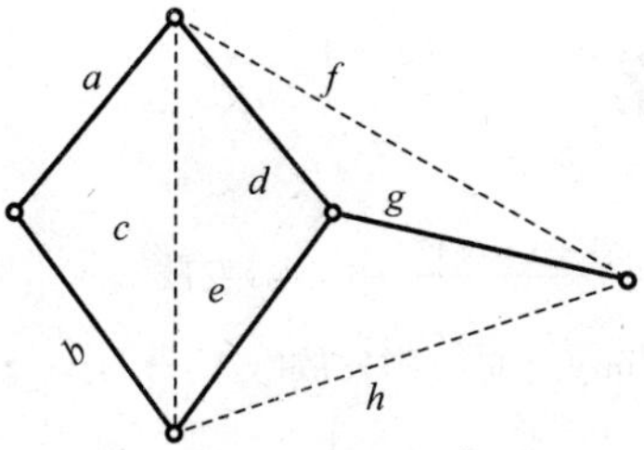

图 13-26

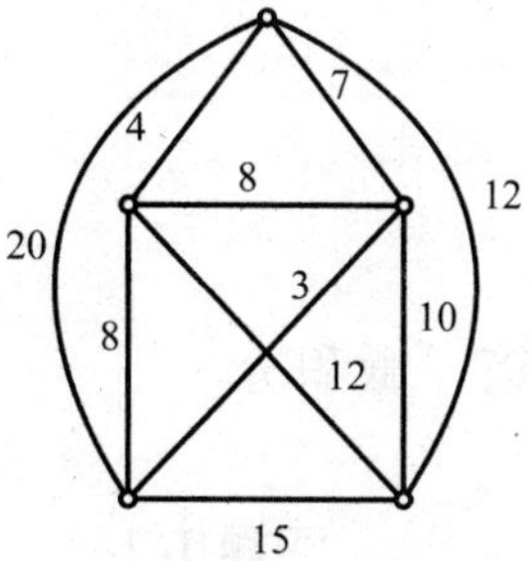

图 13-27

8. 求在图 13-27 中给出的带权图中最小生成树的权?

自测题

1. 给定下列各图:

(1) $G_1=\langle V_1,E_1\rangle$,其中,$V_1=(a,b,c,d,e)$,$E_1=\{(a,b),(b,c),(c,d),(a,e)\}$;

(2) $G_2=\langle V_2,E_2\rangle$,其中,$V_2=V_1$,$E_2=\{(a,b),(b,e),(e,b),(d,e),(a,e)\}$;

(3) $G_3=\langle V_3,E_3\rangle$,其中,$V_3=V_1$,$E_3=\{(a,b),(b,e),(e,d),(c,c)\}$;

(4) $G_4=\langle V_4,E_4\rangle$,其中,$V_4=V_1$,$E_4=\{(a,b),(b,c),(c,a),(a,d),(d,a),(d,e)\}$;

(5) $G_5=\langle V_5,E_5\rangle$,其中,$V_5=V_4$,$E_5=\{(a,b),(a,b),(b,c),(c,d),(d,e)\}$;

(6) $G_6=\langle V_6,E_6\rangle$,其中,$V_6=V_1$,$E_6=\{(a,a),(a,b),(b,c),(e,c),(e,d)\}$;

在以上 6 个图中,哪个是简单图,哪个是多重图?

2. 给定下列各序列:

(1)(2,2,2,2,2);　　(2)(1,1,2,2,3);　　(3)(1,1,2,2,2);

(4)(0,1,3,3,3);　　(5)(1,3,4,4,5).

以上 5 组数中,哪个可以构成无向简单图的度数序列?

3. 下面各无向图中有几个顶点?

(1) 16 条边,每个顶点都是 2 度顶点;

(2) 21 条边,3 个 4 度顶点,其余的都是 3 度顶点.

4. 画一个无向图,使它(1)既是欧拉图,又是哈密顿图;(2)是欧拉图,而不是哈密顿图;(3)是哈密顿图,而不是欧拉图;(4)既不是欧拉图,也不是哈密顿图.

5. 完全二部图 $K_{r,s}$ 中,边数 m 为多少?

6. 一棵树上有 2 个 4 度顶点,3 个 3 度顶点,其余的都是树叶,则该树有几片树叶?

习题答案

上篇　微积分

习题 1.1

1.(1)不同　(2)相同　(3)不同　(4)相同
(5)不同

2.(1)$f(0)=2, f\left(\frac{1}{x}\right)=\frac{|1-2x|}{1+x}\cdot\frac{x}{|x|}$

(2)$f(x^2)=x^4+1\ [f(x)]^2=x^4+2x^2+1$

(3)1

3.(1)奇　(2)偶　(3)非奇非偶　(4)奇

5.(1)是，$T=2\pi$　(2)是，$T=2$　(3)不是
(4)$T=\pi$

6.(1)$y=-\sqrt{1+x^2}(0\leqslant x\leqslant 1)$　(2)$y=\frac{1+x}{1-x}$

(3)$y=log_2\left(\frac{x}{1-x}\right)$　(4)$y=e^{x-1}-2$

7.(1)$(-3,3)$　(2)$[-1,3]$　(3)$(-\infty),1$

(4)$\bigcup\limits_{k=0}^{\infty}[4k^2\pi^2,(2k+1)^2\pi^2]$

8.$f(f(x))=\frac{x}{1-2x}D=\left\{x\,\middle|\,x\neq\frac{1}{2},x\neq 1\right\}$

9.$f(g(x))=2^{2x}$　$g(f(x))=2^{x^2}$

10.$f(x)+g(x)=\begin{cases}x^2+x+1 & 当\ x\geqslant 1\\ 2x & 当\ 0\leqslant x<1\\ 0 & 当\ x<0\end{cases}$

11.$L(Q)=24Q-\frac{Q^2}{3}-100$

12.$R(Q)=\begin{cases}20Q & 当\ 0\leqslant Q\leqslant 800\\ 18Q+1600 & 当\ 800<Q\leqslant 1000\end{cases}$

习题 1.2

1.(1)$y_n=\frac{n}{2n-1}\to\frac{1}{2}$　(2)$y_n=(-1)^n\frac{1}{2^n}\to 0$

(3)$y_n=\frac{1+(-1)^n}{2n}\to 0$　(4)发散

2.(1)$\lim\limits_{n\to 0}y_n=0$　(2)发散($y_{2k-1}\to 1, y_{2k}\to -1$

5. $\frac{1}{2},\frac{1}{2^2},\frac{1}{2^3},\cdots;\lim\limits_{n\to\infty}\frac{1}{2^n}=0$

习题 1.3

2. $f(0-0)=-1, f(0+0)=1, \lim\limits_{n\to\infty}x$ 不存在

3.(1)不存在　(2)存在，极限为 1
(3)不存在　(4)存在，极限为 0
(5)不存在　(6)存在，极限为 0
(7)存在，极限为 1　(8)不存在

习题 1.4

1.(1)$x\to 0$　(2)$x\to 2$ 或 $x\to 3$

(3)$x\to\infty$或 $x\to\left(k\pi+\frac{\pi}{2}\right)-1, k=0,\pm 1,\pm 2,\cdots$

(4)$x\to 0$　(5)$x\to 1^+$　(6)$x\to+\infty$或 $x\to-\infty$

2.(1)$x\to 1$ 或 $x\to -1$　(2)$x\to+\infty$或 $x\to-\infty$

(3)$\frac{\cos x}{|\cos x|}dx$　(4)$x\to -1^+$或 $x\to+\infty$

3. $\lim\limits_{x\to-\infty}a^x=0$　$\lim\limits_{x\to+\infty}a^x=+\infty$

4. 无界，不是无穷大量．

5.(1)0　(2)0

习题 1.5

1.(1)-1　(2)3　(3)0　(4)∞　(5)$\frac{3}{5}$　(6)2

(7)$3x^2$　(8)n　(9)$\frac{1}{2}$　(10)2　(11)2　(12)1

(13)0　(14)6^5　(15)∞　(16)$\frac{1}{5}$

2.(1)1　(2)1　(3)$\frac{1}{6}$　(4)$\frac{\pi}{2}$　(5)2　(6)1

(7)1

3.(1)1 (2)5

4.(1)不存在 (2)−1

习题 1.6

1. 略

2.(1)$\frac{2}{3}$ (2)1 (4)2 (5)0 (6)$\frac{1}{2}$

3.(1)e^6 (2)e^2 (4)e^{-1} (5)$e^{\frac{1}{2}}$ (6)e^{-1}

习题 1.7

1.(1)同阶不等阶 (2)等价无穷小

2.(1)同阶不等阶 (2)高阶无穷小

4.(1)0(当 $m>n$ 时),1(当 $m=n$ 时),∞(当 $m>n$ 时)

(2)$\frac{1}{2}$

习题 1.8

1.(1)当 $x=2$ 为可去间断点,$x=3$ 为无穷间断点

(2)当 $k\neq0$ 时,$x=k\pi$ 为无穷间断点,$x=0$ 和 $x=k\pi+\frac{\pi}{2}$为可去间断点

(3)$x=0$ 为振荡间断点

(4)$x=1$ 为跳跃间断点,$x=3$ 为连续点

2.(1)0 (2)$\alpha\beta$

3.(1)在$(-\infty,\infty)$内连续 (2)在$(-\infty,0)\cup(0+\infty)$内连续

4.(1)$a=1,b=-1$ (2)$a=1,b=0$

5.(1)$\frac{2}{\pi}$ (2)0 (3)$\frac{1}{3}$ (4)0

习题 1.9

4. 提示:只须证

$$m\leqslant\frac{f(x_1)+f(x_2)+\dots+f(x_n)}{n}\leqslant M$$

第 1 章 自测题

1.(1)√ (2)× (3)√ (4)√ (5)× (6)× (7)× (8)× (9)√ (10)×

2.(1)$[-1,1]$ (2)x^2+2 (3)1,0 (4)1,1 (5)−1 (6)∞ (7)1 (8)$\frac{1}{3}$ (9)0

3.(1)1 (2)$\frac{1}{2}$ (3)$\frac{1}{2}$ (4)$\frac{2}{3}$ (5)$\frac{p+q}{2}$ (6)$n-\frac{n(n+1)}{2}$ (7)$\frac{1}{n}$ (8)e^2 (9)1 (10)$\frac{1}{4}$

4. $p=-5,q=0$ 时,$f(x)\to0$;p 为任意值,$q\neq0$ 时,$f(x)\to\infty$

5. $a=1,b=-2$

6. $a=1,b=-6$

7. 2

9.(1)$\frac{1}{2}$ (2)$\sqrt{\frac{2}{3}}$ (3)1

10. 无界 发散 不是无穷大量

11. $\sin x-\tan x$

12. $a=\pm2,b=-2$

13. $x=-1$ 为无穷间断点(第二类),$x=0$ 为跳跃间断点(第一类)

14. $f(x)=\begin{cases}1 & 当\ x>0\\ 0 & 当\ x=0,\\ -1 & 当\ x<0\end{cases}$ $x=0$ 为间断点

习题 2.1

1.(1)$-f'(x_0)$ (2)$2f'(x_0)$ (3)$2af'(x_0)$

2.(1)$6x^5$ (2)$\frac{2}{3}x^{-\frac{1}{3}}$ (3)$-0.8x^{-1.8}$ (4)$\frac{16}{3}x^{\frac{13}{3}}$ (5)$\frac{31}{15}x^{\frac{16}{15}}$ (6)$\frac{7}{8}x^{-\frac{1}{8}}$

3.(1)$-\frac{1}{4}$ (2)$\frac{\sqrt{2}}{2}$ (3)3ln 3 (4)$\frac{2}{\ln 2}$

4. −10

5. 48

7. 切线方程 $6x+12y-6-\pi=0$

法线方程 $12x-6y+3-2\pi=0$

8. $x-y+1=0$

9. $\left(\frac{\sqrt{3}}{2},\frac{1}{4}\right),\left(-\frac{\sqrt{3}}{2},\frac{1}{4}\right)$

10. $x=0$ 或 $x=\frac{2}{3}$

11. (1)在 $x=0$ 处连续,不可导

(2)在 $x=0$ 处连续,且可导

(3)在 $x=0$ 处连续,不可导

(4)在 $x=1$ 处连续,不可导

12. $a=\frac{1}{4},b=1$

13. $\sqrt{\frac{1}{2a}}$

习题 2.2

3. 不一定

4. 仅当 $\varphi(a)=0$ 时可导

5. (1)$3x^2+\frac{4}{3}x^{-\frac{1}{3}}-2^x\ln 2+3e^x$

(2)$\ln|x|+\frac{10}{x^3}+\frac{3}{x^4}$ (3)$-\frac{1}{2\sqrt{x}}-\frac{1}{2x\sqrt{x}}$

(4)$x\sin x+x^2\cos x$

(5)$2x\tan x\ln x+x^2\sec^2 x\ln x+x\tan x$

(6)$\frac{2x2-2x+2}{(1-x^2)^2}$

(7)$\frac{2}{x(1-\ln x)^2}$

(8)$-\frac{1+x}{\sqrt{x}(1-x)^2}$ (9)$\frac{x^2}{(\cos x+x\sin x)^2}$

(10)e

6. (1)$f'(1)=-8$ $f'(2)=0$ $f'(3)=0$ (2)$-\frac{1}{18}$

(3)$\frac{\sqrt{2}}{4}\left(1+\frac{\pi}{2}\right)$

7. (1)$\frac{x}{x+1}$ (2)$\frac{1}{1+e^x}$

8. (1)$9(3x+5)^2(5x+4)^5+25(3x+5)^3(5x+4)^4$

(2)$\frac{1}{(1-x^2)(\sqrt{1-x^2})}$ (3)$\frac{100x^{99}}{(1+x)^{101}}$

(4)$-\frac{1}{x^2}e^{-\frac{1}{x}}$ (5)$-\frac{1}{x^2}\sin\frac{2}{x}e^{-\cos^2\frac{1}{x}}$

(6)$\frac{-1}{(1+x)\sqrt{1-x^2}}e^{\sqrt{\frac{1-x}{1+x}}}$ (7)$\frac{6}{x\ln x\ln(\ln^3 x)}$

(8)$\frac{1}{\sqrt{1+x^2}}$ (9)$\sec x$

(10)$\frac{1}{2\sqrt{x+\sqrt{x+\sqrt{x}}}}\left[1+\frac{1+2\sqrt{x}}{1\sqrt{x(\sqrt{x+\sqrt{x}})}}\right]$

(11)$\frac{2\arcsin\frac{x}{2}}{\sqrt{4-x^2}}$ (12)$\frac{1}{(1+x)\sqrt{2x(1-x)}}$

(13)$n\sin^{n-1}x\cos(n+1)x$

(14)$(2x+1)e^{x^2+x-2}\cos e^{x^2+x-2}$

(15)$2xe^{-2x}\cos 3x-2x^2e^{-2x}\cos 3x-3x^2e^{-2x}\sin 3x$

(16)$\arcsin\frac{x}{2}$

(17)$\frac{1}{(1-x^2)+\sqrt{1-x^2}}$

(18)$\left(\frac{a}{b}\right)^x(\ln a-\ln b)+b\left(\frac{b}{x}\right)^{b-1}\left(-\frac{b}{x^2}\right)+\left(\frac{x}{a}\right)^{a-1}$

(19)$\frac{2}{a}\left(\sec^2\frac{x}{a}\tan\frac{x}{a}-\csc^2\frac{x}{a}\cot\frac{x}{a}\right)$

(20)$-\frac{\cos x}{1+\sin^2 x}\tan(\arctan\sin x)$

(21)$-2(3x^2+1)\sin(x^3+x)\cos(x^3+x)\cdot$
$\cos[\cos^2(x^3+x)]$

(22) 0 (23) $\sec^2 x$ (24)$\frac{(\cos 2x)(\sin 2x)^3}{2}$

(25)$\frac{6\sin x(1-\cos x)^2}{(1+\cos x)^4}$

(26)$-\frac{\sin\sqrt{x}}{2\sqrt{x}}-\frac{\sin x}{2\sqrt{\cos x}}-\frac{\sin\sqrt{x}}{4\sqrt{x}\sqrt{\cos\sqrt{x}}}$

(27)$\frac{2}{x\sqrt{1+x^2}}$

(28)$a^{a^x}\ln a\cdot a^x\ln a+a^{x^a}\ln a\cdot ax^{a-1}+a^a\cdot x^{a^a-1}$

(29)$\frac{4}{(e^x+e^{-x})^2}$

(30)$-\frac{1}{2}\cos x(1-\sin x)-\frac{1}{2}e^{(1-\sin x)\frac{1}{2}}$

9. (1) $2xf^2(x^2)+4x^3f(x^2f'(x^2)$

(2)$f'(\sin x)\cos x\sin f(x)+f(\sin x)\cos f(x)\cdot f'(x)$

(3)$[e^xf'(e^x+f'(x)f(e^x)]e^{f(x)}$ (4) 0

10. $f(\partial'(x))=e^{4x}$ $f'(\partial(x))$

$=2e^{2x^2}\ (f(\partial(x)))'=4xe^{2x^2}$

11. (1) $f'(x)=\begin{cases}\dfrac{1}{x-1} & 当\ x<0\\ -1 & 当\ x=0\\ -\cos x & 当\ x>0\end{cases}$

(2) $f'(x)=\begin{cases}\arctan\dfrac{1}{x^2}-\dfrac{2x^2}{1+x^4} & 当\ x\neq 0\\ \dfrac{\pi}{2} & 当\ x=0\end{cases}$

习题 2.3

1. (1) $\dfrac{y(1-x)}{x(y-1)}$ (2) $\dfrac{-e^y}{1+xe^y}$

(3) $\dfrac{ay-x^2}{y^2-ax}$ (4) $-\sqrt[3]{\dfrac{y}{x}}$

(5) $\dfrac{1+y^2}{y^2}$ (6) $\dfrac{-2x\cos(x^2+y^2)-\sin(x+y)}{2y\cos(x^2+y^2)+\sin(x+y)}$

(7) $\dfrac{x+y}{x-y}$ (8) $-\dfrac{y}{2x\ln x}$

2. -1

3. 切线方程为：$x+y-8=0$；法线方程为：$x-y=0$

4. (1) $x^{\cos x}\left(\dfrac{\cos x}{x}-\sin x\ln x\right)$

(2) $\left(\dfrac{x}{1+x}\right)^x\left(ln\dfrac{x}{1+x}+\dfrac{1}{1+x}\right)$

(3) $\dfrac{\ln\sin y+y\tan x}{\ln\cos x-x\cot y}$

(4) $(\sin x)^{\cos x}\left[1+x\left(\dfrac{\cos^2 x}{\sin x}-\sin x\ln\sin x\right)\right]$

(5) $x\sqrt{\dfrac{(1-x)(2-x)}{(x-3)(x-4)}}\left[\dfrac{1}{x}-\dfrac{1}{2(1-x)}-\dfrac{1}{2(2-x)}-\dfrac{1}{2(x-3)}-\dfrac{1}{2(x-4)}\right]$

(6) $\dfrac{\sqrt{x+2}(3-x)^4}{(x+1)^5}\left[\dfrac{1}{2(x+2)}-\dfrac{4}{3-x}-\dfrac{5}{x+1}\right]$

(7) $\left[\dfrac{a_1}{x-a_1}+\dfrac{a_2}{x-a_2}+\ldots+\dfrac{a_n}{x-a_n}\right]\cdot$
$(x-a_1)a_1(x-a_2)a_2\cdots(x-a_n)a_n$

习题 2.4

1. (1) $4-\dfrac{1}{x^2}$ (2) $\dfrac{6x(2x^3-1)}{(x^3+1)^3}$

(3) $2x(2x^2-3)e^{-x^2}$ (4) $3x(1-x^2)^{-\frac{5}{2}}$

(5) $2\arctan x+\dfrac{2x}{1+x^2}$ (6) $-\dfrac{x}{(1-x^2)^{3/2}}$

2. (1) $6xf'(x^3)+9x^4f''(x^3)$

(2) $e^{-x}f'(e^{-x})+e^{-2x}f''(e^{-x})$

(3) $e^{f(x)}\{f''(x)+[f'(x)]^2\}$

(4) $\dfrac{f''(x)f(x)-[f'(x)]^2}{[f(x)]^2}$

3. (1) $-2\csc^2(x+y)\cot^3(x+y)$

(2) $-\dfrac{b^4}{a^2y^3}$ (3) $\dfrac{e^{x+y}}{(1-e^{x+y})^3}$

(4) $\dfrac{2x^2y^2[2x^4(1-y^2)+3(1+y^2)^2]}{y(1+y^2)^3}$

(5) $\dfrac{1}{8}$ (6) $\dfrac{1}{4\pi^2}$

4. (1) $2^{n-1}\sin\left[2x+(n-1)\dfrac{\pi}{2}\right]$

(2) $(-1)^{n-1}ne^{-x}+(-1)^nxe^{-x}$

(3) $(-1)^n\dfrac{(n-2)!}{x^{n-1}}(n\geqslant 2)$ (4) $\dfrac{(-1)^n2\cdot n!}{(1+x)^{n+1}}$

习题 2.5

2. (1) $(2x\sin x+x^2\cos x)dx$

(2) $\dfrac{1}{(x^2+1)\sqrt{x^2+1}}dx$ (3) $2(e^{2x}-e^{-2x})dx$

(4) $\dfrac{\cos x}{|\cos x|}dx$

(5) $e^{\sin(x^2+\sqrt{x})}\cos(x^2+\sqrt{x})\left(2x+\dfrac{1}{2\sqrt{x}}\right)dx$

(6) $6\sec^3 2x\tan 2x dx$ (7) $\dfrac{4x}{1+2x^2}dx$ (8) $\dfrac{-2x}{1+x^4}dx$

(9) $(a\sin bx+b\cos bx)e^{ax}dx$

(10) $x^{\arcsin x}\left(\dfrac{1}{\sqrt{1-x^2}}\ln x+\dfrac{\arcsin x}{x}\right)dx$

3. (1) $\dfrac{x+y}{x-y}dx$ (2) $\dfrac{2-yx^{y-1}}{1+x^y\ln x}dx$ (3) $\dfrac{4x^3y}{2y^2+3}dx$

4. $\Delta V=30.301\ cm^3$，$dV'=30\ cm^3$

5. (1) $\dfrac{(1-x)\varphi'(x)}{1-x}dx$

6. (1) 0.87476 (2) 0.7954 (3) -0.002

(4) 2.0017 (5) 3.0048 (6) 2.9907

第 2 章 自测题

1.(1) 12 (2) 4 (3) 8 (4)$(m+n)$

2. (1)$(1+2t)e^{2t}$

(2) $-\frac{1}{x^2}e^{\tan\frac{1}{x}}\left(\sec\frac{1}{x}-\sin\frac{1}{x}\right)$ (3)$\frac{e^x}{\sqrt{1+e^{2x}}}$

(4)$\frac{1}{2}\left(-\frac{1}{1-x}+1-\frac{1}{\arcsin x}\frac{1}{\sqrt{1-x^2}}\right)$

(5)$\frac{1}{2}\sqrt{\frac{(x+1)(x^2+2)}{x^3+3}}\left(\frac{1}{x+1}+\frac{2x}{x^2+2}-\frac{3x^2}{x^3+3}\right)$

(6) $-\left(\frac{1}{x}\right)(1+\ln x)+x^{\frac{1}{x}-2}(1-\ln x)$

(7)$f'(x)=\begin{cases}-2x & 当\ x<0\\ 0 & 当\ x=0\\ \arctan x+\frac{x}{1+x^2} & 当\ x>0\end{cases}$

(8)$f'(x)=\begin{cases}2x & 当\ x\leqslant 0\\ 2x & 当\ 0<x<1\\ -\frac{3}{x^2} & 当\ x\geqslant 1\end{cases}$

3.(1)$\frac{-\sin x-ye^{xy}}{2y+xe^{xy}}$

(2)$\frac{2-\ln\frac{\pi}{4}}{2}$ (3)$\frac{(6t+5(t+1))}{t}$

(4)$\frac{(y^2-e^t)(1+t^2)}{2(1-ty)}$

4.(1)连续,可导 (2)连续但不可导

(3)$a=0,b=1,c=\ln 2-1$

5.(1)$f'(x)=\begin{cases}\frac{2x^{2\cos x^2-\sin x^2}}{2x^2} & 当\ x\neq 0\\ \frac{1}{2} & 当\ x=0\end{cases}$ (2)连续

6.$2x+3y-5=0$

7.(1)切线方程 $y-\frac{1}{x_0^2}=-\frac{2}{x_0^3}(x-x_0)$

(2)最短长度 $1=\frac{3\sqrt{3}}{2}$

9.(1)$(-1)^n\cdot 2^n\cdot n!$ (2)$\frac{(-1)^{n-1}n!}{n-2}$

(3)$\frac{197!!}{2^{100}}\cdot\frac{399-x}{(1-x)^{100}\sqrt{1-x}}$

习题 3.2

1.32 2. $\frac{1}{6}$ 3. $\frac{a}{b}$ 4. $\frac{3}{2}$ 5.2

6.0 7.1 8. $\frac{1}{2}$ 9. e^{-1} 10.1.

习题 3.3

1.(1)在$(-\infty,0]$内单调增加,在$[0,+\infty)$内单调减少;

(2) 在$\left(0,\frac{1}{2}\right]$内单调减少,在$\left[\frac{1}{2},+\infty\right)$内单调增加;

(3) 在$(-\infty,-1]$和$[3,+\infty]$内单调增加,在$[-1,3]$上单调减少;

(4) 在$(0,2]$内单调减少,在$[2,+\infty)$内单调增加.

习题 3.4

1.(1)极大值 $y(0)=7$,极小值 $y(2)=3$;

(2)极大值 $y(1)=1$,极小值 $y(-1)=-1$;

(3)极大值 $y(2)=4e^{-2}$,极小值 $y(0)=0$;

(4)极小值 $y(0)=0$.

2.(1)最大值 $y(4)=80$,最小值 $y(-1)=-5$;

(2)最大值 $y(4)=8$,最小值 $y(0)=0$;

(3)最大值 $y(0)=\frac{\pi}{4}$,最小值 $y(1)=0$;

(4)最大值 $y\left(-\frac{1}{2}\right)=y(1)=\frac{1}{2}$,最小值 $y(0)=0$.

3. 底边长 6 米,高 3 米.

4. $r=\sqrt[3]{\frac{V}{2\pi}},h=2\sqrt[3]{\frac{V}{2\pi}}$.

5. 1800 元.

习题 3.5

1.(1)在$\left(-\infty,\frac{1}{3}\right]$内是凹的,在$\left[\frac{1}{3},+\infty\right)$内是凸的,拐点为$\left(\frac{1}{3},\frac{2}{27}\right)$;

(2)在$(-\infty,+\infty)$内是凹的，无拐点；
(3)在$(-\infty,2]$内是凸的，在$[2,+\infty)$内是凹的，拐点为$(2,2e^{-2})$；
(4)在$(0,1]$内是凸的，在$[1,+\infty)$内是凹的，拐点为$(1,-7)$.

第3章 自测题

1. (1)$\frac{2}{5}$ (2)1 (3)$y=-3$ (4)0 (5)充分
2. (1)A (2)A (3)D (4)C (5)B
4. (1)$\frac{1}{2}$ (2)2 (3)$\frac{1}{3}$.
5. 在$(-\infty,1]$和$[2,+\infty]$内单调增加，在$[1,2]$上单调减少，极大值$y(1)=2$，极小值$y(2)=1$.
6. 最大值$y(-1)=55$，最小值$y(-3)=27$.
7. 在$(-\infty,0]$和$\left[\frac{2}{3},+\infty\right)$内是凹的，在$\left[0,\frac{2}{3}\right]$上是凸的，拐点为$(0,1)$和$\left(\frac{2}{3},\frac{11}{27}\right)$.
8. 在$\left(-\infty,-\frac{1}{3}\right]$和$[1,+\infty)$内单调增加，在$\left[-\frac{1}{3},1\right]$上单调减少，极大值$y\left(-\frac{1}{3}\right)=\frac{32}{27}$，极小值$y(1)=0$；在$\left(-\infty,\frac{1}{3}\right]$内是凸的，在$\left[\frac{1}{3},+\infty\right)$内是凹的，拐点为$\left(\frac{1}{3},\frac{16}{27}\right)$；在[－1? 1]上的最大值$y\left(-\frac{1}{3}\right)=\frac{32}{27}$，最小值$y(-1)=y(1)=0$.
9. 当圆柱体的底圆半径为$\frac{2}{3}R$、高为$\frac{1}{3}h$时，取得最大体积$\frac{4}{27}\pi R^2h$.
10. $r=\sqrt[3]{\frac{V}{5\pi}}$，$h=5\sqrt[3]{\frac{V}{5\pi}}$.

习题 4.1

1. (1)$2x-x^5+C$；(2)$3x^3+12x^2+16x+C$；
(3)$-\frac{2}{3}x^{-\frac{3}{2}}+C$；(4)$-2\cos x-5\sin x+C$；
(5)$\frac{3^x}{\ln 3}+e^x+C$；(6)$2x-2\arctan x+C$；
(7)$2e^x+3\ln|x|+C$；(8)$3\arctan x-2\arcsin x+C$；
(9)$\tan x-\sec x+C$；(10)$\tan x-x+C$.
2. $y=\frac{2}{3}x^3+3x+3$.

习题 4.2

1. (1)$\frac{1}{2}\sqrt{4x-1}+C$；(2)$-\frac{1}{2}\cos(2x+1)+C$；
(3)$2e^{\sqrt{x}}+C$；(4)$\ln(e^x+3)+C$；
(5)$\frac{1}{3}(\arctan x)^3+C$；(6)$\frac{1}{4}(\ln x)^4+C$；
(7)$\frac{1}{2}\ln|1+2\ln x|+C$；(8)$3\ln(1+x^2)+C$；
(9)$\frac{1}{2}x-\frac{1}{12}\sin 6x+C$；
(10)$-\frac{1}{3(\cos x+\sin x)^3}+C$.
2. (1)$-\frac{\sqrt{1-x^2}}{x}+C$；(2)$\frac{x}{\sqrt{x^2+1}}+C$；
(3)$\arccos\frac{1}{x}+C$；(4)$\sqrt{2x-3}-\ln(\sqrt{2x-3}+1)+C$；
(5)$\frac{2}{5}(\sqrt{x-1})^5+\frac{2}{3}(\sqrt{x-1})^3+C$；
(6)$\ln\frac{\sqrt{1+e^x}-1}{\sqrt{1+e^x}+1}+C$.

习题 4.3

1. (1)$\sin x-x\cos x+C$；
(2)$x^2\sin x+2x\cos x-2\sin x+C$；
(3)xe^x-e^x+C；(4)$2x\sin\frac{x}{2}+4\cos\frac{x}{2}+C$；
(5)$-(x^2+2x+2)e^{-x}+C$；
(6)$\frac{1}{3}x^3\ln x-\frac{1}{9}x^3+C$；
(7)$x\ln^2x-2x\ln x+2x+C$；
(8)$x\arcsin x+\sqrt{1-x^2}+C$.

2. (1) $2\sin\sqrt{x}-2\sqrt{x}\cos\sqrt{x}+C$;

(2) $-\frac{1}{4}x\cos 2x+\frac{1}{8}\sin 2x+C$;

(3) $-\frac{\ln x}{x}-\frac{1}{x}+C$;

(4) $\frac{1}{2}e^{x}(\sin x+\cos x)+C$.

第 4 章 自测题

1. (1)C; (2)D; (3)B; (4)D; (5)D.

2. (1) x^3-3x^2+7x+C; (2) $\frac{1}{2}\ln(1+x^2)+C$;

(3) $\frac{1}{8}(2x+1)^4+C$; (4) $\frac{1}{4}\sin(4x+5)+C$;

(5) $\frac{1}{3}(\arcsin x)^3+C$; (6) $\frac{1}{2}x-\frac{1}{4}\sin 2x+C$;

(7) $2\sqrt{e^x+1}+C$; (8) $2\sqrt{x+1}-6\ln(\sqrt{x+1}+3)+C$;

(9) $2\arcsin\frac{x}{2}+\frac{1}{2}x\sqrt{4-x^2}+C$;

(10) $\frac{1}{2}\ln\frac{\sqrt{1-x^2}-1}{\sqrt{1-x^2}+1}+C$;

(11) $-x^2\cos x+2x\sin x+2\cos x+C$; (12) $\frac{1}{2}xe^{2x}-\frac{1}{4}e^{2x}+C$;

(13) $x\tan x-\frac{1}{2}x^2+\ln|\cos x|+C$; (14) $x\arctan x-\frac{1}{2}\ln(1+x^2)+C$;

(15) $\frac{1}{2}x^2(\ln x)^2-\frac{1}{2}x^2\ln x+\frac{1}{4}x^2+C$;

(16) $2\sqrt{x}\sin\sqrt{x}+2\cos\sqrt{x}+C$.

习题 5.1

1. $\frac{\pi}{4}$.

2. (1) $\int_0^1 x^2\,dx \geqslant \int_0^1 x^3\,dx$; (2) $\int_0^{\frac{\pi}{2}}\sin x\,dx \leqslant \int_0^{\frac{\pi}{2}} x\,dx$.

习题 5.2

1. -2; 2. $\frac{21}{8}$; 3. $\frac{\pi}{6}$; 4. $\frac{\pi}{3}$; 5. $\frac{5}{2}$; 6. 4.

习题 5.3

1. (1) $\frac{\pi}{6}$; (2) $\frac{\sqrt{2}}{2}$; (3) $4-2\ln 3$;

(4) $\frac{4}{3}$; (5) $\frac{\pi}{2}$; (6) $1-e^{-\frac{1}{2}}$.

2. (1) 2π; (2) $\frac{\pi^3}{324}$.

3. (1)1; (2) $2\ln 2-\frac{3}{4}$; (3) $1-\frac{2}{e}$;

(4) $\frac{\pi}{12}+\frac{\sqrt{3}}{2}-1$; (5) $\frac{\pi}{4}-\frac{1}{2}$; (6) $\frac{\pi^2}{4}-2$.

习题 5.4

1. (1) $\frac{8}{3}\sqrt{2}$; (2) $4-3\ln 3$; (3) $\frac{8}{3}$; (4)2.

2. (1) $V_x=\frac{1}{7}\pi, V_y=\frac{2}{5}\pi$; (2) $V_x=\frac{3}{10}\pi, V_y=\frac{3}{10}\pi$;

(3) $V_x=\frac{1}{4}\pi^2, V_y=2\pi$.

第 5 章 自测题

1. (1)C; (2)A; (3)C; (4)C; (5)B.

2. (1) $\frac{1}{2}\left(1-\frac{1}{e}\right)$; (2) $2+\frac{\pi}{2}$; (3) $\frac{1}{6}$;

(4) $\frac{22}{3}$; (5)2; (6) $\frac{\pi}{16}$; (7) $2-\frac{2}{e}$; (8) $\frac{\pi}{2}-1$;

(9) $\pi-2$; (10) $\frac{\pi}{8}$.

3. $S=\frac{7}{3}, V_x=\frac{31}{5}\pi$.

4. $S=\frac{4}{3}, V_y=\frac{8}{3}\pi$.

中篇　线性代数

习题 6.1

1. (1)5； (2)0； (3)5!； (4)−6!
2. $a=3$

习题 6.2

1. (1)40； (2)48； (3)0

习题 6.3

1. (1)0； (2)120； (3)20
2. (1)$x=-3$ 或 $x=1$；(2)$x=0,1,2$

习题 6.4

1. (1)$x_1=1,x_2=2,x_3=3,x_4=-1$；

(2)$x_1=\frac{9}{14},x_2=\frac{1}{2},x_3=-\frac{3}{2},x_4=\frac{3}{14}$

2. $\lambda=0,2$ 或 3

第 6 章 自测题

1. (1)B； (2)B； (3)B； (4)B； (5)C
2. (1)$a_2a_3a_4\left(a_1-\frac{1}{a_2}-\frac{1}{a_3}-\frac{1}{a_4}\right)$； (2)$x^4$；

(3)81； (4)6

3. (1)$x_1=3,x_2=-4,x_3=-1,x_4=1$；

(2)$x_1=0,x_2=\frac{4}{5},x_3=\frac{3}{5},x_4=-\frac{7}{5}$

习题 7.2

1. $X=\begin{pmatrix}\frac{1}{3} & \frac{2}{3}\\ \frac{1}{3} & \frac{5}{3}\\ -\frac{1}{3} & 0\end{pmatrix}$　2. $\begin{pmatrix}-11 & 0 & 5 & 5\\ -10 & 15 & -6 & 1\\ 10 & -4 & 19 & 6\end{pmatrix}$

5. 24

6. $\begin{pmatrix}-5 & 2 & -1\\ 10 & -2 & 2\\ 7 & -2 & 1\end{pmatrix}$ 7. $\begin{pmatrix}-4 & -8 & 0\\ -3 & -11 & 7\\ -8 & -12 & -16\end{pmatrix}$,

$\begin{pmatrix}0 & -4 & 0\\ 2 & -14 & 6\\ -11 & -11 & -17\end{pmatrix}$, $\begin{pmatrix}-8 & -12 & 0\\ -8 & -8 & 8\\ -5 & -13 & -15\end{pmatrix}$

习题 7.3

1. 可逆，$\begin{pmatrix}5 & 9 & -1\\ -2 & -3 & 0\\ 0 & 2 & -1\end{pmatrix}$

2. 可逆，$\begin{pmatrix}5/3 & -2/3 & -1/3\\ -1/3 & 1/3 & 2/3\\ 1/3 & -1/3 & 1/3\end{pmatrix}$

3. $x_1=-18,x_2=-20,x_3=26$

4. $\begin{pmatrix}-2\\ 10\\ -10\end{pmatrix}$

习题 7.4

1. $\begin{pmatrix}\frac{1}{4} & -1 & -\frac{3}{4}\\ \frac{1}{4} & -2 & -\frac{3}{4}\\ 0 & 2 & 1\end{pmatrix}$

2. $\begin{pmatrix}2 & -1 & 0 & 0\\ -1 & 1 & 0 & 0\\ -1 & 1 & 2 & -3\\ 1 & -2 & -1 & 2\end{pmatrix}$

3. 不可逆

4. $\begin{pmatrix} 2 & -1 & -1 \\ -4 & 7 & 4 \end{pmatrix}$

习题 7.5

1. $R(\boldsymbol{A})=3$　2. $R(\boldsymbol{A})=2$　3. $R(\boldsymbol{A})=3$　4. $\lambda=5$, $\mu=1$

第 7 章 自测题

1. (1)C;(2)C;(3)B;(4)D;(5)D;(6)A;(7)D

2. $\begin{pmatrix} 2 & -1 & -2 \\ 12 & 1 & 13 \\ 8 & 9 & 20 \end{pmatrix}$

3. $\begin{pmatrix} -2 & -6 \\ 12 & 10 \end{pmatrix}$ 4. $\begin{pmatrix} 1 & 3 & -2 \\ -3/2 & -3 & 5/2 \\ 1 & 1 & -1 \end{pmatrix}$

5. $\begin{pmatrix} 3 & -8 & -6 \\ 2 & -9 & -6 \\ -2 & 12 & 9 \end{pmatrix}$　6. $R(\boldsymbol{A})=4$

习题 8.1

1. (1) $\begin{pmatrix} x_1 \\ x_2 \\ x_3 \\ x_4 \end{pmatrix}=k_1\begin{pmatrix} -2 \\ 1 \\ 0 \\ 0 \end{pmatrix}+k_2\begin{pmatrix} 1 \\ 0 \\ 0 \\ 1 \end{pmatrix}$ (2) $\begin{pmatrix} x_1 \\ x_2 \\ x_3 \\ x_4 \end{pmatrix}=\begin{pmatrix} 0 \\ 0 \\ 0 \\ 0 \end{pmatrix}$

2. (1)无解 (2) $\begin{pmatrix} x_1 \\ x_2 \\ x_3 \end{pmatrix}=\begin{pmatrix} 2 \\ 1 \\ 3 \end{pmatrix}$

(3) $\begin{pmatrix} x_1 \\ x_2 \\ x_3 \\ x_4 \end{pmatrix}=k_1\begin{pmatrix} \frac{1}{7} \\ \frac{5}{7} \\ 1 \\ 0 \end{pmatrix}+k_2\begin{pmatrix} \frac{1}{7} \\ -\frac{9}{7} \\ 0 \\ 1 \end{pmatrix}+\begin{pmatrix} \frac{6}{7} \\ -\frac{5}{7} \\ 0 \\ 0 \end{pmatrix}$

(4) $\begin{pmatrix} x \\ y \\ z \\ w \end{pmatrix}=k_1\begin{pmatrix} -\frac{1}{2} \\ 1 \\ 0 \\ 0 \end{pmatrix}+k_2\begin{pmatrix} \frac{1}{2} \\ 0 \\ 1 \\ 0 \end{pmatrix}+\begin{pmatrix} \frac{1}{2} \\ 0 \\ 0 \\ 0 \end{pmatrix}$

3. 当 $\lambda=1$ 时,方程组解为 $\begin{pmatrix} x_1 \\ x_2 \\ x_3 \end{pmatrix}=k\begin{pmatrix} 1 \\ 1 \\ 1 \end{pmatrix}+\begin{pmatrix} 1 \\ 0 \\ 0 \end{pmatrix}$;

当 $\lambda=-2$ 时,方程组解为 $\begin{pmatrix} x_1 \\ x_2 \\ x_3 \end{pmatrix}=k\begin{pmatrix} 1 \\ 1 \\ 1 \end{pmatrix}+\begin{pmatrix} 2 \\ 2 \\ 0 \end{pmatrix}$.

习题 8.2

1. $\boldsymbol{a}=(1,2,3,4)^{\mathrm{T}}$

2. (1) $\boldsymbol{\beta}=-\boldsymbol{\alpha}_1+(1-2k)\boldsymbol{\alpha}_2+k\boldsymbol{\alpha}_3$, k 为任意实数
(2) $\boldsymbol{\beta}=2\boldsymbol{\alpha}_1-\boldsymbol{\alpha}_2+3\boldsymbol{\alpha}_3$ (3) $\boldsymbol{\beta}$ 不是 $\boldsymbol{\alpha}_1,\boldsymbol{\alpha}_2,\boldsymbol{\alpha}_3$ 的线性组合

习题 8.3

1. (1) 线性相关; (2) 线性无关

习题 8.4

1. (1) $R=3$, $\boldsymbol{\alpha}_1,\boldsymbol{\alpha}_2,\boldsymbol{\alpha}_3$ 是一个极大无关组
(2) $R=2$, $\boldsymbol{\alpha}_1,\boldsymbol{\alpha}_2$ 是一个极大无关组

习题 8.5

2. (1) $\boldsymbol{\alpha}_1=(-1,0,1,0)^{\mathrm{T}}$, $\boldsymbol{\alpha}_2=(2,-1,0,1)^{\mathrm{T}}$
(2) $\boldsymbol{\alpha}=(0,1,2,1)^{\mathrm{T}}$

4. (1) $(3,0,2,1)^{\mathrm{T}}+k(-2,1,0,0)^{\mathrm{T}}$
(2) $\left(-\frac{9}{2},\frac{23}{2},0,0,0\right)^{\mathrm{T}}+k_1\left(-\frac{1}{2},-\frac{1}{2},1,0,0\right)^{\mathrm{T}}+k_2(0,-1,0,1,0)^{\mathrm{T}}+k_3(2,-3,0,0,1)^{\mathrm{T}}$

第 8 章 自测题

1. (1)B;(2)D;(3)D;(4)C;(5)D;(6)C;(7)B

2. $t=4,\boldsymbol{\beta}=-3k\boldsymbol{\alpha}_1+(4-k)\boldsymbol{\alpha}_2+k\boldsymbol{\alpha}_3$（$k$ 为任意常数）

4. 当 $a\neq 1$ 时，有唯一解：$x_1=\dfrac{-a+b+2}{a-1}$，$x_2=\dfrac{a-2b-3}{a-1}$，$x_3=\dfrac{b+1}{a-1}$，$x_4=0$

当 $a=1,b=-1$ 时，有无穷多解：$\begin{pmatrix}x_1\\x_2\\x_3\\x_4\end{pmatrix}=\begin{pmatrix}-1\\1\\0\\0\end{pmatrix}+k_1\begin{pmatrix}1\\-2\\1\\0\end{pmatrix}+k_2\begin{pmatrix}1\\-2\\0\\1\end{pmatrix}$（$k_1,k_2$ 为任意常数）当 $a=1,b\neq -1$ 时，无解

习题 9.1

1. V_1 是向量空间，V_2 不是向量空间
2. (1) $[\boldsymbol{\alpha},\boldsymbol{\beta}]=6,[3\boldsymbol{\alpha}-2\boldsymbol{\beta},2\boldsymbol{\alpha}-3\boldsymbol{\beta}]=54$；
(2) $\|\boldsymbol{\alpha}\|=\sqrt{7},\|\boldsymbol{\beta}\|=\sqrt{15}$；
(3) $\arccos\dfrac{6}{\sqrt{105}}$
3. (1) $\boldsymbol{\beta}_1=(1,1,1)^{\mathrm T},\boldsymbol{\beta}_2=(-1,0,1)^{\mathrm T}$，$\boldsymbol{\beta}_3=\left(\dfrac{1}{3},-\dfrac{2}{3},\dfrac{1}{3}\right)^{\mathrm T}$；
(2) $\boldsymbol{\beta}_1=(1,0,-1,1)^{\mathrm T},\boldsymbol{\beta}_2=\left(\dfrac{1}{3},-1,\dfrac{2}{3},\dfrac{1}{3}\right)^{\mathrm T}$，$\boldsymbol{\alpha}_3=\left(-\dfrac{1}{5},\dfrac{3}{5},\dfrac{3}{5},\dfrac{4}{5}\right)^{\mathrm T}$
4. (1) 不是；(2) 是

习题 9.2

1. (1) $\lambda_1=2$ 对应的特征向量为 $k_1\begin{pmatrix}-1\\1\end{pmatrix}$，$\lambda_2=3$ 对应的特征向量为 $k_2\begin{pmatrix}-\frac{1}{2}\\1\end{pmatrix}$

(2) $\lambda_1=0$ 对应的特征向量为 $k_1\begin{pmatrix}-1\\-1\\1\end{pmatrix}$，$\lambda_2=-1$ 对应的特征向量为 $k_2\begin{pmatrix}-1\\1\\0\end{pmatrix}$，

$\lambda_3=9$ 对应的特征向量为 $k_3\begin{pmatrix}\frac{1}{2}\\\frac{1}{2}\\1\end{pmatrix}$

(3) $\lambda_1=a_1^2+a_2^2+\dots+a_n^2=\sum\limits_{i=1}^{n}a_i^2$ 对应的特征向量为 $k_1\begin{pmatrix}a_1\\a_2\\\vdots\\a_n\end{pmatrix}$，$\lambda_2=\lambda_3=\dots=\lambda_n=0$ 对应的特征向量为 $k_2\begin{pmatrix}-a_2\\a_1\\0\\\vdots\\0\end{pmatrix}+k_3\begin{pmatrix}-a_2\\0\\a_1\\\vdots\\0\end{pmatrix}+\dots+k_n\begin{pmatrix}-a_n\\0\\0\\\vdots\\a_1\end{pmatrix}$

2. $\lambda=\pm 1$
3. 1,4,9； $\dfrac{1}{2},\dfrac{1}{4},\dfrac{1}{6}$； 6,3,2
4. 6,0,12； 0

习题 9.4

1. $x=4,y=53.\ \boldsymbol{A}=\dfrac{1}{3}\begin{pmatrix}-1&0&2\\0&1&2\\2&2&0\end{pmatrix}$

4. (1) $\boldsymbol{P}=\dfrac{1}{3}\begin{pmatrix}1&2&2\\2&1&-2\\2&-2&1\end{pmatrix}$，

$\boldsymbol{A}=\boldsymbol{P}^{-1}\boldsymbol{AP}=\begin{pmatrix}-2&0&0\\0&1&0\\0&0&4\end{pmatrix}$

(2) $\boldsymbol{P}=\begin{pmatrix}-\frac{2}{\sqrt5}&\frac{2\sqrt5}{15}&-\frac{1}{3}\\\frac{1}{\sqrt5}&\frac{4\sqrt5}{15}&-\frac{2}{3}\\0&\frac{\sqrt5}{3}&\frac{2}{3}\end{pmatrix}$，

$$\Lambda=P^{-1}AP=P^{-1}AP=\begin{pmatrix}1&0&0\\0&1&0\\0&0&10\end{pmatrix}$$

习题 9.5

1. (1) $f=(x,y,z)\begin{pmatrix}1&2&1\\2&4&2\\1&2&1\end{pmatrix}\begin{pmatrix}x\\y\\z\end{pmatrix}$

(2) $f=(x,y,z)\begin{pmatrix}1&-1&-2\\-1&1&-2\\-2&-2&-7\end{pmatrix}\begin{pmatrix}x\\y\\z\end{pmatrix}$

(3) $f=(x_1,x_2,x_3,x_4)$

$$\begin{pmatrix}1&-1&2&-1\\-1&1&3&-2\\2&3&1&0\\-1&-2&0&1\end{pmatrix}\begin{pmatrix}x_1\\x_2\\x_3\\x_4\end{pmatrix}$$

2. (1) 正交变换为

$$\begin{pmatrix}x_1\\x_2\\x_3\end{pmatrix}=\begin{pmatrix}1&0&0\\0&\frac{1}{\sqrt{2}}&-\frac{1}{\sqrt{2}}\\0&\frac{1}{\sqrt{2}}&\frac{1}{\sqrt{2}}\end{pmatrix}\begin{pmatrix}y_1\\y_2\\y_3\end{pmatrix},$$

标准形 $f=2y_1^2+5y_2^2+y_3^2$

(2) 正交变换为

$$\begin{pmatrix}x_1\\x_2\\x_3\\x_4\end{pmatrix}=\begin{pmatrix}\frac{1}{2}&\frac{1}{2}&\frac{1}{\sqrt{2}}&0\\-\frac{1}{2}&\frac{1}{2}&0&\frac{1}{\sqrt{2}}\\-\frac{1}{2}&-\frac{1}{2}&\frac{1}{\sqrt{2}}&0\\\frac{1}{2}&-\frac{1}{2}&0&\frac{1}{\sqrt{2}}\end{pmatrix}\begin{pmatrix}y_1\\y_2\\y_3\\y_4\end{pmatrix},$$

标准形 $f=-y_1^2+3y_2^2+y_3^2+y_4^2$

3. (1) 变换矩阵为 $\boldsymbol{P}=\begin{pmatrix}1&-1&1\\0&1&-2\\0&0&1\end{pmatrix}$,

标准形 $f=y_1^2+y_2^2$

(2) 变换矩阵为 $\boldsymbol{P}=\begin{pmatrix}1&1&-\frac{1}{2}\\1&-1&-2\\0&0&\frac{1}{2}\end{pmatrix}$,

标准形 $f=z_1^2-z_2^2-z_3^2$

习题 9.6

1. (1) 负定 (2) 正定 (3) 不定
2. (1) 正定 (2) 负定
3. $t>5$

第 9 章 自测题

1. (1)A;(2)D;(3)A;(4)B;(5)D;(6)B;(7)B;(8)C
2. $\begin{pmatrix}1&0\\1-2^{10}&2^{10}\end{pmatrix}$
3. (1)$\boldsymbol{\Lambda}=\begin{pmatrix}1&&\\&2&\\&&3\end{pmatrix}$,$\boldsymbol{P}=\begin{pmatrix}1&\frac{2}{3}&\frac{1}{4}\\1&1&\frac{3}{4}\\1&1&1\end{pmatrix}$

(2)$\boldsymbol{\Lambda}=\begin{pmatrix}0&&\\&0&\\&&1\end{pmatrix}$,$\boldsymbol{P}=\begin{pmatrix}0&1&0\\1&0&0\\0&-3&1\end{pmatrix}$

(3)$\boldsymbol{A}$ 不相似于对角阵

4. $-\sqrt{2}<t<\sqrt{2}$

下篇　离散数学答案

习题 10

1.(1)、(3)、(4)、(7)、(10)为命题，其余都不是命题．

2.(1)$\neg P$，其中 P 表示逻辑学是枯燥无味的．

(2)$P\wedge Q$，其中 P 表示小王在看书，Q 表示小王在听音乐．

(3)$\neg P\wedge\neg Q$，其中 P 表示天在下雨，Q 表示天空有太阳．

(4)$\neg P\vee\neg Q$，其中 P 表示鱼可得，Q 表示熊掌可得．

(5)$(\neg P\wedge Q)\vee(P\wedge\neg Q)$，其中 P 表示小王住在 203 室，Q 表示小王住在 205 室．

(6)$\neg(Q\vee R)\leftrightarrow P$，其中 P 表示小刘在图书馆看书，Q 表示小刘病了，R 表示图书馆不开门．

(7)$P\rightarrow Q$，其中 P 表示他用功，Q 表示他成绩好．

(8)$Q\rightarrow P$，其中 P 表示他用功，Q 表示他成绩好．

(9)$P\rightarrow(Q\leftrightarrow R)$，其中 P 表示你来了，Q 表示你伴奏，R 表示她唱歌．

3.(1)1(或真) (2)0(或假) (3)0(或假) (4)1(或真)

4.(1)重言式．

(2)非重言式的可满足式(10 为其成真赋值，其余皆为成假赋值)．

(3)非重言式的可满足式(11 为其成假赋值，其余皆为成真赋值)．

(4)矛盾式．

6.乙是盗窃犯．

8.(1)不一定；(2)不一定；(3)一定．

9.$F(a)\wedge F(b)\wedge F(c)\wedge(G(a)\vee G(b)\vee G(c))$．

第 10 章 自测题

1.(1)B (2)C (3)A (4)B (5)C (6)C

2.(1)重言式 (2)非重言式的可满足式

3.$m_0\vee m_1\vee m_4\vee m_5\vee m_7$

习题 11-1

1.对；错；对；错；对；错；对；对

2.对；错；错；错；错；错；错；错；对；错

3.(1)$\varnothing,\{\{\varnothing\}\}$；(2)$\varnothing,\{\varnothing\},\{a\},\{\{b\}\},\{\varnothing,a\},\{\varnothing,\{b\}\},\{a,\{b\}\},\{\varnothing,a,\{b\}\}$；

(3)$\varnothing,\{1\},\{\{2,3\}\},\{1,\{2,3\}\}$；(4)$\varnothing,\{\{1,2\}\}$．

6.(1)$\{c,f,g\}\cup\{a,b,e\}=\{a,b,c,e,f,g\}$；

(2) $\{d\}$；(3) $\{d,e\}$．

7.5

8.(1) $S=\{\langle 0,0\rangle,\langle 0,2\rangle,\langle 2,2\rangle,\langle 2,0\rangle\}$；

(2) $S=\{\langle 1,1\rangle,\langle 4,2\rangle\}$．

9.(1) $R=\{\langle 0\rangle,\langle 1\rangle\}$；(2) $R=\varnothing$；

(3) $R=\{\langle 0,0\rangle,\langle 0,1\rangle,\langle 0,2\rangle,\langle 0,3\rangle,\langle 0,4\rangle,\langle 1,1\rangle,\langle 1,2\rangle,\langle 1,3\rangle,\langle 1,4\rangle\}$；

(4) $R=\{\langle 0,0,0\rangle,\langle 1,0,1\rangle,\langle 2,0,4\rangle,\langle 0,3,3\rangle,\langle 1,2,3\rangle,\langle 0,2,2\rangle,\langle 0,1,1\rangle,\langle 1,1,2\rangle,\langle 1,3,4\rangle,\langle 0,4,4\rangle\}$，其中(3)是二元关系．

10.(1)$A\times B=\{\langle 1,a\rangle,\langle 1,b\rangle,\langle 1,c\rangle,\langle 2,a\rangle,\langle 2,b\rangle,\langle 2,c\rangle\}$；

(2)$B\times A=\{\langle a,1\rangle,\langle b,1\rangle,\langle c,1\rangle,\langle a,2\rangle,\langle b,2\rangle,\langle c,2\rangle\}$；

(3)$A\times B\times C=\{\langle 1,a,\varnothing\rangle,\langle 1,b,\varnothing\rangle,\langle 1,c,\varnothing\rangle,\langle 2,a,\varnothing\rangle,\langle 2,b,\varnothing\rangle,\langle 2,c,\varnothing\rangle\}$；

(4)$A^2=\{\langle 1,1\rangle,\langle 1,2\rangle,\langle 2,1\rangle,\langle 2,2\rangle\}$；

(5)$B^2=\{\langle a,a\rangle,\langle a,b\rangle,\langle a,c\rangle,\langle b,a\rangle,\langle b,b\rangle,\langle b,c\rangle,\langle c,a\rangle,\langle c,b\rangle,\langle c,c\rangle\}$．

11.$R_1R_2=\{\langle b,a\rangle,\langle b,d\rangle\}$；$R_2R_1=\{\langle d,a\rangle\}$；$R_1^2=\{\langle b,b\rangle,\langle b,c\rangle,\langle b,a\rangle\}$；$R_2^3=\{\langle c,a\rangle,\langle c,d\rangle,\langle d,c\rangle\}$．

12.恒等关系 $I_A=\{\langle 1,1\rangle,\langle 2,2\rangle,\langle 3,3\rangle,\langle 4,4\rangle\}$；全域关系 $A\times A=\{\langle 1,1\rangle,\langle 2,2\rangle,\langle 3,3\rangle,\langle 4,4\rangle,\langle 1,2\rangle,\langle 2,1\rangle,\langle 3,1\rangle,\langle 4,1\rangle,\langle 1,3\rangle,\langle 2,3\rangle,\langle 3,2\rangle,\langle 4,2\rangle,\langle 1,4\rangle,\langle 2,4\rangle,\langle 3,4\rangle,\langle 4,3\rangle\}$；小于关系 $I_A=\{\langle 1,2\rangle,\langle 1,3\rangle,\langle 2,3\rangle,\langle 1,4\rangle,\langle 2,4\rangle,\langle 3,4\rangle\}$．

13. $$\begin{pmatrix}0&0&0&0&1\\0&0&0&0&1\\0&1&0&0&0\\0&0&0&0&0\\0&0&0&0&0\end{pmatrix}$$

14.(1)$M_{r(R)}=\begin{pmatrix}1&0&1&0\\0&1&1&1\\1&0&1&0\\1&0&1&1\end{pmatrix}$；

(2) $M_{s(R)}=\begin{pmatrix}1&0&1&1\\0&0&1&1\\1&1&1&1\\1&1&1&0\end{pmatrix}$;

(3) $M_{R^2}=\begin{pmatrix}1&0&1&0\\1&0&1&0\\1&0&1&0\\1&0&1&0\end{pmatrix}$

$M_{R^3}=\begin{pmatrix}1&0&1&0\\1&0&1&0\\1&0&1&0\\1&0&1&0\end{pmatrix}$;

$M_{R^4}=M_{R^3}$;$M_{t(R)}=\begin{pmatrix}1&0&1&0\\1&0&1&1\\1&0&1&0\\1&0&1&0\end{pmatrix}$

第 11 章 自测题

1. (1) $\{x \mid x$ 满足 $ax+b=0(a\neq 0)\}$, (2) $\{(x^3+1),(x-1),(x^2+x-1)\}$,
(3) $\{x \mid x\in \mathbf{Z}\wedge 5 \mid x\}$, (4) $\{0,1,2,3,4\}$,
(5) $\{12,24,36,48,60\}$,
(6) $\{(x,y) \mid x^2+y^2=1\}$,
(7) $\{(r,\theta) \mid r^2>1,0\leqslant\theta\leqslant 2\pi\}$, (8) $\{11,13,17,19\}$
2. (1) $\varnothing,\{\varnothing\}$;(2) $\varnothing,\{\varnothing\},\{\{\varnothing\}\},\{\varnothing,\{\varnothing\}\}$;
(3) $\varnothing,\{1\},\{2\},\{3\},\{1,2\},\{2,3\},\{1,3\},\{1,2,3\}$; (4) $\varnothing,\{\{1,\{2,3\}\}\}$
4. 14
5. (1) $R=\{\langle 0\rangle,\langle 1\rangle,\langle 2\rangle,\langle 3\rangle,\langle 4\rangle\}$;(2) $R=\{\langle 0,4\rangle,\langle 4,0\rangle,\langle 1,3\rangle,\langle 3,1\rangle,\langle 2,2\rangle\}$;(3) $R=\{\langle 0,0\rangle,\langle 0,1\rangle,\langle 0,2\rangle,\langle 0,3\rangle,\langle 0,4\rangle,\langle 1,0\rangle,\langle 1,1\rangle,\langle 1,2\rangle,\langle 1,3\rangle,\langle 1,4\rangle\}$,其中(2)、(3)是二元关系.
6. $R_1^2=\{\langle b,b\rangle,\langle b,c\rangle,\langle b,a\rangle\}$,$R_2^3=R_1^2$.
7. $R=\{\langle 1,1\rangle,\langle 1,3\rangle,\langle 2,2\rangle,\langle 2,4\rangle,\langle 3,1\rangle,\langle 3,3\rangle,\langle 4,2\rangle,\langle 4,4\rangle\}$;$S=\{\langle 4,1\rangle\}$;$R\cup S=\{\langle 1,1\rangle,\langle 1,3\rangle,\langle 2,2\rangle,\langle 2,4\rangle,\langle 3,1\rangle,\langle 3,3\rangle,\langle 4,2\rangle,\langle 4,4\rangle,\langle 4,1\rangle\}$;$R\cap S=\varnothing$;$S-R=\{\langle 4,1\rangle\}$;$\sim R=\{\langle 1,2\rangle,\langle 2,1\rangle,\langle 4,1\rangle,\langle 2,3\rangle,\langle 3,2\rangle,\langle 1,4\rangle,\langle 3,4\rangle,\langle 4,3\rangle\}$;$R\oplus S=\{\langle 1,1\rangle,\langle 1,3\rangle,\langle 2,2\rangle,\langle 2,4\rangle,\langle 3,1\rangle,\langle 3,3\rangle,\langle 4,2\rangle,\langle 4,4\rangle,\langle 4,1\rangle\}$.

习题 12-1

1. (1)、(2)、(3)、(4)、(9)不封闭,其余都封闭.
2. (1)、(2)、(3)是群,(4)不是群.
7. 除(c)之外其余都是格.

第 12 章 自测题

1. A 2. B 3. A 4. D 5. A

习题 13-1

1. (1)、(2)、(3)、(5)能构成无向图的度数列,(1)、(2)、(3)能构成无向简单图的度数列
2. 2,2,1,0
3. 23
5. $\beta_1=\min\{r,s\}$
6. 1
7. 4,4,$hgdab$,$\{b,c,e,h\}$
8. 24

第 13 章 自测题

1. (1)、(4)为简单图,(2)、(5)为多重图
2. (1)、(3)
3. 16,13
5. $m=rs$
6. 9

参考文献

[1]赵树嫄．微积分[M]．北京：中国人民大学出版社，1988.

[2]罗晓晖，王晓艳．高等数学[M]．北京：中国财政经济出版社，2005.

[3]同济大学应用数学系．高等数学[M]．第5版．北京：高等教育出版社，2002.

[4]同济大学应用数学系．线性代数[M]．第4版．北京：高等教育出版社，1999.

[5]梁保松，苏本堂．线性代数及其应用[M]．北京：中国农业出版社，2004.

[6]吴赣昌．线性代数[M]．第2版．北京：中国人民大学出版社，2007.

[7]邱学绍．离散数学[M]．北京：机械工业出版社，2005.

[8]谢绪恺．离散数学基础[M]．北京：机械工业出版社，2006.

[9]焦占亚．离散数学[M]．北京：电子工业出版社，2005.

[10]耿素云，屈婉玲，张立昂．离散数学[M]．北京：清华大学出版社，2004.